ENCYCLOPÉDIE AGRICOLE
Publiée sous la direction de G. WERY

Edmond KAYSER

MICROBIOLOGIE AGRICOLE

ENCYCLOPÉDIE AGRICOLE

PUBLIÉE PAR UNE RÉUNION D'INGÉNIEURS AGRONOM.

Sous la direction de G. WERY, sous directeur de l'Institut national agronomique

Introduction par le Dr P. REGNARD

Directeur de l'Institut national agronomique

10 volumes in-18 de chacun 400 à 500 pages, illustrés de nombreuses figures.
Chaque volume : broché, **5** fr. ; cartonné, **6** fr.

I. — CULTURE ET AMÉLIORATION DU SOL

Agriculture générale	M. P. DIFFLOTH, professeur spécial d'agriculture.
Engrais	M. GAROLA, prof. départ. d'agricult. d'Eure-et-Loir.

II. — PRODUCTION ET CULTURE DES PLANTES

Céréales	M. GAROLA, professeur départemental d'agriculture d'Eure-et-Loir.
Plantes fourragères	
Plantes industrielles	M. HITIER, propriétaire agriculteur, maître de conf. à l'Institut agronomique.
Culture potagère	M. Léon BUSSARD, s.-directeur de la station d'essais de semences à l'Institut agronomique.
Arboriculture	
Sylviculture	M. FRON, inspecteur adjoint des eaux et forêts.
Viticulture	M. PACOTTET, propriétaire viticulteur, répétiteur à l'Institut agronomique.
Maladies des plantes cultivées	M. le Dr G. DELACROIX, maître de conférences à l'Institut agronomique.
Cultures méridionales	M. RIVIÈRE, directeur du jardin d'essais, à Alger, et LECQ, prop. agric., insp. de l'agr.

III. — ZOOLOGIE, PRODUCTION ET ÉLEVAGE DES ANIMAUX, CHASSE ET PÊCHE

Zoologie agricole	M. G. GUÉNAUX, répétiteur à l'Institut agronomique.
Entomologie et Parasitologie agric.	
Zootechnie générale et Zootechnie du Cheval	M. P. DIFFLOTH, professeur spécial d'agriculture.
Zootechnie : Bovidés	
Zootechnie : Moutons, Chèvres, Porcs	
Alimentation des Animaux	M. GOUIN, propriétaire agriculteur, ing. agronome.
	M. DELONCLE, inspecteur général de l'agriculture.
Aquiculture	M. G. GUÉNAUX.
Apiculture	M. HOMMELL, professeur régional d'apiculture.
Aviculture	M. VOITELLIER, prof. spécial d'agriculture à Meaux.
Sériciculture et culture du mûrier	M. VIEIL, ancien sous-directeur de Rousset.
Chasse, Élevage, Piégeage	M. A. DE LESSE, ing. agronome, propriétaire agricult.

IV. — TECHNOLOGIE AGRICOLE

Technologie agricole (Sucrerie, Meunerie, Boulangerie, Féculerie, Amidonnerie, Glucoserie)	M. SAILLARD, professeur à l'École des industries agricoles de Douai.
Industries agricoles de fermentation (Cidrerie, Brasserie, Hydromels, Distillerie)	M. BOULLANGER, chef de Laboratoire à l'Institut Pasteur de Lille.
Vinification	M. PACOTTET, propr. viticulteur, répétiteur à l'Institut agronomique.
Laiterie	M. Ch. MARTIN, ancien directeur de Mamirolle.
Microbiologie agricole	M. KAYSER, maître de conf. à l'Inst. agronomique.

V. — GÉNIE RURAL

Machines agricoles	M. COUPAN, répétiteur à l'Institut agronomique.
Moteurs agricoles	
Constructions rurales	M. DANGUY, direct. des études à l'École de Grignon.
Topographie agricole et Arpent.	M. MERET, professeur à l'Institut agronomique.
Drainage et Irrigations	M. RISLER, directeur hon. de l'Institut agronomique.
	M. WERY, s.-directeur de l'Institut agronomique.
Électricité agricole	M. H.-P. MARTIN et PETIT, ingénieurs électriciens.

VI. — ÉCONOMIE ET LÉGISLATION RURALES

Économie rurale	M. JOUZIER, professeur à l'École d'agriculture de Rennes.
Législation rurale	M. CONVERT, professeur à l'Institut agronomique.
Comptabilité agricole	
Associations agricoles (Syndicats et Coopératives)	M. TARDY, répétiteur à l'Institut agronomique.
Hygiène de la ferme	M. le Dr REGNARD, dir. de l'Inst. agronomique.
	M. le Dr PORTIER, répétiteur à l'Inst. agronomique.
Le Livre de la Fermière	Mme L. BUSSARD.

ENCYCLOPÉDIE AGRICOLE
Publiée par une réunion d'Ingénieurs agronomes
SOUS LA DIRECTION DE G. WERY

MICROBIOLOGIE AGRICOLE

PAR

Edmond KAYSER

INGÉNIEUR AGRONOME
DOCTEUR ÈS SCIENCES
MAÎTRE DE CONFÉRENCES DE MICROBIOLOGIE A L'INSTITUT NATIONAL AGRONOMIQUE

Introduction par le Dr P. REGNARD
DIRECTEUR DE L'INSTITUT NATIONAL AGRONOMIQUE
MEMBRE DE LA SOCIÉTÉ N^{le} D'AGRICULTURE DE FRANCE

Avec 100 figures intercalées dans le texte

PARIS

LIBRAIRIE J.-B. BAILLIÈRE ET FILS
19, rue Hautefeuille, près du Boulevard Saint-Germain

INTRODUCTION

Si les choses se passaient en toute justice, ce n'est pas moi qui devrais signer cette préface.

L'honneur en reviendrait bien plus naturellement à l'un de mes deux éminents prédécesseurs :

A Eugène TISSERAND, que nous devons considérer comme le véritable créateur en France de l'enseignement supérieur de l'agriculture : n'est-ce pas lui qui, pendant de longues années, a pesé de toute sa valeur scientifique sur nos gouvernements et obtenu qu'il fût créé à Paris un Institut agronomique comparable à ceux dont nos voisins se montraient fiers depuis déjà longtemps ?

Eugène RISLER, lui aussi, aurait dû plutôt que moi présenter au public agricole ses anciens élèves devenus des maîtres. Près de douze cents ingénieurs agronomes, répandus sur le territoire français, ont été façonnés par lui : il est aujourd'hui notre vénéré doyen, et je me souviens toujours avec une douce reconnaissance du jour où j'ai débuté sous ses ordres et de celui, proche encore, où il m'a désigné pour être son successeur (1).

Mais, puisque les éditeurs de cette collection ont voulu que ce fût le directeur en exercice de l'Institut agronomique qui présentât aux lecteurs la nouvelle *Encyclopédie*, je vais tâcher de dire brièvement dans quel esprit elle a été conçue.

Des Ingénieurs agronomes, presque tous professeurs d'agriculture, tous anciens élèves de l'Institut national agronomique, se sont donné la mission de résumer, dans une série de volumes, les connaissances pratiques absolument nécessaires aujourd'hui pour la culture rationnelle du sol. Ils ont choisi pour distribuer, régler et diriger la besogne de chacun, Georges WÉRY, que j'ai le plaisir et la chance d'avoir pour collaborateur et pour ami.

L'idée directrice de l'œuvre commune a été celle-ci : extraire de notre enseignement supérieur la partie immédiatement utilisable par l'exploitant du domaine rural et faire connaître du même coup à celui-ci les données scientifiques définitivement acquises sur lesquelles la pratique actuelle est basée.

Ce ne sont donc pas de simples Manuels, des Formulaires irraisonnés que nous offrons aux cultivateurs ; ce sont de brefs Traités, dans lesquels les résultats incontestables sont mis en évidence, à côté des bases scientifiques qui ont permis de les assurer.

Je voudrais qu'on puisse dire qu'ils représentent le véritable esprit de notre Institut, avec cette restriction qu'ils ne doivent ni ne peuvent contenir les discus-

(1) Depuis que ces lignes ont été écrites, nous avons eu la douleur de perdre notre éminent maître, M. Risler, décédé, le 6 août 1905, à Calèves (Suisse). Nous tenons à exprimer ici les regrets profonds que nous cause cette perte. M. Eugène Risler laisse dans la science agronomique une œuvre impérissable.

sions, les erreurs de route, les rectifications qui ont fini par établir la vérité telle qu'elle est, toutes choses que l'on développe longuement dans notre enseignement, puisque nous ne devons pas seulement faire des praticiens, mais former aussi des intelligences élevées, capables de faire avancer la science au laboratoire et sur le domaine.

Je conseille donc la lecture de ces petits volumes à nos anciens élèves, qui y retrouveront la trace de leur première éducation agricole.

Je la conseille aussi à leurs jeunes camarades actuels, qui trouveront là, condensées en un court espace, bien des notions qui pourront leur servir dans leurs études.

J'imagine que les élèves de nos Écoles nationales d'agriculture pourront y trouver quelque profit, et que ceux des Écoles pratiques devront aussi les consulter utilement.

Enfin, c'est au grand public agricole, aux cultivateurs, que je les offre avec confiance. Ils nous diront, après les avoir parcourus, si, comme on l'a quelquefois prétendu, l'enseignement supérieur agronomique est exclusif de tout esprit pratique. Cette critique, usée, disparaîtra définitivement, je l'espère. Elle n'a d'ailleurs jamais été accueillie par nos rivaux d'Allemagne et d'Angleterre, qui ont si magnifiquement développé chez eux l'enseignement supérieur de l'agriculture.

Successivement, nous mettons sous les yeux du lecteur des volumes qui traitent du sol et des façons qu'il doit subir, de sa nature chimique, de la manière de la corriger ou de la compléter, des plantes comestibles ou industrielles qu'on peut lui faire produire, des animaux qu'il peut nourrir, de ceux qui lui nuisent.

Nous étudions les manipulations et les transformations que subissent, par notre industrie, les produits de la terre : la vinification, la distillerie, la panification, la fabrication des sucres, des beurres, des fromages.

Nous terminons en nous occupant des lois sociales qui régissent la possession et l'exploitation de la propriété rurale.

Nous avons le ferme espoir que les agriculteurs feront un bon accueil à l'œuvre que nous leur offrons.

Dr PAUL REGNARD,

Membre de la Société nationale
d'Agriculture de France;
Directeur de l'Institut national
agronomique.

PRÉFACE

« Gaz, fluides, électricité, magnétisme, ozone, choses connues ou occultes, il n'y a quoi que ce soit dans l'air, hormis les germes qu'il charrie, qui soit une condition de la vie. » Telle est la conclusion à laquelle arrivait Pasteur dans ses premières études vers 1858, sur la décomposition des infusions organiques.

Bientôt après Pasteur montre le rôle joué par les infiniments petits dans la maladie des animaux domestiques (bactéridie charbonneuse, clavelée, choléra des poules, rouget des porcs), dans celle des vers à soie, dans les industries de fermentation, notamment dans la fermentation alcoolique. On ne voyait pas leur utilité directe en agriculture, sinon pour l'élevage du bétail. On considérait les modifications constatées journellement dans le sol comme des procès exclusivement d'ordre chimique et physique.

Mais l'agronomie ne tarda pas à subir, comme la médecine et l'hygiène, l'influence des découvertes pasteuriennes. La fertilité de la terre dépend en grande partie de l'habile mise en œuvre des infiniment petits, qui s'y comptent par milliards.

Pendant que les plantes font surtout un travail de synthèse, en amenant les résidus des décompositions animales et végétales : acide azotique, CO^2, H^2O, etc., à l'état de composés complexes : sucres, amidons, albuminoïdes, les microbes opèrent le travail d'analyse, de désagrégation de ces mêmes produits.

Ce sont eux qui défont et disloquent continuellement les matériaux édifiés par les végétaux supérieurs ; leur rôle dans l'économie générale du monde vivant est des plus importants.

Nous savons aujourd'hui que la plupart des décompositions qui ont lieu dans le sol sont dues à des interventions microbiennes ; la fermentation du fumier de ferme et la nitrification en sont des exemples frappants.

Jusqu'à présent, dans un milieu aussi complexe, l'homme n'a qu'une influence relativement restreinte sur leur activité; mais, par un travail raisonné de la terre, par des engrais appropriés, par les amendements, par les soins culturaux, etc., il peut rendre la réaction du sol basique ou acide et favoriser ainsi les espèces qui lui sont utiles.

En résumé, le point important à observer est d'arriver à leur constituer toujours un milieu favorable, ce que nous appelons au laboratoire un bon milieu de culture.

Ainsi envisagée, la fertilité du sol se montre intimement liée à sa flore microbienne.

Les microorganismes jouent un rôle dans la décomposition des roches, dans la formation des sulfates et des nitrates; ils sont encore les principaux intermédiaires pour la fixation de l'azote atmosphérique, et de grands producteurs d'acide carbonique si utile aux végétaux supérieurs.

Ce sont eux qui rétablissent l'équilibre entre la création et la destruction de matières organiques, entre la matière vivante et la matière inerte.

Les études microbiologiques ont vite fait reconnaître leur importance en vinification, cidrerie, distillerie, boulangerie, laiterie, fromagerie; leur intervention dans le rouissage, l'ensilage, la tannerie, etc.

Elles nous ont appris l'existence de microbes utiles et de microbes nuisibles.

Beaucoup de ces transformations sont encore insuffisamment expliquées, attendent une solution. On est donc obligé de faire des hypothèses expliquant certains faits, tandis que d'autres restent irrésolus. A ce sujet, Pasteur disait : « Les hypothèses, nous les brassons à la pelle dans nos laboratoires; elles remplissent nos registres de projets d'expériences; elles nous invitent à la recherche, et voilà tout. »

Bien souvent, la chimie nous a aidé, sinon à éclaircir complétement certains phénomènes biologiques, du moins à établir des hypothèses plausibles; l'analogie des effets entraînant celle des causes.

Il appartient à l'homme de laboratoire de réunir les observations, de faire des comparaisons, d'en étudier les conséquences dans leur ensemble et sous leurs différentes phases, de contrôler les faits isolés et de voir jusqu'à quel point ils sont d'accord avec l'observation et la pratique.

Leur interprétation judicieuse lui permettra de passer

aux généralisations, et il a le droit de considérer une hypothèse comme probable, si elle explique d'une façon suffisante les résultats de l'expérience, tant que de nouveaux faits n'en viennent démontrer l'inexactitude ; le savant choisira entre deux hypothèses celle qui permettra de tirer des conclusions se rapprochant le plus de la réalité ; c'est là la seule manière pour arriver à la découverte de la vérité.

La fermentation alcoolique, par exemple, montre combien il a fallu de recherches et d'hypothèses diverses pour arriver à saisir enfin son véritable mécanisme. Il n'y a qu'à citer les travaux de Liebig, Naegeli, Traube et Pasteur sur ce sujet.

Il était réservé à Buchner de venir confirmer par des expériences *in vitro* l'existence de la zymase alcoolique, admise hypothétiquement par Traube, Pasteur, Claude Bernard et Berthelot.

Malgré l'insuffisance de certaines hypothèses sur les phénomènes biologiques du sol, la microbiologie a déjà rendu, dans ces vingt dernières années, de grands services à l'agriculture, d'où l'utilité manifeste de faire connaître dès maintenant l'état actuel de nos connaissances sur ces questions et d'indiquer de quel côté nos recherches futures devront être orientées ; c'est le but de ce livre.

Nous l'avons divisé en trois parties : dans la *première*, nous verrons les propriétés générales des microbes, leur utilité, leur morphologie ; l'influence des agents physiques et chimiques, enfin leurs moyens d'action (diastases).

Comme application, nous étudierons, dans la *seconde partie*, la répartition des microbes à la surface terrestre et les transformations qu'ils font subir aux divers matériaux qu'ils peuvent rencontrer dans le sol (engrais divers, nitrification, dénitrification, épuration des eaux résiduaires, assimilation de l'azote).

Dans la cellule vivante, les matières albuminoïdes jouent le rôle le plus important. Tandis que la dégradation des matières hydrocarbonées est très facile à suivre, celle des matières azotées, généralement de composition très complexe, passe par une multitude d'échelons dont beaucoup de termes nous échappent encore. C'est pour cette raison que nous nous arrêterons un peu plus longuement sur ces transformations.

L'étude du cycle de l'azote nous permettra de constater chez les microbes une grande adaptation à la division du travail. Chaque microbe préfère un aliment déterminé, s'attaque à un échelon bien caractérisé. C'est par une série de vies successives et en même temps concomitantes que le fumier de ferme, par exemple, devient finalement assimilable pour la plante.

Nous terminerons cette seconde partie par l'étude des actions microbiennes sur les composés du soufre et du fer, qui sont, au point de vue vital, des éléments minéraux très importants.

Enfin, dans la *troisième partie*, nous suivrons la transformation industrielle des produits végétaux et animaux sous l'influence des microbes divers.

Après la description sommaire des ferments qu'on trouve généralement dans les nombreuses industries agricoles, nous passons en revue leur intervention en vinification, cidrerie, distillerie, sucrerie, amidonnerie, panification, dans la fabrication de produits fermentés, dans le rouissage, l'ensilage, la fermentation du tabac.

Ces industries emploient les produits végétaux. Nous nous occuperons ensuite de la laiterie, de la fromagerie et de la tannerie, qui transforment des produits animaux par des processus microbiens.

Dans un dernier chapitre, nous indiquerons à l'agriculteur les moyens licites dont il peut se servir pour protéger ses produits contre les microbes en général.

Après avoir lu ce livre, le lecteur sera amené de lui-même à compléter dans ce sens la phrase fondamentale de Pasteur, placée en tête de la préface : il n'y a quoi que ce soit, ni dans l'air, ni dans l'eau, ni dans le sol, c'est-à-dire dans la nature entière, hormis les germes charriés par ces divers éléments, qui soit une condition de la vie à la surface terrestre.

Mais, devant l'ubiquité des microbes et pour ne pas se laisser aller à des sentiments trop pessimistes par la crainte des infiniment petits, nous avons tenu à rappeler, à la fin du livre, une phrase de E. Duclaux qui insiste sur ce fait qu'en réalité les microbes sont généralement plus utiles que nuisibles.

Paris, 15 octobre 1905.

E. KAYSER.

MICROBIOLOGIE AGRICOLE

I

INTRODUCTION

I. — CONSIDÉRATIONS GÉNÉRALES SUR LES MICROORGANISMES.

Nécessité et utilité des microbes. — Lorsque nous abandonnons à lui-même, dans des conditions déterminées d'humidité, d'aération et de température, un grain d'orge, il ne tarde pas à germer, à donner naissance à une tigelle, à une radicelle et à vivre aux dépens de ses réserves; nous constatons qu'il diminue de poids. Mais, dès que la chlorophylle apparaît dans ses feuilles, le végétal formé sait profiter de l'énergie solaire pour réduire l'acide carbonique de l'air en formant de la matière organique pendant que les radicelles puisent dans le sol les différents éléments minéraux et azotés assimilables. C'est donc grâce à cette chlorophylle que le végétal peut engager les éléments gazeux de l'air dans des combinaisons plus complexes, dans des combinaisons combustibles à nouveau (celluloses, sucres, amidons, albumine, etc.). Dès ce moment, la plante devient le siège de deux fonctions opposées en quelque sorte, l'assimilation chlorophyllienne entraînant une augmentation de poids et la respiration qui agit en sens inverse. La résultante est positive, et il y a création de composés carbonés, azotés et gras.

Le végétal est donc un agent de synthèse ; c'est lui qui sert à la nourriture des animaux. Leurs tissus sont formés de principes immédiats, très semblables à ceux qu'ils absorbent ; les animaux transforment alors l'énergie chimique accumulée par les végétaux en travail musculaire, en chaleur et en produits divers. Ils désagrègent toutefois déjà une partie de ces matériaux, notamment les hydrates de carbone, les sucres, les graisses à l'état de CO_2 et H_2O utilisables pour le végétal, tandis que les matières azotées sont éliminées sous la forme d'excréments solides et liquides.

Lorsqu'une plante meurt ou qu'un animal périt, on peut dire que la majeure partie de leur corps se trouve sous une forme inutilisable pour le règne végétal. D'autre part, l'azote combiné et l'acide carbonique sont limités, et il en résulterait que toute vie deviendrait bientôt impossible à la surface terrestre s'il n'y avait pas un facteur, un agent qui amènerait la désagrégation, la combustion complète des débris végétaux ou animaux jusqu'aux termes simples CO_2, H_2O, AzO_3H, AzH_3, Azote, que la plante peut ramener à la forme vivante.

Il est certain qu'une fraction de ces résidus végétaux ou animaux, il est vrai faible, peut déjà être détruite par combustion, ou par oxydation et réduction chimique, mais la majeure partie resterait intacte sans cette source de destruction que le génie de Pasteur nous a fait connaître. C'est ce rôle qui est presque exclusivement dévolu aux infiniment petits. Ce sont les véritables agents de destruction de la matière organique.

L'observation a montré que toutes les solutions organiques, les infusions les plus diverses de plantes, de viande, abandonnées au contact de l'air, se troublent et se gâtent plus ou moins rapidement selon les conditions extérieures. Ainsi une solution sucrée peut donner lieu à la formation d'alcool qui se transforme en vinaigre, et ce dernier lui-même est décomposé à son tour en acide carbonique et en eau. On expliquait ces décompositions par la génération spontanée. Souvent l'ébullition même de quelques heures ne suffisait pas pour mettre les infusions à l'abri des transformations ; d'autres fois elles restaient claires, mais le simple passage de l'air leur rendait la faculté primitive de se modifier plus ou moins profondément.

Pasteur nous a montré que la matière organique, une fois constituée, ne se détruit pas par elle-même ; elle ne se crée pas non plus, elle revêt seulement des formes variées. Ainsi la matière azotée passe d'un être à l'autre par une série de métamorphoses ; elle affecte les diverses formes : matières albuminoïdes complexes (fibrine, albumine), azote nitrique, azote ammoniacal, azote gazeux ; ceci n'est possible que grâce aux agents de destruction.

« Si les êtres microscopiques, disait-il, disparaissaient de notre globe, la surface de la terre serait encombrée de matières organiques mortes et de cadavres de tous genres (végétaux et animaux). Ce sont eux principalement qui donnent à l'oxygène ses propriétés comburantes ; sans eux la vie deviendrait impossible, parce que l'œuvre de la mort serait incomplète. »

Aucun résidu d'un être vivant ne résiste à leur action dès qu'il est exposé à l'air et dès que les conditions de température deviennent favorables ; mais plaçons cette matière organique à l'abri de l'air, après l'avoir soumise à une température convenable, nous pourrons conserver les infusions les plus altérables pendant un temps infini. Faisons entrer l'air pendant quelques instants ou ajoutons-y quelques germes microbiens, la désagrégation commence, la gazéification se poursuit jusqu'aux termes simples, qui permettent le retour dans la circulation générale.

Cette destruction n'est pas du tout une transformation mal définie, elle est au contraire la résultante naturelle d'une série de vies successives, de ferments jouissant de la propriété de se multiplier, de se reproduire, provenant d'êtres semblables et possédant des propriétés spécifiques et héréditaires. C'est grâce à eux qu'il existe cet équilibre parfait entre la destruction de la production organique et sa synthèse à la surface du globe.

L'agriculture a profité des découvertes de Pasteur autant que les autres sciences. Le sol, en effet, est le siège de phénomènes chimiques très variés, décompositions microbiennes diverses et assimilation des éléments fertiles par la plante : ce sont encore des infiniment petits qui peuvent engager en combinaison l'azote atmosphérique grâce à la destruction de la matière carbonée de la terre comme rançon de cette propriété précieuse. Le fumier sert à la fois aux végétaux supérieurs et aux infiniment petits, deux sortes d'êtres entre lesquels nous voyons ainsi exister des liaisons nombreuses.

Ce sont donc ces minéralisateurs, ces gazéificateurs de la matière organique du sol qui sont ainsi, comme Pasteur nous l'a appris, les agents principaux de la fertilité des terres.

Classification. — On donne le nom de microbes à des êtres mono ou unicellulaires, privés de chlorophylle, incapables, à quelques exceptions près, de prendre le C à l'acide carbonique, de dimensions tellement petites qu'il faut, en général, recourir au microscope pour les voir. Ils exigent en conséquence de la matière organique toute faite pour la constitution de leurs tissus et pour leur fournir l'énergie calorifique dont ils ont besoin. Nous devons même ajouter qu'il existe certaines bactéries dites invisibles par nos meilleurs moyens de grossissement, telle est celle de la péripneumonie des bêtes à cornes de MM. Roux et Nocard.

La définition que nous venons de donner englobe naturellement un grand nombre d'êtres d'organisation inférieure appartenant aussi bien au règne végétal qu'au règne animal; ainsi nous pourrions y faire entrer des sporozoaires, des rhizopodes aussi bien que des champignons. Bien plus, elle nous permet d'y grouper certaines moisissures bien visibles à l'œil nu, comme les *Mucor*, les *Aspergillus*, les *Oïdium*, car toutes détruisent la matière organique à la façon des microbes proprement dits et peuvent occasionner des maladies virulentes pour l'homme et les animaux. On place les microbes dans le règne végétal, et on les rapproche des cyanophycées, avec lesquelles ils présentent beaucoup de caractères communs.

Le nombre des êtres que le bactériologiste a à étudier est très grand ; aussi, pour bien fixer les idées, a-t-on l'habitude d'en donner une classification basée sur la forme que les bactéries affectent dans les meilleures conditions de culture, formes sujettes à de grandes variations sous les influences les plus diverses.

Suivant leurs formes, les bactéries peuvent être rangées en quatre groupes :

Famille des *Coccacées*, comprenant les genres :
- *Micrococcus*, sans endospores.
- *Sarcina*, avec endospores.
- *Streptococcus*, avec arthrospores.

Bacillées avec les genres :
- *Arthrobacterium* (arthrospores).
- *Bacillus*.
  - *Bacillus* (bâtonnet droit).
  - *Clostridium* (bâtonnet fusiforme).
  - *Plectridium* (bâtonnet en tambour).

Spirobactéries avec les genres :
- *Spirochæta* (arthrospores, spirale élastique).
- *Vibrio* (endospores).
- *Spirillum* (endospores, spirale rigide).

Bactéries filamenteuses avec les genres :
- *Leptotrichées.*
  - *Leptothrix* (à base et à sommet, arthrospores sans soufre).
  - *Beggiatoa* (filaments sans gaine avec soufre, sulfuraires).
  - *Phragmidiothrix* (filaments divisés en cylindres courts).
  - *Crenothrix* (filaments avec gaine, ferrobactéries).
- *Cladotrichées* (filaments ramifiés avec gaine).

A ces bactériacées proprement dites, nous devons rattacher certaines familles de l'ordre des syphomycètes et de l'ordre des ascomycètes, qui comprend le genre des saccharomycètes. Nous en dirons quelques mots dans la troisième partie.

La forme des bactériacées est donc très variable ; elle peut être ronde ou sphérique, exemple : ferment lactique,

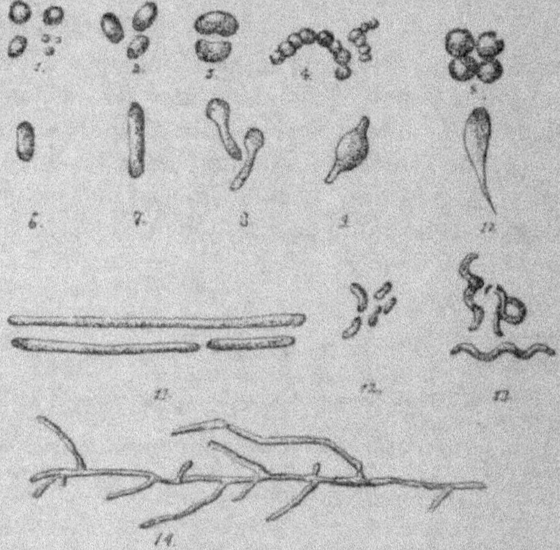

Fig. 1. — Formes diverses de bactéries.

1, 2, 3, 4, 5, *Coccus* de différentes formes et grosseurs ; 6, court bâtonnet ; 7, long bâtonnet ; 8, 9, formes renflées ; 10, formes en massue ; 11, filament ; 12, formes en virgules ; 13, formes spiralées ; 14, filament ramifié.

ferment de l'urée ; elle peut être allongée, exemple : Bactéridie charbonneuse, *Bacillus radicicola*, Vibrion butyrique ; elle peut être spiralée ou filamenteuse, exemple : *Spirillum desulfuricans* et *beggiatoa*. Les dimensions des microbes sont en général petites et se mesurent en millièmes de millimètre ou microns : « µ ».

Structure. — L'observation attentive et la technique microscopique avec tous les perfectionnements de ces dernières années ont permis de voir que la simplicité de leur structure n'était qu'apparente et qu'elle ressemblait tout à fait à celle des êtres supérieurs.

On y trouve une membrane colorable par les couleurs d'aniline, de nature tantôt cellulosique, tantôt albuminoïde. A l'intérieur, on peut voir plus ou moins facilement des corps ressemblant à un noyau, sur la nature duquel les bactériologistes ne sont pas encore bien d'accord ; enfin la masse du protoplasma se présente tout à fait comme chez la cellule animale ou végétale.

Lorsqu'on observe au microscope un mélange de microbes, on peut en voir qui s'agitent très vivement, traversant le champ microscopique rapidement ; d'autres qui oscillent sur place. Il y a donc des microbes mobiles ; ils sont munis de cils vibratiles, sortes de filaments plus ou moins longs différemment disposés autour de la bactérie, comme chez le ferment nitreux. Ces cils sont des expansions protoplasmiques passant à travers certains orifices de l'enveloppe et permettant d'augmenter les points de contact avec le milieu nutritif ; ils servent également comme organes de locomotion.

Quelquefois le microbe s'entoure d'une véritable capsule, sorte de défense (comme chez le Leuconostoc des sucreries) ; d'autres fois, la bactérie secrète une substance muqueuse gélatineuse, maintenant adhérents les uns aux autres une série d'individus, ce qui constitue une zooglée.

Modes de multiplication. — Les bactériacées se multiplient et se reproduisent par segmentation transversale ou par spores. La cellule microbienne s'allonge dans une seule direction ; il se reproduit un petit étranglement vers le milieu, et on a deux individus réunis (diplocoque). Chaque cellule peut se reproduire dans le même sens, et les divers diplocoques peuvent ensuite se séparer ou rester en chaînes (streptocoque), comme ceci arrive pour le ferment de l'urée. La deuxième segmentation peut se faire dans un sens perpendiculaire ; on a une tétrade ou mérismopédie ou un *Pediococcus*. Enfin, si la division a lieu dans les trois sens, on obtient une sarcine

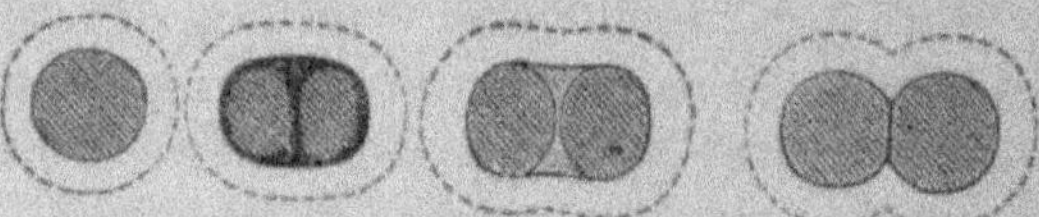

Fig. 2. — Schéma de la division chez les *Micrococcus*.

(forme cuboïde). Il peut se présenter enfin des cas où la division se fait tout à fait irrégulièrement, dans tous les sens : on a une forme ayant l'aspect d'une grappe de raisin, c'est le staphylocoque.

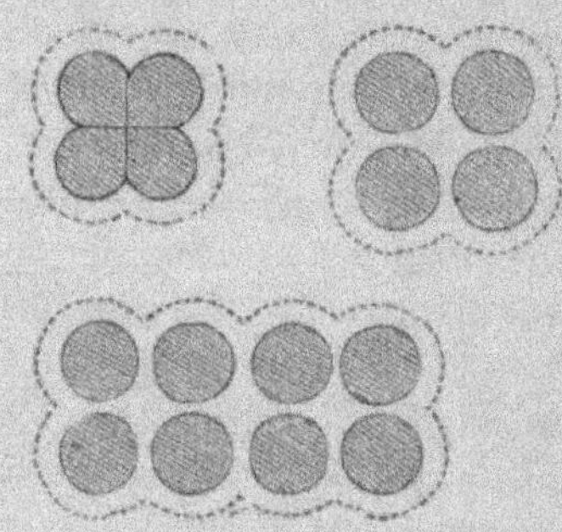

Fig. 3. — Schéma de la production des tétrades.

Les bacillées se reproduisent exactement de la même façon, c'est-à-dire par segmentation transversale ou scissiparité. Si la bactérie est allongée, rectiligne, isolée, on dit que c'est un bacille ; si elle présente des dimensions plus faibles et qu'elle offre l'aspect d'un bâtonnet court et trapu, on l'appelle bactérie proprement dite ; les

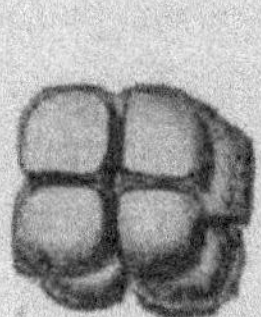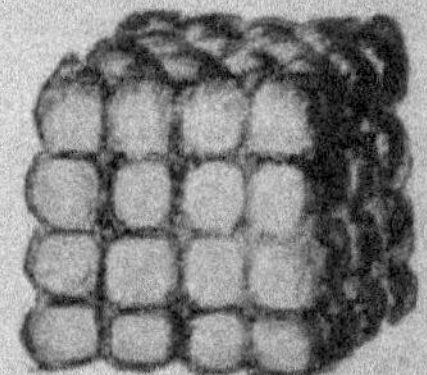

Fig. 4. — Schéma de la production des paquets de sarcines.

bacilles en chaînettes s'appellent streptocoques ; les vibrions sont des bacilles incurvés ; les bacilles allongés et renflés en fuseau vers la partie centrale portent le nom de *Clostridium*.

La reproduction des bactéries à spirales plus ou moins longues se fait encore de la même façon.

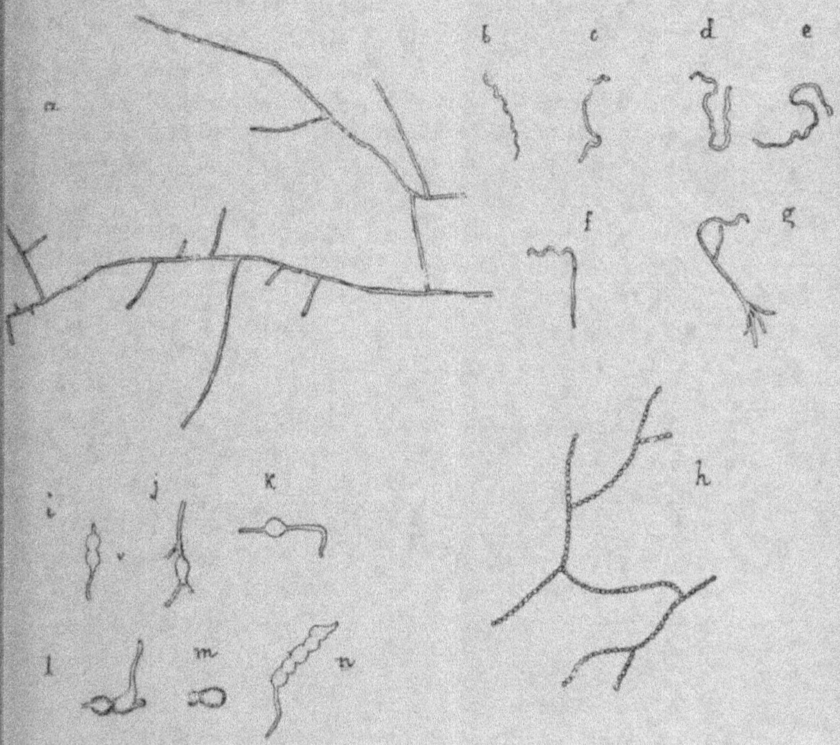

Fig. 5. — *Cladothrix dichotoma.*

a, portion de filament ramifié; *b, c, d, e, f, g*, parties de filaments diversement contournés; *h*, filament segmenté en spores; *i, j, k, l, m, n*, formes anormales, formes d'involution.

La segmentation peut être exceptionnellement longitudinale; c'est le cas du *Bacillus radicicola* des nodosités des légumineuses.

Les bactéries filamenteuses des eaux sulfureuses ou ferrugineuses révèlent l'apparence de filaments incolores, clairsemés et sans ramification, tantôt mobiles, tantôt immobiles, se fixant par les deux bouts ou seulement par l'une des extrémités à l'aide d'un petit flocon muqueux. Les cellules de la partie libre donnent naissance, en se divisant, à des organismes mobiles qui vont se fixer à leur tour et produisent de nouveaux filaments. Lorsque ces bactéries sont entourées d'une gaine, comme chez les ferrobactéries, les filaments sont englobés dans cette gaine muqueuse commune qui les maintient solidaires après leur division, et il peut en résulter des aspects de fausse dichotomie.

Dans des conditions très favorables, le dédoublement du microbe peut se faire en un temps très court. Ainsi Ward a vu doubler le *Bacillus ramosus* en trente-cinq minutes, ce qui fait pour vingt-quatre heures 4 000 000 d'individus. C'est grâce à cette étonnante multiplication jointe à de faibles exigences alimentaires qu'ils peuvent, malgré l'exiguité de leurs dimensions, contre-balancer l'action des végétaux et jouer le rôle important que nous connaissons. L'exemple suivant, qui a trait au lait, montre également que leur multiplication dépend beaucoup de la température. M. Freudenreich a trouvé dans un lait, au moment de la traite, 9 000 germes par centimètre cube ; ce lait, conservé à diverses températures, contenait par centimètre cube :

	15°.	25°.	35°.
Après 3 heures.	10 000 germes.	18 000 germes.	30 000 germes.
6 —	25 000 —	172 000 —	12 000 000 —
24 —	5 700 000 —	577 500 000 —	50 000 000 —

Spores. — Les bactéries peuvent encore se reproduire par endospores, qui sont toutefois inconnues chez les coccacées ; d'ordinaire chaque bacille ne donne naissance qu'à une seule spore (fig. 6).

Les spores libres représentent des corps arrondis, caractérisés par leur grande réfringence ; elles sont

rarement colorées. Leur diamètre égale, dépasse ou
n'atteint pas, selon les cas, celui de la cellule mère.
Elles sont pourvues d'une membrane épaisse, pauvre
en eau, ce qui leur donne une forte résistance vis-à-vis

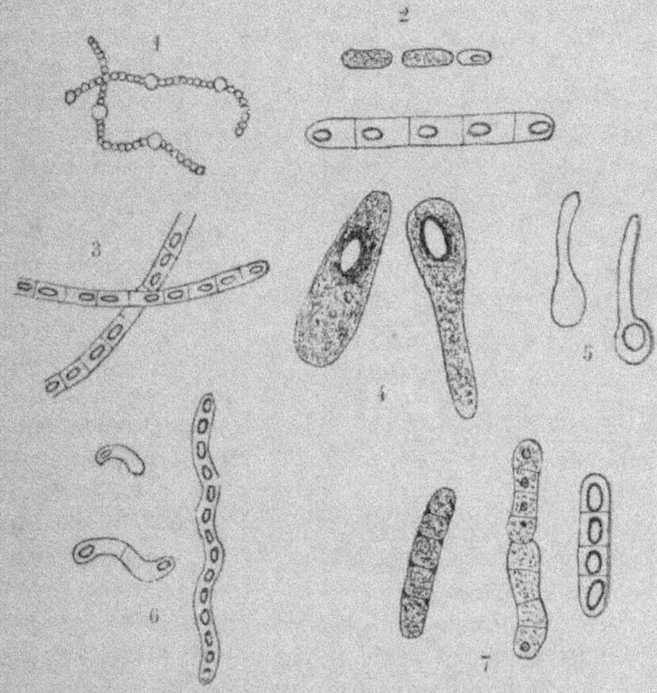

Fig. 6. — Formation des spores.

1, chez *Leuconostoc mesenteroides* ; 2, chez *Bacillus subtilis* ; 3, chez
Bacillus anthracis ; 4, chez *Bacillus butyricus* ; 5, chez *Spirillum
rugula* ; 6, chez une espèce de *Spirillum* ; 7, chez *Bacillus megaterium*.

des agents physiques et chimiques : ce sont les agents
destinés à la conservation de l'espèce.

Elles apparaissent dans certaines conditions défavorables au microbe. Lorsqu'une bactérie va sporuler, on
voit apparaître au sein du bacille un point brillant qui
s'accroît progressivement, en même temps qu'il augmente

de réfringence. A mesure que le contenu cellulaire se condense ainsi, le reste du protoplasma s'appauvrit parallèlement en matériaux nutritifs.

Bientôt cette spore n'est plus séparée de la membrane que par une faible trace de liquide aqueux ; elle peut déformer le bacille et être facilement mise en liberté. Elle se trouve tantôt à l'extrémité, tantôt au milieu du bacille ; sa forme et sa grosseur varient ; elle est plus difficile à colorer que le bacille adulte. Lorsqu'on la met dans un bon milieu et à une température suffisante, elle germe (fig. 7) et donne lieu à des êtres pareils à ceux dont elle provient. Ainsi nous voyons que la bactérie endosporée ressemble à la plante susceptible de se reproduire à la fois par bouture et par graine.

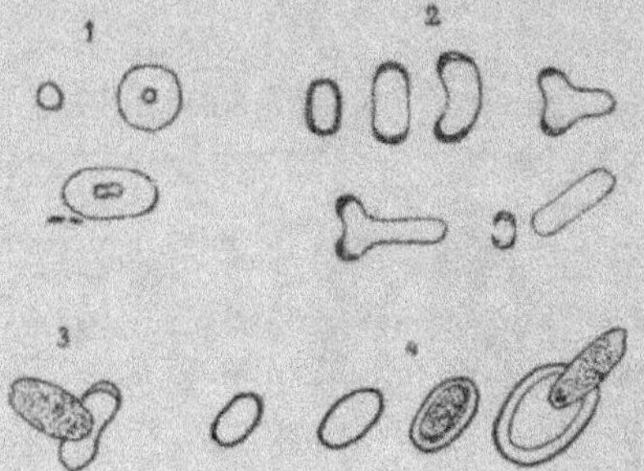

Fig. 7. — Germination des spores.

1, *Leuconostoc mesenteroïdes* ; 2, *Bacillus subtilis* ; 3, *Bacillus megaterium* ; 4, *Bacillus butyricus*.

Pléomorphisme. — En raison de sa grande plasticité protoplasmique, une même bactérie peut affecter, selon les conditions de culture, des formes très variées ; ainsi le *Micrococcus prodigiosus* s'allonge dans les milieux acides. On peut constater des faits analogues dans tous les milieux nutritifs transformés et usés, c'est-à-dire dans les cultures vieilles.

Dans ce dernier cas, on peut voir des formes ayant l'apparence de poires, de massues, d'outres, de boules, etc. ; on leur donne le nom de formes d'involution. Cette grande variété de formes et même de fonctions qui en découlent n'est cependant nullement en contradiction avec l'unité de l'espèce (fig. 8).

Ainsi, au lieu de faire la classification d'après les formes, on peut encore diviser toutes les bactéries en deux grands groupes : les parasites et les saprophytes. Les premiers

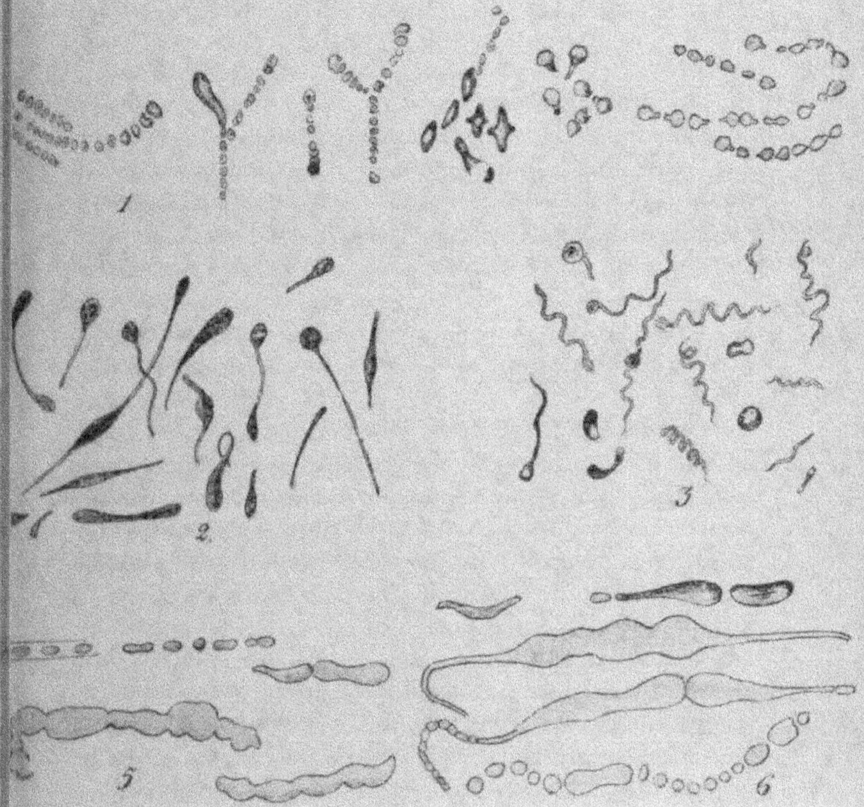

Fig. 8. — Formes d'involution.

1, chez le Streptocoque pyogène; 2, chez le *Proteus mirabilis* (Hauser); 3, chez le Spirille du choléra (Van Ermenghem); 4, chez le *Bacillus anthracis* (Buchner); 5, chez le *Bacillus subtilis* (Buchner); 6, chez le *Bacillus aceti* (Hansen).

sont obligés de s'attaquer à un être vivant, plante ou animal; les seconds se contentent de la matière organique végétale ou animale inerte, et ce besoin peut être

plus ou moins développé selon l'espèce bactérienne
considérée.

II. — INFLUENCE DES AGENTS PHYSIQUES
SUR LES MICROBES.

Le protoplasma cellulaire des êtres vivants est très
sensible aux conditions du milieu ambiant ; et, selon que
l'on offre à la cellule bactérienne des conditions favorables ou défavorables, il peut en résulter des modifications biologiques très importantes.

Chaleur. — Les microbes se développent à des températures très variées. Il existe pour eux, comme pour tous
les êtres vivants, une température minima, maxima et
optima. Il y a donc à ce point de vue trois zones à examiner.

Lorsque la température s'élève au-dessus du maximum, la vitalité ne tarde pas à être compromise, la
coagulation du protoplasma entraînant la cessation de
toutes les fonctions vitales ; si la température descend
au-dessous d'un minimum, le microbe se trouve dans un
état de vie latente, favorable à sa conservation.

Enfin, à la température optima, la nutrition est très
intense, la récolte microbienne est abondante. Les
diverses fonctions d'une bactérie, comme la sporulation,
la motilité, la fermentation, etc., n'exigent pas toujours
la même température optima ; ainsi certaines bactéries
lumineuses manifestent leurs propriétés spécifiques à
des températures inférieures à celles qui correspondent
à la végétation la plus intense.

La *zone optima* varie bien entendu pour l'espèce microbienne, ainsi il existe des bactéries dans les glaciers ; il y
en a d'autres dont la température optima se maintient
entre 12 et 15° ; d'autres préfèrent 25°, ou encore celles
de 35-37° (bactéries pathogènes de l'homme) ; il y en a
enfin qui se plaisent surtout aux températures com-

prises entre 50 à 70°. On leur donne le nom de thermophiles; elles se trouvent dans le sol, les eaux, le fumier, les excréments des animaux, dans le canal intestinal; certaines d'entre elles ont été étudiées par MM. Van Tieghem, Globig, Miquel et L. Rabinowitsch.

Lorsque nous nous maintenons dans la *zone des températures basses*, nous voyons que l'espèce microbienne se développe de moins en moins et tombe à l'état de vie latente; la croissance s'arrête d'autant plus vite qu'on s'éloigne davantage de la température optima. Pour les espèces dont la température optima est peu élevée, elle persiste plus longtemps. Les températures basses, c'est-à-dire le froid, ne gênent guère la vitalité des microbes qui se développent à nouveau, aussitôt qu'on les reporte à des températures convenables. Ainsi on a pu faire supporter à des levures alcooliques un froid de 200°, sans les voir périr ou être incommodées; elles bourgeonnaient lorsqu'on les mettait dans un milieu sucré à température convenable.

Pour ce qui concerne la *zone des températures élevées*, on doit dire que, dès qu'on dépasse de quelques degrés la zone optima, le microbe commence à souffrir, ne sporule plus, ne croît plus, et bientôt la mort arrive plus ou moins vite. Il est certain que cet état peut être atteint tout aussi bien par un court séjour à une température supérieure que par une durée plus prolongée à une température seulement légèrement supérieure à celle de la zone optima; il existe ainsi une série de températures mortelles tuant d'autant plus vite qu'on est plus éloigné de la température optima.

Quand il s'agit de l'influence de ces températures élevées, il faut ajouter que la résistance du microbe dépend de son état sporulé ou non; la spore moins riche en eau sera plus résistante. La chaleur sèche ou humide n'agit pas de la même manière; le microbe desséché, tout comme le grain débarrassé d'eau, supportera des températures plus élevées ; ainsi on sait que le blé sec résiste à 105° sans perdre ses facultés germinatives ; de même des microbes secs résistent facilement à 110, 115 et 120° et au delà. La réaction du milieu influe également. Dans les milieux acides comme le vin, les microbes périssent plus rapidement que dans les milieux presque neutres ou faiblement acides comme la bière. La présence de matières salines agit comme celle de l'eau sur la coagulation du protoplasma, en modifiant le pouvoir osmotique. Certaines bactéries du sol, des pommes de terre, du lait, sont excessivement résistantes et ne périssent par la chaleur humide que vers 105, 110, 115 et 120°, tandis que les ferments alcooliques meurent vers 30 à 35°.

C'est sur cette action de la chaleur que repose la stérilisation des milieux de culture divers. A l'état sec, on stérilise les vases, ustensiles, en les portant à 170° dans le four à flamber, tandis que nous stérilisons les milieux liquides en les portant sous pression à 110-120° pendant dix, quinze et vingt minutes, dans une marmite de Papin ou autoclave Chamberland.

Lumière. — Elle gène en général les actions vitales des bactéries ; elle les fait périr très rapidement en présence de l'oxygène ; par contre, leur destruction est bien plus lente lorsqu'on les place dans le vide.

Il convient de faire une exception en faveur des bactéries colorées ou chromogènes ; leur pigment, désigné sous le nom de bactério-purpurine, jouit de propriétés particulières, analogues à celles de la chlorophylle des végétaux supérieurs; il leur permet de décomposer l'acide carbonique de l'air.

Ces bactéries chromogènes sont mobiles ; placées dans l'obscurité, on les voit opérer des mouvements très rapides de recul, et, si l'on y projette une bande lumineuse, elles accourent et s'accumulent de préférence dans certains rayons du spectre.

La lumière est un agent hygiénique de premier ordre ;

ainsi, dans un sol éclairé, la lumière peut atteindre les germes sur une épaisseur de 1 mètre et diminuer notablement leur nombre, si l'éclairage solaire est intense et persiste seulement pendant quelques heures.

Électricité. — Les effets de cet agent se bornent aux actions chimiques et calorifiques mises en jeu par le passage du courant.

III. — INFLUENCE DES AGENTS CHIMIQUES.

La simplicité de structure des espèces microbiennes pourrait faire croire à des fonctions vitales très simples ; il n'en est rien. Nous venons de voir que les microbes sont très sensibles aux agents physiques ; ils le sont encore davantage vis-à-vis des agents chimiques, qui constituent leurs aliments.

Microbes aérobies et anaérobies. — Le microbe a besoin comme aliments de produits aptes à lui permettre d'édifier ses tissus et à le rendre indépendant de toute chaleur solaire, c'est-à-dire que l'action du protoplasma microbien doit se résumer dans un dégagement de chaleur. Il lui faut des aliments minéraux, carbonés et azotés ; l'analyse a démontré que la cellule microbienne contenait de 82 à 85 p. 100 d'eau, 9 à 14 p. 100 de matières albuminoïdes, le reste étant formé de matières grasses et minérales.

D'autre part, on peut admettre que 1 milligramme de bactéries, qui correspond à 25, même à 30 milliards d'individus, contient environ 1 p. 100 de milligramme de matières minérales. C'est pour cette raison que la dose de sels nécessaires dans nos milieux de culture artificiels peut être comprise entre 0^{gr},1 à 0,15 p. 100, et, parmi les éléments les plus utiles, citons : K, Na, Mg, Ca, S, Ph, Cl et fer. On a pu cultiver des bactéries dans des solutions purement minérales, fait déjà signalé par Pasteur pour la levure. La présence d'un élément déterminé, même à doses infinitésimales, peut avoir une influence très grande sur le développement d'une bactérie. Ainsi, dans le liquide Raulin, le Zn à la dose de $0^{gr},0046$ p. 100 sous la forme de sulfate peut décupler le poids du *Sterigmatocystis nigra*.

Les hydrates de carbone solubles les plus divers, comme les sucres, la glycérine, les acides organiques, l'acide tartrique, lactique, etc., peuvent servir d'aliments à un grand nombre de microorganismes ; certains autres hydrates, comme la fécule, l'amidon, ont besoin de transformations préalables par les diastases, que nous allons apprendre à connaître un peu plus loin : les milieux alcalins ou neutres sont en général préférables aux milieux acides.

De même les matières azotées les plus diverses, comme l'albumine, la caséine, la peptone, l'asparagine, les sels ammoniacaux, les nitrates, sont des aliments azotés, variables avec l'espèce bactérienne.

La bactérie est très sensible vis-à-vis des divers aliments qu'on lui offre ; elle est douée de propriétés chimiotaxiques, c'est-à-dire elle peut être attirée par certains composés alimentaires ou repoussée par d'autres. On peut le démontrer à l'aide de petits tubes capillaires de 1/2 à 1 centimètre de long, fermés à l'un des bouts et contenant des solutions de 5 p. 100 de bouillon de viande, de sucre, d'acides, de peptone, etc. Plongeons le faisceau dans de l'eau contenant des bactéries mobiles, on verra, au bout de quelques secondes, les bactéries se rassembler autour de l'embouchure des divers tubes, pénétrer dans les uns et laisser les autres clairs ; ainsi les bactéries n'entrent pas dans les tubes contenant de l'acide lactique, c'est un corps montrant la chimiotaxie négative, c'est en même temps alors pour certaines espèces un antiseptique. Le pouvoir, l'effet de ces antiseptiques varient évidemment avec leur concentration, la température, l'espèce microbienne et l'état de cette dernière (sporulé, sec ou non).

Parmi tous les aliments, il en est un sur lequel nous devons nous arrêter pendant quelques instants, cet aliment est l'oxygène. Il y a des fermentations, comme la fermentation butyrique et forménique, qui s'accomplissent à l'abri de l'air ; l'oxygène passe d'une partie de la molécule à l'autre ; un groupement de cette molécule alimentaire peut être oxydé, pendant que l'autre est réduit ; ce sont là des combustions incomplètes effectuées par les *microbes anaérobies*.

A l'opposé, nous avons des décompositions aérobies en présence de l'air ; la combustion est alors complète, c'est le cas de la fermentation acétique, qui est due à un *microbe aérobie*.

C'est en 1861 que Pasteur, étudiant la fermentation butyrique du lactate de chaux, constata qu'elle était causée par un microorganisme dont le développement ne pouvait avoir lieu qu'à l'abri de l'air, microbe spécifique auquel il a donné le nom de vibrion butyrique. Nous connaissons aujourd'hui un grand nombre de microbes anaérobies, notamment parmi les microbes pathogènes pour l'homme ; les ferments de la cellulose sont encore des microbes anaérobies.

Déposons une gouttelette d'une fermentation butyrique sous le microscope, nous pouvons voir, pendant quelques instants, se manifester un mouvement rapide ; bientôt il cesse aux bords de la lamelle et persiste souvent plus ou moins longtemps au centre, jusqu'à ce que l'oxygène y ait diffusé ; on aurait des vues inverses avec une culture aérobie, par exemple avec le bacille du foin.

Il convient d'ajouter qu'il existe des anaérobies stricts (*Clostridium Pasteurianum* de Winogradsky, le microbe du tétanos), des aérobies véritables (ferment acétique), et enfin des microbes facultativement aérobies ou anaérobies (ferment lactique). En faisant varier la tension de l'oxygène, M. Chudiakow a pu habituer certaines espèces anaérobies à en supporter de faibles doses. Ceci nous montre qu'au point de vue alimentaire il faut donner au microbe la dose optima d'oxygène, dose variable d'une espèce à l'autre, beaucoup plus faible pour les anaérobies que pour les aérobies.

Pouvoir ferment. — On donne ce nom au rapport qui existe entre le poids de matière transformée et le poids du microbe. Ce dernier peut encore être remplacé par le poids de l'un des produits de l'action microbienne (quantité d'azote fixé par exemple). Ce rapport est d'autant plus petit que la dislocation de la matière fournit plus de chaleur. Il est en conséquence très élevé dans les combustions partielles où le dégagement de chaleur est faible, là où la combustion se fait aux dépens de la matière alimentaire, ce qui est le cas des anaérobies. Ainsi Winogradsky a trouvé avec le *Clostridium butyricum*, fixateur d'azote anaérobie du sol, les rapports suivants :

$$\frac{\text{Sucre consommé}}{\text{Azote fixé}} = \frac{1000}{1,8 \times 6,25} = 89,1.$$

Ce rapport a été pour le microbe fixateur d'azote de la légumineuse (M. Mazé) :

$$\frac{100}{6,25} = 16.$$

Pasteur a obtenu avec le ferment alcoolique des rapports de l'ordre suivant :

$$\frac{\text{Sucre décomposé}}{\text{Poids de levure produite}} = 4, 25, 100, 150, 175 \text{ selon que les}$$

conditions de culture étaient plus ou moins aérobies.

Nous voyons qu'un faible poids de microbe est apte à détruire des quantités énormes de débris organiques végétaux ou animaux, et nous nous expliquons comment ces petits êtres arrivent à contre-balancer les fonctions synthétiques des végétaux supérieurs.

IV. — CULTURE DES MICROBES A L'ÉTAT PUR.

Dans la nature, nous trouvons, en général, un grand nombre d'espèces microbiennes mélangées, chacune attendant le moment et les conditions favorables pour détruire la matière organique qui se présente. Les microbes aérobies enlèvent l'oxygène et permettent ainsi le travail des anaérobies.

Leur étude ne peut se faire avec quelque utilité que si on

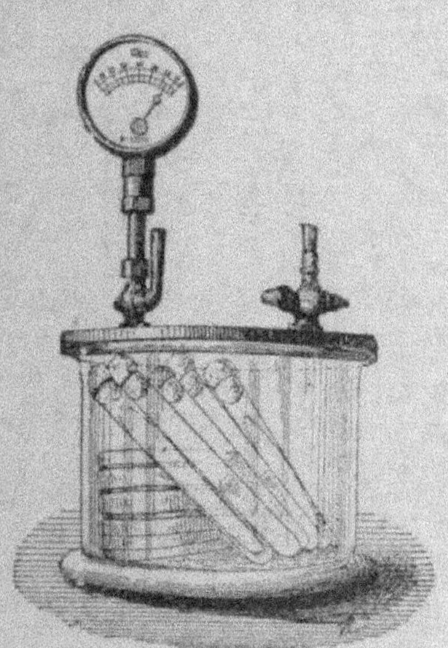

Fig. 9. — Appareil de Trétrop.

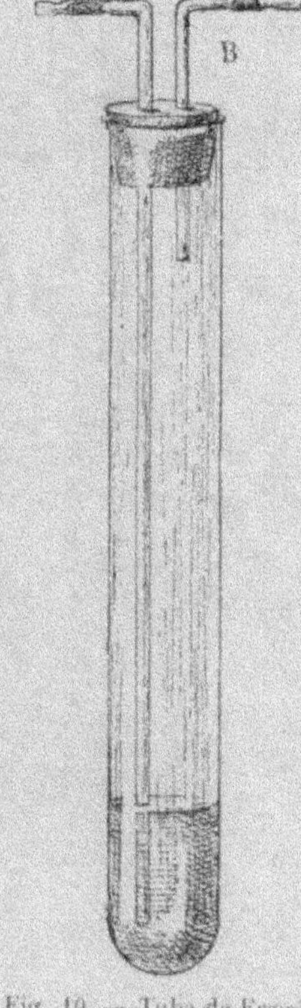

Fig. 10. — Tube de Frænkel.

les obtient à l'état pur. C'est ce qui nous oblige de dire quelques mots sur les méthodes employées.

La première condition qu'il faut réaliser est de se servir de vases et de milieux de culture stériles. Nous y parvenons par l'emploi du four à flamber et de l'autoclave.

Nous allons montrer par deux exemples comment on peut obtenir ce qu'on appelle une culture microbienne pure à l'aide des milieux de culture additionnés de géla-

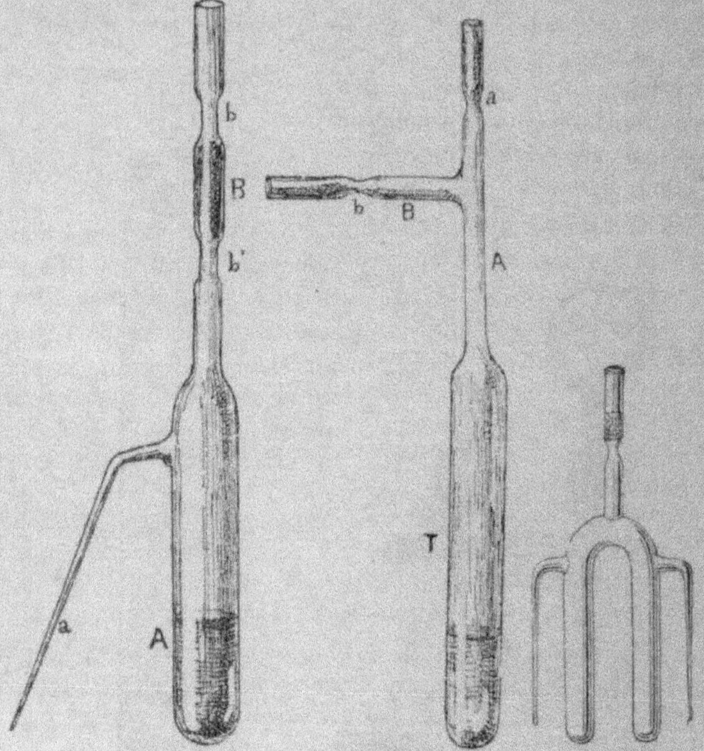

Fig. 11. — Tube de Pasteur pour la culture des anaérobies.

Fig. 12. — Tube de Roux pour ensemencement en strie.

Fig. 13. — Tube à réservoir double.

tine : c'est cette méthode si précieuse qui fut introduite dans la science par Koch, et on peut dire qu'elle a rendu les plus grands services aux études bactériologiques.

Supposons que nous laissions exposé à l'air un morceau de pomme de terre cuite : nous la verrons bientôt se couvrir de petits points blancs ou colorés, qui grossiront et se mélangeront peu à peu ; ce sont des colonies microbiennes formées de moisissures, levures, bactéries d'aspect et de dimensions variés. Chaque colonie contient en général seulement une espèce microbienne dont l'origine est due à un germe de l'air tombé sur la pomme de terre, où il s'est multiplié peu à peu. Si nous remplaçons maintenant cette pomme de terre par un bouillon de viande ou un jus sucré additionné de gélatine (7 à 8 p. 100), nous pourrons y voir des colonies analogues. Comme les milieux gélatinisés sont très transparents, ils permettent d'apercevoir très facilement et d'isoler ces colonies.

Supposons maintenant que nous désirions nous faire une idée approximative des microbes contenus dans un sol, nous en prendrions un petit échantillon bien moyen et nous le verserions dans une certaine quantité d'eau distillée. Agitons pour bien séparer les particules terreuses et les germes qui y sont adhérents. Portons ensuite une goutte ou quelques gouttes de cette eau à l'aide d'une pipette stérilisée dans le tube de bouillon gélatinisé, liquéfié préalablement par chauffage à 20°. Mélangeons bien et étalons notre gélatine liquide sur toute la surface du tube ou versons-la sur une plaque de verre. Elle fera

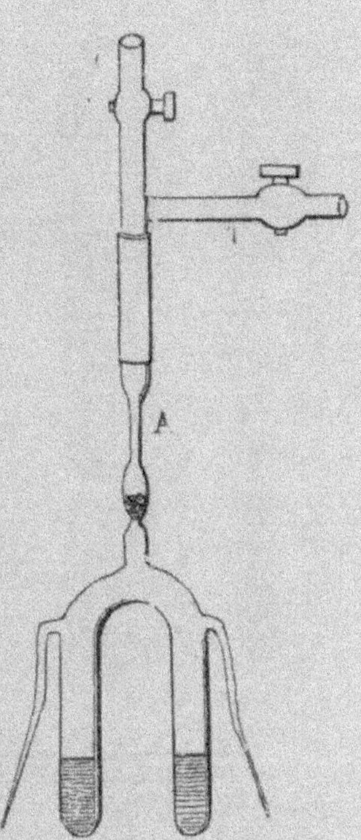

Fig. 14. — Appareil de Roux pour la culture des anaérobies.

prise, et, là où il y aura un germe, il se développera une colonie du microbe aérobie.

Comme il est impossible de calculer à l'avance le nombre de germes qu'on ensemence dans la gélatine, on fait, en général, trois plaques à des degrés de dilution différents en procédant comme suit : on liquéfie la gélatine de trois tubes numérotés 1, 2 et 3 ; le tube 1 reçoit un nombre donné de gouttelettes d'eau chargée de terre ; il est doucement agité. On y prend une goutte avec le fil de platine pour ensemencer le tube n° 2, et on opère de la même manière pour le tube n° 3. Avec la dilution convenable, on conçoit aisément qu'on obtient la séparation et l'isolement des espèces microbiennes.

Pour l'obtention des anaérobies, on place les plaques géla

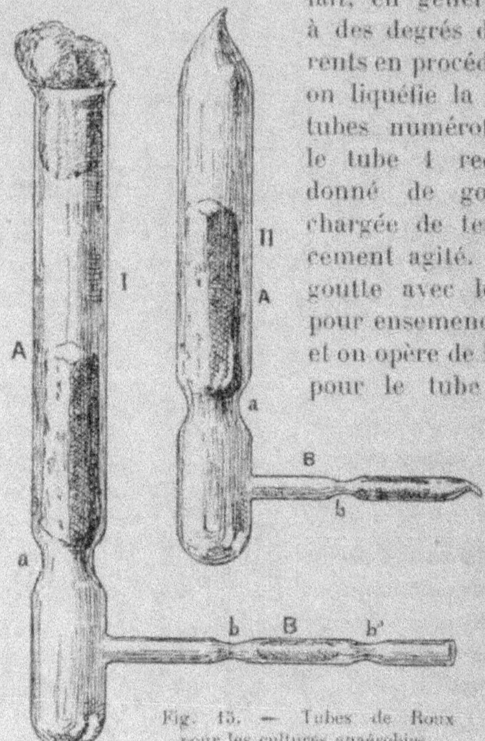

Fig. 15. — Tubes de Roux pour les cultures anaérobies.

tinisées ensemencées dans des cloches à vide (fig. 9), ou on peut encore se servir de la méthode de Fraenkel (fig. 10, p. 21).

Ce savant emploie des tubes à essai à parois minces, à larges dimensions et sans rebord saillant à l'orifice ; on ensemence et on remplace le bouchon de coton primitif par un bouchon de caoutchouc à double perforation por tant deux tubes de verre coudés à angle droit. L'un plonge dans la gélatine, l'autre B s'arrête immédiatement sous le bouchon. Il sert à la sortie du gaz hydrogène et peut être mis en communication avec une trompe ou un aspirateur. On fait passer un courant d'hydrogène pendant quelques minutes; on ferme à la lampe les extrémités des deux tubes, et on solidifie la gélatine en imprimant à l'appareil un rapide mouvement de rotation sous un courant d'eau froide. Les colonies se développent et peuvent être facilement isolées (fig. 11, 12, 13, 14, 15, 16).

On peut encore se servir de tubes divers (tubes à une branche, à deux branches en U, tubes du Dr Roux) portant tous des dispositifs pour être mis en communication avec une trompe et permettant de faire le vide.

Dans la figure 11, nous avons, en A, le liquide nutritif; en B, le bouchon de coton maintenu entre deux étranglements *bb*, le supérieur permettant de sceller l'appareil après avoir fait le vide,

Fig. 16. — Tube de Roux

l'inférieur servant à retenir le bouchon de coton après le développement de la culture microbienne lors de la rentrée de l'air; l'effilure *a* sert à faire entrer le liquide de culture ainsi qu'à l'ensemencement.

Dans les figures 12, 14 et 16, nous avons un dispositif analogue; elles nous montrent, en outre, comment on peut obtenir un vide plus parfait en remplaçant, à différentes reprises, l'air restant après un premier vide approché par un gaz inerte, et à refaire chaque fois le vide.

Dans la figure 13, nous avons le tube à deux branches déjà utilisé par Pasteur; il nous permet de faire une culture anaérobie dans l'une des branches et d'opérer ensuite un nouvel ensemencement, par simple inclinaison du tube, en faisant tomber une goutte de liquide de la première branche dans la seconde, sans avoir à craindre le contact de l'air.

La figure 15 nous représente une culture anaérobie après l'ensemencement et après y avoir fait le vide.

D'autres fois, on se débarrasse de l'oxygène, en plongeant le tube à culture dans un tube de diamètre plus grand contenant du pyrogallate de potasse et qu'on ferme hermétiquement (dispositif de Büchner) (fig. 17).

Fig. 17. — Dispositif de Büchner.

V. — DIASTASES.

Les différents aliments que nous connaissons ne sont que rarement directement assimilables; ils doivent subir des transformations, subir l'action des diverses sécrétions de la vie cellulaire, c'est-à-dire des diastases. Tel est le cas pour l'amidon, le sucre candi, l'albumine

Ces diastases, produits solubles élaborés dans l'intérieur de la cellule vivante, sont donc le moyen de dislocation et de destruction des diverses matières alimentaires, et ce sont peut-être, comme le disait Duclaux, en outre des moyens de construction des édifices moléculaires complexes élevés par la vie.

Ces diastases répondent aux différents aliments, et leur nombre est très grand; on peut distinguer les diastases hydrolysantes et déshydratantes, les diastases oxydantes et réductrices, les diastases coagulantes et décoagulantes, enfin les diastases décomposantes.

Leurs propriétés principales sont les suivantes : corps

solubles dans l'eau, précipitables par l'alcool, peuvent
dès lors se trouver en poudre ou en solution. Leur action
n'est jamais immédiate, comme ceci se présente pour les
phénomènes de coagulation. Elles peuvent quelquefois
être obtenues, débarrassées des microbes, en faisant
passer les solutions riches en diastases à travers des
bougies de porcelaine. On les extrait en général par
macération ou par pression des tissus microbiens.

Ces diastases peuvent transformer sans s'altérer d'une
manière appréciable des proportions énormes de matières
alimentaires ; il existe de ce chef une grande disproportion entre leur propre poids et celui de la matière transformée. Elles jouissent de propriétés stéréo-chimiques,
c'est-à-dire n'attaquent que des corps déterminés, spécifiques, et leur sécrétion est sous la dépendance de la matière alimentaire.

Ainsi, dans la germination de la graine des céréales,
nous trouvons à ce moment la sécrétion d'une cytase
attaquant la cellulose du grain d'amidon et l'amylase
solubilisant l'amidon de réserve ; cette dernière diastase
est très répandue dans le monde microbien. La betterave
à sucre secrète dans la deuxième année de la végétation
une diastase hydrolysant le saccharose et le transformant en sucre interverti, c'est la sucrase, diastase très
connue et abondante chez les ferments alcooliques.

Les matières albuminoïdes subissent également l'effet
de diastases solubilisantes, c'est la protéolyse des
substances albuminoïdes, et, suivant le milieu acide ou
neutre, ce sera telle diastase ou telle autre qui agira ;
nous pouvons citer la pepsine, la trypsine, la caséase
solubilisant la caséine du lait précipitée par la présure,
qui est une diastase coagulante. Les matières grasses sont
hydrolysées par des diastases qui portent le nom de
lipases.

Les oxydases sont les produits de sécrétion des microbes oxydants, comme le ferment nitreux, le ferment acétique ; elles sont l'opposé des diastases réductrices ou hydrogénases.

Il existe également des diastases décomposantes dont la plus célèbre est la zymase alcoolique de Büchner ; c'est en réalité un mélange de deux diastases, la *zymase proprement dite* amenant les sucres jusqu'au terme intermédiaire acide lactique, et la *lactacidase* transformant l'acide lactique en alcool. Le rôle de ces diastases dans les industries de fermentation est des plus importants.

Toutes ces diastases sont très sensibles aux agents physiques et chimiques ; il existe pour toutes une température optima, en général basse et se maintenant entre 20 à 50° ; leur température de destruction varie nécessairement avec la présence ou l'absence d'eau, avec le mode de chauffage dans l'eau pure ou en présence de la matière à transformer ; dans ce dernier cas, la résistance est plus grande ; elle peut atteindre 100° pour les oxydases.

Parmi les agents chimiques, nous en trouvons qui favorisent et accélèrent les actions diastasiques, d'autres qui les retardent. Ainsi les acides peuvent favoriser notablement la sucrase, gêner au contraire la caséase ; les alcalis agissent en sens inverse : il existe des sels accélérateurs et même doués d'une certaine spécificité pour certaines diastases ; c'est le cas des sels de chaux pour la présure, des sels de maganèse pour les oxydases.

Certaines diastases ont enfin des propriétés reversibles. Voici la maltase, diastase qui transforme le maltose en glucose ; il peut se faire qu'avec un certain degré de concentration saccharine le phénomène inverse ait lieu, c'est-à-dire le glucose peut être transformé en maltose (Hill) ; cette propriété très curieuse qu'on a également trouvée pour la lipase (Hanriot) méritait d'être signalée ici à cause du grand intérêt qu'elle présente pour l'interprétation des phénomènes vitaux.

D'une façon générale, on peut dire que les actions diastasiques sont proportionnelles, au début, à la quantité de diastase agissante; plus tard, ces transformations sont plus ou moins gênées par les produits qui se forment.

L'enlèvement de ces produits ou leur précipitation permet de pousser l'action diastasique jusqu'au bout. Ainsi, en précipitant dans une saccharification de malt le maltose formé, à l'aide de la phénylhydrazine, M. Lindet a pu terminer la transformation de l'amidon du malt en maltose et en dextrine.

2.

II

PROCÉDÉS DE FERTILISATION DU SOL PAR VOIE MICROBIENNE

I. — RÉPARTITION DES MICROORGANISMES A LA SURFACE TERRESTRE.

Microbes dans l'air et les eaux. — Les germes de l'air ne peuvent venir que de l'eau ou du sol, emportés qu'ils sont par le vent. Leur nombre est très restreint, grâce aux deux causes de destruction : dessiccation et action de la lumière.

Pasteur, dans son célèbre mémoire sur les générations dites spontanées, vers 1860, nous a déjà appris que les germes vivants étaient peu abondants dans l'air et qu'ils étaient surtout rares sur les hautes montagnes. Leur distribution varie énormément, et, pour nous en faire une idée, nous n'avons qu'à faire passer un certain volume d'air à travers un bouillon gélatinisé et laisser ensuite les colonies se développer comme nous l'avons dit ; nous trouverons plus de bactéries que de moisissures ; la proportion dépend de la saison, de l'altitude, de la présence ou de l'absence d'habitations.

L'air que nous expirons est également très pauvre en germes ; notre appareil respiratoire les retient presque tous, et il peut ainsi se faire qu'au taux de 500 litres d'air respiré par heure un homme absorbe de 1000 à 5000 germes.

Les eaux sont beaucoup plus riches en germes ; même

l'eau distillée, pourtant bien pauvre en matières organiques, peut en contenir ; la proportion varie d'abord avec la nature et l'origine de l'eau : ainsi des eaux qui ont traversé des couches épaisses de terrain sont généralement plus pauvres en microbes que les eaux superficielles.

Ce sont les solides qui sont les plus riches en germes : ainsi 1 gramme de beurre peut contenir de 10 à 25 millions de germes, et, dans 1 gramme de fromage, ce dernier nombre est souvent dépassé. Dans 1 centimètre cube de farine de blé, on a compté entre 16 000 à 20 000 germes. Le sol enfin est le plus riche, et c'est lui qui nous intéresse surtout au point de vue agricole.

Étude microbienne du sol. — Nous savons déjà que l'existence des microbes est intimement liée à celle de la matière organique ; dans le sol, cette matière organique animale ou végétale se trouve surtout à la surface, c'est donc également dans les couches superficielles que le travail microbien est le plus actif. A mesure que la matière organique devient plus soluble, l'eau pluviale l'entraîne dans les couches inférieures ; là elle n'est plus assimilable et utilisable que par certaines espèces bactériennes aptes à se contenter d'aliments très simples. Il en résulte en outre que le nombre de microbes sera plus élevé dans les couches superficielles qu'à une certaine profondeur.

Le sol est ainsi le siège de transformations microbiennes nombreuses et variées ; elles donnent lieu à des dégagements gazeux divers H^2S, AzH^3, CO^2 et Az ; si nous le chauffons à une température suffisamment élevée et pendant un temps assez long, ou encore si nous le traitons par un antiseptique, nous le stérilisons, et toute vie y cessera ; il deviendra incapable de transformer l'humus en AzH^4, celle-ci en nitrate et celui-ci par exemple en azote, car les agents actifs sont tués, et comme suite la végétation y sera languissante ; la terre est, en effet, comme le disait M. Berthelot, quelque chose de vivant.

Ce sont notamment les travaux de Frænkel, Miquel, Koch et Adametz qui nous ont apporté des renseignements précieux dans cette étude, en confirmant nos précédentes suppositions.

L'analyse bactériologique du sol ne présente, en réalité, qu'un intérêt relatif, parce que nos méthodes techniques ne nous permettent pas la culture de tous les microorganismes contenus dans 1 centimètre cube de terre ; l'énumération des bactéries du sol poussant sur gélatine ne présente d'ailleurs aucun rapport, avec sa fertilité ou sa facilité de décomposer les combinaisons azotées du sol. On serait beaucoup mieux renseigné en comptant le nombre des bactéries spécifiques : décomposant l'urée, nitrificateurs, dénitrificateurs, putréfiants, peptonisants.

L'intérêt que présentent les microbes du sol est encore ailleurs : ce sont eux qui ont certes contribué à la formation du sol en désagrégeant les roches, comme le faulhorn des Alpes dans l'Oberland bernois, fait signalé par M. Muntz. Ce savant y a reconnu la présence de nitrificateurs. Ce sont eux qui émiettent progressivement le calcaire noir et friable, leur alimentation étant fournie par d'autres ferments et par l'acide carbonique qu'ils peuvent décomposer. Cet acide sert à dissoudre les bases alcalines et alcalino-terreuses, et cette altération de la roche contribue à la formation de terre arable.

Il suffit que le vent apporte des spores de microorganismes dans un terrain humide, dans une roche fissurée, pour que les germes se développent et commencent leur œuvre de destruction, et ceci est notamment facile dans les cas où les algues s'en mêlent également.

La formation et la destruction de certains sulfates doit encore leur être attribuée. On sait depuis longtemps que, sous l'action de certaines bactéries, le soufre des matières protéiques est mis en liberté et devient H_2S ; d'autres bactéries réduisent les sulfates, les divers composés sulfurés ; c'est le cas pour un microbe auquel Beijerinck a donné le nom de *Spirillum desulfuricans*. Cet hydrogène sulfuré est repris par les sulfuraires ; il peut redevenir acide sulfurique, qui se combine aux bases du sol et devient utilisable pour le végétal ; nous y reviendrons plus loin.

Dans le sol, nous verrons la formation des nitrates et leur réduction, qui constituent des phénomènes biologiques de première importance pour l'agriculture.

MÉTHODE D'ANALYSE. — Lorsqu'on veut voir combien de bactéries un sol contient, on peut se contenter de mesurer 1 centimètre cube de terre ou de peser 1 gramme et de le diluer dans une quantité suffisante d'eau. On agitera un grand nombre de fois pour bien détacher la terre des particules sableuses et des pierres et pour pouvoir opérer avec un poids de terre relativement faible. Ce poids dépend naturellement de la teneur en eau et du tassement du sol. Voilà le principe du mode opératoire.

On peut prélever 5 à 10 kilogrammes de terre à l'aide d'une tarière, à la profondeur voulue ; on en prend un échantillon bien homogène de 250 grammes pour les essais du laboratoire ; on fait passer à travers un tamis de 2 millimètres et on en pèse finalement un demi-gramme à $0^{gr},1$ près, qu'on dilue dans l'eau pesée après stérilisation à $0^{gr},1$ près. C'est l'essai préliminaire que nous avons sommairement exposé à l'occasion des méthodes de culture qui guidera sur la dilution à adopter ; une dilution de 1 sur 30 000 peut servir de base. On diluera donc 1/2 gramme de terre dans 400 centimètres cubes ; après agitation prolongée, on prélèvera 1 centimètre cube, qu'on versera dans 10 ou 100 centimètres cubes d'eau, ce sera la deuxième dilution, dont 1 centimètre cube devra former entre 80 à 120 colonies au maximum.

Lorsqu'on a effectué le mélange du sol préparé et

tamisé avec l'eau, il importe avant tout d'opérer vite : car, d'une part, certains microbes peuvent doubler dans dix à vingt minutes ; d'autre part, on peut constater, après une attente trop longue, une diminution des germes (Hiltner).

Ce savant a trouvé pour 1 gramme de terre humide :

	Terre I.	Terre II.
	germes.	germes.
Par ensemencement immédiat...	10 176 000	4 552 000
Après 48 heures de repos........	5 749 000	3 273 000

et il a constaté que cette diminution portait très inégalement sur les différentes espèces. Elle est explicable par le manque d'oxygène, l'action des infusoires, les changements osmotiques et la concurrence vitale qui sert à éliminer les espèces les plus fragiles ; il peut même alors se présenter le cas que certaines couches du même sol peuvent être peuplées ou stériles à quelques semaines d'intervalle.

Avec des terres congelées ou très humides, le mélange devra s'effectuer dans un mortier. Les milieux de culture à employer pour cette étude sont les macérations de viande peptonisées, légèrement alcalines et additionnées de gélatine. On les coule après ensemencement, soit dans des cristallisoirs plats (vases de Pétri, sur des plaques dites de Koch ou dans de grands tubes à essai portant un renflement à l'un des bouts (tubes d'Esmark). La gélatine présente le grave inconvénient d'être vite liquéfiée par certaines espèces microbiennes, dont le développement exagéré rendrait l'énumération ultérieure fort difficile, fait d'autant plus grave que certaines espèces très fréquentes, comme le *Bacillus mycoïdes* et d'autres ne se développent qu'après quarante-huit heures ou même après quatre, cinq et six jours ; les espèces qui s'étalent en surface peuvent également devenir gênantes pour cette énumération.

Les milieux gélosés ont l'avantage de ne pas liquéfier, mais exsudent de l'eau pendant longtemps, ce qui est également un grave défaut. Afin d'obvier dans la mesure du possible aux difficultés résultant de l'emploi des milieux gélatinisés, on arrête le développement des colonies liquéfiantes par le nitrate d'argent, qu'on frotte à leur surface, et, grâce à cet artifice, on peut encore procéder à l'énumération des colonies au bout de quinze jours. Des tubes témoins nous renseignent sur les contaminations pouvant provenir de l'air.

L'examen des milieux ensemencés doit avoir lieu tous les jours, afin de se faire une idée exacte des colonies qui sont en retard, et il est également bon de faire au moins deux plaques pour chacune des deux dilutions. Lorsque la dilution est convenable, on doit obtenir par vase de Pétri de 80 millimètres de diamètre, au maximum, 140 à 150 colonies.

On trouve parmi ces colonies les espèces les plus variées, telles que moisissures, levures, bactéries, bacilles, *Coccus*, des microbes inoffensifs et pathogènes, des microbes utiles ou nuisibles à l'agriculture, des microbes aérobies et anaérobies. Parmi les espèces dominantes dans les sols, on doit citer le *Bacillus mycoïdes*, caractérisé par ses colonies à aspect soyeux, l'*Actinomyces odorifer*, les bacilles du genre *subtilis*, et ceux qui sont les hôtes habituels des pommes de terre, les fluorescents, les *proteus*, les ferments de l'urée, les nitrificateurs, les fixateurs d'azote, enfin les *Streptothrix*, les *Oospora* et de nombreuses moisissures (*Fusarium*, *Penicillium*, etc.). Ce sont les bactéries qui ne liquéfient pas la gélatine qui sont les plus nombreuses.

Les expériences ont démontré que la teneur en germes varie avec les divers sols; chaque particule terreuse peut renfermer des espèces anaérobies et aérobies, ces derniers protégeant le travail des premiers en absorbant l'oxygène et finissant ensuite le cercle de désagrégation de la matière.

L'observation apprend également que le nombre de

germes varie avec l'époque géologique à laquelle le terrain appartient : il dépend, entre certaines limites, de la hauteur au-dessus du niveau de la mer ; plus un terrain est ancien, plus son altitude est grande, plus il est pauvre en germes.

Microbes par gramme de terre en couche superficielle (Maggiora) :

Terrain cultivé........	60 000 à	11 275 000
— d'alluvion....	45 000	128 000
— tourbeux.....	17 200	160 000
Roche volcanique.....	27 500	29 000
— ancienne.......	2 800	10 600
Terre de la ville de Turin................	1 390 000	78 000 000

Il en résulte que le nombre des microbes le plus élevé est dans le sol des villes, dans les terrains cultivés. M. Miquel a trouvé par centimètre cube, dans les boues de Paris, de 225 millions à 1 à 2 milliards de germes. Dès qu'on s'enfonce dans le sol, on constate une diminution progressive du nombre des microbes, et on peut même rencontrer des couches de terre stériles comprises entre deux couches peuplées de microbes, constatations faites par Pasteur et Joubert, Fraenkel et Kramer.

Les tableaux suivants, dus à divers savants, compléteront utilement ces données. Holde trouve par centimètre cube :

Terre labourée.....	5 750 000 bactéries.
— de prairies...........	9 400 000 —

Kramer a trouvé dans 1 gramme de terre :

A 20 centim. de profondeur.....	650 000 germes.
50 —	.....	500 000 —
100 —	......	36 000 —

La diminution est constante bien qu'irrégulière, et il peut y avoir même des couches stériles, selon la méthode employée.

Essais de C. Frænkel aux environs de Potsdam.

Profondeur.	Par centimètre cube de terre.	
	27 mai.	3 novembre.
0	150 000	55 000
0^m,50	200 000	75 000
1^m,00	2 000	7 000
1^m,50	15 000	200
2^m,00	2 000	100
2^m,50	500	0
3^m,00	3 000	1 500
3^m,50	0	50
4^m,00	0	0
4^m,50	100	0

Le maximum de germes correspond donc à 0^m,2 à 0^m,5 de profondeur, tandis que de 3 à 5 mètres le nombre de germes peut être presque nul, car le sol agit comme filtre ; c'est ce qui nous explique comment on peut obtenir des sources presque pures de microbes : dans une même couche, les germes sont moins nombreux en hiver qu'en été, parce que la température est moins élevée.

Il est certain également que, dans une même couche de sol, le nombre de bactéries varie d'une façon continue, déplacées qu'elles peuvent être par l'eau, les vers de terre, les insectes, etc.

On sait que le système radiculaire de certaines plantes agricoles pénètre très avant dans le sol ; ceci a été surtout démontré par les recherches de M. Eug. Risler, le regretté directeur honoraire de l'Institut national agronomique. Il se peut que les microorganismes, grâce aux galeries ouvertes par les racines, trouvent un accès facile jusque dans les couches profondes. Il est même possible qu'il existe, autour des racines et dans leur voisinage immédiat, une flore microbienne, formée de préférence par certaines espèces, et qu'il puisse en résulter des variations notables dans le nombre de microbes selon la couche considérée.

Nous comprenons aussi comment un terrain fumé peut

être beaucoup plus riche en microorganismes qu'un terrain sableux ou non cultivé, c'est-à-dire laissé en jachère ; la nature de l'engrais influera sur l'espèce microbienne qui dominera ; ainsi avec les sels ammoniacaux on favorisera les nitrificateurs, avec les nitrates les dénitrificateurs.

Toute cette énumération ne suffit pas pour nous renseigner au point de vue agricole, c'est pour cette raison que Remy et Löhnis ont cherché à se faire une idée des espèces microbiennes contenues dans un sol déterminé, en ensemençant la terre dans des milieux spécifiques destinés à faire dominer une espèce déterminée ; ils ont employé les solutions nutritives ammoniacales, les solutions additionnées de nitrates, et ils concluent qu'un sol nitrifiant rapidement contient beaucoup de nitrificateurs, et, lorsqu'il décompose facilement les milieux contenant des matières albuminoïdes, ils admettent la présence de beaucoup de ferments de la putréfaction, etc.

Hiltner cherche à résoudre le problème en ensemençant des poids de terre de plus en plus faibles dans diverses solutions nutritives, et observant ensuite jusqu'à quelle dilution il peut descendre sans voir se manifester la transformation envisagée : nitrification, dénitrification, etc.

Au point de vue général, il est possible d'admettre pour la flore microbienne d'un sol déterminé un certain état d'équilibre plus ou moins parfait, variable avec la richesse azotée du sol et dépendant beaucoup de la plus ou moins grande abondance des fixateurs d'azote. Si cette matière azotée est abondante, ils jouent peut-être le rôle de destructeurs des matières azotées, au lieu de fixateurs qu'ils sont dans les conditions normales ordinaires.

Le nombre des microbes varie aussi avec les conditions climatériques et les propriétés physiques du sol : gelée, dessiccation, teneur en eau, ameublissement, etc.

Si cette étude ne nous renseigne guère sur les microbes, peut-être fort utiles au point de vue agricole et qui ne poussent pas sur nos milieux artificiels, elle nous apprend toujours que le nombre des microorganismes est fort élevé dans les terrains cultivés. On peut maintenant se demander comment la jachère se comporte à cet égard et comment il faut interpréter les résultats obtenus par cette pratique déjà bien ancienne.

Jachère. — Elle fut considérée pendant longtemps comme un moyen d'enrichir le sol ; on constate également qu'elle donne de meilleurs résultats dans les sols compacts que dans les sols légers.

Les terres en jachère sont manifestement plus humides que les terres emblavées, et si, à cette condition, on ajoute l'ameublissement bien compris, on doit certes favoriser grâce à elle les microbes nitrificateurs et les fixateurs d'azote.

L'observation nous apprend en effet que les terrains en jachère nitrifient bien et qu'ils montrent souvent un développement très grand de petites algues ; mais elle nous apprend en outre que, lorsque les plantes adventices y poussent, le phénomène de nitrification est moins intense ; il en est de même pendant les années sèches. En effet, l'absence de pluie, l'évaporation exagérée par les mauvaises herbes desséchant le terrain, réduisent bien le phénomène de la nitrification et ont pour conséquence immédiate de diminuer la perte d'azote nitrique, très notable dans certaines années pluvieuses ; mais ces circonstances favorisent par contre les fixateurs d'azote.

Aussi attribuait-on l'enrichissement en azote, non sans quelque raison, aux actions microbiennes qui se manifestaient différemment dans les sols en jachère. C'est Caron le premier qui y appela l'attention : ses expériences furent reprises par Hiltner.

Ce savant a trouvé dans les sols en jachère une diminution de 50 p. 100 d'espèces microbiennes poussant sur milieux gélatinisés, par rapport à la richesse microbienne avant la jachère, et de 38 p. 100 par rapport à un sol témoin, c'est-à-dire non mis en jachère.

Parmi les espèces microbiennes, ce sont les microbes qui ne liquéfient pas la gélatine qui diminuent dans la plus grande proportion; mais cette constatation pour les milieux gélatinisés ne nous renseigne pas au point de vue des microbes qui ne poussent pas sur nos milieux habituels, comme par exemple les nitrificateurs, qui augmentent sans doute, si nous nous en tenons aux observations maintes fois faites et que nous avons visées plus haut.

Bien plus, on a remarqué que la mise en jachère peut être exceptionnellement nécessaire pour amener cet état fertile désigné sous le nom de « Gahre »; les façons culturales que son emploi exige amènent surtout l'ameublissement du sol, l'apport d'engrais verts lors des labours répétés, la répartition des substances organiques, la séparation des espèces microbiennes, facteurs qui doivent être favorables tout d'abord aux fixateurs d'azote, aux microbes solubilisant l'azote complexe retenu plus longtemps dans les terrains forts que dans les terrains légers et, après ceux-ci, également aux nitrificateurs.

C'est pour cette raison qu'on comprend aisément que, dans les terrains légers, le manque de végétation peut être une perte de matière azotée solubilisée et nitrifiée et qu'il est nécessaire de faire suivre immédiatement la jachère d'une récolte d'automne pour tirer profit des nitrates formés.

La jachère rationnellement exécutée, surtout en ce qui concerne le moment des labours, peut donc être utile dans certains cas spéciaux; elle l'était surtout lorsqu'on ne possédait pas les engrais du commerce, lorsqu'on ne cultivait pas les plantes sarclées.

L'enfouissement de légumineuses comme engrais vert est bien préférable; le nombre des bactéries utiles est ici nettement augmenté. Cet enfouissement, suivi de cultures, portera rapidement ses fruits, notamment dans les sols légers; la décomposition y est rapide, et ils profitent mieux de l'azote apporté, parce que cet élément y fait plutôt défaut.

Fatigue du sol. — L'étude de la flore microbienne du sol nous amène forcément à dire un mot de ce phénomène dans lequel on a également cru voir des effets microbiens.

On sait depuis longtemps qu'à un moment donné certains sols refusent de porter la même culture, qui devient en quelque sorte antipathique à elle-même. On l'a attribué à un développement exagéré d'espèces microbiennes nuisibles ayant pénétré dans les racines (Hiltner), ou encore aux sécrétions microbiennes agissant comme des toxines vis-à-vis des graines en germination.

En traitant des sols fatigués par du sulfure de carbone, Oberlin, en Alsace, et A. Girard, en France, avaient remarqué une amélioration sensible; on s'est demandé tout de suite comment il fallait interpréter ces résultats : devait-on attribuer l'effet à l'action antiseptique, ou le sulfure de carbone ne jouerait-il pas plutôt le rôle de stimulant pour les racines des plantes.

Les expériences au sulfure de carbone furent reprises par Koch, qui observa même dans des sols stérilisés un effet bienfaisant ; il considère le rôle de ce composé comme stimulant et excitant pour le pouvoir absorbant des racines.

Hiltner a étudié son effet au point de vue de la flore microbienne du sol ; il est d'abord certain que son action doit dépendre de la dose, de la durée d'action, des conditions climatériques, etc.

Ce savant a trouvé que le traitement au sulfure de carbone diminuait notablement la proportion des microbes, surtout des espèces ne liquéfiant pas les milieux gélatinisés, ainsi que le nombre des *Streptothrix*. Et il trouve ainsi comme première conséquence un changement dans l'équilibre des espèces microbiennes se résumant en ceci : le sulfure de carbone agit surtout sur les aérophiles, nitrificateurs, fait déjà signalé par Wollny et Pagnoul.

Cette diminution est suivie d'une notable augmentation surtout des espèces ne liquéfiant pas la gélatine ; ce n'est qu'un ou deux ans après que l'équilibre est rétabli. Ce seraient ainsi les espèces non atteintes qui se multiplieraient davantage, et ce seraient elles qui amèneraient des transformations intenses dans les matières hydrocarbonées et probablement surtout azotées du sol ; l'azote serait amené et accumulé sous un état assimilable, et, comme les nitrificateurs annihilés en majeure partie n'agiraient que lentement, il y aurait moins de chances pour la perte de nitrates ; la fertilité du sol se répartirait sur un plus grand laps de temps.

II. — FUMIER DE FERME.

Le fumier a été utilisé pendant des siècles presque comme le seul engrais pour fertiliser la terre, et il reste, malgré les engrais commerciaux, la matière fertilisante la plus importante ; nombre d'exploitations n'utilisent que lui, et même, dans certains pays, on estime la fortune du cultivateur d'après le tas de fumier : à notre point de vue, la question qui se pose est celle de savoir comment le fumier acquiert ses propriétés fertilisantes.

Il est essentiellement constitué par les déjections solides et liquides des animaux domestiques et par les litières ; c'est donc un mélange très complexe de matières hydrocarbonées et azotées. Il contient d'une part des hydrates de carbone : celluloses, sucres, amidons, acides organiques et leurs sels ; d'autre part, des matières albuminoïdes et leurs nombreux dérivés. Tous ces composés subissent des transformations plus ou moins complètes sous l'influence de microorganismes divers qui pullulent naturellement dans un milieu aussi riche en matières organiques, provenant de la litière ou de l'intestin des animaux.

Une partie de ces matières peut être disloquée jusqu'aux termes simples : ammoniaque, acide carbonique utilisables par le végétal supérieur ; une autre partie n'est dégradée que partiellement, et sa décomposition se terminera, comme nous allons le voir, dans le sol, sous l'influence des microbes de ce dernier milieu.

A *priori*, nous pouvons dire que les produits de cette décomposition varieront avec les principes attaqués, avec la réaction du milieu, la température, l'humidité, l'arrivée plus ou moins facile de l'air ; leur transformation pourra être tantôt de nature chimique, tantôt de nature microbienne, et nous pourrons trouver l'action des aérobies ou anaérobies selon les couches considérées.

Lorsque la litière est de la paille de froment, et c'est fréquent, nous devons nous rappeler que l'analyse chimique nous fournit comme composants 35 p. 100 de cellulose, 24 p. 100 de vasculose et 20 p. 100 de gommes ; nous aurons à envisager la transformation de ces matières. La vasculose, entre autres, joue un rôle très important dans la formation de la partie noire du fumier, cette matière humique si nécessaire à la fertilité ; elle se déshydrate et se dissout dans les liquides alcalins du jus de fumier en entraînant en dissolution des matières azotées et en formant ces mélanges noirs qu'on voit couler sur les parois du tas de fumier. A côté de ces hydrates de carbone, nous avons les matières azotées : albuminoïdes de la paille, les matières organiques azotées des excréments solides, et celles de l'urine, acide urique, acide hippurique, urée, etc. ; comme leur décomposition commence souvent à l'étable, il peut en résulter des pertes considérables d'azote, dont nous devons dire un mot avant d'étudier les fermentations du tas de fumier proprement dit.

MM. Muntz et Girard ont déjà signalé des pertes à l'état d'ammoniaque qui s'élevaient pour le cheval à

28,7 p. 100 de l'azote ingéré, pour la vache, à 36,3 p. 100, et, pour le mouton, à 50,2 p. 100. Ces différences s'expliquent par le mode d'entretien des animaux et la fréquence du renouvellement de la litière, ainsi que par l'abondance des urines et leur concentration. En été surtout, les pertes sont supérieures à celles trouvées pendant la saison froide.

La perte principale à l'état ammoniacal provient de la décomposition de l'urée par un ferment spécifique étudié par Pasteur, et sur lequel nous reviendrons ultérieurement :

$$CO\begin{cases} AzH^2 \\ AzH^2 \end{cases} + 2\,H^2O = CO^3(AzH^4)^2.$$

Le carbonate formé se décompose, en dégageant CO^2 et AzH^3 (travaux de MM. Berthelot et André, Dehérain) ; c'est cette ammoniaque qui donne l'odeur piquante des bergeries. MM. Muntz et Girard ont préconisé, pour obvier à ces pertes, l'emploi de tourbe et de terre ; d'autre part, Dehérain rappelant que toute décomposition de carbonate d'ammoniaque cesse dans une atmosphère de CO^2, obtient les mêmes résultats par les bons soins donnés au fumier, arrosages, etc., en favorisant la fermentation et en donnant lieu à une forte production de gaz. Toute addition de matières étrangères peut devenir gênante pour cette fermentation. Quant aux purins non absorbés par le fumier ou la litière, ils arrivent à la fosse à purin, où l'ammoniaque formée est retenue par CO^2.

Ceci posé, nous pouvons maintenant étudier la fermentation du tas de fumier, c'est-à-dire dans la fosse d'abord au point de vue général et ensuite en examinant en particulier les diverses fermentations : cellulosique, putride, ammoniacale, etc.

1. *Fermentations du tas de fumier*. — Si nous observons dans la cour d'une ferme un tas de fumier en fermentation, nous constatons que la masse n'est nullement

homogène, — et il en résulte que les réactions doivent varier dans les diverses parties.

Les parties supérieures paraissent très chaudes, les parties inférieures semblent froides. Les grandes quantités d'énergie qui deviennent disponibles lors de l'oxydation des matières organiques ne servent, en effet, pas toujours à une production de travail, mais peuvent occasionner une élévation de température; c'est le cas pour le fumier, pour les divers résidus végétaux réunis en masses, dont la température monte ainsi quelquefois à 60 et 70° sous l'influence d'actions diverses, que nous retrouverons notamment à l'étude de l'ensilage et de la fermentation du tabac.

Dehérain, en plongeant un thermomètre à différentes profondeurs dans un tas de fumier, a constaté que la température était de 68 à 70° dans les parties supérieures, de 35° dans la partie moyenne et de 25° dans la couche inférieure. En aspirant à l'aide de tubes de verre et d'une trompe le gaz produit, il a trouvé des chiffres de l'ordre suivant :

Endroits du tas où a été faite la prise d'échantillon.	Acide carbonique.	Oxygène.	Méthane.	Azote.
Haut..............	21,6	0	0	78,4
Milieu............	31,0	0	33,3	35,6
Bas	37,1	0	58,0	4,9

Nous constatons que c'est surtout dans la partie inférieure du tas qu'on trouve du méthane, tandis que l'azote y est presque complètement absent. A mesure qu'on s'éloigne de la surface, l'air ne pénètre plus que péniblement, et c'est dans la couche inférieure que nous voyons se manifester la véritable vie anaérobie; or nous savons que la température de ces combustions intérieures est beaucoup moins élevée.

L'influence de l'oxygène sur la température a été

démontrée d'une façon fort élégante par M. Gayon. Ce savant a mis dans deux caisses de mêmes dimensions, l'une en bois, par conséquent peu perméable à l'air, l'autre en fils de fer, à travers laquelle l'air pouvait librement circuler, la même quantité de fumier. La température n'atteignait pas 15° dans la caisse en bois ; elle était de 72° dans la caisse en fils de fer ; donc l'élévation notable de température n'a lieu que lorsque la décomposition se fait en présence d'air. Le tableau suivant nous renseigne sur les variations de température à diverses profondeurs :

| | Caisse aérée. | | | | Caisse non aérée. | | | |
| | Profondeur en centimètres. | | | | Profondeur en centimètres. | | | |
	10.	25.	50.	75.	10.	25.	50.	75.
1er jour : midi....	12	12	12	13	15	15	15	17
— soir	16,5	21	25	27	20	19	18	20
3e jour : midi....	72	70	66	60	12	16	17	16
— soir	72	69,5	66	59	12	15	16	17
6e jour : midi....	62	58	55	50	11,5	14	13	13
— soir	58	53	47	44	11,5	12	15	12

La température de l'air ambiant se maintenait entre 8 à 10°, et par conséquent l'échauffement était bien dû à l'oxydation de la masse. La température décroît donc avec la profondeur de la couche ; le refroidissement progressif est dû au desséchement de la masse, car, dès qu'on humecte, la température s'élève aussitôt. Plus le tas est volumineux et plus la matière est apte à se décomposer, plus la température s'élève.

Il ne faudrait cependant pas croire que les gaz confinés dans le fumier présentent toujours la même composition au même endroit. Ainsi, dans le voisinage immédiat de l'air libre, à la partie supérieure et sur les côtés du tas, la combustion est très énergique, et l'oxygène rencontre des obstacles de plus en plus grands pour pénétrer ; mais lorsque la combustion est terminée en un endroit, l'oxygène pénètre plus profondément, et ainsi la combustion commencée se propage de proche en proche. C'est de cette manière qu'on peut s'expliquer la présence et l'existence de grandes quantités d'azote, même au milieu du tas de fumier, et jusque dans les couches inférieures.

En résumé, nous devons distinguer dans un tas de fumier deux grands phénomènes : la fermentation aérobie en haut avec grand dégagement de chaleur, et la fermentation anaérobie en bas, avec une faible production de chaleur, c'est-à-dire un phénomène d'oxydation véritable et un phénomène de réduction.

A un autre point de vue, on doit distinguer entre les actions chimiques et les actions microbiennes. Dehérain, en 1884, et Schlœsing, en 1892, ont établi que les actions chimiques ne jouent qu'un rôle tout à fait secondaire. Il importait d'en faire une étude complète, car la connaissance des diverses réactions qui ont lieu dans un tas de fumier présente, à côté de l'intérêt scientifique, une utilité pratique considérable, puisque l'homme, le cultivateur, peut par les soins donnés au fumier, par les façons culturales, exercer une grande influence sur les produits ultérieurs de cette décomposition et, par conséquent, sur la fertilité du sol et les récoltes.

Dehérain a montré que la fermentation anaérobie, qui donne lieu à un dégagement de CO^2, H, CH^4 était complètement arrêtée par le chloroforme, qui, agissant comme antiseptique, paralyse l'énergie microbienne ; il a également trouvé que, dans ce cas, on pouvait obtenir une légère fermentation aérobie, ou plutôt une légère oxydation due uniquement à l'intervention de l'oxygène atmosphérique, et c'est ainsi que dans les couches supérieures on peut avoir la superposition des actions chimiques et microbiennes.

Ces deux actions se manifestent simultanément, dès que la température devient suffisamment élevée ; par suite du travail des microbes, la température s'élève peu à peu jusqu'à un point tel que les affinités chimiques entrent seules en jeu et sont suffisantes pour les continuer et peuvent même occasionner l'inflammation de la masse.

M. Schlœsing nous a bien fait voir cette double action; il a fait passer un courant d'air continu dans des lots de fumier, maintenus à température constante, les uns stériles, les autres ensemencés avec un peu de fumier frais, après leur stérilisation préalable. Il a mesuré l'intensité de la combustion dans les deux cas par les quantités d'acide carbonique dégagé. Ce savant a remarqué que l'activité microbienne peut se manifester jusqu'aux environs de 72° et fournir jusqu'à quinze fois plus de CO_2 que la simple combustion chimique. Ceci n'a pas lieu de nous surprendre, attendu que nous connaissons aujourd'hui de nombreuses espèces microbiennes des eaux et du sol dont l'optimum de température est à 70°. L'action des microbes a cessé complètement à partir de 80°, tandis que la combustion chimique seule continuait. Cette dernière est peu intense par rapport à celle par voie microbienne. Ajoutons également que, dans la fermentation aérobie, ces savants n'ont jamais trouvé de gaz combustibles comme H et CH_4.

D'où proviennent maintenant les microorganismes du fumier et quelles sont les espèces dominantes? Ces microbes sont apportés à la fois par les déjections solides des animaux ou encore par la litière employée; les arrosages ont pour principal effet celui d'en effectuer la dissémination dans toute la masse. On peut citer, parmi les microbes les plus fréquents : divers *proteus*, le *Bacillus saprogenes*, le *Bacillus coprogenes fœtidus*, fréquent dans l'intestin du porc; le *Bacillus fluorescens putridus*, les ferments de l'urée, les ferments butyriques, le *Bacillus subtilis* du foin, des *Amylobacter* et des *Granulobacter*, beaucoup de Thermophiles étudiés par Miquel; il faut y ajouter le *Bacillus mesentericus ruber* et le *Bacillus thermophilus Grignoni*, isolés par Dehérain et Dupont dans le fumier de l'école de Grignon, ce sont deux bactéries oxydantes des matières hydrocarbonées et azotées.

On conçoit que les diverses bactéries en présence des principes variés du fumier puissent donner lieu à des fermentations variées des matières organiques avec mise en liberté des principes minéraux assimilables et des dégagements gazeux de CO_2, H_2O, AzH_3, H, CH_4 et Az.

Après ces notions générales, étudions maintenant en détail la décomposition des matières hydrocarbonées et celles des matières azotées.

A. *Matières hydrocarbonées*. — Les matériaux carbonés du fumier se composent d'une faible quantité de sucres réducteurs et non réducteurs, de matières grasses, de gommes de la paille, de vasculose et de cellulose.

Les sucres réducteurs, les tanins et les gommes de la paille vont devenir la proie des ferments aérobies. Ces sucres réducteurs, très faciles à oxyder, sont entièrement brûlés à l'état de CO_2 et de H_2O, comme l'a déjà montré M. Hébert.

Ce savant a ensemencé, avec un peu de fumier, de la paille finement hachée, additionnée d'une solution nutritive minérale; il a obtenu une disparition de la paille dans la proportion de 50 p. 100 avec production de CH_4 et CO_2.

	Avant fermentation.	Après fermentation.	Perte.
	p. 100.	p. 100.	p. 100.
Cellulose	14,12	6,18	56,2
Gomme de paille	10,00	4,67	53,3
Vasculose	14,61	11,75	16,1

On voit que la gomme subit également la combustion et ne se retrouve plus qu'en faible proportion dans le fumier fermenté.

Les matières grasses ne semblent subir aucune action microbienne. Elles sont, en effet, insolubles dans l'eau et incapables de nourrir le protoplasma des cellules vivantes. Elles subissent d'abord l'action de l'oxygène atmosphérique, se saponifient, et l'oxydation peut être très profonde. La glycérine ainsi mise en liberté devient ensuite la proie des microbes; une partie des acides gras volatils s'échappent dans l'air; une autre partie est dégradée plus loin par les microorganismes, qui sont aptes à les utiliser comme aliments. L'acide oléique fournit notamment, dans cette oxydation, une substance très acide, l'acide oxyoléique, qui attire très énergiquement l'ammoniaque du milieu, se combine avec elle en donnant des sels solubles dans l'eau et la matière noire, bien connue du fumier. L'oxyoléate d'ammoniaque s'oxyde à son tour et se transforme en une série de composés plus simples, désagrégés ultérieurement par les microbes.

L'arrosage régulier facilite énormément ces diverses décompositions, en restreignant l'aération, en favorisant le tassement et en activant ainsi partout les fermentations anaérobies; il a pour effet immédiat de diminuer les pertes d'azote ammoniacal. Les sels ammoniacaux sont tellement solubles dans l'eau qu'un fumier qui renferme les trois quarts de son poids d'humidité ne contient pas de carbonate d'ammoniaque gazeux (MM. Muntz et Girard).

Nous arrivons maintenant à un hydrate de carbone très important, la cellulose; sa décomposition fait pour ainsi dire partie intégrante de la fermentation du fumier; disons tout de suite qu'il existe un grand nombre de celluloses très inégalement résistantes aux actions microbiennes. Elles peuvent être détruites par un grand nombre de microbes, mais subir aussi l'action de microbes véritablement spécifiques.

1) *Fermentation cellulosique.* — Lorsqu'on ensemence avec quelques gouttes de purin un liquide contenant de la filasse de lin ou de coton, du carbonate de potasse, du carbonate d'ammoniaque et un peu de phosphate, on obtient une décomposition rapide de la filasse avec formation de CO^2 et de CH^4.

L'analyse nous montre donc que ce sont les mêmes gaz qui se dégagent des marais, où il y a grande accumulation de cellulose. Cette fermentation du fumier fut déjà étudiée par Reiset. Elle est quelquefois très intense ; c'est ainsi que M. Gayon a pu obtenir avec 1 mètre cube de fumier 100 litres de gaz par jour.

Dehérain a montré que ce dégagement gazeux était bien dû à l'action microbienne et qu'il se faisait aux dépens de la cellulose. M. Schlœsing l'a également étudiée, et, à l'aide de l'analyse élémentaire, il a prouvé que le poids de carbone perdu par le fumier se retrouvait dans les gaz dégagés ; il a constaté en outre que le fumier perdait moins d'oxygène et moins d'hydrogène qu'il ne s'en trouvait dans les gaz dégagés ; il y avait donc certainement fixation des éléments de l'eau provenant de l'eau du fumier. Ces recherches ont démontré en outre que toute la masse reste alcaline ; on ne recueille que CO^2 et CH^4 sans la moindre trace d'azote gazeux. Il se peut cependant qu'en raison du mélange très complexe on trouve quelquefois un peu d'hydrogène dont l'origine est variable.

Comme il existe de nombreuses celluloses d'inégale résistance : cutinisée, subérisée, aquatique, etc., sa décomposition peut être plus ou moins facile. Le nom de cellulose a été donné à une série de corps de composition chimique hétérogène, incolores, insolubles dans les dissolvants chimiques, très résistants aux agents oxydants et hydrolysants. Pour étudier leur transformation, il importe d'abord d'opérer avec une cellulose pure, telle qu'elle nous est fournie par le papier de laboratoire suédois et d'étudier sa décomposition sous l'influence de microbes à l'état pur.

Comme les recherches de Mitscherlich, Trécul, Van Tieghem, Popoff, Tappeiner, Hoppe-Seyler, V. Senus, n'ont pas été faites avec des espèces isolées et pures, elles ne doivent pas nous arrêter longtemps. Toutefois il convient de signaler l'équation de Hoppe-Seyler ; ce savant a admis que la décomposition de la cellulose s'effectuait en deux phases ; dans la première, grâce à une diastase, la cellulase, on a une hydrolysation, peut-être avec plusieurs stades intermédiaires (hémicellulose, matière gommeuse, etc.) ;

$$C^6H^{10}O^5 + H^2O = C^6H^{12}O^6 ;$$

dans la deuxième, on trouve comme résultat final :

$$C^6H^{12}O^6 = 3\,CO^2 + 3\,CH^4 + 41\,\text{calories.}$$

Maintes fois, on a signalé en outre, comme produits secondaires, l'acide acétique, l'acide butyrique et l'hydrogène.

Il est certain que la cellulose peut être détruite de différentes manières par voie anaérobie ou aérobie. Les bacilles qui l'attaquent sont très fréquents dans le fumier, le limon, les marais, le sol, les engrais, l'intestin des herbivores ; on trouve leur action partout où il y a des résidus cellulosiques, ainsi dans les marais, le fumier, dans le procédé anaérobie de l'épuration des eaux d'égout, dans le procédé Völker pour l'extraction de l'amidon de blé et partout où il y a des amas de feuilles, de papier, de linge, etc., qu'on peut voir se décomposer très rapidement sous l'influence de ces microorganismes.

A. *Décomposition de la cellulose par voie anaérobie.* — C'est Oméliansky qui a cherché à isoler le microbe spécifique, en partant de l'idée que le véritable ferment de la cellulose devait être anaérobie et qu'il ne devait pas avoir besoin de beaucoup de matières organiques solubles.

Dans un ballon à long col, il met la solution nutritive suivante, contenant par litre :

Phosphate de potasse............	1 gramme.
Sulfate de magnésie............	0gr,5
Sulfate d'ammoniaque............	1gr,0
Chlorure de sodium............	Traces.

Ce mélange est additionné d'un peu de craie et de

papier suédois ; le sulfate d'ammoniaque peut être remplacé par 1 demi-gramme de peptone ou d'asparagine.

Le ballon est presque complètement rempli et l'ensemencement se fait assez largement avec l'eau de purin ou du limon de fleuves ; un tube abducteur permet d'extraire les gaz à la trompe et de les recueillir sous le mercure ; la

Fig. 18. — Bandes de papier à filtrer, attaqué par le ferment de la cellulose (grandeur naturelle), d'après Oméliansky.

température est maintenue à 34 35°. Le dégagement gazeux ne commence quelquefois qu'après plusieurs semaines.

On aperçoit d'abord un léger trouble ; le papier semble se couvrir d'un voile, de taches ; bientôt on y voit des trous (fig. 18) plus ou moins grands selon l'espèce microbienne ; le papier est pointillé avec des intermédiaires intacts ; il tombe en miettes, devient jaunâtre, très fragile, en même temps qu'il se dégage une odeur de fromage.

Voici les gaz trouvés dans une expérience :

CH_4.	H_2.	$CO_2 + H_2S$.	O.	Az^2.
71,44	4,75	6,32	0,30	17,17

Oméliansky a constaté en outre ceci : c'est qu'en portant la semence au préalable à la température de 75° pendant quinze à vingt minutes, on obtenait plus d'hydrogène et moins de CH_4. En répétant ce chauffage de la même manière pendant plusieurs générations successives, il est arrivé à trouver de l'hydrogène sans traces de CH_4. La conclusion à en tirer, c'est qu'il avait affaire à deux ferments différents, l'un beaucoup plus résistant à l'action de la chaleur, donnant de l'hydrogène ; l'autre d'incubation moins longue et prenant facilement le dessus, lorsqu'il ne portait pas à 75°. La chaleur était donc un moyen tout indiqué pour arriver à leur séparation. Voici les résultats de deux fermentations ensemencées, l'une avec semence chauffée (ballon A) et l'autre avec semence non chauffée (ballon B).

	Ballon A		Ballon B	
	CO_2	H_2	CO_2	CH_4
Après 15 jours.......	68,9	30,9	40,8	59,5
— 30 —	63,0	37,4	67,5	32,9

Ces fermentations cellulosiques sont de durées très longues, et souvent, après trois ans, elles ne sont pas encore terminées.

α. *Fermentation avec production d'hydrogène.* — Elle se fait sous l'influence d'un bâtonnet fin, droit, de $1/2\,\mu$ de large sur 4 à 8 μ de long, avec une spore à l'extrémité. Il s'allonge avec l'âge et peut atteindre jusqu'à 10 à 15 μ sans former de chaînes ; quelquefois il est coudé, sporulé. La spore ronde dans les vieilles cultures a 1 μ,5 de diamètre ; dès qu'elle devient libre, elle tombe au fond, résiste à un chauffage à 90° pendant vingt-cinq minutes, et meurt à 100°.

Ce microbe est facilement colorable par le violet de gentiane, la fuchsine, mais ne se colore pas en bleu par l'iode, ce qui prouve qu'il n'a rien de commun avec l'*Amylobacter*.

L'examen microscopique montre qu'il est collé aux fibres du papier tantôt en longueur, tantôt en forme spiralée. Au point de vue bactériologique, on doit dire qu'il se cultive difficilement sur les milieux solides ; il pousse toutefois sur des tranches de carottes, de pommes de terre, de choux, sous la forme de petites colonies jaunâtres, hyalines, déjà visibles à la loupe : il présente une grande tendance à dégénérer en donnant lieu aux formes d'involution.

Il préfère la cellulose aux autres hydrates de carbone comme les sucres, composés avec lesquels sa culture est plutôt délicate ; lorsqu'on renouvelle de temps à autre le liquide nutritif pour éliminer les produits formés, on peut pousser la décomposition jusqu'à 96 p. 100. L'analyse des gaz montre, au début surtout, de l'hydrogène et, à la fin, de l'acide carbonique. Ceci est dû sans doute aux coefficients de solubilité différents des deux gaz, car CO_2 est beaucoup plus soluble dans les liquides que l'hydrogène.

Les deux acides formés, acide acétique et acide butyrique, varient dans des limites assez étendues :

$$\frac{AA}{AB} \text{ de } \frac{1}{4} \text{ à } \frac{3}{1}.$$

Pour nous faire une idée d'une fermentation pareille, nous donnons ci-dessous le bilan complet tel qu'il ressort d'une expérience d'Oméliansky :

—	Cellulose à l'origine............	3^{gr},4723
—	Cellulose non décomposée...	0^{gr},1272
—	Cellulose disparue............	3^{gr},3451

Produits formés :

Acides gras............	2,2402
CO_2............	0,9722
H............	0,0138
	3,2262

Ce manquant de 0,1209 doit être mis au compte des produits odorants volatils comme l'alcool, l'acide valérianique, etc.

β. *Fermentation avec production de CH⁴*. — Le mode opératoire pour obtenir ce ferment est le même, avec cette différence que dans les générations successives la se-

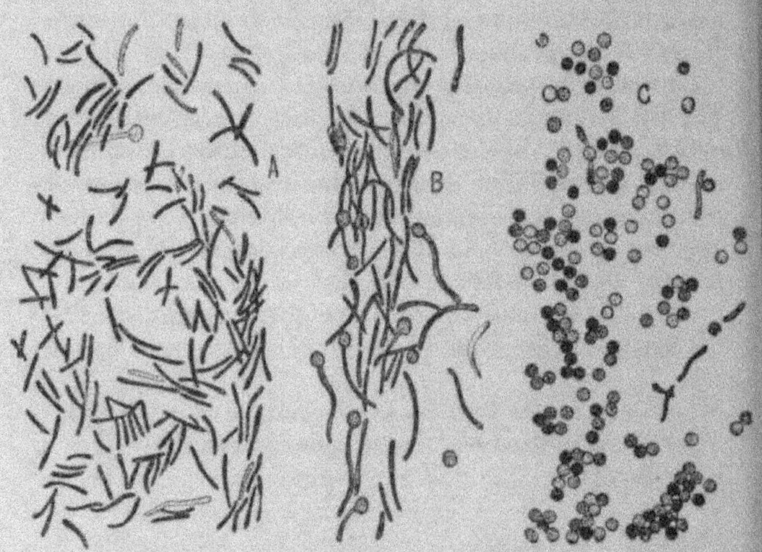

Fig. 19. — Fermentation de la cellulose.

A, microbe jeune ; B, microbe adulte, avec formes en baguettes de tambour ; C, microbe sporulé (grossissement 1 350).

mence ne subit jamais l'action du chauffage. L'incubation du microbe est relativement courte et la fermentation part vite ; c'est un bâtonnet assez fin, rarement en chaînes, souvent coudé et présentant des formes en tambour de 5 μ de long sur 0 μ, 3 de large ; la spore a 1 μ de diamètre (fig. 19).

Il se colore de la même manière que le précédent et se comporte dans les milieux liquides et solides exactement comme lui, avec cette différence qu'il donne du CO_2 et du méthane; la quantité de méthane produite au début est plus forte que celle de l'acide carbonique; mais bientôt on se rapproche des proportions centésimales suivantes:

$$CH_4 \ldots\ldots\ldots\ldots\ldots\ldots\ldots\ldots\ldots\ldots 30 \text{ p. } 100$$
$$CO_2 \ldots\ldots\ldots\ldots\ldots\ldots\ldots\ldots\ldots\ldots 70 \quad —$$

C'est-à-dire qu'il n'y a pas des volumes égaux de ces deux gaz, comme l'avait conclu Hoppe-Seyler.

Nous donnons également le bilan complet de cette fermentation, comme pour la précédente:

$$\text{Cellulose à l'origine} \ldots\ldots\ldots\ldots\ldots 2^{gr},0815$$
$$\text{Non décomposée} \ldots\ldots\ldots\ldots\ldots\ldots 0^{gr},0750$$
$$\text{Disparue} \ldots\ldots\ldots\ldots\ldots\ldots\ldots\ldots 2^{gr},0065$$

Produits formés:

$$\text{Acides volatils} \ldots\ldots\ldots\ldots\ldots\ldots 1,0223$$
$$CH_4 \ldots\ldots\ldots\ldots\ldots\ldots\ldots\ldots\ldots 0,1372$$
$$CO_2 \ldots\ldots\ldots\ldots\ldots\ldots\ldots\ldots\ldots 0,8678$$
$$\overline{ 2,0273}$$

Nous voyons que les gaz constituent à peu près les 50 p. 100 de la cellulose disparue et les acides volatils les 50 autres; ces derniers sont de l'acide acétique et de l'acide butyrique; ils disparaissent eux-mêmes en donnant:

$$Ca(C_2H_3O_2)_2 + H_2O = CaCO_3 + CO_2 + 2CH_4.$$

Ces recherches d'Oméliansky nous apprenent donc qu'il existe au moins deux espèces de ferments anaérobies attaquant la cellulose.

Mais ce savant a voulu également prouver que l'action de ces ferments sur le papier suédois est tout à fait comparable à celle qui se manifeste dans la fermentation du fumier de ferme, c'est-à-dire que l'activité était sensiblement la même dans les deux cas.

M. Schlœsing, dans ses études, avait trouvé que du fumier contenant 1 kilogramme de matière sèche donnait, dans les vingt-quatre heures environ, 110 centimètres cubes de méthane. Ce qui correspond, pour 1 gramme de matière sèche, qui n'est pas uniquement de la cellulose, à $0^{cc},11$ de gaz par heure, et quelquefois cette dose montait même jusqu'à $0^{cc},25$; or, les nombres obtenus par le savant russe se maintiennent entre $0^{cc},05$ et $0^{cc},22$ par gramme de cellulose pure, ce dernier chiffre se rapportant à une fermentation très intense. Ils varient avec le moment de l'analyse. Pendant dix jours même, Oméliansky a trouvé $0^{cc},50$, et ce chiffre n'est descendu à $0^{cc},24$ que vers le vingt-cinquième jour. La concordance entre les résultats de M. Schlœsing, obtenus avec le milieu complexe du fumier, et ceux de M. Oméliansky, obtenus avec la cellulose pure, est donc suffisante pour conclure à l'analogie des deux fermentations.

La fermentation avec dégagement d'hydrogène est bien plus lente que celle avec dégagement de méthane ; les deux ferments agissent en l'absence de nitrates.

La fermentation formênique semble se greffer sur la fermentation acétique et butyrique, dont les produits peuvent servir d'aliments aux ferments de la cellulose ; ces produits manquent, en effet, lorsque le formène se présente dans un mélange microbien, comme l'a déjà signalé Hoppe-Seyler ; dans cet ordre d'idées, M. Mazé a pu constater la formation de formène dans un milieu contenant de l'acétate et du butyrate de potasse.

Le microbe avait été isolé d'une fermentation de feuilles mortes ; il a une forme sphérique, se présente sous la forme d'agrégats plus ou moins volumineux, d'aspect mûriforme, ressemble à une sarcine et peut être détruit par chauffage à 60°.

Il donne surtout du formène lorsqu'il est associé à deux autres bacilles sporogènes, incapables de fournir soit isolément, soit réunis, ce même gaz ; ces deux microbes agissent sans doute en préparant les matières alimentaires pour le microbe spécifique.

Mensel a déjà signalé que les dénitrificateurs réduisaient très bien les nitrates en nitrites, en présence de cellulose ; le même fait a été confirmé par Iterson, avec des microbes isolés de l'eau de canal.

Voici les réactions qui rendent compte des phénomènes :

$$5\,C^6H^{10}O^5 + 24\,KAzO^3 = 24\,K\,HCO^3 + 6CO^2 + 12\,Az^2 + 13\,H^2O$$
$$C^6H^{10}O^5 + 8\,KAzO^2 = 4\,K\,HCO^3 + 2K^2CO^3 + 4Az^2 + 3H^2\,O.$$

La cellulose attaquée présente tout à fait le même aspect que dans les expériences d'Oméliansky.

Iterson a pu obtenir, dans un mois, la décomposition de 8 grammes de cellulose en présence de 36 grammes de nitrate de potasse et de quelques grammes de phosphate acide de potasse, tandis que les microbes du savant russe mettaient cinq mois pour transformer 12 grammes de cellulose ; la transformation de la cellulose est donc plus active par les dénitrificateurs ; on remarquera que dans ce cas on ne recueille que CO^2 et Az comme gaz.

B. *Décomposition de la cellulose par voie aérobie.* — En milieu acide, on peut obtenir la décomposition de la cellulose par les moisissures ou par les mycéliums de champignons supérieurs ; en milieu neutre ou légèrement alcalin, des microbes aérobies peuvent intervenir soit seuls, soit agissant en symbiose.

De la cellulose pure additionnée de phosphate acide de potasse, de nitrate d'ammoniaque, de sulfate de magnésie, peut être aisément détruite par le *Mucor stolonifer*, le *Dematium pullulans*, le *Botrytis vulgaris*, le *Cladosporium herbarum*, la *Peziza libertiana*, etc.

Lorsque le milieu est légèrement alcalin ou neutre et que la dose de cellulose n'est pas trop élevée, elle est détruite par des microbes aérobies, parmi lesquels on peut citer les nitrificateurs.

D'autres fois, et très fréquemment, on y trouve un petit bacille formant des taches jaune brunâtre, émiettant le papier, le *Bacillus ferrugineus*, qui vit en symbiose avec un *Micrococcus* jaunâtre.

La constatation que la cellulose peut aussi être détruite par les dénitrificateurs et qu'elle n'est pas un obstacle à la nitrification montre le grand rôle de ces deux groupes de ferments dans la disparition continue de la cellulose partout où elle se trouve, notamment dans le sol.

La décomposition est d'ailleurs en rapport intime avec la formation de la tourbe, de la houille, de tous ces produits riches en carbone, et nous n'avons pas besoin de rappeler que M. Renault a signalé dans la houille la présence de microbes fossiles ressemblant parfaitement à ceux de la cellulose.

II. *Destruction de la vasculose.* — La vasculose est mise en liberté par suite de la destruction de la cellulose ; elle se déshydrate et devient partiellement soluble dans les liquides alcalins du fumier. Comme ceux-ci dissolvent en même temps une partie des matières azotées, il se forme un mélange complexe qui constitue cette matière noire épaisse, coulant le long des parois du tas de fumier, matière dont le rôle fertilisant est depuis longtemps connu et apprécié ; il y a évidemment une partie qui est détruite complètement, en formant probablement du CO_2 et de l'H_2O. Hébert a trouvé dans ce sens une perte s'élevant à 30-35 p. 100 de la vasculose à l'origine.

III. *Décomposition des autres hydrates de carbone.* — Les amidons, les résidus de fécule sont ou hydrolysés, et se comportent comme des sucres, ou ne le sont pas, et alors ils sont détruits par les ferments de la cellulose.

Les sucres deviennent CO_2, H_2O ou acides divers, acides lactique, butyrique, etc., dont la fermentation très facile sous la forme de sels de chaux ou d'ammoniaque se fait par des espèces microbiennes très nombreuses.

Avec les acides fixes, on obtient des alcools supérieurs, des acides volatils, quelquefois des gaz ; avec les acides volatils, on a des gaz CH^4, Az, H, CO^2 et du carbonate de chaux.

B. **Matières azotées.** — 1. *Fermentation putride.* — Toutes les fois qu'une substance organique animale ou végétale s'altère en répandant des gaz odorants, comme H, H^2S, PH^3, CH^4, AzH^3, en même temps que l'analyse révèle la présence d'acides volatils, du scatol, indol, leucine, tyrosine, phénol, guanidine, sels ammoniacaux, tryptophane, leucomaïnes, ptomaïnes, etc., c'est-à-dire des produits provenant de la décomposition des matières albuminoïdes, on dit qu'il y a putréfaction.

Lorsqu'il y a absence de gaz infects, comme ceci arrive avec certaines substances végétales, on emploie le mot de combustion lente ou de pourriture.

Le résultat de ces décompositions est dû à l'action de plusieurs espèces microbiennes dans cette masse complexe, espèces agissant simultanément ou en symbiose.

Comme il faut, pour édifier la molécule quaternaire, diverses étapes, sa dislocation ne peut également se faire que par échelons successifs, et à chaque échelon correspondent plusieurs espèces déterminées.

L'azote combiné dans la plante sous la forme d'albuminoïde, d'alcaloïde ou de chlorophylle ne devient libre qu'à la mort de la plante par décomposition : il en est de même pour l'azote des tissus animaux, avec cette restriction que, chez l'animal, une partie de l'azote absorbé repasse dans les excréments ou encore dans les sécrétions, comme c'est le cas pour le lait.

Dans le corps animal, il y a prépondérance de principes azotés, soufrés, de matières gélatineuses, et on obtient alors surtout des composés basiques de l'azote, des corps volatils de mauvaise odeur ; par contre, pour le végétal, nous avons prédominance des hydrates de carbone, d'où formation d'acides et odeur de moisi due aux mucédinées qui s'implantent de suite dans ces milieux excessivement favorables à leur développement.

Pour qu'il y ait maintenant putréfaction, il faut une certaine température et également un certain degré hygrométrique; l'absence de l'une ou l'autre de ces deux conditions ou des deux à la fois nous permet d'expliquer la conservation de la viande desséchée ainsi que celle des Mammouths en Sibérie.

Bien que le nombre des bactéries qui interviennent

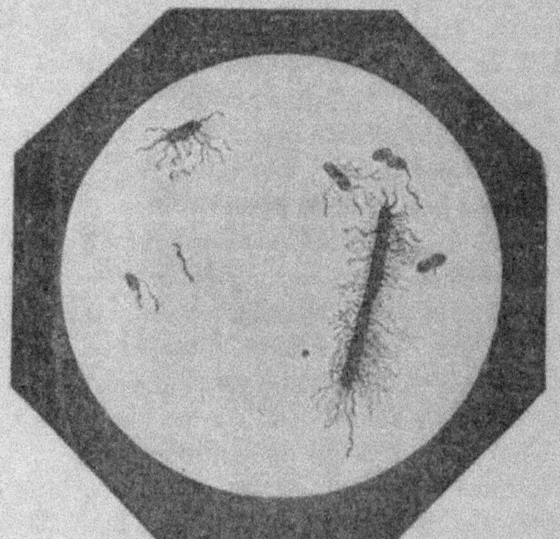

Fig. 20. — *Proteus vulgaris* avec cils vibratiles.

dans les phénomènes de putréfaction soit très grand, on connaît néanmoins certaines espèces qui sont tellement fréquentes qu'on les considère comme des bactéries spécifiques.

On trouve généralement les genres *Proteus vulgaris*, *mirabilis* et *Zenkeri*, qui ont été très bien décrits par Hauser; ce sont des bâtonnets de 1 à 1 μ, 2 de longueur, 0 μ, 5 environ de large, qui sont mobiles; le *Micrococcus prodigiosus*, le *Bacillus erythrosporus* des œufs en putrél'action, le *B. fluorescens liquefaciens*, *B. pyocyaneus*, *Bacterium coli commune* des intestins, *B. fœtidus*, *B. pyogenes*, les divers ferments de l'urée, etc. ; enfin, comme anaérobies, on peut citer le *B. putrificus* de Bienstock, le *Vibrion septique* de Pasteur, le *Proteobacter scatol* de Beijerinck, etc.

Les uns attaquent les matières albuminoïdes à l'état le plus complexe, comme la fibrine, la caséine ; les autres demandent une dégradation préalable, et on obtient tous

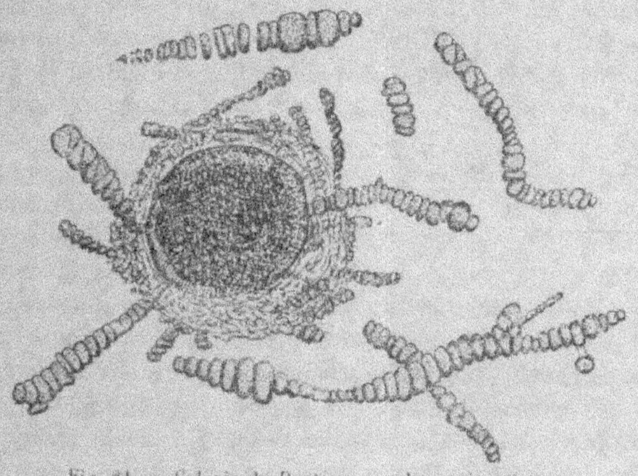

Fig. 21. — Colonie de *Proteus* sur plaque de gélatine.

les corps intermédiaires de décomposition qu'on trouve par la voie chimique.

Lorsque ce sont les aérobies qui agissent, on a de l'eau, de l'acide carbonique, de l'ammoniaque ; lorsque ce sont des anaérobies, on a des acides gras et des gaz H^2S, CH^4, H.

Ces deux groupes s'entr'aident : les aérobies commencent les décompositions, enlèvent l'oxygène et préparent le terrain aux anaérobies, dont l'action peut alors être très rapide ; ils amènent les transformations les plus importantes ; mais, en général, les deux fermentations marchent côte à côte, se complètent, et la température peut être plus ou moins élevée selon l'endroit considéré.

Ces bactéries diverses sont très répandues, et l'espèce dominante dépend des circonstances, de la température du milieu, de l'origine animale ou végétale (viande, œufs, lait, fruits), de la présence ou de l'absence d'un hydrate de carbone ; ce dernier favorisera le *Proteus vulgaris*, le *Bacterium coli*, le *Bacillus perfringens*, tous microbes aimant les sucres ; la présence de ces hydrates donnant des acides peut arrêter par moments la putréfaction jusqu'à leur nouvelle destruction par des mucédinées ; les acides peuvent cependant également être neutralisés par les bases azotées, et la décomposition avancera alors rapidement.

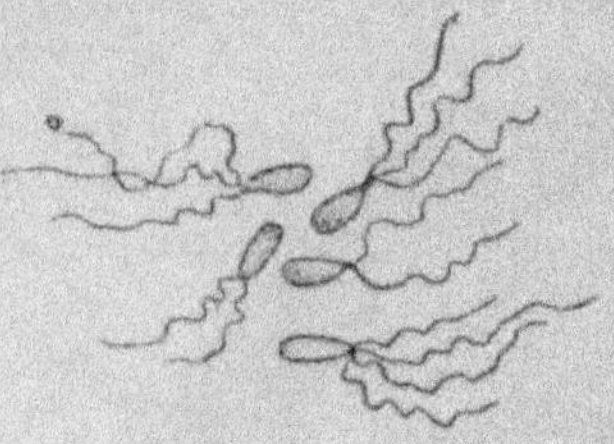

Fig. 22. — *Bacillus fluorescens.*

Ce rôle du sucre est bien connu, c'est un conservateur des substances faciles à décomposer, et le sucre de lait jouit de cette propriété à un haut degré, en raison de sa transformation partielle en acide lactique ; on connaît d'ailleurs ce rôle de l'acide lactique dans la régularisation des fermentations du canal intestinal.

Les microbes de putréfaction n'aiment pas l'acidité, c'est pourquoi les fruits acides se conservent assez bien ; c'est par la même raison qu'on explique l'usage de conserver la viande dans du lait non bouilli, car le lait étant devenu acide par fermentation lactique ne se putrifie pas facilement.

La production d'hydrogène sulfuré lors de la décomposition de la matière albuminoïde a été également constatée. M. Miquel a notamment rencontré dans les eaux d'égout une bactérie mobile de 1 μ de largeur, qui, ensemencée dans du blanc d'œuf, a pu donner jusqu'à 70 centimètres cubes de H_2S dans les trois jours ; cet H_2S

se combine aux bases et peut former des sulfures de Ca, d'AzH⁴, de Na; d'autres microbes réduisent les sulfates et peuvent ainsi donner naissance à H^2S ou à des sulfures; nous reviendrons plus loin sur le cycle du S, élément très important dans la biologie des êtres vivants.

Sous l'influence de ces divers ferments de putréfaction, il peut également résulter une perte en azote gazeux observée par Reiset et Joulie dans le fumier.

Dehérain, étudiant la fermentation anaérobie du fumier, avait également constaté une perte d'azote atteignant 19,2 p. 100 de l'azote initial, tandis que dans la fermentation aérobie cette perte s'élevait à 38,2 p. 100. Ces derniers résultats furent ensuite confirmés par M. Hébert. Par contre, M. Schlœsing constata la transformation de l'azote organique en azote ammoniacal, sans perte d'azote. En présence de ces résultats contradictoires, on pouvait se demander si la décomposition des matières organiques azotées avait pour résultat final la transformation de l'azote ammoniacal en azote organique ou, inversement, de l'azote organique en azote ammoniacal; la question restait en suspens. C'est Dehérain et Dupont qui ont apporté la solution de ce problème. Ces savants ont introduit 460 grammes de fumier dans un grand ballon, muni des dispositifs nécessaires pour recueillir l'acide carbonique et l'ammoniaque. En faisant passer 6 litres d'air par jour, c'est-à-dire en fermentation aérobie, ils ont constaté une transformation de l'azote organique en azote ammoniacal et une perte d'azote de 13,4 p. 100 de l'azote primitif; le même fumier, traité de la même façon, mais laissé dans les conditions anaérobies, n'a donné lieu à aucune perte d'azote avec transformation de l'azote organique en azote ammoniacal. Il en était ainsi lorsque la fermentation était régulière et énergique; mais, dans les fermentations où l'on trouve de l'hydrogène à côté du formène, il y a dégagement d'azote libre. Ainsi ces recherches ont finalement confirmé la manière de voir de M. Schlœsing.

La conclusion pratique qu'il importe d'en tirer, c'est que, pour éviter les pertes d'azote libre, il faut provoquer dans le fumier une fermentation forménique énergique et, dans ce but, mouiller la masse très alcaline du fumier par d'abondants arrosages de purin ; il se forme beaucoup d'acide carbonique qui retiendra l'ammoniaque fournie.

Joulie et Dehérain ont signalé également des cas où l'azote ammoniacal passe à l'état d'azote organique, sans que les circonstances aient pu être nettement définies. Ces transformations synthétiques sont parfaitement possibles, si l'on réfléchit que, sous l'influence des diverses espèces microbiennes, il se fait d'une façon continue des procès biologiques qui se développent parallèlement, mais se complètent réciproquement.

La matière azotée transformée peut être partiellement dissoute dans les liquides alcalins du fumier, qui entraînent en outre la vasculose déshydratée pour constituer la matière noire, dont la fertilité est précisément due à l'azote, à l'acide phosphorique, à la chaux et au fer qu'elle contient. C'est elle qui se transforme finalement en humus.

Nous avons dit plus haut que ce n'est que grâce aux arrosages qu'on obtient la véritable fermentation forménique du fumier ; leur utilité a été depuis longtemps reconnue d'ailleurs en pratique ; la science a tout simplement apporté l'explication. Dehérain a montré que le purin ne perd pas d'ammoniaque à l'air, même en faisant passer un courant d'air exagéré. Par contre, dans le fumier sec, il y a toujours de mauvaises fermentations : développement de moisissures, blanc du fumier, combustion de la matière organique par l'oxygène atmosphérique avec perte d'ammoniaque et d'azote.

A ce sujet, ajoutons que les fumerons et la pratique du fumier en couverture sont à déconseiller ; il est bien préférable d'enfouir le fumier rapidement dans la mesure du possible. On évite ainsi les pertes azotées, et on n'a pas à craindre autant la verse du blé à l'endroit des fumerons.

II. *Fermentation ammoniacale*. — L'urine normale de l'homme et des carnivores a une réaction acide ; abandonnée à elle-même, elle se trouble peu à peu, sa réaction devient alcaline ; en même temps il se forme un dépôt constitué par des phosphates et des matières organiques diverses.

Pasteur et Muller ont signalé, vers 1860, dans ce dépôt, un organisme spécial auquel ils attribuèrent la transformation de l'urée grâce à une hydrolysation selon la formule :

$$CO\begin{cases}AzH^2\\AzH^2\end{cases} + 2H^2O = CO^3(AzH^4)^2.$$

La torulacée de Pasteur a été plus spécialement étudiée par M. Van Tieghem. Ce savant, en exposant à l'air, c'est-à-dire en vase découvert, de l'urine ou de l'eau de levure à 13 p. 100 d'urée, a pu isoler en culture pure le *Micrococcus ureæ*, qui affecte souvent la forme d'un streptocoque, c'est-à-dire se présente en grands chapelets.

Ces ferments sont excessivement nombreux ; on en trouve dans l'air, les boues de ville, le sol, les eaux d'égout, le fumier, le purin, etc. ; ce sont eux qui transforment le purin, en l'amenant à l'état assimilable, c'est-à-dire ammoniacal.

Cette fermentation ammoniacale est une fermentation banale : beaucoup de microbes jouissent de ces propriétés ; ils ont été étudiés par MM. Van Tieghem, Miquel, Leube, Beijerinck, Migula, Löhnis, et on trouve parmi eux des bacilles, des *Coccus*, des sarcines, *Urobacillus*, *Urococcus*, *Urosarcines* et même des moisissures.

M. Miquel, sur 104 espèces isolées de l'air, a reconnu 71 *Urococcus*, 19 *Urobacillus*, 10 mucédinées ; c'est donc la forme sphérique qui domine ; dans les eaux d'égout, sur 1 000 germes, on peut avoir de 50 à 60 ferments de l'urée ; dans le purin, dans le fumier, de 100 à 150.

On peut les isoler facilement à l'aide d'un bouillon peptonisé additionné de gélatine et de 2 à 5 p. 100 d'urée ; les colonies se présentent dans les vingt-quatre à trente-six heures ; elles s'entourent souvent d'une auréole caractéristique de phosphate et de carbonate de chaux, précipités

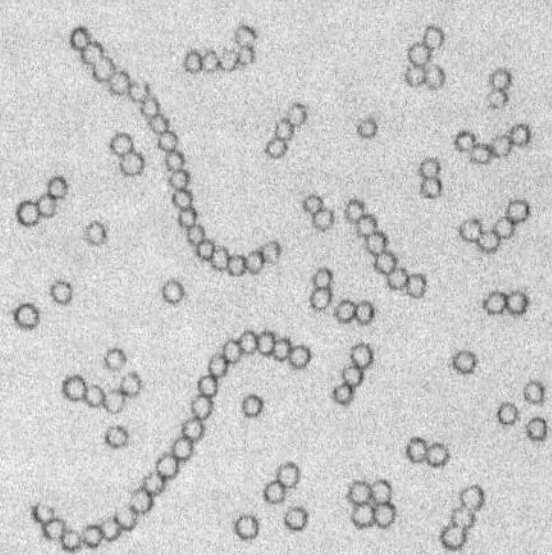

Fig. 23. — *Urococcus* de Pasteur
(grossissement : 1 000).

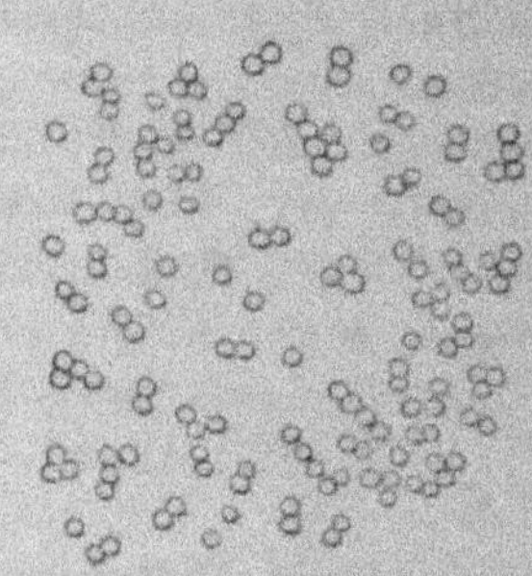

Fig. 24. — *Micrococcus* de Van Tieghem
(grossissement : 1 000).

sous l'influence de l'AzH^3 formée : ce caractère ne peut cependant pas passer ni comme constant, ni comme spécifique, comme ceci résulte des expériences de MM. Beijerinck et Löhnis.

Ces ferments se cultivent aisément dans l'urine, dans l'eau de levure additionnée d'urée, de glycocolle, de leucine, d'asparagine, etc., et, lorsque la fermentation est pure, le liquide reste limpide.

Propriétés. — Leur température optima peut être comprise entre 33 et 40° ; elle dépend de l'espèce considérée, comme nous allons le voir ; mais il y en a qui commencent déjà leur action vers 10 à 12° ; la forme coccacée peut être détruite par chauffage à 65-70° ; les urobacilles, au contraire, en raison de leurs spores, supportent les températures de 90 à 95°, même pendant plusieurs heures.

Ils paraissent très sensibles à la lumière ; ainsi, dans

les vases de culture, le ferment s'attache surtout sur les parties éclairées.

Au point de vue alimentaire, on peut dire qu'ils sont très sensibles aux acides et préfèrent les milieux neutres ou alcalins (2 à 3 grammes de carbonate d'ammoniaque par litre). Il y a des espèces qui peuvent décomposer jusqu'à $3^{gr},3$ d'urée par heure et par litre et qui poussent encore dans des concentrations de 12 p. 100; la plupart peuvent décomposer des solutions d'urée à 2 p. 100, et quelquefois leur multiplication est faible, pendant que le carbonate d'ammoniaque formé est très abondant.

Ce sont des êtres aérobies, sans toutefois pouvoir faire passer ce caractère comme étant très prononcé; il faut donc des traces d'oxygène pour permettre leur culture; mais ils sont insensibles aux autres gaz.

Ces mêmes ferments hydrolysent également les autres composés des urines, des purins, l'acide urique, l'acide hippurique.

On sait que dans l'urine du cheval on trouve environ 5 grammes d'acide hippurique et 30 grammes d'urée par litre; les proportions pour l'urine de la vache sont de 16 d'acide hippurique pour 18 d'urée; d'après les recherches de M. Van Tieghem, ce sont encore les ferments de l'urée qui opèrent la transformation de cet acide et très facilement, parce que l'ammoniaque, nocive à une certaine dose, manque ici :

$$C^9H^9AzO^3 + H^2O = C^7H^6O^2 + C^2H^5AzO^2.$$
Acide hippurique.   Acide benzoïque. Glycocolle.

L'acide urique se trouve également dans l'urine des animaux domestiques, mais en faible proportion; il est plutôt abondant dans les excréments des oiseaux et des serpents; sa décomposition a été étudiée notamment par Sestini, Gérard et Ulpiani. Ce dernier savant a isolé une bactérie aérobie hydrolysant cet acide d'après la formule :

$$C^5 H^4 Az^4 O^3 + 2 H^2 O + O^3 = 2 CO(AzH^2)^2 + 3CO^2.$$

Ce bacille se présente sous la forme d'un bâtonnet, entouré d'une capsule; sa température optima est de 39°; les colonies sur gélose additionnée d'acide urique sont jaunâtres.

Recherche des ferments de l'urée dans l'eau. — On imprègne un papier de curcuma d'un liquide chargé d'urée, et on le trempe dans l'eau à étudier à la température de 40°; l'ammoniaque formée sous l'influence de la torulacée, aux dépens de l'urée, colorera le papier en brun.

Ces ferments de l'urée jouent un grand rôle dans la nature comme intermédiaire nécessaire entre le règne animal et le règne végétal, aussi n'est-il pas superflu de décrire sommairement les mieux caractérisés.

Urobacillus Pasteurii (fig. 25). — Isolé des eaux de la Seine; c'est un bâtonnet de 1 à 1 μ, 2 de large à bouts arrondis; les cellules peuvent être isolées, ou se présenter en diplocoques ou streptocoques; ses cils prennent quelquefois dix fois la longueur du microbe (Beijerinck); ses spores rondes de 1 μ de dimensions résistent à 87-90° pendant deux heures.

Ensemencé sur milieu solide, il donne des colonies vitreuses transparentes dont quelques-unes renferment des spores : ce sont celles qui jouissent de la faculté de liquéfier la gélatine; on s'en débarrasse par cultures successives.

Cet *Urobacillus Pasteurii* est un des ferments les plus résistants. M. Miquel a pu le retrouver dans une terre desséchée, au bout de dix-huit ans; c'est en même temps un ferment très énergique pouvant faire disparaître 3 grammes d'urée par heure et par litre et poussant la destruction jusqu'à 140 grammes d'urée par litre.

Il se développe difficilement sur les milieux gélatinisés et préfère de beaucoup les milieux liquides additionnés de carbonate d'ammoniaque qui gêne les autres espèces.

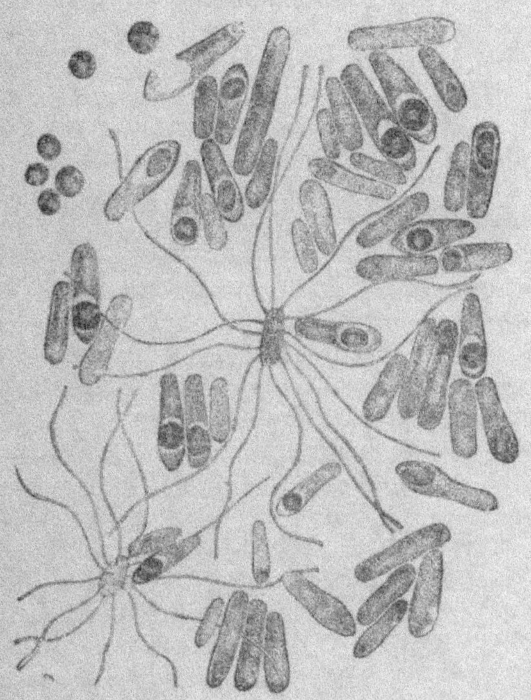

Fig. 25. — *Urobacillus Pasteurii* (grossissement : 2 580, d'après Beijerinck).

On peut très bien le cultiver dans du bouillon de viande additionné de 0,3 p. 100 de carbonate d'ammoniaque et de 2 p. 100 d'urée.

Urobacillus Duclauxii (fig. 26). — Habitat : sol et eau de canal ; bâtonnet mobile, grêle de 0 μ, 6 à 0 μ, 8 de large sur 2 à 10 μ de long ; pousse très bien en colonies très petites sur les milieux additionnés de gélatine, d'urée et de carbonate d'ammoniaque ; ne supporte cependant pas autant le carbonate que l'*Urobacillus Pasteurii* ; ne liquéfie pas la gélatine ; mais, sous l'influence de l'ammoniaque formée, cette dernière prend avec le temps un aspect irisé caractéristique ; ses spores très résistantes supportent deux heures de chauffage à 95°, et il peut transformer de 8 à 9 p. 100 d'urée en carbonate d'ammoniaque ; sa température optima est 40°.

Urobacillus Van Tieghemii. — Espèce très répandue dans les eaux, les poussières de l'air, très sensible à la chaleur et aux antiseptiques : elle se présente en général sous la forme de diplocoques, rarement en chaînes, de 1 à 1 μ, 5 de diamètre : peut décomposer de 42 à 45 grammes d'urée par litre ; sa température optima est 30°.

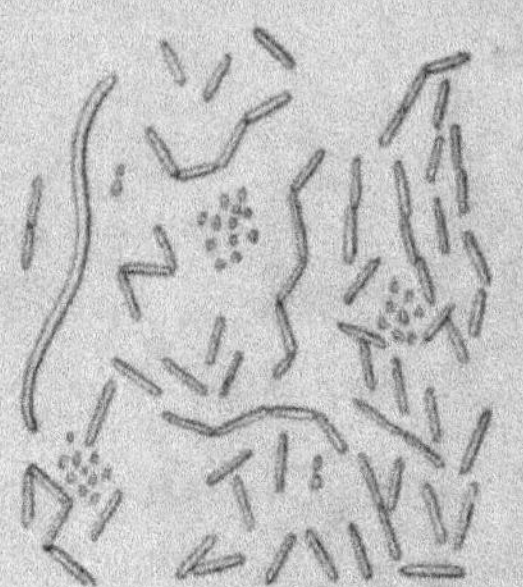

Fig. 26. — *Urobacillus Duclauxii* (grossissement : 1000).

Urobacillus Miqueli. — Espèce peu active, décomposant entre 1 à 2 p. 100 d'urée au maximum ; dans les milieux liquides, on a un bâtonnet mobile pourvu de cils, qui a 1 μ de large sur 3-4 μ de long, sans spores ; il pousse également sur les milieux gélatinisés en colonies blanc jaunâtre et liquéfie faiblement la gélatine.

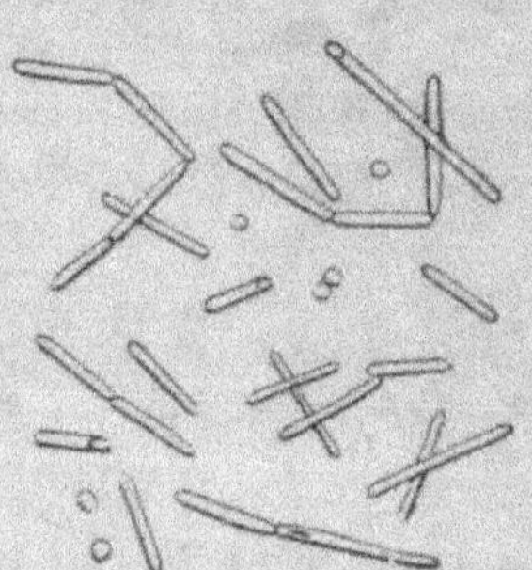

Fig. 27. — *Urobacillus Freudenreichii* (grossissement : 1 000).

Urobacillus Freudenreichii (fig. 27). — Habitat : sol ; bâtonnet à bouts arrondis de 1 μ de large sur 5 à 6 μ de long ; ses spores elliptiques supportent pendant deux heures le chauffage à 94° ; il forme sur les milieux gélatinisés des colonies blanches sphériques, entourées d'une auréole cristalline ; il liquéfie la gélatine et forme entonnoir dans les cultures en piqûre ; sa température optima est de 30 à 35°.

Planosarcina ureæ Beijerinck (fig. 28). — Les cellules sphériques ont de 0 µ. 7 à 1 µ, 2 de diamètre, sont mobiles

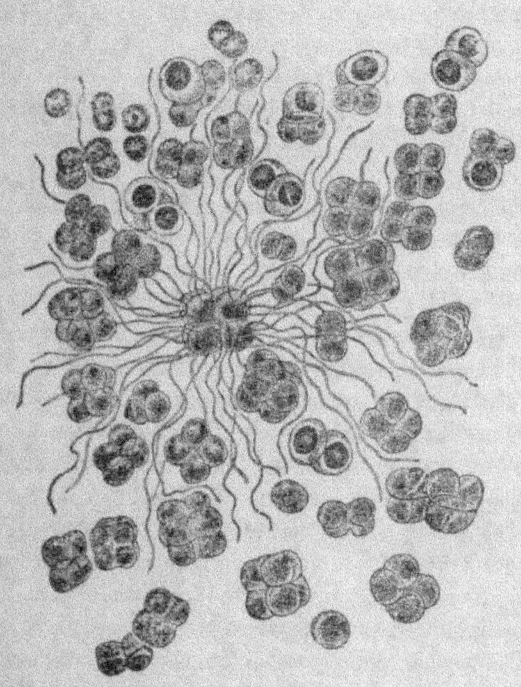

Fig. 28. — *Planosarcina ureæ* Beijerinck (grossissement : 2580, d'après Beijerinck).

et pourvues de cils ; les endospores de 0 µ, 6 de diamètre supportent dix minutes de chauffage à 80° ; sur milieux gélatinisés, on a des colonies jaunâtres sans liquéfaction ; il peut décomposer 7 p. 100 d'urée dans cinq à six jours.

Uréase. — Tous ces ferments hydrolysent l'urée grâce à la sécrétion d'une diastase, l'« uréase », qui présente une grande importance au point de vue de l'économie générale, car l'urée est la forme sous laquelle l'azote des animaux est éliminé.

M. Miquel a pu extraire cette diastase en cultivant un ferment actif de l'urée, comme l'*Urobacillus Pasteurii*, en vase à toxine au large contact de l'air, à la température de 35°; on débarrasse ce liquide du microbe en le filtrant à la bougie de porcelaine.

On peut la mettre en évidence en tuant le microbe à l'aide du chloroforme et en faisant agir ensuite le liquide de culture sur une solution d'urée en présence de thymol.

2. *Décomposition du fumier dans le sol.* — La décomposition de la matière organique, commencée dans le tas de fumier, se continue dans le sol; il est assez difficile d'y suivre la transformation de la matière carbonée. A moins que le fumier ne soit très bien fait, c'est en général la paille qui est la moins détruite. Si elle est encore rigide, elle peut servir à l'aération du sol, faciliter la nitrification; c'est pour cette raison que le fumier incomplètement fait sert pour les terres fortes et le fumier bien consommé pour les terres légères.

Que devient la matière azotée? Nous savons qu'elle se trouve sous deux états : azote organique et azote ammoniacal. Sous cette dernière forme il nitrifie très facilement.

La matière organique peut subir une nitrification plus ou moins rapide; elle peut être rapide dans les terres légères, très lente dans les terres compactes, et même, dans ces dernières, la nitrification très rapide à un moment donné peut se ralentir ensuite. C'est que la première phase de cette nitrification correspond à celle de la partie ammoniacale, la dernière à celle de la matière organique azotée, qui doit être préalablement transformée en composés ammoniacaux.

Les organismes qui opèrent cette transformation sont très nombreux et appartiennent aux moisissures et aux bactéries; il n'y a donc rien d'étonnant à ce que ces transformations commencées dans le fumier continuent ici; dès qu'on stérilise un sol, comme l'ont fait MM. Muntz et Coudon, la formation d'ammoniaque cesse.

Expérience de MM. Muntz et Coudon. — De la terre légère de Vincennes contenant 2,5 p. 100 de calcaire additionnée de 1 p. 100 de sang desséché et contenant 23 p. 100 H^2O, a été stérilisée à 120° et ensemencée avec divers microbes isolés du sol :

	Dans 100 grammes de terre.		
	Au début.	Après soixante-dix jours	
	Ammo-niaque.	AzH^3 totale.	AzH^3 formée.
	milligr.	milligr.	milligr.
Terre non ensemencée......	16,3	16,3	0
— ensemencée avec terre.	»	28,8	12,5
— — bâtonnet α.	»	33,4	17,1
— — — β.	»	26,7	10,4
— — — γ.	»	28,7	12,4
— — *Mucor race-mosus....*	»	43,5	27,2
— — *Fusarium Muntzii.*	»	36,1	19,8

M. Marchal a signalé un certain nombre de microbes qui jouent ici un rôle : *Bacillus arborescens, Bacterium coli commune, B. figurans, B. fluorescens, B. liquefaciens, B. mesentericus vulgatus, B. mycoïdes, Proteus vulgaris;* on peut y ajouter certaines moisissures comme des *Aspergillus,* le *Mucor racemosus,* le *Fusarium Muntzii,* etc.

Tous ces microbes attaquent très bien, vers 30°, en présence d'une quantité d'air suffisante, l'albumine, la fibrine, l'asparagine, etc.; il se forme : CO^2, H^2SO^4, H^2O, AzH^3 etc.

Lorsque la réaction est alcaline et que la concentration est plutôt faible, ce sont les bacilles qui dominent ; il en est ainsi dans les sols en culture intensive où la réaction est plutôt alcaline; les moisissures, au contraire, agissent dans les sols riches en matières organiques acides, dans les sols humifères, les sols des bois ; depuis longtemps on sait que la matière azotée de débris végétaux abandonnés à l'air humide forme facilement de l'ammoniaque ; on trouve cet alcali dans les tas de betteraves recouverts par des feuilles contre la gelée, etc. ; c'est donc un phénomène banal, une propriété commune à beaucoup de microbes du sol, du fumier, voire même à des microbes pathogènes.

Cette matière azotée ainsi transformée subit ensuite l'action des ferments nitrificateurs.

Le carbonate d'ammoniaque apporté par le purin, le fumier, peut être également transformé très rapidement dans les sols légers et même être entraîné ; par contre, dans les terres fortes, il persiste plus longtemps ; c'est pour cette raison qu'il n'y a pas grand inconvénient à conduire ce fumier frais dans une terre forte, la nitrification ne s'y faisant que lentement. D'ailleurs dans le fumier fait, il y a moins de carbonate d'ammoniaque, attendu qu'il a été transformé en sels organiques complexes, d'autant plus difficiles à nitrifier qu'ils sont protégés par la vasculose déshydratée, par la matière humique, c'est pourquoi on peut l'appliquer aux terres légères.

Dehérain a vu que, même dans une terre très favorable à la nitrification, il n'y a qu'un cinquième de l'azote du fumier qui se nitrifie l'année de l'emploi, les quatre cinquièmes restant sont modifiés peu à peu dans les années suivantes.

C'est sous la forme de nitrate que l'azote est le plus facilement assimilé par le végétal ; c'est cette fermentation très importante que nous allons bientôt étudier avec beaucoup de détails.

Décomposition de la cyanamide calcique (azote calcaire). — Depuis quelque temps, un nouveau produit azoté a fait son entrée en agriculture, c'est celui obtenu par captation de l'azote atmosphérique, par voie chimique, la cyanamide calcique.

Franck a montré que ce produit pouvait être transformé par hydrolysation comme suit :

$$CaCAz^2 + 3\ H^2O = 2\ AzH^3 + CaCO^3,$$

procès tout à fait analogue à celui de la décomposition de l'urée.

M. L. Grandeau entre autres a démontré, par ses essais faits au Parc des Princes, à Boulogne-sur-Seine, que l'azote de la cyanamide possédait sensiblement la même valeur utile pour les plantes que l'azote ammoniacal.

Comme il se comporte vis-à-vis des végétaux comme les engrais ordinaires, on a pensé qu'il pouvait être décomposé en ammoniaque et en nitrate sous l'influence d'actions microbiennes, avec élimination plus ou moins rapide des produits toxiques, comme la dicyanamide.

Löhnis, en ensemençant dans un mélange d'asparagine et de glucose additionné de cyanamide calcique et de phosphate de potasse bibasique, de la délayure de terre, a remarqué la formation d'ammoniaque, même aux températures de 10 à 12°.

Il a pu ainsi isoler un certain nombre de microorganismes, capables de provoquer la décomposition de la cyanamide calcique.

Certaines espèces bactériennes paraissent très bien attaquer ce composé et transformer dans les six semaines jusqu'à 96 à 98 p. 100 de l'azote calcique en ammoniaque, c'est-à-dire provoquer une hydratation complète; d'autres au contraire laissent un résidu.

On peut citer : *Bacterium putridum* Flügge, *Bacillus mycoïdes*, *Bacterium vulgare*, *Bacterium lipsiense* et surtout *Bacterium Kirchneri*; les ferments de l'urée, comme l'*Urobacillus Pasteurii*, *Leubei*, la *Planosarcina ureæ*, agissent de la même manière, bien que moins énergiquement. Chose curieuse, ce sont les ferments de l'urée les moins énergiques qui transforment le mieux ce nouveau composé. Tous les microbes précédemment cités ne jouissent également que d'un faible pouvoir de transformation de l'urée, à l'exception du *Bacterium Kirchneri*.

La température optima pour cette transformation est de 10 à 22°; l'air n'a pas une grande influence.

Lorsque la concentration n'est pas trop élevée, la transformation se fait mieux. Löhnis considère l'urée comme un terme intermédiaire de sa décomposition :

$$CaCAz^2 + H^2O = CAzAzH^2 + CaO;$$
$$CAzAzH^2 + H^2O = CO(AzH^2)^2;$$
$$CO(AzH^2)^2 + H^2O = 2\,AzH^3 + CO^2.$$

Cette ammoniaque peut ensuite subir le phénomène de la nitrification.

Ajoutons que tous les ferments qui attaquent l'azote calcaire décomposent également la peptone; mais le rang qu'ils occupent sur le tableau de décomposition de la peptone, contrairement à ce qu'on serait tenté de croire, n'est pas du tout celui qu'ils occupent dans la décomposition de la cyanamide. Le produit est donc décomposable par voie microbienne, et de ce chef il peut être considéré comme un corps jouant le rôle d'engrais; dans la pratique, il s'est comporté comme l'azote nitrique et ammoniacal.

III. — NITRIFICATION.

C'est principalement sous la forme de nitrates que l'azote pénètre dans les végétaux; aussi sa formation présente pour la culture un intérêt de premier ordre.

Ferments nitrificateurs. — Depuis longtemps ce phénomène a été étudié dans la pratique; les salpêtrières ont été surtout exploitées au XVIIIe siècle, en Europe; on avait constaté l'apparition spontanée du salpêtre sur les murs des lieux habités, des étables, des écuries, dans les caves, dans les débris de démolition. On connaissait déjà, en 1777, les principales conditions nécessaires à une bonne nitrification. Nous les trouvons indiquées dans l'instruction sur l'établissement de nitrières publiée par les régisseurs généraux des poudres et salpêtres : nécessité de matières organiques azotées, mélangées à des couches meubles de terre, bonne aération, humidité convenable maintenue à l'aide d'arrosages à l'urine, présence de chaux ou de potasse.

La cause véritable resta inconnue; on l'expliquait par des réactions chimiques, comme l'oxydation de l'ammoniaque atmosphérique sous l'influence de corps poreux agissant à la façon de la mousse de platine. Ainsi Kuhlmann avait obtenu du nitrate d'ammoniaque en faisant passer de l'ammoniaque sur de la mousse de platine chauffée; on pensait également à l'action de l'ozone sur cette ammoniaque, et on expliquait par analogie de la même façon la nitrification du sol.

Boussingault admit la formation d'acide nitrique aux dépens de l'azote des matières organiques, en se basant sur des expériences dans lesquelles l'application du sang lui avait donné de bons résultats culturaux. Ce savant constata en outre, sans donner l'interprétation de ces faits, que la nitrification pouvait avoir lieu aux dépens d'un grand nombre d'engrais azotés dans le sol, mais que le phénomène ne se produisait pas dans le sable ni dans la craie; on était donc logiquement poussé à se demander pourquoi la nitrification ne se produisait pas dans ces derniers terrains.

Pasteur avait montré, dans son étude de la fermentation acétique, que les combustions lentes pouvaient être dues à l'action des microorganismes et avait ainsi tracé la voie à suivre dans cette étude, c'est-à-dire dans la recherche de la cause vitale.

Vers 1878, MM. Schlœsing et Muntz ont étudié l'épuration des eaux d'égout. Ils faisaient couler de l'eau d'égout à travers de longs tubes chargés de sable quartzeux mélangés de chaux et obtenaient des nitrifications très énergiques.

Ils démontrèrent qu'une terre susceptible de transformer les matières azotées en nitrates perdait cette propriété si on la portait à 110°; elle la récupérait, si on lui ajoutait un peu de terre non stérilisée. Elle la perdait également par le traitement à la vapeur de chloroforme ou de sulfure de carbone; ces vapeurs une fois volatilisées, la nitrification reprenait.

De ces expériences il résultait en outre que ce n'est pas la porosité qui est la condition essentielle de la nitrification, car elle a lieu dans l'eau d'égout, et, à ce sujet, ces savants firent déjà ressortir le rôle très grand de ces microorganismes dans l'épuration des eaux d'égout au point de vue de l'hygiène moderne.

Ils firent des essais avec différents microorganismes, notamment avec des *Mycodermes*, des *Mucorinées*, des *Penicillium*, et ils concluent que la nitrification est le résultat de l'action d'un microbe à fonctions spécifiques.

Ils indiquèrent les meilleures conditions pour une bonne nitrification, qui peuvent être résumées comme suit: aération suffisante, température optima de 37° (la nitrification est déjà appréciable vers 12°, mais demande des températures plutôt supérieures, c'est pourquoi elle est moins intense en hiver), présence d'une base (carbonate de chaux). Ils remarquèrent qu'un excès de base soluble était plutôt nuisible, ainsi un chaulage énergique peut la suspendre pendant un certain temps; à l'opposé, une terre acide ne nitrifie pas, comme l'ont encore démontré MM. Muntz et Girard en se servant d'une terre de Bretagne qui n'a nitrifié qu'après marnage. Par la même raison, l'urine ne nitrifie qu'à l'état dilué, et ainsi l'apport d'urine de bêtes à cornes sur les champs pendant des temps secs peut donner lieu à des pertes importantes d'ammoniaque avant sa nitrification.

MM. Schlœsing et Muntz signalent encore l'utilité de certaines matières organiques comme le sucre, la glycérine, l'alcool, le blanc d'œuf, etc., dans de certaines limites pas trop élevées. Ils appellent également l'attention sur la formation fréquente de nitrites dans ces solutions, à l'inverse de ce qu'on constate dans le sol.

Les résultats des savants français furent confirmés par Warington, qui trouve de grandes variations dans les quantités de nitrites et de nitrates formés.

Ce savant démontre également que l'urée, l'asparagine, le lait, sont nitrifiables, mais seulement après leur décomposition préalable et production d'ammoniaque, condition essentielle pour la nitrification.

Munro fait un pas en avant, en partant des microbes producteurs d'ammoniaque et de ceux qui la transforment en azote nitrique. Le problème est ainsi scindé en deux phases; ce savant fait voir que de faibles quantités de matières organiques suffisent pour la nitrification.

En 1888, la question vitale du phénomène était bien démontrée; mais les microbes intervenant n'étaient pas encore isolés à l'état pur; la méthode si précieuse de Koch, c'est-à-dire des bouillons gélatinisés, n'avait donné que des résultats négatifs à cet égard. Winogradsky, partant des vues qui l'avaient guidé dans son étude des sulfuraires, applique alors la méthode élective qui consiste à faire dominer l'espèce microbienne qu'on cherche en lui offrant une solution nutritive appropriée.

Voici la première solution employée :

	Quantités par litre d'eau potable.
Sulfate d'ammoniaque......	1 gramme.
Biphosphate de potasse....	1 —

Le tout fut additionné de 0^{gr},5 à 1 gramme de carbonate de magnésie pour 100 centimètres cubes d'eau ; ce mélange fut ensemencé avec un peu de terre ; la nitrification commença, et, au bout de deux semaines, l'ammoniaque avait en général disparu ; on l'activait par l'addition, à diverses reprises, d'une solution de sulfate d'ammoniaque ; en faisant plusieurs (six à huit) générations successives, on arrivait à faire dominer les ferments nitrificateurs; la disparition de l'ammoniaque fut démontrée à l'aide du réactif de Nessler; le développement de la culture se caractérisait par un voile superficiel; mais, avec certaines terres, la nitrification est longue à se déclarer.

Cette méthode a été beaucoup perfectionnée par M. Oméliansky. Pour hâter le départ de la fermentation, MM. Boullanger et Massol conseillent de remplir à moitié des fioles coniques d'Erlenmeyer de 250 centimètres cubes avec des scories cassées en petits morceaux.

Pour les ferments nitreux, on ajoute ensuite 50 centimètres cubes du liquide de culture suivant, dont la composition est due à M. Oméliansky :

Eau distillée	1000 grammes.
Sulfate d'ammoniaque	2 —
Chlorure de sodium	2 —
Phosphate de potasse	1 —
Sulfate de magnésie	$0^{gr},5$
Sulfate ferreux	$0^{gr},4$

Ce liquide baigne partiellement les fragments de scories; on stérilise, puis on ajoute environ $0^{gr},5$ de carbonate de magnésie sous la forme d'un lait stérile, et on ensemence avec un peu de délayure de terre ou quelques morceaux de scories prélevés sur les lits bactériens en activité.

Pour le ferment nitrique, le mode opératoire est très analogue, comme nous allons le voir plus loin.

Dès qu'on est en possession d'un liquide en pleine nitrification, on cherche, par passages successifs et très nombreux dans le même liquide, à éliminer le plus possible les microbes étrangers pour obtenir une culture purifiée qui servira à l'isolement définitif.

Winogradsky avait porté un peu de ce liquide sur son bouillon gélatinisé sans obtenir des colonies aptes à nitrifier dans les mêmes milieux. Il en avait conclu que le microbe nitrificateur ne pousse pas sur la gélatine, bien qu'on le trouve en grande abondance sur la couche de carbonate de magnésie ensemencée, sous la forme d'un microbe plus ou moins elliptique, mobile par moments ; il prélevait donc un peu de gélatine aux endroits où le carbonate de magnésie ne montrait aucune colonie et obtint des nitrifications qu'il rendait de plus en plus pures par passages successifs dans le milieu liquide ; c'était là une méthode longue, peu sûre ; mais il était bon de la signaler, car elle forme le point de départ de ces recherches et peut encore rendre service dans des cas pareils.

D'ailleurs, à la même époque, vers 1888, P. et G. Frankland déclarèrent avoir obtenu les microbes nitrificateurs à l'état pur en se servant de la méthode de dilution bien connue.

C'est vers 1891 que Winogradsky a pu également isoler le ferment nitreux ; ses cultures furent faites dans des vases coniques ou vases de Fernbach permettant l'aération énergique ; la couche liquide avait de quelques millimètres à 1 centimètre d'épaisseur.

MM. Boullanger et Massol recommandent de se servir de petits tonnelets remplis de scories, qui permettent un large contact de l'air et raccourcissent beaucoup la durée du phénomène. C'est là un procédé analogue à celui qui est employé pour la fabrication du vinaigre dans le procédé luxembourgeois. On remplit complètement de scories de petits tonneaux en verre d'environ de 2 litres ; on ajoute une certaine proportion de matières à nitrifier, allant jusqu'au tiers de la capacité du fût ; on stérilise et on ensemence. On fait alors passer par la tubulure centrale un courant d'air stérile et très lent, et on fait une rotation toutes les trois à quatre heures, qui a pour but d'activer le phénomène en imbibant les scories.

Ce mode opératoire, surtout si l'on ajoute de nouvelles doses d'ammoniaque au fur et à mesure de sa disparition, permet de nitrifier de fortes quantités d'ammoniaque.

Dans une expérience, ces savants ont obtenu, pour une durée de cinquante-quatre jours, $10^{gr},9$ de nitrite par litre au lieu de $7^{gr},5$ en milieu liquide.

Ces diverses expériences nous apprennent déjà que

l'aération joue un grand rôle dans le phénomène de la nitrification. La présence d'une base est non moins importante ; ainsi, sans cette dernière, on ne peut pas faire nitrifier les sulfates, phosphates ou chlorures d'ammoniaque, tandis que l'addition de carbonate de magnésie ou de chaux facilite le phénomène, et chaque base semble agir différemment. L'état du carbonate de chaux joue un rôle ; la craie ne se comporte pas comme le marbre ; ceci prouve donc que la base n'agit pas uniquement comme saturant l'acidité produite. Il se pourrait même, comme certaines expériences de MM. Boullanger et Massol permettent de le faire supposer, qu'il y ait formation de carbonate d'ammoniaque par réaction secondaire. Le phénomène changerait ainsi d'allure. Il importe de ne pas donner de trop fortes quantités de sel ammoniacal pour ne pas avoir une alcalinité trop grande qui gêne la nitrification entre certaines limites, tout à fait comme elle peut être arrêtée par un trop grand excès de nitrites et de nitrates.

On conseille de ne pas aller au delà d'une concentration de 2 à 2,5 p. 1000, et on emploie pour 1 décigramme de sel ammoniacal environ 1 gramme de carbonate de magnésie ; avec le carbonate de soude, on peut descendre jusqu'à $0^{gr},25$ à $0^{gr},30$ par litre.

Nous connaissons déjà les deux solutions qui ont été couramment employées dans cette étude par Winogradsky et Oméliansky.

L'expérience a démontré que les organismes se présentent en proportions variables selon les sols considérés, et on en trouve très facilement dans les couches comprises entre 6 et 10 centimètres de profondeur.

Pour suivre ces nitrifications, trois réactifs sont tout indiqués, celui de Nessler, qui révèle l'ammoniaque, celui de Trommsdorf pour les nitrites et celui de la diphénylamine en solution acide pour les nitrites et les nitrates ; il importe de les essayer dès le troisième ou quatrième jour après l'ensemencement. On peut se contenter de

mettre une goutte de réactif sur une plaque de porcelaine et de toucher ensuite avec la boucle d'un fil de platine trempée dans la culture et d'observer la coloration.

On doit se rappeler que la disparition complète de toute
coloration par le réactif de Trommsdorf indique l'absence
de nitrites ; mais, comme les nitrites et nitrates donnent
tous les deux la réaction avec la diphénylamine, on détruit les nitrites en portant le liquide à l'ébullition après
addition d'un peu d'urée et d'acide sulfurique ; on se
renseigne ensuite complètement en employant le réactif
des nitrates, qui donne lieu à la formation de l'anneau
bleu caractéristique avec la diphénylamine en solution
sulfurique, qui est alors uniquement attribuable à la présence de nitrates.

Le dosage quantitatif des nitrites et nitrates se fait par
la méthode de M. Schlœsing perfectionnée par M. Muntz.

Avant de passer à l'étude des microbes en cultures
pures, il importe de dire encore quelques mots des cultures dites impures.

Le liquide nutritif ammoniacal est peu à peu transformé en nitrites et nitrates, et on constate facilement
une oxydation de 10 milligrammes de sulfate d'ammoniaque par jour ; mais si, dès la disparition de l'ammoniaque, on ajoute 1 à 2 centimètres cubes d'une solution
à 10 p. 100 de sulfate d'ammoniaque, on peut porter ce
nombre progressivement et assez rapidement à la dose
de 40, 60 et 120 milligrammes de sulfate d'AzH^3 par jour
ou 22 à 23 milligrammes d'Az ammoniacal.

L'expérience montre en outre que la quantité de nitrate
ainsi formée est très variable selon la terre employée, par
conséquent la réaction des nitrites peut disparaître plus ou
moins vite, de même le nombre de générations successives influe, car la culture peut être plus ou moins pure.

Mais nous nous expliquons encore mieux ces variations
si nous admettons pour la transformation de l'AzH^3 en
nitrates la présence nécessaire de deux espèces micro-

biennes, l'une amenant l'ammoniaque à l'état de nitrite,
l'autre transformant ce nitrite en nitrate, le ferment
nitreux et le ferment nitrique, c'est-à-dire l'existence de
deux stades. Dans cette hypothèse, le développement plus
ou moins exagéré de l'un des deux peut nous donner des
différences assez sensibles dans la proportion des nitrites
et des nitrates ; nous comprendrons encore mieux le
mécanisme véritable en nous servant de cultures tout
à fait pures au point de vue bactériologique.

Cultures pures. — Nous pouvons les obtenir avec sûreté
grâce aux procédés de Winograsdky et Oméliansky
et grâce aux perfectionnements qu'y ont apportés
MM. Boullanger et Massol.

Supposons que nous ayons une nitrification très active
en milieu nutritif liquide obtenu par un grand nombre
de générations successives, de façon à avoir une culture
presque pure. Comme ces ferments nitreux ne se développent pas sur milieux gélatinisés, Winogradsky a eu
recours, pour les isoler à la silice gélatineuse, qu'il
additionne des principes nutritifs que nous connaissons.

La préparation de la silice gélatineuse exige certaines
précautions qu'il n'est pas inutile d'indiquer ici avec quelques détails : on prépare d'abord la solution de silice
d'après les principes donnés par Oméliansky, en versant
lentement dans 125 centimètres cubes d'acide chlorhydrique à 13° B. un volume égal d'une solution à 8° B. de
silicate de potasse bien pur, et on soumet le mélange à la
dialyse. Il importe maintenant d'éviter la coagulation pré-
maturée de la silice, qui peut arriver soit dans le dialyseur
même, soit encore lors de la stérilisation à 120°. Différents
facteurs influent sur ce phénomène : la nature du parchemin, la quantité et la qualité de l'eau employée pour
la dialyse, la rapidité plus ou moins grande de la dialyse
et enfin le choix du moment où l'on opère la stérilisation.
L'étanchéité du parchemin doit avoir été bien éprouvée
pour maintenir la solution de silice au degré de concen-

tration utile. Il est bon de débarrasser le parchemin animal au préalable de la chaux dont il est toujours chargé, par traitement à l'acide chlorhydrique et lavage à différentes reprises à l'eau distillée. Il ne faut pas employer une eau trop calcaire : il est préférable de dialyser à l'eau distillée. MM. Boullanger et Massol ont constaté que la vitesse de la dialyse influe sur la stabilité du produit. L'acide chlorhydrique dialyse plus vite que le chlorure de potassium formé, et il importe de retarder au commencement la dialyse de l'acide chlorhydrique en soumettant le dialyseur à un courant d'eau très lent pendant les vingt premières heures. Dès que la proportion de chlorure de potassium est devenue faible, on peut augmenter la vitesse du courant d'eau. Au moment de la stérilisation, le liquide ne doit plus donner qu'une réaction imperceptible à l'azotate d'argent.

Pour se guider sur ce moment, il faut procéder à des essais de stérilisation à intervalles réguliers ; après quarante-huit heures de dialyse, on peut prélever toutes les trois à quatre heures un petit échantillon qu'on soumet pendant dix minutes à 120° ; c'est après cinquante-six à soixante heures que la coagulation n'a pas lieu ; si l'on prolonge la dialyse au delà, on remarque que le liquide devient plus facilement coagulable.

Il ne reste qu'à additionner les solutions indiquées par Oméliansky ou celles de Boullanger et Massol pour avoir une silice gélatineuse nutritive qui fait prise en un temps variant entre quinze à quarante-cinq minutes. Ces solutions de MM. Boullanger et Massol qu'on ajoute à l'aide de pipettes jaugées stériles sont, pour 10 centimètres cubes de silice gélatineuse : $0^{cc},5$ de sulfate d'AzH^3 à 4 p. 100, $0^{cc},5$ d'une solution contenant pour 100 centimètres cubes d'eau distillée, 4 grammes de chlorure de sodium, 2 grammes de phosphate de potasse et 1 gramme de sulfate de magnésie ; $0^{cc},5$ d'une solution de sulfate ferreux à 0,8 p. 100 ; enfin 1 centimètre cube d'un lait à 10 p. 100

de carbonate de magnésie très léger et bien tamisé.

Avant que la gélatinisation de la silice soit effectuée, on commence par faire tomber dans le tube une gouttelette de la culture purifiée de ferment nitreux; on ajoute les solutions salines, on agite très fortement et on verse dans des boîtes de Pétri, ces cristallisoirs plats que nous connaissons déjà. La coagulation se fait vite. Les cristallisoirs sont placés sur un banc de verre dans un grand cristallisoir à recouvrement flambé et contenant un peu d'eau stérile pour éviter la dessiccation de la silice; ils sont maintenus à la température de 30°. La réaction nitreuse apparaît au bout de cinq à six jours, et l'ammoniaque a disparu vers le huitième ou dixième jour. Les colonies qui se forment sont petites et très réfringentes; pour les obtenir plus grosses, on peut employer l'ingénieux artifice d'Oméliansky; on découpe sur les deux côtés opposés de la plaque siliceuse un petit segment, et on y ajoute de temps en temps une goutte de solution ammoniacale stérile. L'oxydation de l'ammoniaque se poursuit énergiquement au voisinage de ces deux points, et bientôt la plaque laiteuse devient transparente par suite de la décomposition du carbonate de magnésie sous l'influence de l'acide nitreux produit. Les colonies petites, d'abord incolores, deviennent peu à peu d'un brun foncé, et, lorsqu'elles présentent un aspect homogène clair, on peut les piquer directement avec un fil de verre stérile, qu'on casse pour ensemencer dans le milieu liquide; quelquefois même on doit recourir au microscope pour les voir. On s'assure de la pureté en vérifiant l'homogénéité au microscope et en l'ensemençant dans le bouillon de viande qui doit rester stérile, le ferment nitreux ne s'y développant pas.

Méthode de Beijerinck. — Ce savant emploie pour cet isolement un milieu à la gélose purifiée au préalable par plusieurs macérations dans l'eau. Cette gélose, débarrassée de ses impuretés, est additionnée de phosphate

double de soude et d'ammoniaque et de craie et ensemencée avec la culture déjà purifiée d'un milieu liquide ;
c'est une méthode commode, mais moins rapide.

Oméliansky a même pu faire des séparations en se
servant de plaques de gypse et de magnésie qu'il fit

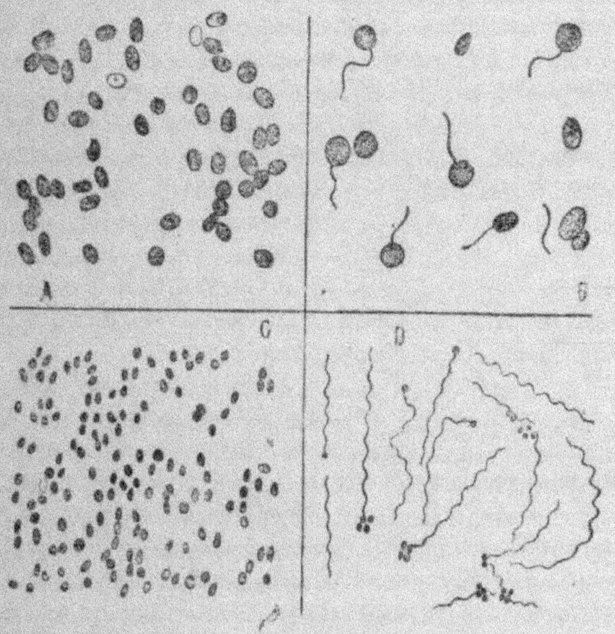

Fig. 29. — Organismes de la nitrification (d'après Winogradsky).

A, ferment nitreux de Zurich, culture en solution minérale (grossissement : 1500) ; B, ferment nitreux de Zurich à l'état mobile (grossissement : 1500) ; C, ferment nitreux de Kazan en solution minérale (grossissement : 1500) ; D, ferment nitreux de Java, cellules et groupes mobiles
(grossissement : 750).

plonger dans le liquide nutritif et qu'il ensemença en
stries avec un peu de culture déjà purifiée.

Variétés des ferments nitreux (fig. 29). — Il existe
différentes variétés : *Nitrosococcus* et *Nitrosomonas*.

Ce sont tantôt des bactéries sphériques immobiles

ayant jusqu'à 3 µ de diamètre (*Nitrosococcus*), tantôt des bâtonnets courts, elliptiques et mobiles (*Nitrosomonas*). On les distingue d'abord par leurs caractères morphologiques, leurs dimensions, l'absence ou présence de cils, leur longueur, l'aspect des colonies.

Nitrosomonas europæa, trouvé dans tous les sols d'Europe, d'Afrique et du Japon, de 0 µ, 9 à 1 µ de large sur 1 µ, 2 à 1 µ, 8 de long avec un cil court.

Nitrosomonas javanica, presque sphérique, de 0 µ, 5 à 0 µ, 6 de diamètre, avec un cil très long de 30 µ ; mouvement lent, colonies petites irrégulièrement anguleuses.

Nitrosococcus de Quito de 1 µ, 5 à 1 µ, 7 de diamètre ; le *Nitrosococcus* du Brésil atteint jusqu'à 2 µ.

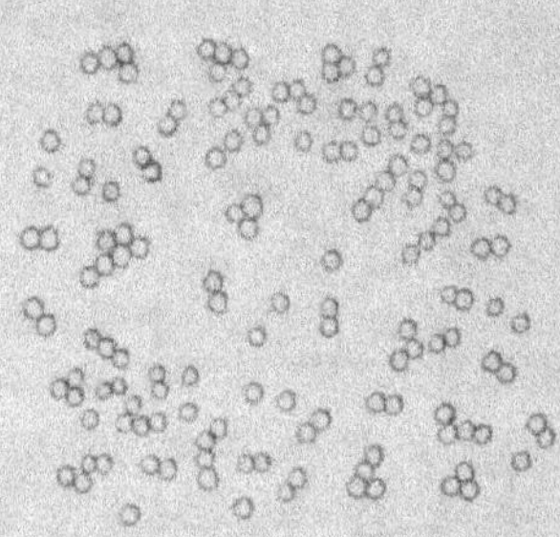

Fig. 30. — Ferment nitreux de Gennevilliers, culture sur silice gélatineuse (grossissement: 1 500).

Ajoutons tout de suite que ces divers ferments se différencient encore beaucoup par la manière de se présenter dans les milieux liquides ; on observe très souvent la formation de zooglées, et cet état peut presque devenir caractéristique pour certaines espèces.

Culture dans les milieux liquides. — Lorsqu'on ensemence une de ces variétés pures dans le milieu liquide dont nous connaissons la composition, on peut apercevoir la réaction des nitrites vers le troisième, cinquième ou sixième jours.

La période d'incubation entre l'ensemencement et l'apparition de la réaction nitreuse varie dans des limites très variables. Pour avoir des résultats concordants, il faut employer des cultures homogènes, mettre la même quantité de semence, une dose de 1 demi-centimètre cube par 25 centimètres cubes de liquide nutritif ; on obtient ainsi des cultures plus régulières.

Souvent, vers le septième jour, et ceci arrive avec le ferment nitreux d'Europe, on aperçoit un trouble, une certaine opalescence ; à ce moment, le réactif de Nessler révèle encore la présence d'ammoniaque, tandis que l'examen microscopique en goutte pendante, montre des microbes mobiles de forme elliptique. Dès que l'ammoniaque a disparu, l'opalescence cesse rapidement, le microbe devient, en effet, immobile, tombe au fond et communique souvent à la masse de carbonate de magnésie un aspect gélatineux et floconneux grisâtre.

La forme des microbes est alors elliptique ; on a des bâtonnets de $0\,\mu$, 9 à $1\,\mu$ de large sur $1\,\mu$, 2 à $1\,\mu$, 8 de long, avec des cils parfaitement colorables aux couleurs d'aniline ; c'est la forme monade qui trouble le milieu de culture.

Au lieu d'avoir des bâtonnets, on a d'autrefois la forme zoogléique, plus ou moins volumineuse, très fréquente chez certaines espèces, surtout au début de la culture ; le liquide est alors limpide.

Ces deux états peuvent se conserver et se manifester pendant un grand nombre de générations ; ainsi celle des bâtonnets mobiles est caractérisée facilement par la formation de l'opalescence, par cet aspect caractéristique de grappes plus ou moins éparpillées qu'affecte le carbonate de magnésie ; c'est sous la forme de bâtonnets mobiles que le pouvoir oxydant est le plus élevé. Le microbe a en effet les moyens d'aller se procurer facilement l'oxygène et l'ammoniaque ; par contre, sous cette forme, il supporte beaucoup moins bien la dessiccation. Ces formes de zooglée et de bâtonnet constituent en somme deux états différents que peut affecter la même espèce selon les conditions de culture, et l'on comprend même qu'elle peut persister plus ou moins dans une série de générations successives ; ces caractères ne présentent d'ailleurs rien d'absolu.

Winogradsky n'a jamais trouvé qu'une seule variété de ferment nitreux dans le même sol.

Propriétés des ferments nitreux. — Ces ferments nitreux sont assez sensibles à la chaleur, car on peut les détruire par un chauffage à 40-42° pendant cinq minutes; leur température optima est au voisinage de 37°.

L'expérience a souvent démontré qu'ils n'aimaient pas les matières organiques, qu'ils poussaient au contraire très bien dans les solutions purement minérales; aussi l'idée est venue de se demander s'ils tiraient leur C soit du carbonate de magnésie qu'on ajoutait, ou peut-être même de celui contenu dans l'air, sous la forme d'acide carbonique.

Nous savons que, pour décomposer l'acide carbonique, il faut une source d'énergie; la seule que le ferment nitreux a à sa disposition est l'ammoniaque, et c'est la chaleur dégagée par l'oxydation de cette ammoniaque qui sert au ferment. On trouve en effet une relation presque constante entre les valeurs du carbone assimilé et celles de l'azote oxydé, comme le prouvent les chiffres suivants dus à Winogradsky.

	Expériences :		
	I.	II.	III.
	milligr.	milligr.	milligr.
Carbone assimilé...	19,7	22,4	26,4
Azote oxydé......	722,0	815,4	928,3
Rapport Az : C.....	36,6	36,4	35,2

c'est-à-dire à 1 de carbone correspondent 35,4 d'azote oxydé en moyenne, soit 96 d'acide nitreux.

Godlewsky est venu démontrer que, lorsqu'on fait passer l'air à travers la potasse, l'acide carbonique étant retenu, toute culture du ferment nitreux devient impossible, et nous devons en conclure que le C ne peut provenir que de l'acide carbonique atmosphérique ou encore de celui qui peut se trouver à l'état de bicarbonate.

Comment se comportent les ferments vis-à-vis des doses diverses de sulfate d'ammoniaque, comment supportent-ils les nitrites ; c'est à quoi répondent les expériences de M. Boullanger et Massol.

Ces savants ont trouvé un arrêt de transformation lorsque la dose de sulfate d'ammoniaque atteignait de 30 à 50 grammes par litre : l'action du nitrite sur le ferment nitreux varie avec l'espèce, dont l'une peut être plus sensible que l'autre aux concentrations de nitrites ; 8 à 10 grammes par litre peuvent déjà gêner, 13 à 15 grammes l'arrêtent complètement.

Lorsqu'on ajoute dès le début à la fois du sulfate d'ammoniaque et du nitrite, on constate que ce sont notamment les nitrites de Na et de K qui sont nuisibles, à un degré moindre les nitrites de calcium et de magnésium. Il en est de même de l'action des nitrates ; mais une dose de 10 grammes de nitrate de chaux ou de magnésie par litre n'a pas encore beaucoup d'influence.

Le ferment nitreux peut transformer le sulfate d'ammoniaque en présence de la plupart des carbonates. On a constaté la formation de nitrites en présence des carbonates de Mg, Ca, Ba, Sr, Zn, Pb, Ni, Mn, Cu, Bi, Fer ; de même la plupart des sels ammoniacaux peuvent être transformés en acide nitreux et acide nitrique ; toutefois l'arsenite, l'iodure, le citrate et l'oxalate ne nitrifient qu'à dose relativement faible. On a même obtenu une nitrification avec les borate et fluorhydrate aux doses de 2 p. 1000 ; pour les lactate, succinate et tartrate, aux doses de 10 p. 1000.

L'énergie fermentative varie nécessairement avec l'espèce considérée ; une fois la période d'incubation de cinq à sept jours terminée, le ferment nitreux peut oxyder 20 milligrammes d'azote ammoniacal par jour. Comme la matière organique retarde en général la fermentation nitreuse, Winogradsky a étudié pour un certain nombre de substances les doses minima qui entravent ou retardent déjà cette fermentation, ainsi que celles qui l'arrêtent complètement.

Dans le tableau suivant, la colonne 1 indique les doses minima centésimales entravant la fermentation, et la colonne 2 celles qui se comportent comme antiseptiques véritables :

	1	2
Glycérine	$> 0,2$	?
Glucose	0,025	0,2
Bouillon de viande	10,0	20—40
Urée	$> 0,2$	?
Asparagine	0,05	0,3
Peptone	0,025	0,2
Butyrate Na	0,5	$> 1,5$

La dose de peptone de 0,025 p. 100 retarde déjà le phénomène de huit à dix jours ; celle de 0,1 p. 100 de trente jours ; on voit, en outre, que, plus une substance est complexe, plus elle gène la transformation d'ammoniaque en nitrite.

L'essai avec diverses matières azotées a appris que l'azote ammoniacal seul est nitrifiable. L'azote des corps protéiques, des amides, des amines, comme celui de l'urée, de l'asparagine, du blanc d'œuf, ne subit pas la nitrification.

M. Demoussy a essayé l'action des ferments nitreux sur les ammoniaques composées, sur différentes bases azotées, comme l'aniline, la pipéridine, et il a trouvé que la nitrification est d'autant plus difficile que la matière alimentaire est plus complexe.

L'oxydation directe de l'azote organique n'a donc lieu qu'après sa transformation en ammoniaque, c'est-à-dire après l'action de certaines bactéries du sol que nous trouvons parmi les bactéries de putréfaction.

Nitrobactérie. — Winogradsky l'a isolée d'une terre de Quito vers 1891. Il a remplacé dans le milieu liquide qui avait servi pour la culture des ferments nitreux, le sulfate d'ammoniaque par du nitrite de soude, tous les autres sels étant les mêmes. La culture ne montre, en général, pas de voile ni de trouble. Si cependant on a la précaution d'ajouter peu à peu de la solution nitritée, on obtient un voile blanchâtre tapissant le fond, le carbo-

nate de magnésie et la paroi du vase : ce voile, examiné au
microscope, montre de petits bâtonnets en fuseau à faibles
contours ; on purifie la culture par passage sur la silice

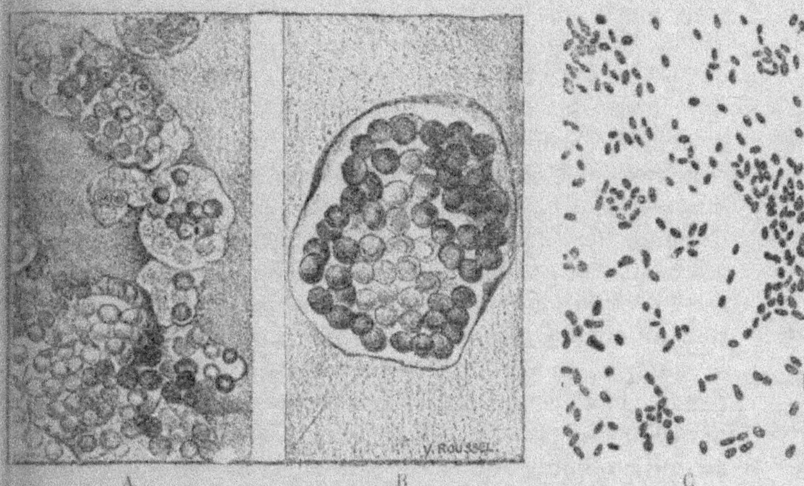

Fig. 31. — Organismes de la nitrification (d'après Winogradsky).

A, ferment nitreux de Zurich ; zooglées en milieux liquides (grossissement : 1 500) ; B, la même zooglée à enveloppe gélatineuse épaisse (grossissement : 1 500) ; C, nitrobactérie de Quito, culture en milieu liquide (grossissement : 1 500).

gélatineuse ou par le milieu gélosé additionné de nitrite,
milieu sur lequel la culture est excessivement lente.

Voici les solutions employées :

Milieu liquide pour la silice. grammes.		Milieu gélosé.	
		Traces de sulfate de magnésie et de phosphate de potasse.	
Nitrite de potasse....	1	Nitrite de Na	2
Phosphate de potasse.	0,5	Carbonate de soude.	1
Sulfate de MgO......	0,3	Gélose.............	15
Carbonate de soude calciné............	1,0	Eau de rivière......	1 000
Chlorure de sodium.,	0,5		
Sulfate de fer	0,4		
Eau distillée....... .	1 000		

Les colonies sur milieux solides se développent lentement; on commence par les rechercher au bout de
quinze jours avec un grossissement de 200; bientôt on
peut apercevoir au fond de la gélose des corps ronds,
ovales, angulaires, de forme lenticulaire ou cordiformes
de 30 à 50 μ de diamètre : elles ont un aspect brillant,
sont bien contournées et, dès qu'elles arrivent à l'air,
deviennent brunâtres; elles sont souvent glaireuses et
ponctuées, et, au contact de l'air, on peut obtenir des
masses d'aspect très homogène présentant 100 à 150 μ
de diamètre. La culture est en général lente; pour
augmenter la grosseur des colonies, on peut ajouter sur
les deux côtés de la plaque quelques gouttes d'une solution de nitrite de soude. Dès que la colonie s'est bien
développée, on peut la reporter sur un autre tube; au
bout de quelques générations, les cultures en stries d'aspect
blanchâtre gras, sec, sont assez homogènes, et on passe
au milieu liquide en se servant du fil de verre dont on
casse la pointe dans un matras contenant le milieu minéral
nitrifié. On se laisse guider par la réaction des nitrites;
dès qu'ils disparaissent, on contrôle dans le bouillon de
viande et au microscope. Grâce à la faculté que présente
la nitrobactérie de pousser sur milieux gélosés, l'isolement
est assez facile.

Propriétés. — La nitrobactérie, dont on ne connaît
qu'une seule espèce, affecte la forme de petits bâtonnets
immobiles de 0 μ,5 de long sur 0 μ,25 de large; elle
périt par chauffage à 55° pendant cinq minutes; sa
température optima est aux environs de 37°; elle se
colore difficilement par la fuchsine phéniquée.

Sa culture est favorisée par la présence de 1 p. 1 000 de
carbonate de soude; elle est assez sensible aux nitrites
et est fortement gênée par une dose supérieure à
10 p. 1 000; mais, si l'on ajoute progressivement la dose de
nitrite et qu'on attend sa disparition complète, avant d'en
mettre une nouvelle dose, on peut pousser la transfor-

mation très loin; la nitrobactérie peut transformer jusqu'à 20 grammes de nitrite par litre. Boullanger et Massol conseillent une dose optima de 1 p. 1 000 de nitrite de soude; la nitrobactérie est peu sensible aux doses de 0^{gr},5 à 1 gramme p. 1 000 des nitrites de Ba, Zn, Pb, Mn, Cu; les sels de fer semblent même la favoriser beaucoup.

La concentration du nitrate formé la gêne bien moins. Ainsi elle supporte jusqu'à 20 grammes de nitrate de soude par litre, 25 grammes de nitrate de magnésie et de potasse, 12 grammes de nitrate de chaux.

La nitrobactérie n'est pas très sensible vis-à-vis des matières organiques, et, si on l'ensemence fortement, cette sensibilité disparaît presque complètement, et on peut arriver par générations successives à la faire travailler dans le bouillon de viande.

La nitrobactérie est plus sensible vis-à-vis de l'ammoniaque et peut être arrêtée par des doses de 0,150 à 0,160 p. 1 000.

Elle n'agit que sur les nitrites, et nous avons vu qu'à une dose ne dépassant pas 1 p. 100 elle les transforme tous ou à peu près tous. Toutefois les nitrites alcalins ou alcalino-terreux sont préférés.

Sa période d'incubation varie entre quarante-huit à soixante heures, et elle peut transformer 70 milligrammes de nitrite par jour au début, et, plus tard, lorsqu'il y a beaucoup de générations adultes, c'est-à-dire un support microbien bien fait et dense, il y a accélération : une fois ce stade atteint, Boullanger et Massol ont pu constater, dans leurs expériences, la formation de 90 milligrammes d'azotate de soude en moyenne, par litre de liquide de culture et par jour, et, dans les derniers jours, cette dose s'élevait même à 175 milligrammes, soit presque une quantité triple de celle qui se formait au début. L'oxydation peut être complète, et le réactif iodo-amylique très sensible ne révèle pas la moindre trace de nitrite.

La vitesse d'oxydation est donc sous cet état bien

supérieure à celle observée dans les premières recherches de Winogradsky. Ce savant n'avait trouvé comme maximum que 10 milligrammes l'azote nitreux oxydé par jour, au bout de six semaines, tandis que, avec les ferments de Boullanger et Massol, la quantité d'azote nitreux oxydé par jour a oscillé de 17 à 30 milligrammes par jour, pour une durée très courte de douze jours.

Les premières recherches de Winogradsky semblent admettre que le carbone nécessaire à la constitution des tissus microbiens est tiré uniquement de l'acide carbonique atmosphérique. Peut-être l'état du microbe joue-t-il ici un rôle, comme nous l'avons vu dans les expériences de Lille ; la question ne tardera pas à être résolue.

Nous savons donc que les ferments nitreux et la nitro-bactérie peuvent prendre le carbone à l'acide carbonique, gaz qui a été formé aux dépens des éléments C et O, avec fort dégagement de chaleur, qu'il faudra restituer pour obtenir sa décomposition ; cette chaleur nécessaire provient de l'oxydation de l'ammoniaque et de celle de l'acide nitreux, qui, la thermochimie nous l'apprend, se fait avec un dégagement de chaleur dont la microbe sait profiter :

$$2\,AzH^3 + 6O = H^2O + Az^2O^3 + 157 \text{ cal.} ;$$
$$Az^2O^3 + 2O = Az^2O^5 + 37 \text{ cal.}$$

Nous avons d'ailleurs vu qu'il existait une relation constante entre l'azote oxydé et le carbone assimilé.

Ces équations nous apprennent en outre que ce sont des microbes essentiellement aérobies.

Nitrification dans la nature. — Boussingault a déja constaté que la nitrification dans le sol a lieu aux dépens des matières organiques de toutes sortes.

Elle est souvent très rapide, et l'ammoniaque des engrais peut être vite transformée ; on trouve alors l'azote en plus grande abondance sous la forme nitrique que sous la forme ammoniacale, à moins que les eaux pluviales ne l'aient entraîné. C'est ainsi que Wolff a dosé par hectare dans une couche de sol de $0^m,20$ d'épaisseur les quantités suivantes en kilogrammes :

	Grauwacke.	Schistes argileux.	Gneiss.	Grès rouge.
Azote nitrique........	435,2	271,5	467,8	552,6
Azote ammoniacal..	19,2	26,2	27,3	27,9

Sans les eaux qui peuvent occasionner de fortes pertes, ce serait donc toujours sous la forme nitrique qu'on aurait l'azote fertilisant; il convient également d'ajouter que les expériences de Tacke, Godlewski et Immendorf ont montré que la nitrification de l'AzH^3, soumise à forte aération, pouvait donner lieu à des pertes d'azote gazeux; une troisième cause de déperdition réside dans l'action des dénitrificateurs que nous allons voir plus tard.

Nous pouvons maintenant nous poser les deux questions suivantes : les ferments nitreux et nitriques spécifiques que nous venons d'étudier sont-ils seuls pour opérer la transformation de l'azote ammoniacal en azote nitrique ? Les ferments font-ils ce travail par voie symbiotique ou non ? Remarquons d'abord que dans la nature, on a toujours dans les supports nitrifiants de la matière organique gênant les ferments nitreux; mais on trouve également de l'AzH^3, à laquelle la nitrobactérie paraît dans certaines circonstances très sensible, et cependant le phénomène de la nitrification est très actif, et souvent on ne voit pas trace d'azote nitreux se former.

Rappelons qu'en général, dans le milieu artificiel, il y a deux stades : tout d'abord le ferment nitreux transforme l'ammoniaque en acide nitreux, qui devient ensuite acide nitrique. Warington l'expliquait par l'action paralysante exercée par l'ammoniaque sur le ferment nitrique, ce qui a été confirmé par Winogradsky.

En pratique, il en est autremen ; on voit couramment la symbiose se produire dans les lits bactériens d'épuration des eaux résiduaires, en présence de doses d'ammoniaque parfois très élevées. Il se forme simultanément de faibles quantités de nitrites et de fortes quantités de nitrates, et les eaux, après épuration, contiennent de l'ammoniaque non oxydée. Ceci veut dire que les deux phénomènes sont non successifs, mais superposés. On sait d'ailleurs par les expériences de M. Schlœsing que des doses considérables d'ammoniaque n'empêchent nullement l'action du ferment nitrique dans le sol. Toutefois la symbiose peut quelquefois se manifester pendant un temps très court quand le taux d'ammoniaque est devenu faible. L'augmentation des nitrates n'est rapide qu'à la fin de la fermentation nitreuse ; une fois la deuxième phase, la fermentation nitrique partie, elle finit presque toujours.

Il importe de citer ici une expérience très intéressante de Winogradsky. Dans un liquide nitrifiant, ayant donné successivement des nitrites et des nitrates, ce savant ajoute 4 milligrammes de sulfate d'ammoniaque, c'est-à-dire une très faible quantité, et renouvelle cette addition chaque fois que les nitrites sont transformés en nitrates. Dans ces conditions, on n'observe presque pas le stade intermédiaire des nitrites ; l'addition de doses plus fortes de sulfate d'ammoniaque les fait reparaître.

Winogradsky n'a pas donné d'explication plausible de cette observation. MM. Boullanger et Massol ont cherché et trouvé l'explication précise des phénomènes de symbiose.

Dans un matras à scories qui vient de terminer sa nitrification, ils enlèvent aseptiquement le liquide et rajoutent maintenant 1 litre de nouveau milieu minéral à $1^{gr},8$ environ de sulfate d'ammoniaque par litre. Ils font de temps en temps (toutes les vingt-quatre heures) des prises d'échantillons, qu'ils soumettent à l'analyse.

Dans ce cas les résultats montrent nettement la symbiose parfaite des deux organismes :

Dates.		Réactions.		Nitrite formé en gr. de AzO^2Na par litre.	Nitrate formé en gr. de AzO^3Na par litre.
	Ne.	Tr.	Di.		
7 octobre....	+	0	+	0	0,537
10 —	+	f	+	Traces.	»
12 —	+	s	+	0,148	0,823
13 —	+	s	+	0,146	0,951
15 —	+	s	+	0,191	1,186
16 —	+	f	+	Traces.	1,426
17 —	+	0	+	0	1,732
19 —	s	0	+	0	2,236
20 —	0	0	+	0	2,324

Réactions : o, nulle ; f, faible ; s, sensible ; +, forte.

Le taux des nitrites a donc toujours été faible, pendant que les nitrates ont augmenté progressivement, jusqu'à disparition complète de l'ammoniaque. Malgré la dose de 460 milligrammes d'ammoniaque par litre, les deux fermentations ont été simultanées et non successives, et il y a eu véritable symbiose des deux organismes dans un milieu riche en ammoniaque.

Dans une autre expérience, ces savants, sans enlever le liquide nitrifié, ont ajouté à différentes reprises des doses de 2 grammes de sulfate d'ammoniaque par litre : la symbiose s'est toujours poursuivie jusqu'à la disparition de toute ammoniaque.

Lorsqu'on place les microbes dans des conditions particulièrement favorables, on peut produire le phénomène symbiotique du premier coup, c'est-à-dire obtenir une nitrification intense, complète avec des traces intermédiaires de nitrites : ces constatation ont été faites avec un appareil ayant beaucoup d'analogie avec celui qui sert à fabriquer le vinaigre d'après le procédé allemand.

Ces résultats ont montré que l'ammoniaque agit énergiquement sur la multiplication de la nitrobactérie, c'est-à-dire sur le microbe végétal; cette multiplication ne peut se faire en présence de l'ammoniaque que tant que la dose du sel ammoniacal n'est pas trop élevée. Le sel ammoniacal lui-même n'est guère nuisible, qu'en présence de substances capables de déplacer l'AzH^3 en quantité appréciable. La multiplication est d'autant plus rapide que la proportion d'ammoniaque est moindre; elle ne cesse, nous l'avons vu, que quand la dose atteint 200 milligrammes par litre; mais elle n'agit que faiblement sur la fonction oxydante du microbe adulte, et alors la symbiose peut avoir lieu; à la faveur de ces lumières, nous pourrons expliquer les résultats opposés du laboratoire et du sol. Dans les essais de laboratoire, la nitrobactérie se multiplie mal en présence de l'ammoniaque; la phase nitreuse finit donc souvent avant le début de la phase nitrique; dans la nature, au contraire, nous avons toujours des supports peuplés de ferments adultes sur lesquels l'ammoniaque n'a que peu d'influence, et ici le phénomène est une véritable symbiose.

Ces ferments sont puissamment aidés par les microbes qui attaquent la matière organique, transforment l'azote organique en azote ammoniacal, au préalable. Ceci résulte clairement d'expériences entreprises par Oméliansky, qui a associé un ferment doué des propriétés précédentes, le *Bacillus ramosus*, aux ferments nitreux et nitriques. Il est certain que dans la nature nous trouvons de ces associations symbiotiques très fréquentes, et, suivant les conditions, ce sera telle ou telle espèce microbienne qui dominera; c'est encore une des raisons pour lesquelles on trouve rarement des nitrites.

Conclusions pratiques. — L'observation journalière apprend que les ferments nitrificateurs paraissent être très répandus. C'est ainsi que MM. Muntz et Aubin ont pu constater leur présence même dans les lieux déserts, comme sur le pic du Midi, et M. Muntz les considère comme intervenant dans la formation de l'humus. Presque tous les sols en contiennent ; certaines pratiques agricoles peuvent toutefois les favoriser, et ces conditions comprennent implicitement celles qui occasionnent la fertilité des terres.

M. Schlœsing d'abord et Dehérain ensuite ont indiqué depuis longtemps que la trituration du sol était favorable à la nitrification : elle nous procure une meilleure aération, la dissémination des germes et l'humidité.

M. Schlœsing fils a observé que l'humidité à dose modérée exerce une action avantageuse ; si on arrose, par exemple, régulièrement une terre bien perméable, on peut constater immédiatement la formation de nitrates ; les eaux de drainage, d'autre part, peuvent servir par leur composition à nous fournir une idée de l'intensité du phénomène.

On peut encore mettre un peu de délayure de terre dans un bon milieu de culture artificiel, comme le liquide d'Oméliansky, et se faire une idée de la quantité des microbes nitreux et nitriques par l'intensité de la transformation du sel ammoniacal.

L'agriculteur peut donc favoriser le phénomène en facilitant la pénétration de l'air nécessaire à ces microbes aérobies dans le sol par un drainage rationnel, par un bon travail du sol, par l'apport de la base saturante là où elle manque : chaulage, marnage, etc. ; par l'apport de la matière alimentaire sous la forme de fumier. Mais il est beaucoup moins maître des conditions de température et d'humidité, qui dépendent des circonstances climatériques.

Pour toutes ces raisons, il appliquera les engrais ammoniacaux ou riches en azote organique aux sols légers, faciles à aérer, et les nitrates aux sols compacts.

IV. — ENGRAIS VERTS.

En dehors du fumier de ferme, le cultivateur a encore à sa disposition pour la fertilisation de son sol : 1° les engrais minéraux, sels ammoniacaux qui subissent également la nitrification ou sont assimilés directement; 2° les engrais verts.

Toute plante à végétation rapide peut être employée comme engrais vert; elle s'empare des nitrates formés du sol et les transforme en matières albuminoïdes, qui ne sont à leur tour retransformées que très lentement et sont utilisées par les semis de printemps.

Les engrais verts remplissent donc ainsi un premier but, celui de retenir les nitrates formés à l'arrière-saison, de les transformer en matières organiques insolubles et d'empêcher leur entraînement dans les couches profondes par les eaux pluviales; ces engrais, enfouis au moment propice par des labours, deviennent la proie des ferments qui pullulent dans la terre; ils sont transformés progressivement en CO^2, H^2O, AzH^3, qui devient nitrate et sert surtout aux semis de printemps.

M. Muntz a étudié l'emploi de ces engrais verts en comparaison avec divers autres engrais azotés, en quantité telle qu'elle représentait une dose de 100 kilogrammes d'azote à l'hectare, en présence de quantités suffisantes de potasse, d'acide phosphorique, etc.; la plante d'expérience était le maïs fourrage, et on a procédé à l'étude de la terre dix-huit jours après les semailles.

Voici les nombres trouvés :

	Azote nitrique par kilogramme de terre. milligr.
Parcelle avec engrais vert (luzerne)	86,0
— sang desséché	72,2
— sulfate d'AzH^3	121,4
— engrais azoté	84,3

L'engrais vert a nitrifié plus rapidement que le sang desséché. Les coupes de maïs rapportées à l'hectare ont donné en septembre les récoltes suivantes :

	kilogrammes.
Parcelle avec engrais vert...................	78,000
— sang desséché...............	71,500
— sulfate d'AzH^3..............	66,000
— nitrate de soude.............	78,500
— sans engrais azoté..............	39,500

La récolte avec engrais vert équivalait donc à celle obtenue avec le nitrate de soude.

Dans un autre ordre d'idées, MM. Muntz et Girard ont établi que, dans les engrais animaux, l'ordre d'efficacité des engrais est comme celui de leur aptitude à la nitrification ; mais certains engrais, comme le cuir torréfié, nitrifient très lentement ; ici la nitrification, ou plutôt la transformation préalable par les microbes décomposant les matières azotées, est très lente ; c'est pour cette raison qu'on applique les engrais résistant à la décomposition aux récoltes permanentes.

V. — DÉNITRIFICATION.

La dénitrification est le phénomène inverse de la décomposition des matières organiques en nitrates ; elle est très importante et peut être envisagée au double point de vue agricole et hygiénique ; elle concerne, en effet, le cycle de rotation de l'azote, l'épuration du sol et celle des eaux d'égout ; elle influe sur les phénomènes de putréfaction.

Les nitrates peuvent être décomposés en nitrites, en composés oxydés divers de l'azote, en azote et en ammoniaque ; c'est-à-dire que les corps directement assimilables par les végétaux supérieurs sont transformés en combinaisons beaucoup plus difficiles à utiliser. Ces modifications peuvent se faire soit par voie chimique, soit par voie biologique ; elles peuvent donc être variables de ce chef ; elles ne sont pas non plus les mêmes avec les diverses espèces microbiennes qui peuvent intervenir, elles dépendent de la réaction acide ou alcaline du milieu.

Les changements qui se manifestent dans les milieux nitratés sont tantôt l'effet de l'action directe des microorganismes, tantôt le résultat de réactions secondaires comme celle de l'acide nitreux sur les amides, sur les sels ammoniacaux.

Il suffit que le sol soit le siège de fermentations anaérobies pour que les nitrates soient réduits plus ou moins par les résidus de ces fermentations, et il se forme alors, comme l'a montré, il y a longtemps, M. Schlœsing, de l'acide nitreux, du bioxyde, du protoxyde d'azote ; ces dénitrificateurs ainsi considérés semblent donc être surtout des microbes nuisibles ; ils ne le sont peut-être pas toujours ; ils peuvent probablement fixer l'azote légèrement soluble du sol en constituant leurs propres tissus et servir ainsi plus tard à d'autres vies microbiennes et produire, en un mot, des effets analogues à ceux des engrais verts.

On peut distinguer les différents cas suivants :

1° Réduction des nitrates en nitrites et ammoniaque ;

2° Réduction des nitrates et nitrites en Az^2O et AzO ;

3° Réduction des nitrates et nitrites en azote ; c'est en somme le dernier cas qui constitue la dénitrification véritable.

Beaucoup de microorganismes peuvent produire la première réaction ; d'autres, au contraire, dégradent jusqu'au terme azote.

Ces diverses réductions ont été observées depuis longtemps, et bien des organismes ont été étudiés à ce point de vue ; mais il existe encore de nombreuses contradictions à ce sujet. Vers 1825, Tilloy avait déjà appelé l'attention sur la fermentation nitreuse des mélasses.

Dès 1862, Göppelsröder avait constaté une réduction des nitrates dans le sol, fait confirmé par M. Schlœsing père, qui ajouta cette notion que la terre chauffée à 100° perdait cette faculté. MM. Reiset, Warington, Schlœsing et Muntz étudièrent la disparition des nitrates dans les eaux d'égout, dans le jus de tabac, le jus de betteraves, et ils attribuèrent cette réaction à l'action réductrice des matières organiques. Laurent signale la réduction des nitrates chez les semences en germination et remarque qu'elle est poussée plus ou moins loin.

C'est vers 1875 que Mensel le premier conclut à une réduction d'origine microbienne dans les eaux nitratées ; il observe l'arrêt de toute réduction par l'addition d'antiseptiques (acide phénique, acide salicylique) ou par chauffage ; il signale qu'elle est favorisée par l'addition d'hydrates de carbone dans les eaux nitratées.

Le premier travail classique sur la question est celui de MM. Gayon et Dupetit vers 1882. Ces savants mélangèrent de l'eau de canal additionnée de $0^{gr},02$ de nitrate de potasse avec un peu d'urine ; ils obtenaient la réduction du nitrate. Ils étudièrent ensuite un certain nombre de microbes à ce point de vue ; la propriété de réduire se manifestait chez le microbe du choléra des poules, celui de l'œdème malin, la bactéridie charbonneuse, chez quatre microbes isolés d'eau d'égout ; certains s'arrêtaient au terme nitrite.

Heraeus, vers 1886, signale la propriété de réduire les nitrates à l'état de nitrite et d'ammoniaque chez le *Micrococcus prodigiosus*, le *Staphylococcus citreus*, le Bacille typhique, le *Bacillus anthracis*.

A la même époque, MM. Gayon et Dupetit étudièrent deux autres microbes aérobies désignés dans la science sous le nom de α et β, qui donnèrent AzO, Az et CO^2. Ils obtinrent AzO avec du bouillon nitraté additionné d'asparagine ; ils reconnaissent l'utilité des hydrates de carbone : l'acide citrique, les sucres, la glycérine, l'huile d'olive, l'alcool propylique, les tartrates, même l'asparagine, etc.

Ils signalent en outre l'influence de la quantité de semence et celle de la concentration de la liqueur nutritive. Ils remarquèrent que les microbes aérobies n'attaquent plus les nitrates dès qu'on les cultive en couche mince largement aérée, mais par contre ils le font très bien en profondeur. Ils admirent que la dénitrification était une combustion des matières organiques par l'oxygène nitrique avec un fort dégagement de chaleur.

La dénitrification a été étudiée par un grand nombre de savants ; citons MM. Dehérain et Maquenne, Bréal, Giltay et Aberson, Warington, Burri et Stützer, Jensen, Sewerine, Grimbert, Frankland, Ampola et Garino, Ampola et Ulpiani, Schirokikh, Kunnemann, Pfeiffer, Lemmermann ; ce dernier savant insiste même sur la valeur diagnostique de cette réduction.

Dehérain et Maquenne avaient trouvé comme gaz $H.CO^2$, Az et AzO, et attribuèrent la réduction à l'action indirecte d'un ferment butyrique.

M. Grimbert nous a fait connaître depuis, comme nous le verrons tout à l'heure, que les réactions secondaires sont souvent la cause directe de la réduction totale.

Dehérain et Maquenne ont admis également plus tard l'intervention des dénitrificateurs, c'est-à-dire de microbes à propriétés spécifiques. Ils démontrèrent que, maintenu à une température de 35 à 40°, le sol réduisait les nitrates en présence de fortes quantités de matières organiques, dans des conditions anaérobies.

Dans une de leurs expériences, un quart de litre de terre additionné d'une solution sucrée à 5 p. 100 et de 2 grammes de nitrate de potasse donnait, après dix jours à 35°, 250 centimètres cubes de gaz, dont la composition était :

$$80,5 \text{ p. } 100 \text{ }CO^2 ;$$
$$8,2 \text{ p. } 100 \text{ } AzO ;$$
$$11,3 \text{ p. } 100 \text{ Azote.}$$

Le chauffage à 120°, l'addition d'antiseptiques arrêtaient toute dénitrification ; le sucre, la fécule jouaient le rôle de favorisants.

Liquides nutritifs employés. — Pour montrer le phénomène, on peut se servir du liquide Giltay ou Gayon, dont nous donnons les compositions :

<table>
<tr><td>

Liquide Giltay.
—

Eau............	1 000 gr.
Nitrate de K ou Na.	2
Acide citrique.....	5
Sulfate de MgO....	2
Phosphate monopotassique	2
Chlorure de calcium.	0,2

Traces de perchlorure de fer avec adjonction de soude jusqu'à réaction faiblement alcaline.

</td><td>

Liquide Gayon.
—

Eau............	1 000 gr.
Nitrate de K.......	10
Acide citrique......	7
Asparagine	5
Phosphate de potasse	5
Sulfate de magnésie.	5
Chlorure de calcium.	0,5
Sulfate d'alumine....	0,02
Silicate de soude....	0,02
Sulfate de fer.......	0,05

Additionné d'ammoniaque jusqu'à réaction faiblement alcaline.

</td></tr>
</table>

D'autres savants ont employé le liquide plus simple que voici : par litre d'eau de rivière, 2 grammes de tartrate de chaux, 5 centigrammes de phosphate acide de potasse et 1 décigramme de nitrate de potasse.

Quel que soit le liquide employé, on ensemence avec un peu de fumier de cheval ou de la paille, et on place à 35°; la réaction se manifeste alors, s'il y a réduction véritable, en général par une forte mousse et un dégagement gazeux abondant. Par une série de générations successives, on fait dominer l'espèce microbienne et on purifie ensuite par culture sur le milieu gélosé et nitraté.

MM. Kayser et Marchand ont remarqué que la production de mousse ne doit pas être considérée comme un caractère spécifique et constant; elle dépend beaucoup du mode de culture, du nombre de générations, de l'âge du microbe. Il peut y avoir dénitrification sans formation de mousse. Leurs recherches ne sont pas encore assez avancées pour trouver place ici dès maintenant.

Réactions. — Le phénomène peut être représenté en gros par les réactions suivantes :

$$4\,KAzO^3 + 5\,C + 2\,H^2O = 4\,KHCO^3 + 2\,Az^2 + CO^2 ;$$
$$4\,KAzO^2 + 3\,C + H^2O = 2\,KHCO^3 + K^2CO^3 + 2\,Az^2.$$

En se servant de citrate de soude comme matière hydrocarbonée, Pfeiffer et Lemmermann, Ampola et Garino ont trouvé la décomposition suivante :

$$5\,C^6H^5Na^3O^7 + 18\,NaAzO^3 + H^2O = 9\,Az^2 + 27\,NaHCO^3 + 3\,Na^2CO^3$$

En présence d'un milieu acide ou en présence de sucre, on obtient un notable dégagement d'acide carbonique :

$$5\,C^6H^8O^7 + 18\,NaAzO^3 = 9\,Az^2 + 18\,NaHCO^3 + 11\,H^2O + 12\,CO^2 ;$$
$$5\,C^6H^{12}O^6 + 24\,NaAzO^3 = 12\,Az^2 + 24\,NaHCO^3 + 18\,H^2O + 6\,CO^2.$$

Études de différents dénitrificateurs. — Giltay et Aberson ont étudié un *Bacillus denitrificans* très voisin de celui isolé par M. Gayon et Dupetit ; il donne naissance à de l'azote sans mélange d'hydrogène ni de protoxyde d'azote. Ils ont trouvé dans certains cas la réduction poussée jusqu'au terme ammoniacal ; le milieu nitraté additionné d'asparagine donna un dégagement gazeux d'azote, supérieur à celui qui pouvait provenir du nitrate ; mais, en remplaçant l'asparagine par du glucose, le taux de l'azote recueilli était sensiblement celui qui répondait au nitrate détruit.

Burri et Stutzer ont isolé également deux dénitrificateurs connus sous la désignation *denitrificans I et II* ; le premier est un bâtonnet qui a $0\,\mu,75$ de large et $1\,1/2$ à $2\,1/2\,\mu$ de long ; il est aérobie, donne lieu à une forte production de mousse dans la destruction du nitrate ; il vit en symbiose avec le *Bacterium coli* ; — le second est un bâtonnet de 2 à $4\,\mu$ de long, très mobile, facultativement aérobie, poussant la dégradation jusqu'au terme azote.

Nous venons de voir que d'après Stutzer et Burri le *Bacillus denitrificans I* vit en symbiose avec le *Bacterium coli* et qu'il donne ainsi lieu au dégagement gazeux; cette explication n'est pas juste, comme l'a montré M. Grimbert.

Ce savant a d'abord constaté, dans l'étude très intéressante qu'il a faite avec le *Bacterium coli* et le bacille d'Éberth, qu'en remplaçant la solution de peptone par du bouillon peptonisé ou par de l'extrait de viande peptonisé il y avait augmentation sensible de la quantité d'azote dégagé, quelquefois le volume du gaz recueilli dépassait de plus du double celui qui correspond à l'azotate détruit ; par conséquent, cet azote ne pouvait provenir directement des nitrates et devait être attribué aux matériaux amidés du bouillon, conformément à la réaction suivante :

$$CO(AzH^2)^2 + 2AzO^2H = 2Az^2 + CO^2 + 3H^2O \; ;$$
Urée.

$$C^4H^8Az^2O^3 + 2AzO^2H = C^4H^6O^5 + 4Az + 2H^2O \; ;$$
Asparagine.   Acide malique.

tandis qu'en l'absence de bouillon, dans une solution de peptone à 4 p. 100 neutre, il n'y a production que de nitrites, dont la proportion n'a jamais dépassé 4 p. 100 du nitrate, et d'acide carbonique.

Certains microbes, comme le bacille pyocyanique, donnent au contraire une quantité d'azote correspondant exactement à celui du nitrate décomposé sans formation d'acide carbonique ; tandis que, avec le *Bacterium coli*, on recueille toujours de l'acide carbonique avec l'azote ; le milieu reste neutre, conformément à l'équation précédente. Dans le cas du *Bacillus pyocyaneus*, l'acide carbonique se retrouve tout entier à l'état de bicarbonate de potasse ; d'où il résulte une alcalinité très prononcée du milieu faisant effervescence avec les acides. Il existe donc une différence capitale entre ces deux bacilles. Pour qu'il y ait dégagement d'azote gazeux avec le *Bacterium coli*, il faut l'intervention d'un acide formé sans doute aux dépens de certaines substances du bouillon, acide qui sature la base libre et assure la neutralité de la liqueur.

C'est pour cette raison que M. Grimbert distingue fort justement entre les dénitrificateurs vrais, comme le *Bacillus pyocyaneus*, donnant de l'azote gazeux avec une solution peptonisée à 1 p. 100, et les dénitrificateurs indirects, qui produisent l'azote gazeux seulement en présence des principes amidés du bouillon ; c'est ce qui permet de comprendre beaucoup de faits restés obscurs jusqu'à présent.

Il n'est pas sans intérêt de fournir ici quelques nombres tirés du travail de M. Grimbert : voici les résultats obtenus au bout de trente-quatre jours avec une solution de 125 centimètres cubes de bouillon de viande peptonisé, additionné de 1 p. 100 de nitrate de soude, soit $0^{gr},206$ d'azote.

	Bacille pyocyanique.	Bacterium coli.	Bacille d'Eberth.
CO^2	0	11,04	10,4
Az	$100^{cc},48$	$28^{cc},09$	$25^{cc},96$
Nitrate détruit	$0^{gr},01$	$0^{gr},112$	$0^{gr},118$
— —	$72,8\ ^0/_0$	$8,9\ ^0/_0$	$9,4\ ^0/_0$
Nitrate restant	$0^{gr},136$	$0^{gr},289$	$0^{gr},261$
— —	$10,88\ ^0/_0$	$23,1\ ^0/_0$	$20,8\ ^0/_0$

En résumé :

	Bacille pyocyanique. c.c.	Bacterium coli. c.c.	Bacille d'Eberth. c.c.
Azote libre	100,48	28,09	25,96
Az. du nitrate décomposé	100,41	12,34	13,00
Az. perdu sous la forme d'amides	13,80	47,12	47,12

Cette expérience nous apprend que la quantité d'azote dégagée à l'état gazeux ne peut nous servir comme diagnostic des véritables dénitrificateurs, et c'est pour cette raison que les nombres obtenus avec le liquide Giltay ou un liquide analogue, ne renfermant pas de corps amidés, peuvent seuls nous renseigner, car ils évitent d'être faussés par des réactions secondaires; beaucoup de microbes donnent 90 p. 100 de l'azote nitraté sous la forme de gaz, et ce chiffre monte à 96 p. 100 avec le bouillon nitraté, grâce aux réactions secondaires que nous connaissons.

Il résulte de ces recherches que certains microbes peuvent pousser la réduction très loin, et Sewerin pense même que ceux qui donnent généralement des nitrites peuvent amener la décomposition presqu'à bout, si la concentration ne dépasse pas 0,5 p. 1000; on ne sait pas encore si la formation de Az^2O n'est pas spécifique ou si elle se présente seulement dans certaines conditions.

Habitat et généralités. — Les microbes dénitrificateurs sont très répandus et très fréquents. On les trouve dans l'air, les eaux, le sol, notamment sur la paille (Bréal), dans les excréments des divers animaux domestiques; il y en a plus chez les herbivores que chez les carnivores; ainsi on en trouve notamment dans les excréments du cheval, de la vache, des moutons, plus rarement dans ceux du porc; ils sont également rares chez l'homme, le pigeon, l'oie. Dans la même région, on rencontre les mêmes espèces dans le sol, dans le fumier, dans le foin, dans la paille (Höflich).

G. et F. Frankland ont étudié cette propriété en 1889 chez quelques bacilles des eaux et du sol, comme le *Bacillus aquatilis*, *Bacillus ramosus*, *Bacillus vermicularis*, et, sur 32 espèces étudiées, 17 jouissaient de la faculté de réduire les nitrates; Warington a reconnu, sur 25, 17 dénitrificateurs; Massen, sur 109, 85 dénitrificateurs; mais beaucoup ne poussent que jusqu'au terme nitrite.

On peut citer certains microbes pathogènes : le *Micrococcus ureæ*, le *Bacillus ramosus*, *Bacillus violaceus*, *Bacillus viscosus*, *Bacillus fluorescens non liquefaciens*, etc. Signalons en outre que Laurent a trouvé que le *Cladosporium herbarum*, le *Penicillium glaucum*, le *Mucor racemosus*, l'*Alternaria tenuis*, certains saccharomycètes, etc., peuvent réduire les nitrates. C'est donc une propriété banale.

Beaucoup de ces dénitrificateurs présentent la forme de bâtonnets de 1μ à $1\mu,5$ de long sur $0\mu,1$ à $0\mu,3$ de large avec des cils tout autour, c'est-à-dire sont doués de motilité; leurs spores sont peu connues.

On trouve parmi eux des aérobies et des anaérobies, lorsque la réduction est poussée jusqu'au terme azote; on obtient, comme nous l'avons déjà dit, une écume très abondante dans les vingt-quatre heures, avec dégagement gazeux; l'oxygène sert à la respiration des microbes; le passage exagéré de l'air est plutôt gênant, fait qui fut déjà signalé par MM. Schlœsing, Lawes et Gilbert.

Propriétés. — Les dénitrificateurs sont assez sensibles aux agents physiques et chimiques. Ainsi un chauffage de cinq minutes à 50-60° les fait périr, selon l'espèce considérée; il en est encore ainsi par une exposition d'une heure à l'action solaire; leur température optima varie entre 34 à 37°.

Nous connaissons déjà par les expériences de Dehérain et Maquenne l'influence des antiseptiques qui empêchent toute dénitrification; il en est de même d'une dose de 0,2 p. 100 d'acide sulfurique. Nous citons cet agent parce que c'est lui qu'on avait préconisé, à tort cependant, pour empêcher la dénitrification dans le fumier.

L'influence des matières organiques est des plus intéressantes à étudier; la mise en liberté de l'azote gazeux étant un phénomène endothermique, il faut nécessairement la présence de matières hydrocarbonées, de corps oxydables, riches en hydrogène, comme les alcools polyatomiques; même les plus faibles quantités de certaines substances organiques peuvent ainsi servir à détruire de grandes quantités de nitrates avec dégagement d'azote gazeux.

Les hydrates les plus divers peuvent servir de favorisants ; ainsi Hohl a même constaté une accélération de dénitrification par l'addition de tourbe. Citons comme substances essayées avec efficacité : glycérine, mannite, sucres, acides organiques, lactique, citrique, malique, butyrique, surtout l'acide propionique, les sels de chaux de ces divers acides, les amidons, les pentosanes, les celluloses, etc., toutes matières aptes à apporter cette énergie nécessaire. Le phénomène dépend avant tout de la quantité d'hydrates de carbone facilement assimilables ; mais même le soufre peut servir comme source d'énergie, ainsi que l'a montré Beijerinck pour le *Thiobacillus denitrificans*. Une fois que la dénitrification est bien partie, toute addition de sucre, de glycérine, d'amidon, active le phénomène.

Jensen a étudié le rapport qui existe entre l'action des dénitrificateurs et la quantité de carbone organique mis à leur disposition. Il a constaté qu'il y avait des combinaisons de carbone très favorables, comme les acides butyrique, lactique, citrique et des composés plus difficilement utilisables, comme l'amidon, le glucose, la glycérine, c'est-à-dire que les uns seraient directement utilisés, les autres seulement après leur transformation préalable ; beaucoup de ces substances du deuxième groupe ne seraient utilisées qu'après une première attaque par les bactéries de la putréfaction, ce qui arrive dans les cultures impures.

Il importe de remarquer tout de suite que ce fait ne présente rien de général, d'absolu, qu'il peut être seulement vrai pour certaines bactéries dénitrifiantes. Il est même probable qu'en culture pure, lorsque le microbe a à sa disposition un citrate, l'acide lactique ou un autre aliment bien assimilable, il se développe, se multiplie, et qu'ensuite le microbe adulte formé ne se comporte plus du tout de la même manière que le microbe jeune.

Il convient de retenir des expériences de Jensen le fait qu'au début il faut une quantité suffisante d'hydrates de carbone bien assimilables.

Les expériences très concluantes de MM. Krüger et Schneidewind nous font nettement voir l'influence des hydrates de carbone divers.

Influence de la paille, du sucre et de l'amidon. — Le sol artificiel était constitué à 90 p. 100 de sable, 10 p. 100 d'argile, additionné de 1 gramme d'acide phosphorique, 1 gramme de sulfate de potasse, 1 gramme de chlorure de potassium, 1 gramme de sulfate de magnésie, 10 grammes de carbonate de chaux et enfin 0^{gr},2 de nitrate. Ce mélange fut réparti dans des pots en terre cuite et ensemencé avec de la moutarde.

Engrais par pot.	Récolte sèche pour 3 pots.	Azote %	Azote en grammes.
Sans addition d'hydrate de carbone...............	gr. 26,1	2,45	0,639
Additionné de 25 gr. de saccharose ,............	3,9	2,75	0,107
Additionné de 25 gr. d'amidon de blé...........	3,2	2,63	0,084
Additionné de 25 gr. de fécule.................	5,7	2,26	0,129
Additionné de 50 gr. de paille de froment.....	14,0	2,05	0,287
Additionné de 25 gr. de paille de froment.....	18,0	2,13	0,383
Additionné de 10 gr. de paille de froment.....	21,3	2,22	0,473

Nous voyons que le sucre favorise beaucoup les effets des dénitrificateurs et que l'influence de la paille est presque en raison directe de la quantité ajoutée.

Conditions nécessaires. — Les trois conditions pour la dénitrification sont donc la présence d'un hydrate de carbone, d'un nitrate et enfin une dose modérée d'oxygène.

Les dénitrificateurs sont plutôt des microbes aérobies, bien qu'ils agissent surtout en vie anaérobie, tout à fait comme le ferment alcoolique transforme le sucre en alcool dans la vie anaérobie.

La circulation d'air gêne, en général, la dénitrification, mais n'arrête nullement le développement, la multiplication des microbes. L'action de l'oxygène varie forcément avec l'espèce considérée ; c'est la présence de l'oxygène du nitrate qui permet au microbe aérobie d'amener une réduction énergique pendant sa vie anaérobie.

Action sur les sels. — L'expérience a appris que tous les nitrates alcalins et alcalino-terreux sont dénitrifiables.

Les dénitrificateurs agissent également sur les chlorates, arséniates et certains ferricyanures, qui sont réduits à l'état de chlorure de potassium, arsénite, ferrocyanure, etc., et ceci est tout à fait d'accord avec la théorie et l'explication fournies par M. Gayon, à savoir que c'est le besoin d'oxygène qui fait agir ces dénitrificateurs. Ces bactéries enlèvent aux nitrates leur oxygène pour brûler le carbone alimentaire, donnent naissance à CO_2, qui se fixe sur la base alcaline avec production de mousse et dégagement d'azote gazeux.

Classification et division des dénitrificateurs. — On peut les diviser en deux grands groupes :

1° Bactéries dénitrifiantes vraies, poussant la transformation jusqu'au terme azote ;

2° Bactéries dénitrifiantes indirectes, qui n'attaquent les nitrates que par l'intermédiaire des substances amidées, en ayant probablement besoin des acides, qui poussent jusqu'au terme nitrite et même, lorsqu'il y a présence d'autres substances azotées assimilables, il peut arriver que les nitrates ne sont que peu attaqués.

Nous pouvons nous demander si la transformation des nitrates jusqu'au terme azote est un phénomène qui se fait en deux phases successives ou simultanées.

A ce sujet, nous possédons quelques expériences

d'Iterson, qui a démontré que la dénitrification complète est toujours précédée de la formation de nitrite ; on peut le voir facilement avec certaines espèces en employant des solutions de 4 à 5 p. 100 de nitrate ; il y aurait donc deux phases bien distinctes, mais il est logique d'admettre que le mécanisme varie avec l'espèce considérée.

Lorsque le microbe donne de l'azote, il peut arriver à ce résultat en partant d'un nitrate ou d'un nitrite ; il paraît même qu'il existe des microbes qui ne peuvent pas transformer les nitrates, mais bien les nitrites ; il convient d'ajouter que la présence des nitrites intermédiaires doit être quelquefois difficile à mettre en évidence, comme nous l'avons constaté également dans le phénomène de la nitrification.

Lorsque nous avons affaire à une espèce du deuxième groupe, il peut y avoir production de nitrite et ensuite réaction de ce nitrite sur les matériaux amidés du milieu de culture, avec intervention probable d'un acide, et, dans ce cas, la quantité d'azote recueilli est au moins double de celle qui correspond à l'azotate détruit. Comme M. Grimbert l'a signalé, cet azotite peut également donner naissance à du bioxyde d'azote sous l'influence des acides.

Dénitrification dans la pratique agricole. — M. Bréal a le premier appelé l'attention sur le fait que ces dénitrificateurs pouvaient occasionner de graves déboires à l'agriculteur ; il a remarqué leur grande abondance sur la paille, le foin de luzerne, les tiges de maïs. De la paille imbibée de nitrates montre en se desséchant un enrichissement en azote organique ; mais en même temps une notable partie de l'azote nitraté retourne à l'atmosphère sous la forme d'azote gazeux, fait déjà mentionné vers 1888 par M. Berthelot. Lorsqu'on opère en vase clos, on observe une absorption d'oxygène, un dégagement de CO_2 et d'azote.

Quarante-deux grammes de paille sont placés dans un

verre avec 400 centimètres cubes d'eau distillée ; on ajoute
peu à peu et par petites portions, à mesure de sa disparition,
0^{gr},190 de nitrate de potasse. On dose au bout d'un mois
l'azote dans la paille et dans le liquide baignant.

Voici les résultats de cette analyse :

	Azote organique.
Origine : Paille....................	0,0097
Fin : Paille et liquide nitraté........	0,0271
Différence : Gain............	0,0174
	Azote total.
Début : Paille....................	0,0097
— Azote du nitrate............	0,0260
	0,0357
Fin : Paille et liquide.............	0,0271
Différence...................	0,0086

Il y a donc eu une perte d'azote de 0,0086, soit environ
un tiers de celui donné sous la forme de nitrate, par
suite de l'action du dénitrificateur apporté par la paille.

Comme le fumier renferme beaucoup d'hydrates de
carbone et que les dénitrificateurs y pullulent, il peut
donc en résulter des pertes notables d'azote.

Des expériences nombreuses ont été faites à ce sujet en
Allemagne par Wagner et Mærcker ; ils ont souvent
constaté de fortes pertes d'azote lorsqu'on mettait du
fumier avec les nitrates. Ces pertes étaient surtout sensibles avec le fumier de cheval, très riche en hydrates de
carbone, bien moindres avec la bouse de vache. Il est
vrai, dans le fumier de cheval, ces hydrates se trouvent
sous un état plus difficilement assimilable, mais à celà
on peut ajouter que les ferments de putréfaction les
décomposent aisément.

Ces expériences furent reprises par Dehérain en France,
qui montra que dans les conditions normales les pertes
étaient insensibles et ne se présentaient qu'avec des doses
exagérées de fumier ; il s'opposa vivement à l'emploi de

l'acide sulfurique pour supprimer la dénitrification du fumier, toutes les autres fermentations étant annihilées du même coup. Sa manière de voir concorde bien avec des expériences plus récentes de Rogoyski et de Kazimierz. Nous pouvons d'ailleurs remarquer également que, d'après les expériences de Winogradsky, la nitrification ne se manifeste réellement bien qu'après la transformation préalable des hydrates de carbone du sol.

Toutefois on a étudié pour le phénomène de la dénitrification les différentes influences qui peuvent la favoriser ou la contrarier dans le sol ; il importe d'en dire quelques mots. Les facteurs qui jouent ici un rôle sont la température, l'humidité, le tassement du sol, l'état du fumier, etc.

L'observation montre que le fumier frais dénitrifie dans le sol très activement, tandis que le fumier bien fait ne dénitrifie guère. On obtient des résultats à peu près pareils quand on emploie du fumier fait, stérilisé préalablement ou non, ce qui montre que l'absence de dénitrification n'est pas attribuable à la mort des dénitrificateurs, mais bien plutôt au manque d'aliments propices. On comprend que pour la même raison le fumier vieux ne dénitrifie presque plus. Plus il est divisé, plus la dénitrification est activée.

Lorsqu'on incorpore au sol des superphosphates, l'action des dénitrificateurs est également gênée par suite de l'apport d'acidité.

Toutes choses égales d'ailleurs, l'*humidité du sol* joue un grand rôle dans le phénomène, surtout lorsqu'il y a du fumier pailleux.

Ainsi M. Giustiniani a constaté qu'avec une humidité de 10 p. 100 il y avait 30,7 p. 100 du nitrate fourni détruit ; avec une humidité de 30 p. 100, il y avait 58,2 p. 100 du nitrate fourni, détruit ; l'humidité triple a donc suffi à doubler le taux de nitrate décomposé.

La *température du sol*, toutes choses égales d'ailleurs,

intervient également ; ainsi, après douze jours, Giustiniani a obtenu les résultats suivants :

A 32°   10 p. 100 du nitrate fourni détruit.
   17°,5   63,9   —
    9°   25,3   —

De sorte qu'avec le temps, même une température basse peut suffire pour amener la destruction complète des nitrates.

M. Giustiniani a également trouvé que le maximum d'activité des dénitrificateurs avait lieu à une température relativement basse, plutôt défavorable pour les nitrificateurs

L'expérience a démontré que l'énergie de la nitrification dans le sol était sensiblement proportionnelle à l'humidité dès qu'elle est comprise entre 0 et 16 p. 100, et qu'on opère à la température ordinaire, en milieu sableux en présence de sulfate d'ammoniaque. La dénitrification l'emporte sur la nitrification lorsque le taux de l'humidité est inférieur à 6 p. 100. Les dénitrificateurs peuvent même agir dans un sol relativement sec, où toute nitrification est impossible ; mais, dès qu'on se tient aux environs de 10 p. 100 d'eau, les nitrificateurs peuvent prendre le dessus. Mais remarquons que, même à faible dose d'humidité, la dénitrification sera toujours proportionnelle à la richesse du sol en matières organiques, c'est là une condition essentielle. Nous voyons donc que la résultante de la lutte antagoniste entre les ferments oxydants du sol et les réducteurs est intimement liée à la teneur en eau.

A ce sujet, on peut citer une expérience très intéressante que M. Bréal a faite avec une terre gorgée d'eau. Un long tube de verre obturé à sa partie inférieure par un bout de verre plein reçoit 100 grammes de terre de jardin, et on verse à la partie supérieure 150 centimètres cubes d'eau distillée ; on recueille les eaux de drainage à la partie inférieure, et on les reverse constamment en haut. On remarque qu'au début elles sont riches en nitrates, mais, au bout de quelques semaines, on ne trouve plus de nitrates ; le *tassement du sol* obtenu par cet arrosage continu a suffi pour favoriser les dénitrificateurs aux dépens des nitrificateurs.

Le tassement a donc une grande importance, et, grâce à lui, on peut transformer une terre nitrifiante en milieu réducteur, et inversement l'addition de substances herbacées au sol, en le divisant, en l'ameublissant, surexcite, exalte l'activité des ferments nitreux et nitrique ; ceci revient à l'influence favorable de l'oxygène sur ces derniers, comme l'a montré encore dernièrement Iterson.

Dans un sol additionné de paille, deux actions contraires peuvent ainsi se manifester, nitrification et dénitrification ; le résultat final dépend souvent de l'ameublissement (Dehérain, Pagnoul, Bréal).

Le marnage paraît être également un facteur plutôt nuisible pour les dénitrificateurs ; peut-être faut-il attribuer cette action de la chaux à son pouvoir antiseptique ; l'expérience du laboratoire montre, en effet, que des doses de 0,25 à 0,50 p. 100 de chaux dans le liquide Gillay, pauvre en matières organiques, gênent déjà les dénitrificateurs.

Les efforts du cultivateur devront donc tendre à éliminer ces pertes d'azote dues aux dénitrificateurs, dans la mesure du possible, surtout à éviter de donner du fumier en même temps que des nitrates. Mais il ne faut pas être absolu et ajouter ceci, c'est que les causes favorables à la nitrification ne sont pas forcément nuisibles aux dénitrificateurs ; tout dépendra de la quantité et de la qualité des matières hydrocarbonées présentes et de l'espèce bactérienne dominante. Il est fort probable qu'il existe entre les deux phénomènes une sorte d'équilibre plus ou moins constant. Du reste l'azote du nitrate mis en liberté n'a pas passé dans l'atmosphère, une partie est transformée en azote organique, en matières albuminoïdes par les organismes divers.

L'assimilation de l'azote des nitrates est la règle chez les végétaux et l'exception chez les microorganismes, mais il existe très probablement des microbes doués de la faculté d'assimiler l'azote sous cette forme et de le transformer en matières albuminoïdes.

Gerlach et Vogel, Jensen en ont signalé dans certains excréments, et Beijerinck a déjà montré en 1890 que cette propriété existait chez les microbes fixateurs d'azote, comme le *Bacillus radicicola* des nodosités des légumineuses, et chez les azotobacters, que nous étudierons plus tard.

Egunow a étudié un microbe qui réduit les nitrates dans les cultures en surface et qui se comporte comme un dénitrificateur vrai dans les cultures en profondeur.

M. Löhnis nous a apporté tout récemment, dans cet ordre d'idées, une nouvelle contribution. Ce savant a essayé, à ce point de vue, différents microbes du sol dans un milieu de culture formé par une macération de terre, additionnée de glycérine, de phosphate de potasse et de nitrate de soude. Il a pu observer pour certaines espèces une disparition rapide de nitrates, en général plus forte, quelquefois du double, dans les cultures en surface que dans les cultures en profondeur.

Löhnis rapproche avec raison cette constatation de l'observation de Kruger et Schneidewind que, dans une terre fortement ameublie et additionnée de glycérine, la transformation de l'azote nitraté en azote organique est plus forte que dans un sol compact.

Löhnis a souvent constaté la production de gaz dans les cultures en profondeur, et son absence dans les cultures en surface. Le fait a été surtout net pour le *Bacterium fluorescens*.

Ce savant a ainsi observé que l'assimilation de l'azote nitraté existe réellement, à des degrés divers, chez certains microorganismes du sol ; le *Bacterium agreste* paraît jouir de cette faculté à un haut degré ; l'azote nitraté fourni au début se retrouve à la fin sous une autre forme.

Chez le *Bacterium pneumoniæ*, on remarque même ce fait que, après la réaction à la diphénylamine indiquant la présence ou l'absence de nitrate, il y a formation d'ammoniaque qui disparaît à son tour. L'exemple de ce microbe nous apprend que la réduction des nitrates et l'assimilation de l'azote nitraté sont deux phénomènes qui peuvent avoir lieu simultanément ou se suivre.

Il est presque superflu d'insister davantage sur le rôle des plus importants que jouent, au point de vue de la fertilité du sol, les espèces bactériennes capables de fixer l'azote soluble sous une forme insoluble, quel que soit d'ailleurs l'état réel sous lequel cet azote fixé se trouvera.

Cette formation de matière albuminoïde n'a pas seulement lieu aux dépens des nitrates, mais encore aux dépens des amides, des sels ammoniacaux ; il existe des espèces microbiennes qui préfèrent les sels ammoniacaux aux nitrates.

Mais l'assimilation de l'azote sous la forme de nitrate est moins facile que celle de l'azote ammoniacal ou de l'azote sous la forme d'asparagine.

Nous allons voir comment l'azote gazeux, mis en liberté par les dénitrificateurs, rentre dans le cycle général ; mais avant nous devons dire un mot de l'épuration des eaux d'égout et des eaux des diverses industries agricoles et montrer comment nous pouvons leur faire acquérir les qualités fertilisantes du fumier et des autres engrais.

VI. — ÉPURATION DES EAUX D'ÉGOUT.

1. *Eaux d'égout.* — Les eaux les plus impures, les plus chargées en matières organiques putrescibles variées, sont les eaux d'égout, et, à beaucoup de points de vue, les eaux résiduaires des diverses industries agricoles s'en rapprochent. Leur épuration a de tout temps sollicité l'attention des hygiénistes et des savants. Elle vise l'assainissement des villes et des cours d'eau et con-

siste à faire disparaître d'une eau les matières organiques qu'elle contient.

Les eaux d'égout sont, en effet, riches en matières organiques de toutes sortes, depuis les composés les plus complexes jusqu'aux plus simples, car leur décomposition se fait d'une façon continue. Elles contiennent les divers résidus de la vie domestique, les produits du lavage des rues, les excréments de la population, etc. L'épuration consiste à les rendre susceptibles d'être rejetées dans la circulation générale sans inconvénient et à les rendre même utilisables au point de vue agricole. Ce but est atteint par les actions microbiennes à l'aide de diverses méthodes que nous allons passer en revue.

Ces eaux renferment deux groupes principaux de substances, substances ternaires : celluloses, sucres, amidons, acides organiques provenant des légumes, des fruits, des herbes, c'est-à-dire d'origine végétale ; enfin divers débris de bois ou de végétaux ligneux, principes que nous trouvons également dans les eaux de distillerie, brasserie, féculerie, amidonnerie, sucrerie.

La transformation de ces hydrates de carbone se fait souvent sous l'influence de microbes anaérobies, qui donnent naissance à H, CO^2, Az et CH^4 ; mais les ferments aérobies peuvent également y contribuer pour une large part.

Quant au deuxième groupe, les substances quaternaires, nous y trouvons la série complète des matières azotées abondantes dans les déjections humaines et animales, dans les résidus ménagers (albumine du sang, débris de viande, déchets d'abattoir), dans les eaux de laiterie.

Toutes ces matières, sous l'influence des diverses espèces microbiennes, se liquéfient, se peptonisent, puis sont transformées en acides amidés (leucine, tyrosine, glutamine, urée) ; arrivées à cet état, ce sont les ferments ammoniacaux et nitrificateurs qui opèrent leur transformation complète. Elles se rapprochent de plus en plus des corps minéraux.

On peut dire qu'une eau d'égout est épurée lorsque toutes les matières ternaires et quaternaires ont subi ces diverses désintégrations successives, c'est-à-dire lorsque ces divers constituants sont transformés en principes minéraux et gazeux. Comme les substances azotées donnent naissance à de l'ammoniaque dans les divers stades de dégradation, il peut en résulter un enrichissement en azote, si les produits dégagés sont en majeure partie formés par CO^2 et H^2O; les eaux d'égout deviennent donc ammoniacales.

Les divers procédés d'épuration où les microbes interviennent sont l'épuration par les fleuves, par le sol et enfin le procédé biologique proprement dit.

a. ÉPURATION PAR LES FLEUVES. — Les eaux d'égout abandonnées à elles-mêmes deviennent le siège de fermentations anaérobies odorantes; lorsqu'on les mélange à des grandes masses d'eau comme à des cours d'eau, on substitue la combustion aérobie à la combustion anaérobie. Pour que ceci puisse avoir lieu, il faut qu'il existe un rapport convenable entre la quantité d'eau d'égout et l'eau du fleuve; c'est-à-dire que le fleuve doit être proportionné à la quantité d'eau d'égout journalière.

Cette méthode de dilution et d'épuration qui a fait l'objet de nombreux travaux n'est admissible que pour les villes situées aux bords de la mer ou des rivières.

Sous l'influence des actions microbiennes, le taux de matière organique diminue; l'oxydabilité correspondante, très élevée au début, tend à devenir presque nulle; l'azote organique est en croissance d'abord puis diminue, le nombre de microbes en diminution, et au bout d'un temps plus ou moins long, la quantité d'oxygène est revenue à sa teneur normale. Mais, si le fleuve reçoit trop d'eaux, il constitue un véritable cloaque, du moins sur un certain parcours; d'autre part, nous perdons, par cette méthode d'épuration, toute la matière organique azotée si importante comme engrais pour la culture. Aussi a-t-on

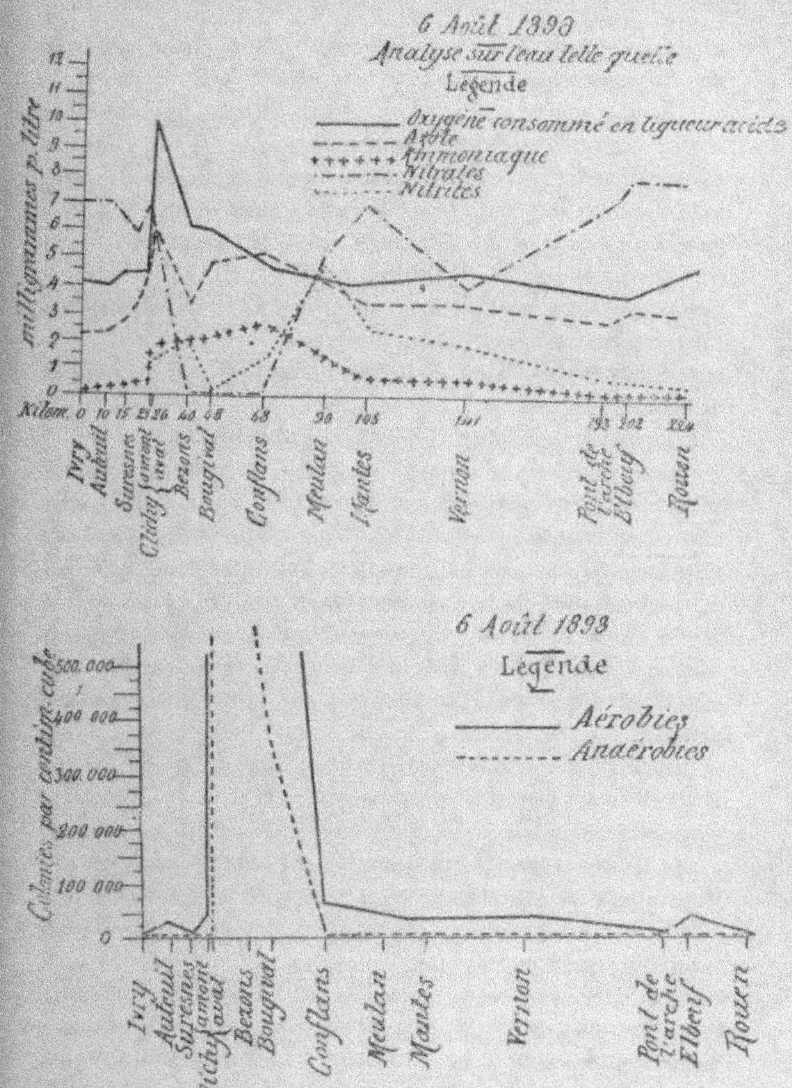

Fig. 32. — Autopurification de la Seine
(expériences de MM. Girard et Bordas).

bientôt songé à effectuer cette épuration par le sol et à en faire ensuite l'utilisation agricole.

6. ÉPURATION PAR LE SOL. — Cette méthode, rationnellement comprise, devrait comprendre : 1° les champs d'épuration ; 2° les champs d'utilisation agricole.

C'est dès 1865 que M. Muller avait constaté que le passage de l'eau d'égout à travers le sol débarrassait l'eau des matières nocives. Cette épuration fut établie scientifiquement par les belles expériences de Hiram Mills au Massachusetts. C'est lui qui démontra la nécessité d'assurer l'accès de l'air, d'effectuer une filtration intermittente.

L'irrigation continue, en effet, chasserait l'air du sol et empêcherait le phénomène de la nitrification, que nous savons être un phénomène aérobie. L'eau à épurer doit donc être retenue pendant que l'air circule librement. Il faut que la surface baignée par l'air soit assez grande, sans que les méats intermédiaires deviennent trop petits, afin d'empêcher l'air et l'eau d'être retenus par les phénomènes capillaires. Enfin Hiram Mills a reconnu la nécessité d'une base terreuse pour neutraliser l'acide produit.

Étudions d'abord les expériences classiques de Hiram Mills : ce savant s'était proposé pour but : la gazéification complète du carbone et d'une partie de l'azote de la matière organique et la transformation de tout le reste en nitrates. Il employa de grandes cuves en bois de 5 mètres de diamètre et de 2 mètres de profondeur, pourvues d'une canalisation permettant d'y répandre l'eau d'égout et de l'en retirer. Ces caisses, sortes de filtres artificiels, étaient remplies de sable de diverses grosseurs, de tourbe, d'argile cuite et de débris (humus) végétaux, combinés de manière à assurer la perméabilité parfaite à l'eau et à l'air. L'eau, débarrassée de ses plus grosses matières en suspension, passait sur le filtre à raison de six heures par vingt-quatre heures, et Hiram Mills arriva par tâton-

nements à proportionner l'arrivée de l'eau de façon à
obtenir une nitrification intense. Dans certains cas, il a
pu épurer jusqu'à 1350 mètres cubes par hectare et par
jour, sans encrasser la surface du filtre.

Mills constata qu'au début le filtre fonctionnait mal,
qu'il fallait un temps plus ou moins long pour arriver à
la période de bon fonctionnement, c'est-à-dire de maturité, et qu'enfin cette période de fonctionnement efficace
était suivie d'une période de déclin, moment où il fallait
nettoyer le filtre.

Mois.	Ammoniaque p. 1 000.		Azote p. 1 000.		Nombre de bactéries par cc³.
	Libre.	Amidée.	Nitrate.	Nitrite.	
Février.					
	mgrs.	mgrs.	mgrs.	mgrs.	
Eau d'égout avant filtration..........	3,0	3,6	0,07	0,04	78 186
Eau d'égout filtrée.	1,6	0,2	0,24	0,03	
Mai.					
Eau d'égout avant filtration........	10,6	3,6	0,08	0,01	46 280
Eau d'égout filtrée.	0	0,2	11,9	0,03	

Nous constatons que c'est surtout la nitrification qui
se produit : faible pendant le premier mois, elle devient
intense lorsque le filtre est en pleine maturité.

Lorsque le filtre ne fonctionne plus, Mills procède à
l'enlèvement de la couche glaireuse qui s'est formée à la
surface du filtre ; cette couche filtrante est constituée par
l'enchevêtrement de microbes et d'algues. Il faut la laisser se former à nouveau pour que le filtre fonctionne
bien.

A la faveur de ces lumières, nous pouvons résumer les
conditions requises pour l'épuration par le sol, c'est-à-
dire par l'épandage comme suit : le sol doit présenter
une constitution physique et chimique, qui assure son
pouvoir filtrant sur une épaisseur de 2 mètres environ ;
la quantité d'eau d'égout doit être proportionnée à la

superficie du champ d'épuration ; l'irrigation doit être intermittente pour permettre l'oxydation complète des matières azotées. Il faut également veiller à l'écoulement souterrain des eaux ; on y arrive par un bon drainage, qui assure en même temps l'aération si nécessaire. C'est la seule manière pour éviter la formation de ces marécages, d'où s'échappent les émanations putrides, infectant l'air et rendant souvent le séjour fort désagréable aux voisins.

MM. Schlœsing et Frankland ont remarqué que les doses à épurer pouvaient varier de 40 000 mètres cubes à 100 000 par hectare et par an. En admettant la dose minima, il faudrait donc, pour une ville de l'importance de Paris, où il y a jusqu'à 600 000 mètres cubes à épurer par jour, environ 5 500 hectares.

On se rapproche autant que possible des conditions réalisées par Hiram Mills, sans toutefois atteindre, et même loin de là, le degré d'épuration obtenu par Hiram Mills avec ses filtres artificiels. C'est ainsi que les eaux subissent un premier dégrossissage qui fait déposer dans les bassins de décantation le sable, la paille, le papier, les objets lourds retenus par des toiles métalliques sans fin ; on évite ainsi que les vides si utiles à l'aération se comblent par colmatage ; mais on voit de suite que ceci nécessite déjà un entretien permanent et un excès de travail.

L'expérience a démontré, en outre, qu'une terre nue vaut mieux pour l'irrigation qu'une terre en végétation, car l'air y circule beaucoup mieux ; cette opération devra se faire, ainsi que nous l'avons dit, d'une façon intermittente, et, comme il faut que l'eau d'égout quitte le sol aussitôt qu'elle a abandonné sa matière organique, un drainage approprié facilitera la filtration de l'eau et l'arrivée de l'air.

L'azote se trouve en grande partie transformé en nitrates, et celui qui n'existe pas sous cette forme est à l'état de matières albuminoïdes, partiellement dégradées et faciles à transformer en azote amidé et ammoniacal.

Au taux de 40 000 mètres cubes par hectare et par an, et en admettant 2 kilogrammes de matières organiques par mètre cube, chaque mètre carré du sol filtrant détruit donc 8 kilogrammes de matières organiques par an, sur 1 mètre de profondeur environ, ou 80 tonnes à l'hectare. Tandis que, avec le sol artificiel de Lawrence, employé par Mills, il était possible de détruire 250 grammes de matière organique par mètre carré et par jour, soit 91^{kg},250 par mètre carré et par an, ou 912 tonnes et demie à l'hectare ; ce qui veut dire que le sol artificiel épure dix à onze fois plus que celui de Gennevilliers, employé par la ville de Paris.

Lorsqu'on soumet un sol nu à l'épuration des eaux d'égout, l'expérience montre qu'il s'enrichit en principes fertilisants, potasse et acide phosphorique, dont il faut savoir tirer profit par des cultures appropriées. Il importe de laisser les terrains irrigués de temps à autre en repos, en raison du colmatage qui s'y fait avec le temps ; on favorise ainsi l'aération et l'activité des microbes aérobies.

On recommande avec raison la plus grande régularité dans la succession des arrosages, dans les quantités d'eau versée, dans la vitesse employée pour l'arrivée des eaux.

Généralement l'irrigation, *l'épuration*, se fait par les mêmes terrains qui servent à l'agriculture ; il y a cependant là *deux phénomènes* bien distincts : *épuration proprement dite et utilisation agricole*, qu'on aurait avantage à séparer, à la condition d'utiliser des terrains en cascade ; ce seraient alors ceux sis à un niveau inférieur qui serviraient pour la culture proprement dite. Ce mode opératoire nécessiterait beaucoup de terrain ; si l'on allait d'ailleurs jusqu'au bout pour avoir l'épuration totale, et en se conformant à la loi anglaise, pays où l'épandage est depuis longtemps en faveur, il faudrait compter par 100 habitants environ 30 ares de terre, condition bien rarement réalisable.

Cette épuration totale n'est pas toujours nécessaire, mais il faut au moins que l'eau ne soit plus putrescible.

Nous arrivons maintenant au procédé biologique, véritable progrès et qui certes est le procédé de l'avenir : il est exclusivement basé sur l'utilisation raisonnée des diverses espèces microbiennes anaérobies et aérobies.

c. ÉPURATION PAR LES PROCÉDÉS BIOLOGIQUES. — C'est le chimiste anglais Dibdin qui a pensé avec raison que les bactéries contenues dans l'eau d'égout devaient être les agents actifs de l'épuration ; il put arrêter toute épuration par l'emploi d'antiseptiques, comme l'avaient déjà fait MM. Muntz et Schlœsing en étudiant la nitrification dans l'eau d'égout.

Dibdin traita les eaux par la chaux et le sulfate de fer et les débarrassa ensuite par décantation de la majeure partie des substances insolubles : de là les eaux repassaient sur un lit de coke recouvert de cailloux sur une hauteur de 1 mètre. Comme il y avait encrassement au bout d'un certain temps, il le laissait en repos afin de permettre aux microbes aérobies de détruire le colmatage, et il recommençait la filtration.

Cameron a imaginé d'interposer entre l'arrivée des eaux d'égout et les filtres aérobies un système de fosses dites septiques, dans lesquelles les eaux s'accumulent pendant un temps suffisamment long pour permettre une abondante multiplication d'espèces anaérobies.

Ce sont ces dernières qui amènent la putréfaction, la liquéfaction et la gazéification des matières solides, et quelquefois, lorsque la fermentation marche bien, vingt-quatre heures sont suffisantes pour en solubiliser la majeure partie.

Ces fosses septiques doivent avoir des dimensions telles qu'il n'y ait pas de débordement lors des orages et que, pendant la sécheresse, il n'y ait pas de ralentissement dans le travail microbien par suite de l'accumulation des boues.

Pendant que les impuretés se déposent, les matières organiques se liquéfient et se gazéifient, et il peut y avoir un fort dégagement gazeux composé d'H, de CH^4 et de CO^2, dont 70 p. 100 sont utilisables pour le chauffage et l'éclairage. Il va de soi que, dans ce dernier cas, les fosses sont couvertes, ce qui est d'ailleurs d'une nécessité absolue lorsqu'elles sont au voisinage des habitations.

En même temps que les gaz se dégagent, le liquide semble être en véritable ébullition ; il s'est formé à la surface une couche épaisse d'écume, mélange de matières en suspension et de bactéries.

De temps en temps, on enlève une partie de la boue amassée dans ces fosses, mais jamais complètement pour ne pas perdre l'amorce, c'est-à-dire la cause déterminante de la fermentation, la masse de bactéries du fond.

Lorsque les eaux ne sont pas trop souillées par des débris riches en cellulose, ces boues se résolvent au fur et à mesure, sauf un petit dépôt, qui conserve à peu près la même épaisseur pendant toute la durée de fonctionnement de la fosse septique.

Comme ces bassins dégagent de mauvaises odeurs, on les couvre au voisinage des villes ; la réaction varie nécessairement avec la nature des eaux, même d'un point à un autre, dans le même bassin. Ce procédé ne s'applique pas à certaines eaux industrielles, qui sont trop acides.

On arrive à éliminer par cette méthode jusqu'à 50 p. 100 des matières putrescibles ; aussi a-t-on pensé à allier les deux procédés Dibdin et Cameron et à tirer ainsi profit des actions symbiotiques des anaérobies et des aérobies.

Procédés bactériens anaérobies avec double contact aérobie. — Les eaux sont d'abord débarrassées des diverses matières lourdes et imputrescibles entraînées par le

courant : sable, pierres, charbons, objets métalliques, etc.
Dans ce but, on les fait séjourner quelques heures dans
des chambres de diverses formes (horizontales, verticales).
Ces bassins de dégrossissage sont pourvus de grilles soumises à un nettoyage mécanique continu. De là les eaux
se rendent dans la série de fosses septiques où l'eau arrive
à $0^m,60$ au-dessous de la surface. Chaque fosse a 3 mètres
de profondeur, et le courant est ménagé de façon que les
eaux ne fassent pas plus de $0^m,60$ de trajet par heure sur
une longueur de 20 mètres environ pour chaque fosse.

Au bout de deux à trois semaines de fonctionnement,
on y observe une fermentation très tumultueuse avec
gaz nauséabonds.

Les nombres suivants, dus à des analyses de M. Rideal,
nous renseignent à cet égard :

	P. 100.
CO^2	0,3
CH^4	20,3
H	18,2
Azote	61,2

La présence du gaz des marais, de l'hydrogène, nous
autorise à y voir l'action de ferments de la cellulose, de
ferments butyriques, etc., tous les deux anaérobies.

Dès ce moment, après vingt-quatre heures de séjour
dans ces fosses, les eaux sont dirigées sur les lits aérobies
et remplacées par des eaux neuves.

Les lits aérobies, appelés encore bassins d'oxydation,
sont constitués par une série de bassins de 2000 mètres
carrés de superficie chacun, d'une profondeur de $1^m,10$;
ils contiennent du coke, des scories, du mâchefer ou du
carboferrite.

Leur sole est creusée de rainures parallèles pour les
drains ; le fond reçoit d'abord des scories non concassées,
leur diamètre diminue ensuite de plus en plus jusqu'à la
surface, où les grains ont $0^m,003$ à $0^m,01$ de diamètre
moyen. La distribution de l'eau se fait par des vannes à

réglage automatique, alternativement sur les différents bassins. L'eau est répartie en couches minces au moyen de caniveaux rangés en éventail à la surface des scories.

Voici, pour fixer les idées, le mode adopté pour régler le remplissage des lits aérobies : une heure de remplissage, deux heures de contact avec les scories, une heure de vidange.

Quatre heures de repos pour aérer, soit huit heures en tout ; cette alternance est répétée trois fois en vingt-quatre heures. Souvent, après le passage sur un premier lit bactérien, les eaux sont déversées sur un deuxième lit placé à un niveau inférieur, où elles séjournent une heure et demie à deux heures, et de là elles sortent dans un état d'épuration très avancé.

L'aération intense et continue qu'elles subissent à travers ces substances essentiellement poreuses a pour résultat la destruction, par oxydation, des matières organiques qui avaient échappé à l'oxydation du premier lit de contact.

A la sortie du premier lit, 50 p. 100 des matières organiques dissoutes qu'elles renferment sont transformées en ammoniaque et nitrates, et, à la sortie du deuxième lit, il reste à peine le quart des matières organiques à l'origine.

Quelquefois les eaux passent encore dans un dernier récipient pour y déposer les produits de l'oxydation entraînés. Ces eaux sont, après ce traitement, inodores, incolores et n'ont aucune tendance à la putréfaction ; aussi ces affluents peuvent-ils être déversés sans danger dans les cours d'eau.

Il est des cas où un seul traitement peut suffire : ainsi, lorsqu'on ne dispose pas d'une chute suffisante pour le passage de l'affluent d'un lit à l'autre, par gravitation, ou lorsqu'on peut le conduire directement sur un champ d'irrigation ou à la mer.

Nous devons faire la même remarque que pour les filtres de Hiram Mills et pour la fosse septique : les lits aérobies ne commencent à bien fonctionner qu'après deux à trois mois, temps nécessaire pour la multiplication, le peuplement des supports bactériens (coke, mâchefer, etc.).

L'expérience a appris que leur fonctionnement est assez régulier, toutefois un peu moins intense en hiver qu'en été; c'est pour cette raison que de longues périodes de repos sont à éviter en hiver, car alors la privation de la chaleur de l'eau d'égout supprime facilement l'activité microbienne. L'expérience a également mis en lumière les conditions à réaliser pour obtenir les meilleurs résultats

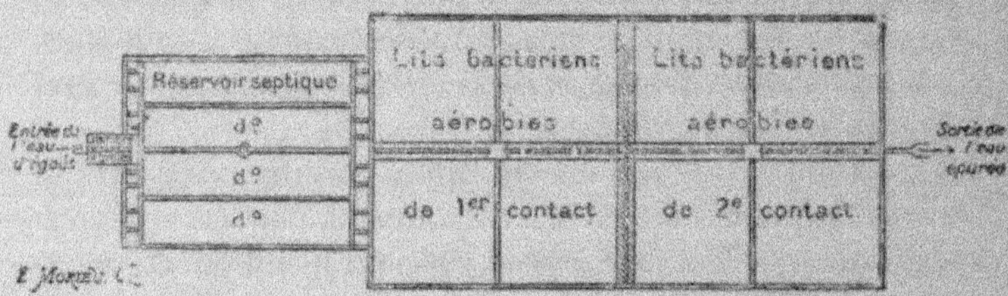

Fig. 33. — Schéma d'une installation par réservoirs septiques avec double contact sur lits bactériens aérobies (d'après le Dr Calmette).

constatés en Angleterre, en Allemagne et en France. C'est le professeur Dunbar qui a attaché son nom à ces essais en Allemagne, et M. le Dr Calmette avec ses collaborateurs en France.

Ainsi il importe de mettre le lit oxydant très lentement en travail au début pour permettre son tassement et le développement des bactéries oxydantes.

La durée d'immersion doit être réglée d'après la facilité avec laquelle ces lits peuvent s'aérer. Lorsque l'aération est facile, la durée du contact peut être de deux heures; lorsqu'elle est insuffisante, une heure est préférable. Pour des lits ayant 0m,90 à 1m,10 d'épaisseur, il n'y a pas d'avantage appréciable en prolongeant la durée de contact à deux heures; pour des lits de 0m,30 d'épaisseur, par contre, les résultats s'améliorent avec la durée de contact. Il est hors de doute également que des lits bactériens superposés rendraient de grands services, car on pourrait ainsi nitrifier de fortes quantités d'eaux ammoniacales sur un espace très restreint.

Nous voyons ainsi qu'il est absolument nécessaire de faire varier selon les circonstances la hauteur de chaque lit, de régler le débit d'après la marche de l'opération et d'assurer un bon drainage. Aération et drainage permettent l'oxydation complète de l'ammoniaque en acide nitrique, comme l'ont montré MM. Rolants et Gallemand.

La capacité de ces bassins doit être calculée de façon à permettre la vidange complète à chaque opération, car il faut éviter qu'ils ne jouent le rôle de fosses septiques, et, pour permettre une bonne aération pendant les temps d'arrêts, il est avantageux de faire le remplissage alternativement par le haut ou par le bas.

Au point de vue de la contexture favorable à l'oxydation, on peut mettre sur le même rang : coke, scorie, gravier plus ou moins ferrugineux ; l'épuration marche d'autant mieux que la grosseur du grain de coke se rapproche davantage de 5 à 10 millimètres de diamètre.

Peu à peu la boue encrasse le coke, quel que soit le traitement préalablement suivi ; les pores se bouchent, l'oxydation ne se fait plus ; il faut donc l'enlever. On a préconisé à ce sujet de couvrir le lit avec une couche de scories fines sur 8 centimètres de profondeur, la matière insoluble s'y dépose, et on l'enlève avec le râteau.

Le professeur Dunbar conseille de s'en débarrasser par simple lavage, accompagné d'un béchage énergique ; le corps oxydant ainsi régénéré travaille beaucoup mieux qu'un corps neuf.

Un dernier facteur très important dans cette épuration biologique consiste dans le contrôle scientifique. Comment pourrons-nous nous faire une idée du degré de purification obtenue ? La couleur, la limpidité de l'eau peuvent nous fournir une première indication ; mais ces propriétés sont insuffisantes, car on peut voir une eau relativement claire subir la putréfaction, lorsque les conditions deviennent favorables, par exemple les conditions de température.

On se base souvent sur la teneur de l'eau en azote organique, mais il ne faut pas y attacher trop d'importance ; ainsi le professeur Dunbar a constaté qu'une eau ayant à l'origine 78^{mgr},4 d'azote organique par litre était épurée lorsque cette teneur était réduite à 31^{mgr},36, tandis qu'une autre eau, avec 29^{mgr},9 d'azote, se putréfiait rapidement et n'était épurée que lorsque la teneur de l'azote organique était tombée à 9^{mgr},7 ; la diminution relative seule a de l'importance. De plus, il convient d'ajouter que, sur 100 milligrammes d'azote présent à l'origine et dont il n'en reste que 25 milligrammes, 75 milligrammes sont complètement transformés ; mais les 25 autres ne se trouvent plus sous leur forme initiale ; ils sont partiellement modifiés et sont très probablement impropres à toute nouvelle putréfaction. On peut faire les mêmes remarques pour l'azote ammoniacal.

Il y a d'autres éléments plus importants à considérer au point de vue de leurs variations. C'est d'abord l'oxydabilité. Elle nous renseigne sur la quantité de matières organiques contenues dans 1 litre d'eau, c'est-à-dire sur la quantité de matières organiques oxydables sous certaines conditions par une solution de permanganate de potasse à titre connu. Si nous ajoutons du permanganate à de l'eau, nous verrons le permanganate se décolorer aussi longtemps que toute la matière organique de l'eau transformable par le permanganate n'est pas oxydée, et c'est seulement lorsque ce point est atteint que le mélange d'eau et de permanganate reste rosé. On exprime donc l'oxydabilité de l'eau par le nombre de centimètres cubes de la solution de permanganate versés pour obtenir la persistance de la couleur rosée, soit encore par le nombre de milligrammes de permanganate correspondant, soit encore par la quantité d'oxygène chimiquement équivalente et exprimée en milligrammes. Dès lors il suffit de comparer les nombres obtenus avant et après épuration et de calculer la diminution centésimale de l'oxydabilité. Certaines objections ont été faites à ce sujet, et non sans raison, c'est que le permanganate n'agit pas de la même manière sur les diverses substances organiques ; de plus, il attaque également les nitrites, les composés sulfurés et les sels de protoxyde de fer ; mais, en opérant toujours de la même façon, on obtient des nombres suffisamment comparables.

On trouve d'ailleurs une concordance assez grande entre la diminution de l'oxydabilité, celle de l'azote organique et albuminoïde et la quantité de résidu laissé après calcination.

En Angleterre, on considère l'épuration comme complète, lorsque l'eau renferme un minimum de 5 milligrammes d'azote nitrique par litre ; mais ce corps peut même faire défaut, par suite de l'action des dénitrificateurs. Le professeur Dunbar admet qu'on peut envoyer les eaux sans danger dans les fleuves, si les quatre facteurs précités ont diminué dans la proportion de 60 à 65 p. 100. On peut compléter ce jugement en abandonnant l'eau en flacon fermé à 20° pendant quelques jours sans voir se produire un dégagement d'hydrogène sulfuré ; on peut encore voir si les poissons n'y sont pas incommodés.

Voici d'ailleurs à ce sujet des analyses dues à M. Rideal, se rapportant à 100 000 parties d'eau :

	Eau d'égout à l'entrée de la fosse septique.	Eau à la sortie de la fosse septique.	Eau à la sortie des lits bactériens.
Azote total............	7,4	6,24	4,5
Azote organique......	4,4	2,2	2,2
Azote nitrique........	0	traces	0,30
Azote albuminoïde...	1,4	0,64	0,45
AzH^3 libre..........	3,6	4,9	2,48
Oxydabilité..........	6,56	4,32	0,78

L'azote organique et ammoniacal diminuent donc pendant que l'azote nitrique augmente; la matière organique prend une forme soluble simple sous l'influence des diastases microbiennes, l'oxydabilité de l'eau est moins grande, le nombre des microbes n'est plus qu'une proportion faible de celui existant à l'entrée dans la fosse septique.

Alimentation continue. — Nous avons dit que l'arrosage intermittent des lits aérobies favorisait énormément la nitrification; mais cette intermittence présente de graves inconvénients, aussi a-t-on pensé à se servir de l'alimentation continue. Ceci nécessite la clarification préalable, l'arrivée de l'eau à petits jets fins, l'emploi de filtres peu compacts et un drainage bien soigné en éventail, pour avoir une circulation continue d'air; le coke employé a 25 à 35 millimètres, et un courant de vapeur maintient une température constante de 24°.

Différents systèmes sont déjà en usage; on peut ainsi épurer une plus grande quantité d'eau d'égout; par contre, la surveillance doit être ici beaucoup plus grande en raison de l'encrassement qu'il faut éviter à tout prix; car l'aération est une condition *sine qua non* de la réussite.

2. *Applications du procédé biologique aux eaux des industries agricoles*. — Nous avons vu que les hydrates de carbone les plus divers, notamment les sucres, les amidons, sont les aliments de prédilection pour les microbes; ils en forment des alcools, des aldéhydes, des acides, de l'eau, de l'acide carbonique, et c'est vers cette ultime dégradation que doit tendre tout procédé d'épuration. Pendant que les fermentations aérobies des lits oxydants arrivent à ce but sans formations intermédiaires d'acides, plutôt nuisibles à certaines bactéries, nous trouvons au contraire, dans les fermentations anaérobies, souvent la production d'acides, comme l'acide butyrique. Or ce dernier acide, surtout à doses un peu élevées, agit vite comme antiseptique et empêche ainsi l'épuration subséquente des lits aérobies. Cette remarque s'applique encore lorsqu'on fait suivre l'épuration chimique de l'épuration biologique; ce sont là des principes dont il faudra tenir compte dans le choix du procédé biologique d'épuration, lorsqu'il s'agit des eaux industrielles ou de celles des industries agricoles. Le septique liquéfie bien les dépôts, mais son application est restreinte.

a. Eaux de sucrerie. — Leur composition varie selon que l'on considère isolément les eaux de diffusion, celles des presses à cossettes et les eaux de lavage des betteraves.

Les deux premières sont riches en débris cellulosiques, en principes pectiques et sucres; elles sont facilement altérables et subissent aisément des fermentations acides, notamment si on les abandonne dans une fosse septique : fermentation lactique, acétique, butyrique, d'où cette odeur de beurre rance désagréable. Ces eaux ne peuvent servir pour l'irrigation des terrains en culture, car elles sont vite trop acides et deviennent nuisibles à la végétation. On ne peut alors les utiliser qu'après l'enlèvement des récoltes, ou les rejeter dans les rivières, où elles sont une cause redoutable de pollution.

Il n'en est plus de même lorsqu'on a recours à la combustion aérobie : ainsi, depuis longtemps, on a pu voir que l'épandage sur des sols non cultivés et très perméables a donné des résultats satisfaisants; seulement ce mode exige des terrains sablonneux, poreux et des surfaces énormes.

On ne peut guère songer à adopter dans ce cas les doses relativement massives des eaux d'égout, qui sont six à douze fois moins chargées que les eaux de sucrerie, abstraction faite de la perte des matières azotées.

Si les eaux de presse et de diffusion sont trop chargées, les eaux de lavage des betteraves, par contre, sont quelquefois trop pauvres; elles contiennent un peu de sucre, surtout lorsqu'on a affaire à des betteraves avancées; mais elles peuvent être plus chargées, si, en raison du manque d'eau à l'usine, on les a fait servir une deuxième fois, et alors elles deviennent susceptibles de subir la fermentation. Aussi y a-t-il avantage à diluer les eaux de presse et les eaux de lavage, car, moins l'eau est riche en sucre, plus rapidement le sucre disparaîtra; c'est donc par la dilution convenable, par la suppression du sucre, qu'on empêchera la fermentation butyrique. On évitera ainsi les mauvaises odeurs qu'on sent aux environs des sucreries; on empêchera la contamination des eaux de rivière.

M. Rolants, de l'Institut Pasteur de Lille, a démontré que les matières hydrocarbonées des eaux de sucrerie convenablement diluées pouvaient subir une désintégration complète sous l'influence des microbes aérobies; comme elles sont pauvres en matières azotées, nous ne pouvons pas nous attendre à trouver dans cette oxydation beaucoup de nitrates; la nitrification dans ces eaux n'est pas toujours intégrale et complète; il peut même y avoir perte d'azote sous l'influence des dénitrificateurs. Les essais effectués sous la direction de M. Calmette à la sucrerie du Pont d'Ardres et ailleurs sont venus confirmer les essais du laboratoire.

On commence par arrêter les grosses matières en suspension par un épulpeur mécanique et un tamisage préalable. Ces eaux sont ensuite recueillies dans un réservoir dont les capacités sont telles qu'il peut être entièrement vidé à chaque opération. Pour éviter toute fermentation anaérobie, les lits aérobies de coke n'ont que 1 mètre de profondeur. La sole de chaque lit contient un drainage en poterie vernissée, disposée en arête de poisson, recouverte d'une première couche de $0^m,30$ de scorie, de 5 à 10 centimètres de diamètre; au-dessus se trouve une seconde couche de $0^m,50$ de hauteur avec des grains de 5 centimètres de diamètre et

enfin une troisième couche de 0ᵐ,20 de hauteur, avec
des grains de 1 centimètre de diamètre.

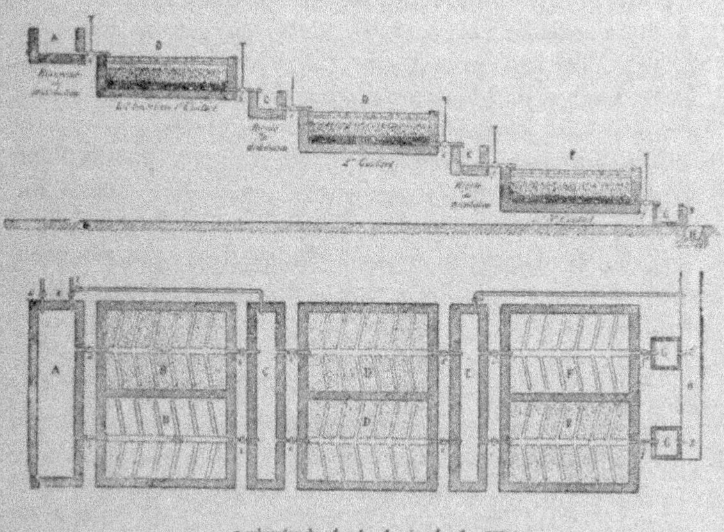

Fig. 34. — Installation d'épuration pour les eaux de sucrerie
(d'après M. Calmette).

A, *Réservoir de distribution* ; *aa'*, vannes de vidange du réservoir A
vers les lits du premier contact BB' ; *h*, conduite d'amenée des eaux de presse
et de diffusion ; *k*, conduite des eaux de lavage usées ; *i*, conduite permettant
l'amenée directe des eaux de lavage usées dans la rigole *c*. B, *Lits bactériens de premier contact* (plan), disposition du drainage. B' (plan), disposition des nochères distributrices ; *bb'*, vannes de vidange des lits B et B' vers
la rigole de distribution *c* ; *cc'*, vannes de distribution sur les lits F et F'. D, *Lits
bactériens de second contact* ; *dd'*, vannes de vidange des lits D et D' vers
la rigole de distribution E ; *ee'*, vannes de distribution sur les lits FF'.
F, *Lits bactériens de troisième contact* (scories). F', *Filtre à sable et
graviers* ; *ff'*, vannes de vidange du troisième lit bactérien F et du filtre à
sable F'. GG', *Petits bassins pour l'élevage des poissons et la culture
des plantes aquatiques* ; *gg'*, trop-plein pour l'écoulement des eaux
épurées dans le ruisseau H ; *m*, conduite permettant l'évacuation directe
des eaux traitées par deux contacts de la rigole de distribution E, au
niveau d'évacuation des eaux épurées H.

L'eau est déversée à l'aide d'une nochère de distribution,
passe du premier contact après un séjour plus ou moins

long sur un deuxième lit, et de là sur un filtre à sable ou dans le ruisseau.

Pour bien réussir, il importe de peupler largement le premier contact, le premier lit aérobie, avec l'eau de lavage des betteraves ; c'est seulement après que ce lit est chargé de bactéries oxydantes qu'on verse les eaux des cossettes et des diffuseurs. On suivra ensuite l'épuration, jour par jour, pour se faire une idée suffisante de la dilution à effectuer, en faisant varier les durées de contact et d'immersion, la température, etc.

M. le Dr Calmette a ainsi obtenu des résultats très satisfaisants au pont d'Ardres, en opérant, avec des lits aérobies chargés de mâchefer, comme suit :

Remplissage.......................	30 à 45 minutes.
Premier contact...................	2 heures.
Vidange et remplissage du lit de premier contact	1 heure.
Deuxième contact..................	2 heures.
Évacuation........................	1 heure.

Les lits sont restés vides pendant dix-huit heures environ, chacun n'étant immergé qu'une seule fois par jour.

La matière organique primitive a disparu dans les proportions suivantes :

Après 1 contact................	34,5 p. 100.
2 —	51,0 —
3 —	55,8 —

A ce moment, les eaux étaient presque limpides. Dans d'autres essais, ces proportions ont atteint les chiffres de 63,5 et 76,4 p. 100.

Des expériences analogues furent faites par M. Rolants, qui a trouvé qu'après trois contacts l'épuration totale atteignait les 77 p. 100. Le tableau suivant nous renseigne à ce sujet d'une façon complète.

Résultats en milligrammes p. 1000.

	EAU industrielle diluée.	EFFLUENT du			ÉPURATION p. 100 obtenue après le		
		1er contact.	2e contact.	3e contact.	1er contact.	2e contact.	3e contact
C organique ...	669,1	325,7	171,0	119,2	51,4	74,3	82,2
AzH³ libre.......	8,3	2,8	2,1	0,7	66,3	74,7	91,6
Az organique en AzH³.........	17,2	16,6	8,3	8,0	4,0	51,8	53,6

Il n'y a pas eu formation de nitrates ni de nitrites, car ce sont les dénitrificateurs qui sont favorisés en raison de l'abondance des hydrates de carbone; M. Rolants a même trouvé dans le premier contact la production de faibles traces d'alcool. En étudiant la flore microbienne, ce savant y a reconnu, au milieu de diverses espèces microbiennes, des levures et des moisissures. Ce sont évidemment ces levures qui se développeront surtout dans le premier contact et qui travaillent alcooliquement ; dans le deuxième contact, nous trouvons des moisissures qui font disparaître l'acide formé et des bactéries ; enfin, dans le troisième contact, lorsque la matière alimentaire diminue, devient rare, nous constatons également une notable diminution des espèces microbiennes, dans la proportion de 1/12 à 1/15.

Des essais analogues faits en Allemagne, à Wendessen, sous la direction du professeur Dunbar, ont montré que l'épuration des eaux de sucrerie par les lits aérobies est parfaitement possible. L'oxydabilité a diminué dans la proportion de 60 à 70 p. 100 après un double contact et deux immersions par jour ; l'épuration peut d'ailleurs être complétée par épandage sur terrain perméable ou encore par le passage à travers les filtres à sable. Ces eaux ne présentaient aucune mauvaise odeur et ne sont plus susceptibles de subir la fermentation putride, donc ne peuvent incommoder les poissons dans la rivière où on les jette. Les frais d'installation seuls entrent en ligne de compte.

6. EAUX D'AMIDONNERIE ET DE FÉCULERIE. — L'amidonnerie a été pendant longtemps classée dans le premier groupe des établissements insalubres. Un des procédés primitifs employés opérait la séparation de l'amidon et du gluten en faisant fermenter ce dernier ; les produits obtenus étaient l'acide acétique, l'acide butyrique, l'acide lactique, H, H^2S et AzH^3 ; on perdait ainsi le gluten, principe éminemment nutritif.

Les eaux des amidonneries de blé sont excessivement chargées en matières hydrocarbonées, et sont de ce chef très putrescibles ; celles des amidonneries de riz, de maïs, le sont moins, mais contiennent par suite des procédés d'extraction usités, en plus des composés chimiques nuisibles aux actions microbiennes, comme la soude, l'acide sulfureux. Ces corps arrêtent bien la putréfaction pendant quelque temps, mais font périr les poissons lorsqu'on déverse les eaux dans les rivières.

Les premiers essais tentés pour leur épuration consistaient dans l'addition du lait de chaux classique, suivie de la décantation ; ce n'était pas suffisant.

M. Calmette a eu le premier l'idée d'essayer les procédés biologiques. La fosse septique, c'est-à-dire le procédé anaérobie, malgré son abondant ensemencement à l'aide de matières fécales en fermentation, n'a pu empêcher de voir dominer la fermentation butyrique, qui rendait toute oxydation par voie aérobie ultérieurement impossible.

On a été obligé de traiter préalablement ces eaux par la chaux (0gr,20 par litre) pour saturer l'acide sulfureux employé lors de l'extraction de l'amidon ; on a décanté et appliqué ensuite le procédé aérobie. Tous les composés restés en solution sont ensuite aisément détruits par oxydation, après deux contacts.

Voici la diminution de l'oxydabilité, en milieu acide, trouvée par M. Rolants, dans une de ses expériences :

<pre>
Oxydabilité : à l'origine..............   375
    —   après le traitement à la chaux.   64
    —   après 1er contact...............   17,6
    —   après 2e   —   10,4
</pre>

Le problème de l'épuration des eaux de l'amidonnerie peut donc être considéré comme résolu. Pour les eaux de féculerie, on procédera de la même manière.

c. Eaux de distillerie, brasserie, fabriques de levure. — Ces eaux, très riches en matières hydrocarbonées et azotées, peuvent, après dilution convenable, être facilement transformées et servir soit comme principes fertilisants, soit être versées impunément dans les rivières.

d. Eaux de laiteries. — Les eaux résiduaires de cette industrie, très riches en matières azotées, matières grasses et en sucre de lait, atteignent souvent des proportions considérables surtout dans les sociétés coopératives, où elles dépassent en général les quantités de lait traitées ; elles constituent un excellent milieu de culture pour les microbes de putréfaction ; leur décomposition est facile et se révèle par des dégagements d'odeur putride fort désagréable.

Les laiteries au voisinage d'un cours d'eau puissant font arriver leurs eaux dans ce fleuve, où s'effectue l'épuration spontanée ; d'autres se servent de réactifs chimiques, qui précipitent une partie des matériaux; d'autres ont recours à l'irrigation, qui peut être efficace, si elle est associée à un bon drainage.

MM. Kattein et Schoofs ont épuré, à Hambourg, des eaux de laiterie par le procédé biologique aérobie, oxydation intermittente et oxydation continue ; les résultats obtenus dans les deux cas sont encourageants.

Les eaux à épurer furent déversées deux fois par jour sur du mâchefer avec quatre heures de contact ; la période d'aération entre deux traitements fut de deux heures, et, après la deuxième opération, de quatorze heures, l'oxydabilité a pu être abaissée dans la proportion de 80 à 93 p. 100 ; les matières grasses ont disparu dans la proportion de 9 p. 100 ; le sucre de lait, dans celle de 80 à 100 p. 100 ; les eaux étaient devenues imputrescibles.

e. Eaux de porcheries. — Ces eaux sont très chargées et riches en matières azotées ; il convient de les diluer légèrement, de les soumettre au procédé anaérobie et de finir l'épuration par les lits oxydants.

3. *Procédé chimico-biologique*. — Il est quelquefois avantageux d'enlever à certaines eaux leurs matières grasses, leurs matières azotées, par des procédés chimiques ; on transforme les matières ainsi extraites ou précipitées en engrais. La valeur commerciale des substances paie le prix des réactifs du traitement. Ainsi un procédé employé pour l'eau provenant du lavage des laines, riche en matières grasses, consiste à précipiter d'abord par l'acide sulfurique et le sulfate de fer, à extraire les graisses par le benzène et à continuer ensuite par le procédé biologique. Ces eaux sont facilement nitrifiées, soit par filtration intermittente, soit par passage sur des lits aérobies ou encore par épandage sur le sol.

Il faut éviter l'acidité exagérée, qui devient toxique pour les nitrificateurs ; on y obvie en neutralisant par la chaux.

4. *Comparaison des procédés d'épuration biologique et par épandage*. — Supposons, pour fixer les idées, une épuration de 100 000 mètres cubes d'eau par jour ; on a calculé qu'il faudrait : 1° une surface de 3^{hect},33 de réservoir septique ; 2° une surface aérobie de 11 hectares de premier lit et 11 hectares de deuxième lit, soit en tout 22 hectares sur 1 mètre de profondeur. La somme totale fait 25^{hect},33, tandis que le procédé par épandage à raison de 40 000 mètres cubes par hectare et par an exigerait

$$\frac{100\,000 \times 365}{40\,000} = 900 \text{ hectares.}$$ Il en résulte que le procédé
biologique est trente-six fois plus efficace pour une même
surface que le procédé par épandage. Le procédé biologique est également plus économique, surtout si l'on
emploie la scorie comme corps oxydant ; car la scorie
régénérée peut servir deux à trois fois ; son entretien est
donc moins coûteux.

M. le professeur Dunbar a calculé que, par mètre cube
d'eau épurée, avec un seul contact et deux remplissages
par jour, le prix de revient est pour la scorie de 2cmes,34 ;
pour le coke, de 4cmes,45 et pour le gravier de 4cmes,65.

Conclusions générales. — Le procédé biologique anaérobie
et aérobie est une méthode délicate ; elle exige pour sa
réussite un contrôle incessant, tant chimique que bactériologique. Elle ne peut être appliquée qu'après une étude
approfondie des eaux à épurer et avec une parfaite connaissance des principales matières organiques dont elles
sont chargées. Les dispositifs, les variantes à employer
devront changer avec la nature de l'eau à traiter, avec
le degré de perfectionnement que l'on veut obtenir par
l'épuration, variable avec les circonstances. Il faudra proportionner les moyens (simple, double, triple contact)
aux résultats désirés.

Les données du problème changent dans chaque cas
particulier, et il est tout à fait imprudent d'affirmer sans
essais préalables la possibilité d'appliquer avec succès tel
ou tel système ; tantôt le système biologique sera efficace, tantôt ce sera la filtration intermittente avec l'utilisation agricole, c'est-à-dire la combinaison mixte.

Lorsqu'on a aisément et économiquement du sable à sa
disposition, le système de la filtration intermittente de
H. Mills sera indiqué, car nous devons nous rappeler
qu'il a pu épurer 350 mètres cubes par hectare et par
jour.

Lorsqu'il s'agit de l'épandage et de l'utilisation agricole, il convient de se rappeler que, dans les environs des grandes villes, les terrains *susceptibles* de servir à l'épandage sont rares et coûteux.

Les deux procédés : épandage avec ou sans utilisation agricole et épuration biologique, sont capables de donner de bons résultats ; le dégrossissage des eaux dans les deux cas est une condition de succès.

L'épuration par un sol nu non cultivé ou par le procédé biologique se ressemblent, il y a nitrification ; cette eau nitrifiée pourra, d'une part, être utilement employée par l'agriculture ; de plus, elle ne sera pas mal vue par l'hygiéniste. Il est difficile de préconiser l'une des méthodes plutôt que l'autre ; il faut l'examen détaillé des circonstances dans lesquelles on se trouve pour choisir. Des essais préliminaires de laboratoire pourront faciliter la résolution du problème. Dans tous les cas, la bactérie, même la bactérie pathogène, aura ramené la matière organique employée à l'état simple, utilisable pour le végétal supérieur, c'est-à-dire lui aura permis de rentrer dans le cycle général de la vie terrestre.

VII. — FIXATION DE L'AZOTE ATMOSPHÉRIQUE.

L'azote est l'élément qui joue le rôle le plus important dans les phénomènes de la vie ; il entre dans la constitution des matières protéiques les plus diverses, depuis le protoplasma isolé des organismes inférieurs jusqu'aux combinaisons animales complexes, comme la fibrine, l'albumine, la caséine.

On peut dire que les êtres vivants animaux et végétaux ont cinq sources d'azote à leur disposition : 1° l'ammoniaque de l'air ; 2° les nitrates du sol, l'acide nitreux et nitrique de l'air ; 3° l'azote libre ; 4° l'azote contenu dans les divers résidus industriels végétaux et animaux, dans les excréments ; 5° l'azote d'autres êtres vivants.

Ce sont surtout les trois premières sources qui profitent aux végétaux et qui intéressent par conséquent l'agriculteur. A *priori*, on pourrait croire que l'azote, sous la forme de combinaisons azotées, devrait suffire pour les êtres vivants du globe terrestre et admettre que l'azote libre joue plutôt un rôle secondaire. Car l'azote combiné sous toutes ses formes peut contribuer à la nutrition des végétaux, tout comme le carbone organique, à moins qu'il ne s'agisse de combinaisons toxiques ou insolubles. On était d'autant plus porté vers cette manière de voir que les légumineuses seules paraissaient pouvoir profiter de l'azote atmosphérique ; aussi on comprend que la fixation de cet azote ait de tout temps préoccupé les agronomes. Il suffit de citer les noms de Boussingault, Lawes et Gilbert, G. Ville, Schlœsing, pour le rappeler.

Boussingault constata notamment que la somme de l'azote exporté par les récoltes est supérieure à la quantité d'azote confié à la terre. De même les cultures continues devraient épuiser le sol, malgré tous les engrais apportés, les eaux de drainage emportant à leur tour une grande partie de nitrates. Depuis longtemps on a également observé que beaucoup de bactéries de putréfaction et de dénitrification mettent de l'azote en liberté ; toutes ces pertes réunies devraient donc contribuer à diminuer l'azote terrestre ; néanmoins l'analyse chimique nous apprend qu'il n'y a pas manque, mais au contraire gain d'azote. Il devait donc logiquement exister une source de récupération de l'azote. Comment d'ailleurs expliquer la fertilité infinie des sols forestiers, des forêts vierges de l'Amérique, des pâturages des montagnes, d'où l'on exporte beaucoup de matières azotées sous diverses formes (viande, lait, etc.), sans jamais apporter beaucoup d'engrais, en dehors des déjections des animaux en pâturage ! On trouve souvent, en effet, dans ces prairies, jusqu'à 8 à 10 grammes d'azote par kilogramme de terre.

Aussi la question posée fut celle-ci : Comment l'azote

de l'air revient-il au sol ? On doit d'abord citer l'AzH³ des combustions incomplètes, celle qui se dégage des mers par la décomposition des plantes marines, l'azote des composés oxygénés azotés (nitreux et nitrique), qui prennent naissance sous l'influence des effluves électriques, composés qui sont amenés au sol par les eaux pluviales ; la somme de ces divers composés est minime ; elle peut atteindre, exprimée en azote nitrique, 6 à 7 kilogrammes par hectare et par an. Un examen attentif montre ainsi que les pertes par les exportations sous la forme de récoltes, d'émanations gazeuses, d'eaux de drainage, dépasseraient de beaucoup le gain, s'il n'existait pas la source de récupération de l'azote gazeux, qui rétablit et au delà l'équilibre.

Cette fixation de l'azote gazeux, bien que logique, fut longtemps contestée et surtout longtemps mal interprétée.

Mulder, ayant planté des haricots dans un sol riche en acide humique, trouva que la plante avait fourni pendant sa végétation une à trois fois la quantité d'azote contenue dans la graine.

M. Henri a trouvé que 1 hectare de hêtres accumule par an 45 à 55 kilogrammes d'azote, quantité bien supérieure à celle correspondant à l'AzH³ et aux composés nitrés de l'air que la pluie amène. Ce savant a abandonné à l'air pendant plusieurs mois des feuilles de chêne, des feuilles de hêtre, et il a constaté un enrichissement en azote :

De 0,400 p. 100 pour les feuilles de chêne ;
— 0,780 —   pour les feuilles de hêtre.

Ces nombres rapportés à l'hectare donnent une augmentation d'azote de 13 kilogrammes pour les feuilles de chêne et de 22 kilogrammes pour les feuilles de hêtre. M. Henri pense que cette augmentation doit être attribuée aux actions microbiennes.

A. Gautier et Drouin avaient également établi que la

fixation de l'azote par le sol était subordonnée à la présence de matières organiques; ainsi on sait que les feuilles accumulées au pied des arbres forment une épaisse couche d'humus, où certes le carbone se trouve à dose élevée par rapport à l'azote. Dans le même ordre d'idées, Dehérain et Truchot avaient fait intervenir les composés ulmiques, et ils signalèrent à ce sujet l'influence de la perméabilité ou du tassement des terres.

Les expériences d'Atwater en Amérique firent également ressortir une augmentation de l'azote; l'interprétation seule se faisait attendre. Vers 1885, cette question importante reçoit enfin l'orientation qui devait l'amener vers une solution scientifique.

M. Berthelot montre que, sous l'influence des effluves électriques, l'azote atmosphérique pouvait se combiner aux hydrates de carbone, mais qu'une partie de l'azote accumulé devait être mis au compte de microorganismes. En effet, en stérilisant de la terre à l'aide de la chaleur, il remarque que toute assimilation cesse. Ce savant prit les sols pauvres se trouvant au-dessus des meulières et pierres siliceuses de Meudon, dont il connaissait la teneur en azote total, nitrique et ammoniacal; il les exposa à l'air et fit de temps en temps des dosages d'azote, et il trouva que la proportion d'azote combiné augmenta.

Ainsi 50 kilogrammes de terre sèche exposée à l'air et à la pluie pouvaient présenter une augmentation de 5 à 10 grammes d'azote par 50 kilogrammes de terre. Une terre lavée et abandonnée sans végétation dans les conditions indiquées dans un pot de 1 520 centimètres carrés de surface a fourni, au bout de sept mois et demi, les teneurs en azote suivantes :

		Gr.
Azote de la terre à l'origine...............		54,600
Azote apporté	Ammoniacal.........	0,048
par	Nitrique...............	0,013
la pluie.	Organique.............	0,013
		54,674

9.

> Azote de la terre à la fin................ 78,600
> Pertes de l'azote nitrique par les eaux de
>   drainage,.............................. 0,198
> Azote ammoniacal......................... non dosé.
>   ─────────
>   78,798

Soit une différence de $24^{gr},12$ d'azote atmosphérique fixé. Comme résumé de ses expériences, M. Berthelot admet une augmentation d'azote par hectare de 15 à 30 kilogrammes pour une profondeur de couche arable de 8 à 10 centimètres.

Des faits analogues furent signalés par Dehérain, Take, Pagnoul, Joulie, Lawes et Gilbert.

Quels sont ces microorganismes fixateurs d'azote? Quelles sont les meilleures conditions pour leur action?

1. *Premier mode de fixation de l'azote*. — C'est Winogradsky qui, le premier, a isolé un ferment fixateur d'azote apte à fixer ce gaz dans une solution nutritive minérale de la composition suivante :

> 0,1   p. 100 de phosphate bibasique de potasse;
> 0,02   —   de sulfate de magnésie;
> 0,001 à 0,002 de sel marin;

plus des traces de sulfate de fer, de sulfate de manganèse; le tout est ensuite additionné de 2 à 4 p. 100 de dextrose et d'un peu de craie.

Winogradsky est parti de l'idée que, s'il existe dans le sol des microorganismes capables d'assimiler l'azote libre, ils doivent pouvoir le faire dans des milieux de culture sans azote combiné, à la condition de leur fournir une substance capable de dégager de la chaleur par décomposition. Au début, ce savant ensemença des particules terreuses dans ce milieu minéral contenu dans des vases plats, permettant le libre accès de l'air; les cultures étaient forcément impures; il y avait formation de flocons; la moindre parcelle de terre peut, en effet, contenir des associations microbiennes, les anaérobies au centre,

les aérobies protégeant les premiers à l'intérieur : grâce
à la méthode des cultures électives qui permet de créer
des conditions favorables (élimination de certaines
espèces par un chauffage à 75°) pour le développement
des microbes, dont la propriété dominante est une fonction spéciale, il est arrivé à éloigner peu à peu les organismes étrangers, et il a pu isoler trois microbes bien
différents, dont deux sont aérobies, le troisième anaérobie. Il lui a donné le nom de *Clostridium Pasteurianum* ;
il ressemble beaucoup aux ferments butyriques et notamment au *Bacillus butylicus* de Fitz.

Ce *Clostridium Pasteurianum* (fig. 35) se présente au
microscope sous la forme d'amas volumineux, affectant
la forme de bâtonnets cylindriques, droits à l'état jeune,
de 1 μ, 2 à 1 μ, 3 de large sur 1 μ, 5 à 2 μ, 4 de long ; il prend
ensuite la forme *Clostridium*, renflant au centre et se
rétrécissant aux deux bouts ; puis il sporule ; il est colorable par les couleurs d'aniline, en violet foncé par l'iode,
propriété qu'il perd peu à peu à mesure qu'il s'approche
de la sporulation. Sa spore a 1 μ, 6 de long sur 1 μ, 3 de
large et est colorable au bleu de méthylène ; elle présente des capsules gélatineuses triangulaires assez caractéristiques, mais sur lesquelles nous ne pouvons
pas insister davantage. La spore, d'abord à l'une des
extrémités, passe bientôt au milieu de la cellule et n'est
plus colorable par l'iode. Mise dans une solution sucrée,
elle se gonfle, germe et peut se colorer par le violet de
gentiane ; sa faculté germinative persiste pendant plusieurs années.

Le *Clostridium* est en général, comme l'a remarqué
Winogradsky, accompagné d'un bacille α assez gros se
divisant en chaînettes d'articles sporogènes, arrondis et
d'un bâtonnet β très mince de 0 μ, 5 d'épaisseur en filaments longs et contournés ; ces deux microorganismes ne
peuvent vivre sans combinaison azotée. Ces deux
microbes vivent donc en symbiose avec le *Clostridium* ;

c'est pourquoi la présence d'une trace d'Azote combiné

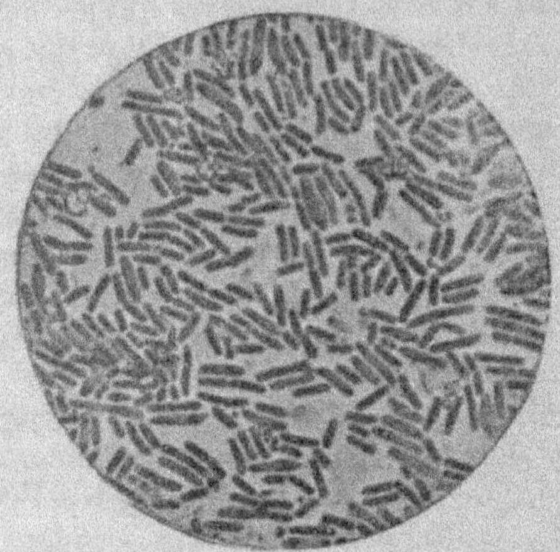

Fig. 35. — *Clostridium Pasteurianum* à l'état jeune (d'après Winogradsky).

favorise la mise en train des cultures, en permettant le

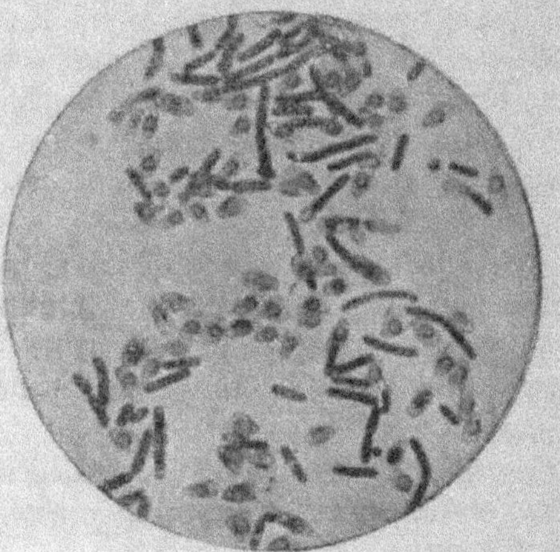

Fig. 36. — *Clostridium Pasteurianum*, spores avec les capsules caractéristiques (d'après Winogradsky).

développement des aérobies, c'est ce qui explique l'insuccès des premières expériences de Winogradsky. Une

fois ces microbes bien développés, l'acide carbonique qu'ils produisent protège le *Clostridium* contre l'oxygène.

La culture du *Clostridium* est alors facile ; c'est, nous l'avons dit, un microbe anaérobie ; il se contente de l'azote atmosphérique, qui doit être constamment présent, à la condition de trouver du sucre comme aliment hydro-carboné ; l'addition d'un peu d'azote organique ou de sulfate d'ammoniaque a pour seul but de favoriser les deux aérobies, chargés d'absorber l'oxygène, rôle que tous les aérobies peuvent d'ailleurs remplir.

On peut le cultiver très bien dans les conditions anaé-robies véritables, en supprimant toute combinaison azotée par passage de l'air dans des tubes à ponce sulfu-rique et à ponce potassique ; sa culture peut se faire sur pommes de terre, carottes, dans le vide, comme celle de tous les ferments butyriques vrais ; on observe souvent des colonies verruqueuses avec un dégagement d'une forte odeur de fromage pourri. Ce microbe pousse mal sur gélose et pas du tout sur gélatine ; il dégénère vite dans les milieux de culture artificiels.

Comme hydrate de carbone, le glucose peut être rem-placé par le lévulose, le galactose, le saccharose, l'inu-line, la dextrine.

Il est très probable que, dans la nature, le *Clostridium* attaque des hydrates de carbone du sol comme les cellu-loses, les pentosanes, les pentoses provenant des débris végétaux.

Bilan d'une fermentation par le « Clostridium » : 1 litre de solution glucosée à 4 p. 100 a donné, dans un courant d'azote, après vingt-trois jours, un gain d'azote de $56^{mgr},3$ d'azote contre la disparition complète des 40 grammes de sucre :

```
Sucre du début.....................  40 gr.
   —   à la fin.....................    0
Azote à l'origine...................    0
   —   à la fin.....................  53mgr,6
```

Gain par gramme de sucre........   1,34
Acide butyrique normal.......... 14,16 (1,4 %).
    —   acétique...................   3,71
Acides gras exprimés en p. 100 du
    sucre consommé................   44,7
Alcools supérieurs (alcool isobuty-
    lique)........................... 1/3 de c.c.
Acide lactique....................   traces.

Winogradsky admet en moyenne $1^{mgr},3$ à $1^{mgr},8$ d'azote fixé par gramme de sucre consommé.

C'est donc la destruction du sucre qui fournit l'énergie nécessaire à la fixation et à l'organisation de l'azote gazeux ; cette quantité dépend des conditions de culture et varie notamment avec la richesse saccharine.

Culture dans un courant d'azote.

milligr.
Avec 2 gr. de sucre il y a eu fixation de....... 2,9 d'azote.
     3   —   —   8,1   —
     6   —   —   ...... 12,8 —

Il existe, nous le voyons, une grande disproportion entre la quantité de sucre disparu et celle de l'azote fixé. On le comprend si l'on réfléchit que les produits tels que l'acide butyrique renferment encore beaucoup d'énergie ; le microbe a en effet besoin d'autant plus de sucre qu'il a moins d'oxygène à sa disposition. Nous avons additionné nos cultures au début de traces d'azote ammoniacal ou organique, et on a reconnu à ce sujet que le rapport entre le glucose alimentaire et l'azote ammo-niacal doit être plus grand que $\frac{1}{150}$ pour avoir une fixa-tion d'azote. Dans un ballon de 70 centimètres carrés de surface, on a pu obtenir une fixation de 30 milligrammes d'azote, soit par hectare 200 kilogrammes.

Ce *Clostridium* a été trouvé par Winogradsky dans différents sols avec des virulences plus ou moins fortes, et, contrairement à l'opinion de M. Berthelot, Winogradsky pense que la faculté de fixer l'azote libre n'est pas très répandue parmi les microorganismes, que ce serait plutôt une fonction spéciale; cette manière de voir a été confirmée par Fermi, qui a essayé un grand nombre d'espèces microbiennes à cet égard.

M. Beijerinck admet au contraire qu'il existe un grand nombre de ces espèces assimilatrices d'azote; il les divise en espèces oligo-macro- et polynitrophiles, selon leur avidité pour fixer l'azote.

Ce savant a ensemencé de la terre de jardin ou de l'eau du canal de Delft dans le milieu gélosé suivant :

Eau distillée.....................	100 c.c.
Mannite.........................	2 gr.
Phosphate monopotassique........	0ᵍʳ,02

Il a pu isoler deux microbes aérobies, auxquels il a donné le nom de *Azotobacter chroococcum* et *Azotobacter*

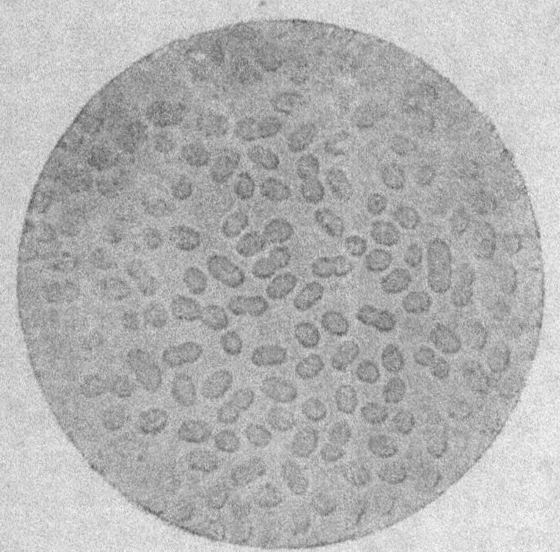

Fig. 37. — *Azotobacter chroococcum* (grossissement : 1 000) (d'après Beijerinck).

agilis. A la température de 30°, on peut déjà voir des colonies dans les premières vingt-quatre heures (fig. 37).

Azotobacter chroococcum (fig. 37). — Diplocoque de

3 à 5 µ de diamètre, un peu allongé, avec trois à quatre corpuscules réfringents, un cil vibratile qui lui donne sa motilité. Sur bouillon gélatinisé, sur décoction de feuilles de légumineuses gélatinisée, on obtient des colonies rondes, pyriformes, un peu jaunâtres ; sur gélose mannitée, les colonies sont blanches, avec une partie sombre, rondes ou allongées ; le microbe ne pousse pas sur pomme de terre, et il se développe assez mal dans les cultures en piqûre.

Azotobacter agilis (fig. 38). — Microbe oligonitrophile,

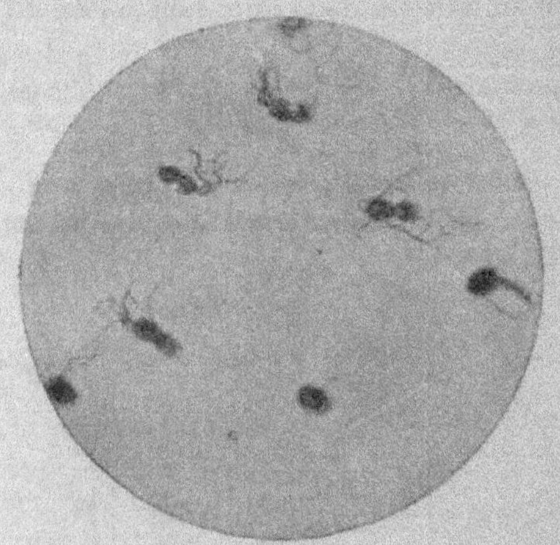

Fig. 58. — *Azotobacter agilis* (grossissement : 1 000) (d'après Zettnow et Beijerinck).

diplocoque très mobile, se présente quelquefois sous la forme de colonies d'une belle fluorescence vert jaunâtre ou rougeâtre ; sur les milieux pauvres en azote, il montre avec le temps une coloration violet foncée.

Ces Azotobacters paraissent être fréquents dans les sols bien ameublis ; il suffit d'arroser un peu de terre avec une solution nutritive glucosée sans azote pour remarquer la formation caractéristique du voile d'Azotobacter. C'est ainsi qu'on pourrait expliquer qu'un sol bien aéré dans les couches supérieures accumule de l'azote dans ces couches, qui devient profitable aux semailles de printemps et peut ainsi rendre presque inappréciables les effets des nitrates; toutefois il importe de remarquer que l'azote des récoltes antérieures, transformé progressivement, doit certes jouer un rôle.

Beijerinck et V. Delden admettaient d'abord que ces bactéries ne pouvaient pas fixer, à l'état isolé, l'azote atmosphérique, mais seulement en association avec certains *Granulobacter* (*Aerobacter aerogenes*, *Bacillus radiobacter*); les expériences de MM. Gerlach et Vogel d'une part, celles de M. de Freudenreich d'autre part, ont montré au contraire que ces Azotobacters sont parfaitement aptes à assimiler, à l'état isolé, l'azote atmosphérique. Ce sont les conditions de nutrition, notamment l'élément hydrocarboné, la chaux, l'acide phosphorique, la potasse, la soude, le fer, le gypse, le carbonate de chaux, qui paraissent favorables au microbe.

Les nombres suivants, tirés des expériences de Vogel et Gerlach, nous renseignent sur l'influence du sucre; les chiffres pour le sucre et l'azote sont rapportés au litre.

a. *Influence de la dose de sucre.*

	Azote assimilé. milligr.
Avec 1 gr. de glucose, on a constaté........	7,4
3 — —	17,3
4 — —	31,4
5 — —	41,9
10 — —	91,4
12 — —	127,9
15 — —	62,9

Soit en moyenne par gramme de sucre $8^{mgr},5$ à 9 milligrammes d'azote assimilé; il faut d'autant moins de sucre, pour une même dose d'azote, que le microbe se trouve dans des conditions plus aérobies.

b. *Influence de la durée de l'expérience.*

	Azote assimilé par ballon, en milligr. après :		
	45 jours.	62 jours.	67 jours.
1. Liquide minéral témoin......	»	»	2,8
2. Même liquide additionné de glucose à raison de 10 gr. p. 100....................	28,7	49,0	41,4
3. — sans glucose.............	1,8	2,2	2,2

L'assimilation continue donc pendant un certain temps, probablement tant qu'il y a du sucre; ensuite le microbe vit aux dépens des produits formés. Les diverses sucres peuvent être utilisés ou encore être remplacés par les amidons, les différents produits de la fermentation cellulosique, tels que butyrate, acétate de chaux, l'acide lactique, l'asparagine, traces de propioniate de chaux, K ou Na, même par l'alcool, etc.

On a également constaté que la culture des Azotobacters pouvait être favorisée, comme nous l'avons vu et dit, pour le *Clostridium Pasteurianum* anaérobie, par l'addition de faibles quantités de matières azotées; ainsi M. Freudenreich a pu exalter leur développement en les cultivant en présence des microbes des nodosités des légumineuses.

L'assimilation de l'azote paraît beaucoup dépendre de la virulence du microbe, de l'arrivée facile de l'oxygène, etc.; le microbe jeune possède les propriétés assimilatrices à un plus haut degré que le microbe adulte; dans une expérience, on a obtenu, avec 12 grammes de glucose, $127^{mgr},9$ d'azote assimilé au bout de cinq semaines par ensemencement d'une culture très rajeunie, tandis qu'avec une culture âgée l'assimilation n'était que de $59^{mgr},9$ au bout de neuf semaines; cette diminution de la virulence sous l'influence de l'âge est un fait assez général dans le monde microbien et se manifeste chez les Granulobacters, les ferments lactiques, etc.

Freudenreich a pu obtenir la fixation de l'azote atmosphérique en faisant des cultures en stries sur blocs de plâtre qui trempaient dans les solutions nutritives que nous connaissons; dans ces conditions, le microbe a pu fixer jusqu'à 180 milligrammes d'azote par litre. Comme chiffre moyen, nous pouvons admettre 9 milligrammes d'azote pour 1 000 de glucose consommé et transformé finalement en eau et acide carbonique. Löhnis a également démontré que, dans des conditions très favorables de culture, l'azote atmosphérique pouvait être assimilé par le *Radiobacter* et par l'*Aerobacter aerogenes* de Beijerinck.

Ces fixateurs d'azote paraissent se trouver dans le sol jusqu'à 50-60 centimètres de profondeur. M. Berthelot avait déjà émis l'idée que la fixation d'azote par la terre devait se faire d'une façon à peu près uniforme sur une épaisseur de 45 centimètres; ces microbes profiteraient de la présence des algues à la surface du sol et d'autres espèces microbiennes des profondeurs. Comme la lumière favorise le développement des algues, elle est profitable aux fixateurs d'azote; il en est de même de l'action de l'air dans l'ameublissement du sol.

Voici d'ailleurs, à ce sujet, quelques chiffres fournis par Koch sur les variations de l'azote dans un sol ameubli ou non.

Ce savant a extrait quatre couches de terre arable consécutives à différentes profondeurs : de 0 à 20 centimètres, 20 à 40, 40 à 50 et de 60 à 80 centimètres de profondeur; ces couches furent retournées régulièrement et séparément tous les mois pendant six à huit mois, et ensuite ensemencées avec de l'avoine comparativement avec des couches non ameublies :

	Sol aéré, teneur en azote p. 100.	Sol non aéré, teneur en azote p. 100.	Gain en azote p. 100.
Couche I. Jusqu'à 20 centim.	0,132	0,113	0,019
— II. — 20-40......	0,109	0,074	0,035
— III. — 40-60......	0,076	0,059	0,017
— IV. — 60-80......	0,069	0,046	0,023

Par suite du traitement, il y a eu partout une augmentation notable en azote, notamment dans la couche II. Celle-ci est en relation directe avec l'augmentation de la récolte qu'on peut attribuer en majeure partie à la fixation de l'azote.

On comprend ainsi comment les labours de la jachère, enfouissant et apportant des hydrates de carbone à ces assimilateurs, peuvent influencer indirectement la fertilité des terres.

Rappelons également que Dehérain a constaté une augmentation d'azote de $0^{gr},6$ par kilogramme de terre ameublie pendant sept mois, et que Take a trouvé une augmentation allant jusqu'à 10 p. 100 de la teneur azotée primitive, dans des conditions analogues, abstraction faite des phénomènes de dénitrification simultanés. Les jardiniers n'ont donc pas tort de préférer la terre ameublie par les taupes.

Une partie de l'azote fixé devient tissu vivant, mais il se peut aussi qu'il y ait formation de combinaisons azotées solubles, diffusant en dehors du protoplasma microbien, se répandant dans le sol pour subir l'action des ferments ammoniacaux et des nitrificateurs, et devenir ainsi tout à fait assimilable.

On serait tenté de croire que, dès lors, l'addition au sol d'hydrates de carbone, sucres, amidons, lactate favorisant les microbes, devrait aussi amener des rendements supérieurs; ici la concentration joue le principal rôle, car les plantes supérieures ne supportent que difficilement la présence de grandes quantités de matières organiques solubles, d'où une limite à observer qui nous explique en partie les résultats négatifs obtenus par des tentatives dans cette voie; nous y reviendrons un peu plus loin.

2. *Deuxième mode de fixation de l'azote par les mucédinées et les algues.* — L'assimilation de l'azote, par l'intermédiaire des mucédinées, il est vrai en faible

quantité, a été mise en évidence par les recherches de
M. Berthelot, Puriewitsch et d'autres ; on l'a constatée
pour le *Penicillium glaucum*, le *Sterigmatocystis nigra*, l'*Alternaria*, le *Mucor stolonifer*, etc. Puriewitsch, en opérant
avec le *Sterigmatocystis nigra*, a vu que la quantité d'azote
fixé augmentait avec la richesse saccharine :

Sucre p. 100.	Augmentation de l'azote de la solution nutritive.
5	$0^{gr},0022$
10	$0^{gr},0047$
20	$0^{gr},0065$
30	$0^{gr},0069$

La quantité d'azote fixé varie avec l'espèce microbienne
considérée, l'âge des microbes, le nombre de générations,
l'origine, c'est-à-dire la virulence du microbe, etc.

La fixation de l'azote par les algues a été d'abord
étudiée par MM. Schlœsing fils et Laurent. Au cours de
leurs recherches sur la fixation de l'azote atmosphérique
par les végétaux supérieurs, ces savants avaient trouvé
que leurs sols témoins non ensemencés, mais maintenus
humides, s'étaient enrichis en proportion sensible en
azote combiné. Ils remarquèrent, en outre, que cette
assimilation était accompagnée d'un développement
abondant à la surface du sol de mousses, d'algues, de
champignons et de bactéries. En empêchant le développement de ces organismes soit par la chaleur,
soit par les antiseptiques, il n'y avait plus d'assimilation
d'azote.

Après ces recherches préliminaires, ils ont poussé
plus loin leur investigation et ont dosé les variations
de l'azote par les méthodes directe et indirecte. A cet
effet, ils ont mélangé dans des allonges en verre de
la terre arable de poids connu avec une solution nutritive minérale sans nitrate. Ils l'ont stérilisée et ensemencée avec de la délayure de terre uniformément

répartie à la surface et abandonnée dans l'air confiné.

Il se forme, dans ces conditions, une couche verte superficielle constituée principalement par le *Nostoc* punctiforme mélangé à diverses espèces bactériennes.

Résultats de l'analyse :

a. *Méthode indirecte.*

Azote initial de toutes provenances.	Azote final.			Azote gagné.
73^{mgr},5	Surface..... 78,3 Intérieur.... 57,8	136,1		62,6

b. *Méthode directe.*

Azote initial dans l'air.	Azote final dans l'air.	Azote disparu.
982^{cc},9	931^{cc},2	51^{cc},7 ou 65 milligr.

La concordance est à peu près dans les limites d'erreur d'expériences, ce qui nous permet de dire que la presque totalité de l'azote pris à l'air se retrouve dans le mélange d'algues et de microbes. Comme les algues étaient accompagnées d'autres micro-organismes, on a cherché à expliquer leur rôle par une sorte de symbiose entre elles et les bactéries qui se trouvaient dans leur enchevêtrement.

Grâce à leur fonction chlorophyllienne, ces algues peuvent faire entrer l'azote libre dans les combinaisons organiques. L'énergie nécessaire est contenue dans les sucres, les amidons, c'est-à-dire dans ces composés exothermiques dont l'algue fait la synthèse ; c'est cette énergie qui est accaparée par les bactéries, qui fixent l'azote et le fournissent aux algues en échange de l'élément hydrocarboné. Pour bien élucider ce problème, il était important d'abord d'opérer avec des algues non chargées de bactéries, avec des algues pures, opération difficile et délicate, et voir si elles n'étaient pas à elles seules capables de fixer cet azote gazeux sans l'intervention des bactéries. A *priori*, on pouvait dire qu'elles ne jouissaient pas de cette faculté, parce que, logiquement, assimilateurs de carbone et assimilateurs d'azote, elles devraient aisément avoir envahi le globe terrestre; elles auraient joui, en effet, de propriétés tout à fait exceptionnelles.

Kossowitsch, le premier, a réussi à cultiver à l'état pur la *Chorella vulgaris*. Il a opéré en vases coniques à fond plat, recouvert d'une couche de sable imbibé de la solution nutritive suivante :

	Quantité par litre.
Phosphate tripotassique..................	0gr,25
Sulfate de magnésie..................	0gr,37
Chlorure de sodium..................	0gr,20
Trace de phosphate de fer et de sulfate de Ca.	

Le tout fut additionné de sucre avec ou sans nitrates. Kossowitsch a constaté que cette algue ne se développait jamais sans la présence de nitrate; dès lors la fixation d'azote dans les expériences de Schlœsing et Laurent ne pouvait être attribuée qu'à l'action des microbes; il remarqua, en outre, qu'en présence de bactéries l'assimilation d'azote était d'autant plus intense que le milieu de culture employé contenait plus de sucre; le cas de symbiose était donc hors de doute.

Expériences de M. Kossowitsch.

	Avec sucre.	Sans sucre.
Nostoc et bactéries............	25,4	8,8
Cystococcus et bactéries........	8,1	3,1
Stichococcus et bactéries......	2,7	2,3

L'addition de sucre a donc favorisé l'assimilation de l'azote, c'est-à-dire qu'il a joué le même rôle que dans l'assimilation de cet élément par le *Clostridium Pasteurianum* et les Azotobacters. En l'absence de sucre et en présence d'algues, les bactéries peuvent utiliser l'azote atmosphérique grâce aux matières sucrées que les algues vivantes ou mortes peuvent laisser diffuser.

M. Bouilhac a trouvé des faits tout à fait analogues

avec l'*Ulothrix flaccida*, le *Schizothrix larducea* et le *Nostoc punctiforme*, qui refusent de pousser dans les liquides sans nitrate de chaux, mais peuvent se développer en présence des bactéries du sol, et, dans ce cas, il y a fixation d'azote.

On constate que les cellules du *Nostoc* sont entourées d'une couche glaireuse, dans laquelle les bactéries se multiplient rapidement; cette glaire est très riche en azote, ainsi que le *Nostoc* lui-même.

Rappelons d'ailleurs que MM. Schlœsing et Laurent avaient trouvé 4,7 et 4,2 p. 100 d'azote dans le mélange d'algues et de bactéries, ce qui est un taux très élevé.

Kruger et Schneidewind ont essayé dans le même ordre d'idées un grand nombre d'algues à l'état pur; ils les cultivaient dans le liquide nutritif suivant:

Phosphate bibasique de potasse......	0,2 p. 100
Sulfate de magnésie..................	0,04 —
Chlorure de calcium..	0,02 —
Glucose.............................	1,00 —
Perchlorure de fer......	Traces.

Cette solution était mélangée à du sable ou à de la gélatine; diverses espèces des genres *Stichococcus*, *Chorella*, *Chlorothecium*, comme la *Chorella protothecoïdes*, le *Chlorothecium saccharophilum*, ne montrèrent aucun développement dans des solutions privées d'azote combiné.

On peut en dire autant du *Cystococcus humicola* étudié par M. Charpentier.

Ces recherches ont encore fait connaître différents faits qu'il est bon de signaler. On a remarqué que l'azote s'accumule surtout dans les parties éclairées du sol, favorables à la multiplication des algues, soit à quelques millimètres de profondeur.

Ainsi des cultures de *Lupinus angustifolia* peuvent souvent montrer des plants sans tubercules tout en étant riches en azote, en profitant des algues des couches supérieures.

La principale action des algues consiste à rendre les conditions très favorables pour les bactéries fixatrices d'azote qu'elles pourvoient de carbone; grâce à cette symbiose, certaines cultures, comme le sarrasin, peuvent donner lieu à des récoltes abondantes, même en terrains pauvres en hydrates de carbone, c'est-à-dire ils peuvent ainsi suffire à tous les besoins d'azote des plantes phanérogames; voici à cet égard une expérience concluante de MM. Bouilhac et Giustiniani.

	Matière sèche.	Azote de la récolte.
	gr.	milligr.
Sarrasin seul	1,10	29,24
Sarrasin ensemencé avec mélange symbiotique.....................	3,75	71,35
Sarrasin avec algues et bactéries..	7,10	127,27

Nous avons déjà dit comment l'ameublissement du sol, la lumière, en un mot tout changement de l'état physique et hygrométrique du sol peut jouer un rôle favorable dans cette assimilation. Inversement, elle est d'autant moindre que le sol renferme plus de composés azotés, c'est ce qu'on observe surtout pour les cultures faites dans les milieux artificiels, additionnés de composés azotés.

Dès que les algues font défaut par suite du manque de lumière, les microbes tirent leurs aliments hydrocarbonés du sol, des débris végétaux ou animaux.

Ils peuvent, en effet, se développer dans les terres riches en matières organiques; leur rôle consiste peut-être à maintenir un certain état d'équilibre entre le taux d'azote et celui du carbone. Ils brûlent ce dernier et fixent l'azote dans le sol, lorsque sa teneur est tombée au-dessous d'un certain niveau par suite de l'action des ferments des matières azotées ou par suite de pluies abondantes, ayant emporté l'azote sous la forme de nitrates par les eaux de drainage.

3. ***Troisième mode d'assimilation de l'azote gazeux***

par les microbes vivant dans les tubercules sur les racines des légumineuses. — Le pouvoir améliorant des légumineuses était connu dès l'antiquité ; leur influence sur la plante cultivée immédiatement après celles-ci est souvent fort démonstrative.

Les expériences classiques de Lawes et Gilbert, à Rothamsted, celles de Boussingault en Alsace, ont sanctionné l'opinion favorable des praticiens.

Les légumineuses enrichissent le sol en azote tandis que les céréales l'appauvrissent ; entre ces deux catégories se trouvent placées les plantes sarclées, qui, en raison des façons culturales dont elles sont l'objet, préparent de bonnes conditions aux actions microbiennes diverses que nous connaissons.

L'observation a appris depuis longtemps que les légumineuses n'ont nullement besoin de fumure et qu'elles peuvent cependant donner de bonnes récoltes, même sur des terrains pauvres en azote. L'analyse chimique a montré, d'autre part, que les graines des légumineuses qui servent à la nourriture de l'homme et des animaux sont très riches en azote, souvent 2 à 2,5 fois plus riches que les graines de céréales.

Ces constatations avaient fait soupçonner que l'azote atmosphérique sous ses divers états devait jouer un rôle important dans la végétation des légumineuses.

Les expériences classiques de Boussingault sur les céréales incapables d'assimiler l'azote, celle de Schultz-Lupitz en Allemagne sur les légumineuses améliorant, enrichissant le sol, n'avaient guère servi à faire toucher du doigt la cause de cette différence. G. Ville, le premier, avait bien émis l'idée que certaines plantes, comme les pois, jouissaient du pouvoir d'assimiler l'azote atmosphérique ; mais il trouva toujours des contradicteurs puissants de sa manière de voir.

Ce furent les travaux de Hellriegel et de Wilfarth qui vinrent confirmer d'une façon non équivoque les idées de

G. Ville. Ils apportèrent la solution définitive du problème, en montrant que les légumineuses étaient réellement aptes à assimiler l'azote atmosphérique, grâce à la présence sur leurs racines de ces nodosités, connues depuis longtemps, que Malpighi considérait comme des phénomènes pathologiques, et d'autres savants comme des produits physiologiques.

Ces nodosités furent étudiées par un grand nombre de savants; citons MM. Woronine, Prillieux, Laurent, de Vries, Franck, Prazmowski, Beijerinck, Mazé, Hiltner et Nobbe, etc.

Les expériences classiques des savants allemands sont les suivantes. Ils étudièrent comparativement la végétation de diverses céréales et légumineuses. Ils les cultivèrent dans des vases en verre renfermant 4 kilogrammes de sable stérile, additionné d'un mélange de sels minéraux et de doses croissantes de nitrate de chaux. L'expérience démontra que l'orge prend bien l'azote à l'engrais azoté, tandis que la légumineuse peut

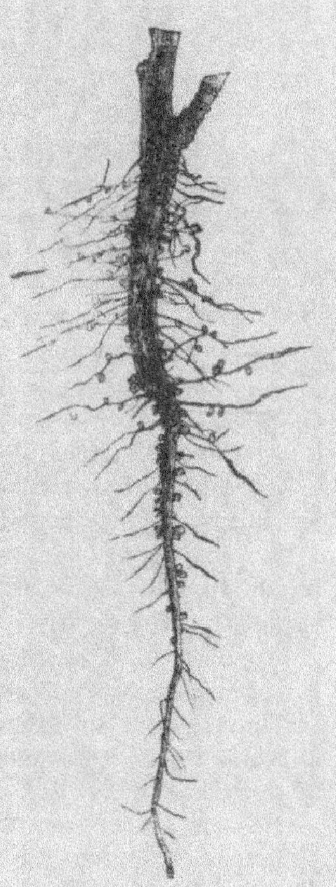

Fig. 39. — Nodosités de *Vicia faba* (d'après Strasburger).

acquérir, après une période passagère plus ou moins longue de souffrance, un développement luxuriant; la présence du nitrate est sans grande influence pour elle.

Une deuxième expérience porta sur des pois germés

partagés entre deux lots de pots contenant du sable calciné, additionné à nouveau de sels minéraux sans azote; les uns sont abandonnés sans aucune addition, les autres reçoivent de la délayure de terre de légumineuses; deux pots témoins sont soumis à une stérilisation parfaite. L'expérience apprend que, pendant les deux premières semaines, il n'y a pas grande différence entre les différents pots des deux lots; mais bientôt les plantes qui ont reçu de la délayure de terre deviennent d'un beau vert, se développent vigoureusement et donnent de fortes récoltes; dans les vases qui n'ont pas été inoculés, quelques pieds se développent bien, d'autres au contraire jaunissent et dépérissent. Ils remarquèrent en outre que souvent, dans un même pot, il y avait des plants restés chétifs, c'étaient les pieds sans tubercules; ceux qui portaient des tubercules donnaient les récoltes les plus élevées, tandis que tous les autres donnaient des récoltes très inégales.

Ces expériences répétées pendant plusieurs années fournirent des résultats analogues.

La délayure de terre exalte la végétation des pois, du lupin, du sainfoin, et elle est sans action sur celle de l'orge, du colza, de l'avoine; les premières sont donc bien indépendantes de la richesse azotée du sol.

L'ébullition de la délayure pendant quelques minutes lui faisait perdre ses propriétés bienfaisantes; toute assimilation d'azote atmosphérique est arrêtée, car la plante ne peut profiter que de l'azote contenu dans le sol.

Ces savants furent ainsi conduits à attribuer ces différences à une relation qui devait exister entre l'absorption de l'azote et la présence des nodosités. Comme l'ébullition avait suffi pour détruire ces facultés, ils attribuaient la fixation de l'azote aux bactéries qu'ils avaient vues dans ces nodosités; l'expérience a confirmé depuis leur manière de voir.

On peut mettre en évidence la relation qui existe entre la délayure de terre et le développement des tubercules par l'expérience suivante : on prend un pois à deux racines divergentes ; on place chaque racine dans un vase contenant une solution nutritive sans azote ; l'un des vases reçoit la délayure de terre de légumineuses ; le second reçoit la même délayure préalablement bouillie ; seules les racines du premier vase montreront des nodosités.

Hellriegel et Wilfarth avaient donc démontré que l'azote des légumineuses ne pouvait provenir en majeure partie que de l'atmosphère. Mais il restait des doutes dans l'esprit des savants ; ils ont été définitivement levés par les belles recherches de MM. Schlœsing fils et Laurent ; leurs expériences furent à nouveau confirmées par Lawes et Gilbert, Atwater et Woods.

Schlœsing fils et Laurent ont pris toutes les précautions nécessaires pour entraîner définitivement toutes les convictions. Ils ont cultivé des pois dans un sol sableux bien stérilisé, déposé dans une allonge cylindrique en verre fermée à sa partie inférieure, tandis que la partie supérieure communiquait avec les appareils à absorption ; l'ensemble était hermétiquement clos et pouvait rester isolé de l'air pendant toute la durée de l'expérience. Le vide une fois fait, on introduisait des volumes connus d'azote, d'oxygène et d'acide carbonique ; on s'arrangeait pour que la pression intérieure fût toujours inférieure à la pression barométrique.

Suivant les variations de cette pression, on faisait arriver de temps à autre de l'acide carbonique, et on enlevait l'oxygène accumulé en partie en laissant circuler les gaz sur le cuivre chauffé au rouge et en évitant toute perte d'azote.

Les petits pois ensemencés avaient été préalablement stérilisés, ensuite arrosés avec le contenu de quelques tubercules également bien stérilisés à leur surface. Dès que les pois eurent pris un certain développement, on extrayait tout le gaz par le vide et on mesurait l'azote restant dans l'air confiné. La différence entre le volume introduit et le volume restant indiquait l'azote assimilé par le petit pois : c'est ce que les auteurs appellent la méthode directe. En dosant l'azote de la graine et du sol au début et celui de la plante entière et du sol à la fin, ils trouvent pour différence celui emprunté à l'atmosphère : c'est la méthode indirecte.

Voici quelques-uns des résultats trouvés par ces savants :

a. *Méthode directe.*

Azote gazeux introduit............	$2681^{cc},2$
— — trouvé à la fin.....	$2652^{cc},14$
— fixé en volume............	$29^{cc},06$
— fixé en poids.............	$36^{mgr},1$

b. *Méthode indirecte.*

Azote du sol au début............	4,3	
— de la graine................	28,3	$32^{mgr},6.$
Azote du sol à la fin.............	15,1	
— de la plante................	58,1	$73^{mgr},2.$
Différence :		$40^{mgr},6.$

Les deux méthodes concordent donc à $4^{mgr},5$ près ; dans une dernière expérience, cet accord était encore plus grand, la différence n'étant que de $1^{mgr},7$. Le terrain non inoculé n'avait montré aucune fixation d'azote gazeux ; il n'y avait pas de nodosités, tandis que les plantes arrosées avec la pulpe de nodosités broyées présentaient de nombreuses nodosités aux racines.

Ces savants ont incidemment montré que les légumineuses seules jouissaient de la propriété de fixer l'azote gazeux de l'air.

ÉTUDE DES NODOSITÉS. — Ces nodosités sont des excroissances charnues des racines ; on les trouve dans les conditions normales chez les diverses familles de légumineuses ; leur forme, leurs dimensions et leur position varient avec l'espèce considérée, avec le sol et l'origine, la virulence du microbe.

Leur forme est assez constante chez les espèces voisines : tantôt simple et sphérique comme chez le lotier, tantôt elliptique (*Lathyrus*), ovoïde (trèfle), irrégulièrement arrondie (*Soja hispida*), quelquefois même digitée à des degrés divers.

Tantôt c'est la racine elle-même qui leur donne naissance ; elles se groupent autour du collet comme chez le

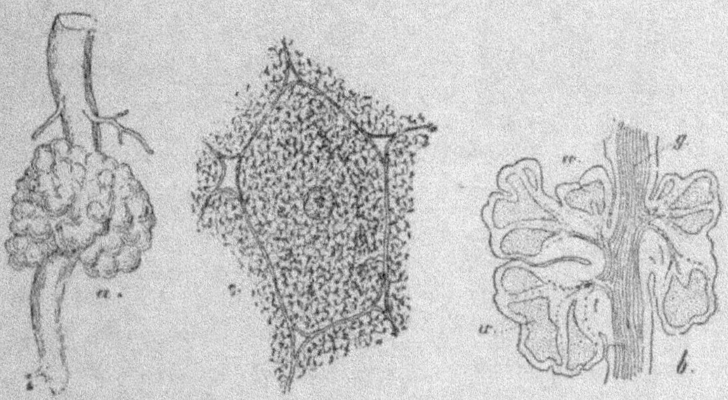

Fig. 40. — Nodosités des légumineuses.

a, nodosités du lupin en grandeur naturelle (d'après Woronine) ; *b*, coupe à travers une racine ; *g*, faisceau vasculaire de la racine ramifiée, avec ses groupes de cellules *w* remplies de bactéries ; *c*, cellule d'une nodosité de lupin remplie de bactéries (grossissement : 600) (d'après A. Fischer).

lupin ; tantôt au contraire on peut trouver des tubercules de formes variables, fixés latéralement à la racine.

Leur couleur, en général blanchâtre au début, devient brune, rose avec le temps.

D'après MM. Prillieux, Franck, Tschirch, leur première apparition aurait lieu à la suite d'une segmentation active des couches profondes du parenchyme cortical.

Leur structure a été surtout bien étudiée par Vuillemin ; à l'état jeune, ils sont entièrement méristématiques, remplis d'une matière albuminoïde dense avec de nombreux poils absorbants ; à l'état adulte, les grandes cellules

de la partie centrale sont remplies d'un contenu dense et
granuleux; ces cellules sont entourées d'autres cellules
à éléments plus petits, hyalins, montrant des faisceaux
libéro-ligneux en relation avec ceux de la racine.

Lorsqu'on y fait une coupe, on voit d'innombrables
corpuscules bactériformes, doués de motilité, qu'on peut
colorer en brun rougeâtre par l'iode.

MM. Prillieux, Kny, Laurent, Prazmowsky les ont considérés comme des organismes vivants. Laurent a pu les cultiver en milieu artificiel ; ce sont de petits corps bactériformes de 1 μ de diamètre transversal en moyenne, les uns étaient nettement de forme bacillaire, d'autres présentaient des formes en Y, T, en ramifications dichotomiques, variables d'une légumineuse à l'autre. Elles sont colorables par l'iode, les couleurs d'aniline.

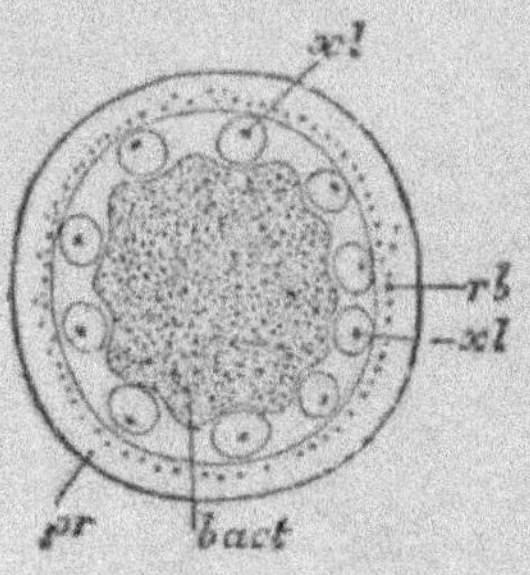

Fig. 44. — Coupe à travers une
nodosité de *Vicia sativa* :
pr, écorce primaire avec
quelques bactéries *br*;
xl, faisceaux vasculaires;
bact, le tissu bactéroïdien
(grossissement : 10) (d'après
Beijerinck).

La coloration des coupes a également permis d'y révéler l'existence de filaments muqueux qui traversent les cellules de part en part et
dont le rôle véritable est connu depuis les recherches
de M. Mazé.

INOCULATION DE CES BACTÉRIES. — Il importait avant tout
de démontrer que l'inoculation de ces bactéries aux racines reproduisait des nodosités. M. Prillieux, vers 1879,
avait déjà remarqué que le développement des nodosités
pouvait être provoqué par l'introduction dans le milieu
de culture de racines de légumineuses munies de ces
tubercules.

Ces résultats furent confirmés par Franck, Hellriegel et
Wilfarth, en faisant pousser des légumineuses dans du

sable calciné stérilisé, avec ou sans addition de germes provenant des nodosités ou encore avec addition d'un peu de délayure d'une terre de légumineuses.

Laurent a réussi des inoculations de pois; Beijerinck. l'inoculation de fèves avec l'organisme isolé et cultivé à l'état pur, qu'il appela *Bacillus radicicola*. Citons également à ce sujet une expérience de M. Bréal.

Ce savant a cultivé un pois dans un grand pot garni

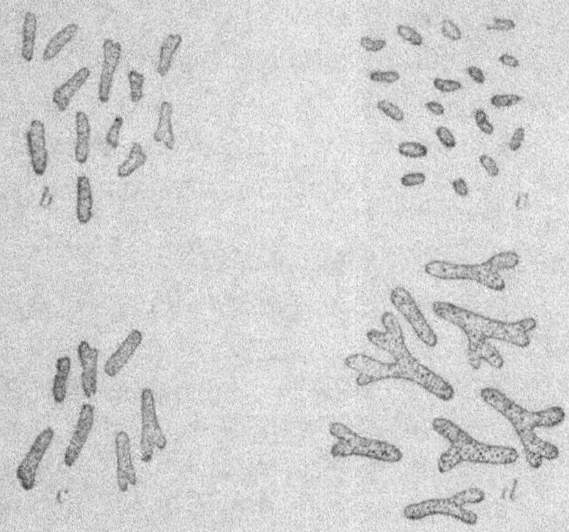

Fig. 42. — *a*, bactéries des nodosités; *b, c, d*, bactéroïdes
(d'après Beijerinck).

de gravier, arrosé par une solution minérale et une infusion de terre à luzerne; la graine contenait $0^{gr},009$ d'azote, la plante obtenue pesait $9^{gr},6$ avec $0^{gr},251$ d'azote; il y a donc eu un enrichissement notable en azote. Cette expérience peut être aisément répétée, en piquant une légumineuse avec une aiguillette trempée dans une nodosité fraîche; si l'on fait l'injection soit aux semences, soit encore en ayant recours à la délayure de terre, il faut un peu plus de temps pour voir apparaître les nodosités.

La présence de l'air est absolument nécessaire à leur

formation ; son absence, en effet, paraît surtout empêcher la production des formes ramifiées, qui jouent, comme nous le verrons, le principal rôle dans la fixation de l'azote.

Les sels de calcium et de magnésium paraissent être favorables à leur production, tandis que ceux de sodium et de potassium empêchent leur formation à des doses variant de 0,5 à 1 p. 100 ; les nitrates alcalins surtout exercent une action défavorable.

Tout degré d'acidité ou d'alcalinité non nuisible à la plante ne gêne pas non plus les bactéries.

L'expérience apprend, en outre, qu'une certaine humidité favorisant le contact du chevelu de la racine et de la bactérie est favorable à leur formation, en facilitant la pénétration.

Dans toutes ces expériences, les plants témoins ne portaient jamais de tubercules et dépérissaient assez rapidement.

Il a été possible d'inoculer une légumineuse avec les microbes d'autres légumineuses ; ainsi on a pu produire des nodosités chez le pois en se servant comme semence des microbes de la fève, de la gesse, du trèfle, de l'acacia ; toutefois il existe ici une spécificité, car avec les lupins la réussite n'est pas toujours assurée.

Beijerinck a constaté qu'avec l'apparition des fleurs la vitalité des microbes diminue ; leur inoculation à ce moment donne des tubercules en moins grand nombre ; les nodosités se forment plus lentement, et, si l'on attend trop longtemps, les ensemencements restent stériles ; cette remarque du savant hollandais est fort intéressante ; elle vise en effet la transformation des bacilles en un autre stade, auquel on a donné le nom de « bactéroïdes ».

Les bactéroïdes des vieilles nodosités ne sont plus inoculables ; toutefois Mazé a remarqué qu'on pouvait avoir des résultats positifs par l'association de deux formes bacillaires qu'il avait isolées du sol de légumineuses.

Tous ces essais ont nettement démontré le côté vital de ces phénomènes.

CULTURE DES MICROBES DES NODOSITÉS EN MILIEU ARTIFICIEL. — Pour connaître un peu mieux les propriétés des microbes des nodosités, il fallait, suivant en cela la méthode bactériologique, les cultiver en milieu artificiel, les isoler à l'état pur et étudier ensuite leur manière de se comporter vis-à-vis des agents physiques et chimiques, en un mot les étudier d'abord dans le milieu artificiel et ensuite sur la légumineuse même. Ces premières cultures furent faites par Beijerinck, Prazmowsky et Laurent.

Beijerinck les a cultivés dans un milieu artificiel obtenu par infusion de feuilles de papillionacées additionnée de 7 à 8 p. 100 de gélatine, de 0,25 p. 100 d'asparagine et de 0,5 p. 100 de saccharose ; il a ensemencé ce milieu avec l'intérieur d'une nodosité et obtenait de petites colonies d'aspect stéarique, ne liquéfiant pas la gélatine. Beijerinck décrit des bâtonnets de 1 μ de large sur 4 à 5 μ de long, très avides d'oxygène à côté de petites bactéries de 0,μ9 de long sur 0μ,18 de large, très mobiles. Ce sont des microbes aérobies et mobiles.

On peut les détruire par un chauffage à la température de 55 à 65°. Il se peut que les bâtonnets de la plus grande dimension représentent le stade d'acheminement vers la forme « bactéroïde ». Beijerinck a donné à ces bactéries le nom de *Bacillus radicicola* ou encore *Bacterium radicicola* (Prazmowski). Comme les flagelles ne se trouvent qu'à l'une des extrémités, certains auteurs ont adopté le nom de *Pseudomonas radicicola*.

Ces bâtonnets se transforment en effet, dans certaines conditions, en organismes de dimensions plus fortes, bactéroïdes, qu'on trouve très facilement dans les nodosités des légumineuses, mais qu'on rencontre également dans les cultures artificielles, comme l'a déjà signalé Beijerinck ; leurs formes sont très variées.

G. Moore, qui en a fait tout récemment une étude détaillée, admet que ces organismes appartiennent à une espèce unique, douée de différents degrés d'adaptation et se présentant sous des formes très bien définies, comme nous venons de le voir avec Beijerinck. Ce savant admet les formes suivantes :

1° Bâtonnet extrêmement petit, mobile, se trouvant dans le sol et pénétrant le chevelu radical, doué ou non de la propriété de développer des masses zoogléiques ;

2° Bâtonnet plus gros de 0 μ, 6 à 2 μ, 5 de largeur et de 1 μ, 5 à 5 μ de longueur, variable avec la variété de légumineuse ;

3° La forme ramifiée, présentant une sorte de gaine gélatineuse.

La *culture des microbes* des tubercules de légumineuses a été faite depuis par un grand nombre de savants ; on peut citer les noms de Bréal, Laurent, Nobbe, Hiltner, Prazmowski, Mazé, Süchting, Remy, etc. ; elle est des plus faciles.

Voici le mode opératoire qu'on peut préconiser. On se sert de macérations de légumineuses rendues neutres ou légèrement alcalines. On stérilise la nodosité servant de semence par immersion pendant vingt minutes dans un bain de sublimé à 1 p. 1 000 ; on lave à trois reprises dans l'eau distillée stérile pour enlever le sublimé ; on broie la nodosité à l'aide d'un agitateur flambé, et on prélève ensuite quelques gouttes de l'intérieur de la nodosité avec une pipette flambée qu'on porte sur le milieu nutritif indiqué.

Le microbe peut être cultivé sur un très grand nombre de milieux contenant des sels nutritifs, phosphate de potassium, d'ammonium, sulfate de magnésie, avec du sucre, de la glycérine, de l'asparagine, de la peptone, etc. ; les cultures sur les infusions de légumineuses, additionnées de peptone et de sucre, sont néanmoins les plus luxuriantes.

Le développement sur bouillon gélatinisé est très inégal, en raison de l'état physiologique différent des bactéroïdes et des bâtonnets au moment de cet ensemencement. On peut obtenir des colonies plus ou moins arrondies, à contours plus ou moins nets, crénelés et sinueux, des colonies visqueuses ou non, d'aspect blanc ou légèrement blanchâtre, qui ne liquéfient pas la gélatine.

On verra que dans le milieu artificiel il y a prédominance très nette des formes bacillaires, à côté de formes en Y, en T, plus ou moins ramifiées.

Une fois ces cultures obtenues, on peut acclimater les microbes de façon à les faire pousser sur d'autres milieux artificiels; mais les formes varient. Ainsi, sous l'influence des acides à doses modérées, on peut avoir des chapelets plus ou moins renflés, et en élevant la dose la mort du bâtonnet survient.

Dans les cultures artificielles appropriées, le microbe peut conserver sa vitalité pendant trois à quatre mois; la température favorable pour la culture varie entre 10 et 40°; nous connaissons la température mortelle pour les microbes en milieux artificiels ou dans l'eau distillée, elle est aux environs de 60°; il n'en est plus de même pour le microbe contenu dans la nodosité; Laurent a vu qu'il supporte un chauffage de cinq minutes vers 90 à 95°.

Dans ce milieu assez peu conducteur, le microbe est plutôt protégé. Rappelons d'ailleurs que c'est là un fait général pour les diastases et les microbes; ils sont plus résistants en présence de la matière qu'ils transforment; à un autre point de vue, ceci nous indique un moyen pour nous débarrasser des espèces plus fragiles.

Par des ensemencements successifs, on obtient des cultures de différents âges et de propriétés différentes. En opérant de la sorte dans une atmosphère d'azote, Mazé a constaté des modifications morphologiques; il a obtenu, à côté des formes bacillaires, des formes rondes qui avaient perdu la faculté de sécréter cette mucosité, signe caractéristique de l'assimilation de l'azote; il a également obtenu des colonies présentant des vacuoles, d'autres qui en manquaient; leur association donnait de nouveau lieu à la sécrétion de la mucosité; on voit par là que les modifications morphologiques sont bien accompagnées de changements biologiques.

Sur les milieux artificiels solides, on peut également voir se produire, comme nous l'avons dit, la forme bactéroïde. Hiltner a trouvé qu'un grand nombre de substances sont susceptibles de provoquer leur formation. De même Hiltner et Störmer ont vu que leur production dépendait notamment de la présence d'hydrates de carbone; elle est favorisée par certains composés organiques, surtout par un grand excès de glucose, maltose, galactose, saccharose, acide malique, acide citrique, tartrique, succinique et même par des nitrates.

On peut en outre observer, au bout d'un certain temps, en l'absence de toute source azotée autre que celle de l'azote atmosphérique, des dichotomisations, des changements dans le contenu protoplasmique, formation de vacuoles; le protoplasma se différencie en deux parties différemment colorables par le réactif de Ziehl et la teinture d'iode.

Les savants allemands admettent que c'est l'énergie fournie par les hydrates de carbone qui est la cause directe de la transformation des bâtonnets en bactéroïdes; leur manière de voir est contestée par Suchting, qui a obtenu avec un même milieu artificiel des bactéroïdes caractéristiques et des formes ramifiées, dès qu'il plaça les milieux gélosés sous une couche d'eau stérile. Il attribue leur formation soit à une diminution de la pression d'oxygène dans le milieu liquide par rapport à celle qui existe dans les milieux solides, soit à une influence des produits de désassimilation microbienne qui n'agissent probablement pas de la même façon en milieu solide ou liquide. Ces produits se trouvent dans les milieux liquides souvent sous un état plutôt dilué, qui aurait pour effet de favoriser la formation de bactéroïdes; ce n'est qu'à la longue qu'on peut voir dans les vieilles cultures le nombre de bactéroïdes diminuer.

Nous apprendrons que leur formation est en rapport direct avec l'assimilation de l'azote; si l'on admet maintenant que la plante profite surtout des produits de désassimilation bactérienne azotés, on comprend que le nombre de bactéroïdes plus ou moins grand dépend de la teneur du milieu en aliments d'entretien; comme la plante enlève les produits de désassimilation pour les utiliser, elle rend le milieu de nouveau favorable à leur production; si au contraire la plante trouve d'autres aliments azotés, elle laisse accumuler ces produits, et les bactéroïdes sont peu nombreux. Ainsi on peut obtenir les formes bactéroïdes sur les milieux solides, mais seulement dans les cultures jeunes.

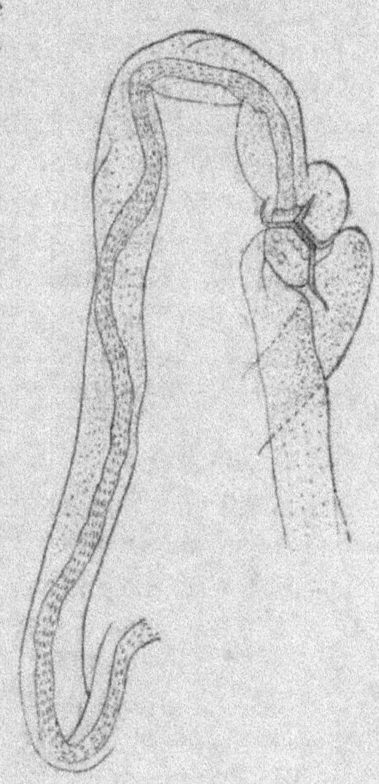

Fig. 43. — Poil radiculaire de *Pisum sativum* avec le canal d'infection (d'après Prazmowsky).

FORMATION DES NODOSITÉS SUR LES RACINES. — Les bactéries des nodosités se trouvent dans l'air, les eaux, le sol; dès qu'elles sont en présence des poils radiculaires des légumineuses, elles peuvent être attirées par les hydrates de carbone de la région pilifère, en vertu de leurs propriétés chimiotaxiques et ensuite absorbées. Elles se multiplient et se propagent à travers une sorte de canal jusqu'aux cellules corticales; les cellules du poil se segmentent plus ou moins polygonalement et constituent ainsi le tissu bactéroïdien; on y remarque souvent la production d'une masse glaireuse qui se répartit dans une série de petits canaux dits canaux d'infection; cette masse glaireuse, riche en azote, produit de désassimilation bactérienne, est entraînée par la sève et peut être assimilée par la plante.

La structure intérieure de ce canal d'infection a pu être mise en lumière en se servant d'un mélange colorant, composé à parties égales de fuchsine et de violet de méthyle. Par ce traitement, les canaux d'infection restent incolores; les cellules des nodosités se colorent en bleu, les bactéries en rouge. A mesure que la nodosité se développe, elle s'enrichit en azote (matières albuminoïdes, amides, asparagine); en même temps on remarque que les bâtonnets sont transformés en bactéroïdes; la teneur en azote des racines est ainsi notablement accrue.

	Époque de la floraison. Azote.	Maturité. Azote.
Racines avec nodosités...	5,2 p. 100.	1,7 p. 100.
— sans nodosités...	1,6 —	1,4 —

Franck a même analysé des nodosités qui renfermaient de 7 à 7,5 p. 100 d'azote, soit jusqu'à 16,88 p. 100 en matières albuminoïdes; la quantité d'azote atmosphérique ainsi assimilé peut être énorme; d'après les recherches de Nobbe et Hiltner, elle peut dépasser 100 fois celle que l'on trouve dans la nodosité.

Voici à ce sujet des nombres très intéressants résultant d'expériences faites par M. Bréal :

	Azote p. 100 de la matière sèche.					
	Acacia.	Lupin.	Haricot av. flor.	Haricot ap. flor.	Pois.	Lentille.
Tubercules.........	3,25	3 30	3,80	4,60	2,68	7,00
Tiges et feuilles ...	»	»	2,30	3,10	»	»
Chevelu des racines.	»	2,50	»	»	»	1,80
Grosses racines....	2,30	0,80	»	2,90	2,30	»

En général, on constate la plus grande richesse azotée vers la floraison et avant la formation du fruit ; mais elle varie avec le tubercule, comme ceci résulte des expériences de Bréal ; ce sont les tubercules de grosseur normale qui contiennent le moins d'azote et aussi le moins de microorganismes ramifiés.

Y a-t-il toujours formation de nodosités après la pénétration des microbes ? L'expérience apprend qu'elles ne se présentent que dans certaines conditions. Ainsi, il ne s'en forme pas lorsque la plante a une autre source azotée à sa disposition, ou encore quand le microbe n'est pas adapté à la légumineuse. De plus, le microbe agit, même après sa pénétration, comme un véritable parasite, pendant la période de souffrance bien connue de la légumineuse, c'est-à-dire tant que le tubercule n'est pas complètement formé.

On comprend ainsi que la présence de nitrates est plutôt défavorable à leur formation ; la plante, ayant une autre source azotée, se défend victorieusement contre l'infection, d'autant mieux qu'elle préfère l'azote facilement assimilable du nitrate à l'azote fourni par la bactérie ; l'expérience confirme cette manière de voir.

Mais il y a un autre facteur très important mis en lumière par les expériences de Nobbe et Hiltner, c'est la virulence très variable du microbe. Chaque genre de légumineuses offre plus ou moins de résistance à la pénétration des bactéries dans le chevelu de son système radiculaire, et la proportion d'azote fixé dépend de la facilité avec laquelle le microbe peut envahir la racine et former des colonies. Cette aptitude plus ou moins grande à la pénétration s'appelle la virulence. On a trouvé des organismes à haute virulence aptes à envahir les légumineuses vigoureuses, donnant de nombreux tubercules ; des organismes à faible virulence, pénétrant seulement dans les plantes chétives ou à la fin de la végétation active et donnant de petits nodules. Différents cas peuvent se présenter : 1° il y a des bactéries qui ne peuvent entrer dans le poil radiculaire, faute de pouvoir sécréter la diastase apte à transformer la membrane du poil de la légumineuse en matière glaireuse.

2° Il y en a qui peuvent pénétrer dans le poil radiculaire, mais la bactérie est résorbée immédiatement ou au bout de peu de temps par les noyaux cellulaires ; il en résulte des nodosités peu prononcées ou même leur absence complète ;

3° Les bactéries sont douées d'un degré de virulence suffisamment élevé ; il y a formation de nodosités de dimensions plus ou moins grandes, production de matière glaireuse et assimilation d'azote ; une fois que la plante est ainsi envahie, elle se défend victorieusement contre toutes les bactéries de virulence moindre ; elle est immunisée contre leurs attaques.

Des bactéries virulentes jouissent de la faculté d'infecter les légumineuses même en bon état végétatif et qui se trouvent dans de bonnes conditions d'alimentation. Or, comme les rendements de la légumineuse dépendent surtout de la virulence des bactéries, on comprend qu'on peut essayer de l'exalter par passages répétés à travers la même légumineuse et augmenter par cela même, indirectement, les récoltes.

L'expérience a également démontré que les nodosités nouvellement formées sur les racines latérales sont beaucoup plus virulentes que celles des racines principales ; il arrive là ce qu'on constate pour certains microbes pathogènes, c'est qu'on peut rehausser, exalter la virulence par passage à travers un autre animal et, dans l'espèce, par passage à travers un tissu végétal jeune, dont la constitution est certes différente de celle du tissu âgé.

Nous voyons que la pénétration de ces bactéries dépend, en fin de compte, de la résistance et de l'état physiologique des légumineuses. Certains éléments, dont l'utilité est depuis longtemps constatée, comme l'acide phosphorique, la potasse, la chaux, le sulfate de chaux, changeant l'état physiologique de la légumineuse, peuvent avoir par action réflexe une influence bienfaisante, favorable sur l'infection des racines par les légumineuses.

Nobbe et Hiltner ont également prouvé que l'assimilation de l'azote ne se faisait que dans les tubercules et nullement par les feuilles, comme quelques savants avaient cru devoir l'admettre.

Ils ont fait encore ressortir que, dans les milieux minéraux aqueux, les nodosités montraient surtout leur effet utile, dès qu'on les mettait hors de l'eau; l'azote et en même temps l'oxygène arrivaient ainsi plus facilement.

MÉCANISME DE L'ASSIMILATION DE L'AZOTE GAZEUX. — La relation physiologique qui existe entre la légumineuse et ses hôtes est celle qui résulte d'échanges très actifs et réciproques. Il est très probable que les bactéries reçoivent de la plante les aliments hydrocarbonés et lui restituent en échange l'aliment azoté, en passant par l'intermédiaire de l'azote de l'air. Cette idée fut déjà émise par Duclaux vers 1889. Ce seraient les produits de désassimilation de la bactérie qui seraient utilisés par la légumineuse. Cette dernière pourrait les employer plus ou moins rapidement, les laisser s'accumuler dans certaines circonstances anormales, ou encore dans les moments où la végétation est arrivée à son terme; on sait d'ailleurs qu'à ce moment l'assimilation cesse. Cette manière de voir nous autorise également à dire que les bactéries virulentes et celles qu'on trouve dans les tubercules anormaux qui ne sont pas profitables à la plante ne donnent pas de produits de désassimilation de même nature; tout à fait comme chez les bactéries pigmentées, la fonction donnant lieu à la matière colorante peut se présenter d'une façon plus ou moins intense, c'est-à-dire à des degrés divers.

On comprend dès lors que, chez les bactéries les plus virulentes, c'est-à-dire pénétrant le plus aisément dans la

racine de la légumineuse, nous ayons des produits spécifiques de désassimilation, voire des produits très riches
en azote assimilable, produits aptes à neutraliser les
anticorps de la plante et à lui apporter une nourriture
très abondante. Si les conditions deviennent anormales,
les produits bactériens peuvent devenir nuisibles,
gênants pour le microbe; il peut en résulter des changements de virulence, des changements dans l'allure générale de la végétation. D'autre part, en enlevant ces
résidus plus ou moins rapidement, la plante modifie constamment les conditions nécessaires pour la production
de bactéroïdes. Ainsi, en présence de nitrates, il n'y a que
rarement formation de bactéroïdes, parce que la plante
assimile facilement l'azote nitraté et se défend contre
l'envahissement par la bactérie. Cette interprétation,
basée sur des expériences de Hiltner, est bien d'accord
avec nos notions sur les microbes pathogènes.

Suchting a encore remarqué que l'exaltation de la
virulence des microbes est d'autant plus grande que la
végétation de la légumineuse est moins longue. Ainsi
cette virulence se manifeste d'une façon remarquable
chez la bactérie de la légumineuse cultivée sur les
chaumes des céréales; ici nous avons une végétation
très rapide, l'assimilation azotée est grande. On trouve
les racines principales bien infectées par des bactéries
très virulentes, tandis que nous savons qu'avec des
microbes atténués nous observons les tubercules seulement sur les racines latérales.

La présence de la nodosité ne suffit pas pour être autorisé de dire que la plante en tire profit; la bactérie doit,
en effet, au préalable, affecter la forme de bactéroïde
normale, bactérie ramifiée; c'est seulement sous cette
forme qu'elle est apte à remplacer l'azote pris par la
plante, d'une façon permanente. C'est donc seulement
sous un état de transformation suffisamment avancé que
la bactérie devient utile à la plante; selon les circon-

stances, cette transformation peut être plus ou moins grande ; les bactéroïdes anormaux ne sont d'aucune utilité.

Lorsque les nodules ne contiennent pas ces formes ramifiées, qui peuvent être facilement dissoutes par les diastases de la légumineuse, ils ne sont d'aucun profit à la plante. On peut le démontrer en faisant comparativement des inoculations avec des bâtonnets provenant de plusieurs générations successives sur milieux artificiels.

Pour cette raison encore, on ne doit pas considérer les bactéroïdes comme des formes d'involution. On peut en effet parfaitement les multiplier et les retransformer en bactéries simples. La bactéroïde normale seule, riche en amidon et azote, fournit l'azote à la plante : dès que par un artifice nous enlevons la nodosité à la plante, elle commence à souffrir, elle réclame de l'azote.

Toute la partie azotée est absorbée et prise par la légumineuse ; la bactéroïde arrête peu à peu son action, par suite de l'arrêt végétatif de la légumineuse ; une partie des bactéries passent sûrement dans le sol, où elles servent à la perpétuation de l'espèce : est-ce sous un état particulier ? — est-ce à l'état de spores ? On ne sait, car, jusqu'à présent, l'isolement des bactéries des légumineuses, à l'aide du sol, n'a pas donné des résultats satisfaisants ; on ne connaît pas leurs spores.

Pour mieux comprendre le phénomène de l'assimilation de l'azote, il fallait cultiver ces bactéries à l'état pur dans des milieux minéraux et voir dans quelles conditions elles assimilaient de l'azote. C'était tirer profit des expériences de Winogradsky dans la culture du *Clostridium Pasteurianum*, assimilateur d'azote.

L'expérience a appris qu'il fallait également réaliser des conditions analogues : matières hydrocarbonées, un peu de matières azotées pour amorcer et de l'oxygène.

Mazé s'est servi du milieu de culture suivant : une macération de haricots limpide avec $0^{gr},0005$ d'azote organique par litre, plus 2 p. 100 de saccharose, en présence d'un courant d'air débarrassé de tout composé azoté.

Il importe de ne pas donner un excès d'azote au début ; 1 p. 1500 de liquide nutritif (6 milligrammes d'azote par 50 centimètres cubes de bouillon) est une limite à ne pas dépasser ; il faut également se maintenir entre 2 à 6 p. 100 de sucre. On met ce liquide dans des flacons d'Erlenmeyer, c'est-à-dire dans des conditions de parfaite aération.

Mazé a constaté que, toutes les fois qu'il y avait assimilation de l'azote, le liquide de culture devenait plus ou moins visqueux ; c'est là un caractère spécifique de l'assimilation, qui se présente moins nettement chez la légumineuse, parce que cette dernière fait disparaître la glaire, à mesure de sa production, justement en tirant profit des produits microbiens. Voici des nombres tirés des recherches de M. Mazé :

Sucre initial.	Azote initial.	Sucre consommé.	Azote final.	Azote gagné.
2 000 milligr.	22,4	2 600	45,8	23,4
2 500 —	9,8	1 379,1	24,8	15,0

Dans les conditions les plus favorables, les cultures en milieu artificiel ont fixé une partie d'azote pour 100 grammes de sucre consommé, phénomène toujours accompagné de production d'une masse glaireuse plus ou moins abondante.

Ces bactéries sont donc aptes à emmagasiner de l'azote en milieux artificiels. Comment se comportent-elles à l'intérieur des tubercules et comment l'azote est-il fourni à la plante ?

Nous savons déjà qu'une fois la pénétration effectuée le microbe passe par une série de formes, jusqu'à celle de bactéroïde ou forme ramifiée. Sous cet état, les cellules de la racine sécrètent une diastase dissolvant les bactéroïdes et rendent diffusibles les quantités d'azote accumulées.

Cet état de la bactérie se manifeste non seulement par des propriétés nouvelles, mais par une différenciation très nette du protoplasma, par la formation de la substance chromatique de Hiltner. Il faut un certain temps, une sorte d'incubation préalable, caractérisée par la souffrance de la légumineuse, lorsqu'elle manque d'azote, pour que cette substance protoplasmique particulière prenne naissance en suffisante quantité de façon à devenir utile pour la plante. Ce protoplasma spécifique est constamment renouvelé, à mesure de son utilisation par la plante.

Le mode d'absorption du contenu des nodules est d'ailleurs facilité par la structure de ce dernier, qui, suivant M. Van Tieghem, prend naissance dans le péricycle de la racine mère, en face ou de chaque côté des faisceaux ligneux. Quelquefois les nodules ou tubercules possèdent de deux à quatre cylindres centraux, insérés l'un au-dessus de l'autre dans le faisceau ligneux du cylindre central de la racine mère. Au point de vue morphologique, les tubercules paraissent être des radicelles ayant grossi.

La fixation de l'azote gazeux dans une combinaison organique, la formation de matières albuminoïdes n'est donc possible que par une destruction concomitante de substances carbonées. Le mécanisme de l'assimilation de l'azote par la légumineuse se comprend dès lors facilement.

La légumineuse fournit au microbe non seulement l'azote nécessaire aux premières générations, mais surtout les hydrates de carbone; le microbe a besoin d'oxygène, il n'agit pas dans l'azote pur; il dédouble le sucre, et la réaction du liquide est finalement alcaline.

Ainsi envisagés, les rapports entre les bactéries et les légumineuses affectent plutôt un caractère de parasitisme. Le microbe profite de la plante aussi longtemps qu'il n'est pas transformé en bactéroïde, état sous lequel la plante peut l'utiliser. Si à une culture de bactéroïdes en milieu artificiel contenant des acides organiques on ajoute une matière azotée assimilable, comme un nitrate, le protoplasma caractéristique du bactéroïde disparaît peu à peu, ce qui prouve que le manque d'azote est une cause déterminante de cette forme ramifiée si précieuse.

Formation de races des bactéries des légumineuses. — Beijerinck a déjà montré que l'aspect de ces corpuscules diffère sensiblement chez les diverses espèces de légumineuses ; leur grosseur est variable ; leur forme peut être simple ou plus ou moins ramifiée ; l'inoculation des microbes d'une légumineuse à une autre produit des microbes différents plus ou moins de ceux qu'on trouve chez les deux légumineuses ; on voit notamment des filaments plus ou moins réguliers. Peut-on considérer ces changements comme des caractères de races, ou faut-il plutôt y voir avec Laurent des variétés d'une même espèce.

Depuis longtemps on a remarqué que la *Soja hispida* ne montre des tubercules en Europe qu'après ensemencement d'un peu de terre du Japon ; on connaît d'autre part des légumineuses, très riches en nodosités dans leur pays d'origine, pouvant cependant se développer normalement sans en présenter des traces, lorsqu'on les ensemence loin de leur lieu d'origine. Ainsi des expériences faites en Amérique ont montré que le sol du Connecticut ne contenait pas les microbes aptes à produire les nodosités chez la *Soja hispida*, qui en présente toujours dans les sols du Massachusetts.

Ceci pourrait faire croire à une certaine adaptation de la bactérie au sol ; il est probable qu'il doit exister dans ce sens une grande latitude, eu égard aux diverses conditions dans lesquelles la même bactérie peut se présenter. Néanmoins la règle dominante est celle-ci : c'est que l'inoculation des légumineuses produit les meilleurs résultats lorsqu'on la pratique avec les microbes provenant de l'espèce de légumineuse en expérience. On constate également qu'après un certain nombre de cultures de la même légumineuse, dans le même terrain, on voit la plante se fatiguer, donner des rendements de moins en moins élevés. Est-ce par suite de l'épuisement du sol ? Est-ce par l'accumulation de produits bactériens nuisibles, ou est-ce par suite de dégénérescence des bactéries des légumineuses ? Chacune de ces trois causes peut intervenir ; nous voyons notamment, par ces différents faits, que la même bactérie est apte à se présenter sous des états physiologiques très différents, sans vouloir pour cela introduire le nom de races.

Mazé a divisé ces bactéries en deux grandes classes, celles qui sont adaptées aux terrains calcaires, les bactéries calcicoles, et celles qui préfèrent les terrains acides, les calcifuges.

Hiltner et Störmer ont également adopté la classification en deux groupes distincts morphologiquement et physiologiquement : 1º espèce *Rhizobium radicicola*, s'attaquant à la serradelle, au lupin et poussant très difficilement sur les milieux gélatinisés ; 2º espèce *Rhizobium Beijerinckii*, attaquant toutes les autres légumineuses, mais comprenant un grand nombre de formes d'adaptation qui peuvent, par conséquent, manifester une virulence plus ou moins prononcée. Quelle que soit l'espèce qui a agi, on constate que, dès que la plante est arrivée à son terme, dès que la sève se retire, le tubercule s'épuise, se vide graduellement ; les microbes fixateurs d'azote changent d'allure, deviennent ferments des matières azotées. Ils vivent dans la terre soit à l'état de saprophytes, soit s'y trouvent à l'état de kystes. Un grand nombre deviennent sans doute les victimes des bactéries banales du sol. Jusqu'à présent, on n'a pas réussi à isoler ces bactéries de la terre et à produire les tubercules chez les légumineuses.

M. Hiltner croit que le rôle améliorant de la légumineuse réside encore dans l'action qu'elle exerce par ses racines tout autour d'elle; elle serait par là surtout en rapport direct avec les microbes fixateurs d'azote, avec les microbes dont la fonction est de transformer l'azote soluble en azote insoluble, tout en restant sous une forme facilement décomposable. Rappelons à ce propos que dès 1890 M. Beijerinck a appelé l'attention sur la faculté que possède le *Bacillus radicicola* d'assimiler les nitrates, propriété que depuis on a également trouvée chez les Azotobacters. L'assimilation de ces nitrates, ainsi que celle des autres composés azotés solubles (asparagine, sels ammoniacaux, etc...), leur fixation sous une forme insoluble, dans le voisinage des racines des légumineuses, deviendrait ainsi une cause d'excitation, une certaine condition favorable pour la fixation de l'azote atmosphérique.

Il existerait ainsi une relation très intime entre les bactéries fixant les composés solubles du sol et celles qui fixent l'azote atmosphérique, l'action des premières ayant pour conséquence d'exalter les propriétés des secondes.

La légumineuse exercerait donc une influence favorable sur les bactéries fixatrices d'azote et elle remplirait ainsi un rôle doublement utile pour l'agriculteur.

Bien que cette faculté des racines de légumineuses ne se présente pour le moment qu'à l'état d'hypothèse, que certains faits concordent avec sa probabilité, que d'autres attendent une explication plus suffisante, il était bon de la signaler. Si elle se confirme entièrement, elle nous rendra bien compte des phénomènes complexes qui se déroulent dans le sol, et elle nous les fera peut-être voir sous un jour tout à fait nouveau et changera nos idées et nos connaissances sur la fertilité des sols.

L'observation montre en outre l'absence pour ainsi dire totale de nodosités sur les racines de luzernes de deux, trois, quatre et six ans, et cependant on obtient des coupes très abondantes par la simple addition de superphosphate à la terre. Faut-il admettre que la fonction assimilatrice d'azote gazeux appartient à tout le système radiculaire, ou faut-il expliquer ces bonnes récoltes par la multiplication abondante des microbes fixateurs d'azote tout autour des racines de la légumineuse? La question n'est pas résolue.

On trouve encore des nodosités sur d'autres plantes que les légumineuses, comme les racines des aulnes. Ces nodosités se comportent exactement comme celles des légumineuses en sol sans azote, assimilent cet élément gazeux et peuvent également le faire, lorsqu'on cultive les microbes dans des solutions artificielles (Hiltner).

De même les mycorrhizes de certaines essences forestières contribuent sans doute à l'assimilation de l'azote organique, car la nitrification en forêt est en général très faible.

Ce sont là des faits bien connus, mais qui ne présentent pas un intérêt agricole direct; aussi contentons-nous de les viser par simple analogie avec ceux que nous avons étudiés.

4. *Fixation de l'azote dans la Pratique agricole.* — APPLICATIONS PRATIQUES. — Dès que l'on connut les propriétés assimilatrices d'azote des microbes, on en pensa tirer un profit pratique; on espérait notamment obtenir, grâce à l'ensemencement de ces bactéries au sol, de bonnes récoltes de légumineuses dans les terrains jusqu'alors impropres à cette culture.

On était d'autant plus porté à le faire que l'azote si indispensable aux plantes est en même temps l'engrais le plus cher.

Les constatations intéressantes auxquelles l'étude de ces microbes a donné lieu ont eu certes pour premier effet d'augmenter notablement la culture des légumineuses; on les employa comme engrais verts, et on favorisa leur développement par l'addition d'engrais potassiques et phosphatés. Ces engrais, enfouis en automne et au printemps, enrichissent le sol en humus et en azote, changent les propriétés physiques du sol, subissent peu à peu l'action des microbes de putréfaction, des nitrificateurs, et contribuent ainsi puissamment à la bonne culture des plantes sarclées, pommes de terre, céréales, etc.

Lutoslarowsky a démontré que l'assimilation de l'azote, très élevée à la floraison, comme nous l'avons vu ailleurs, passait par un maximum au moment de la maturation de la graine pour diminuer ensuite, et il conseille de procéder à l'enfouissement au moment où les pois commencent à former leurs graines.

Ce fut Salfeld, le premier, qui, vers 1888, fit des essais dans des tourbières pauvres en azote, mais additionnées de chaux et de scories de déphosphoration. Il y cultiva des petits pois et un mélange de vesces et de féveroles. La parcelle n° 1, le témoin, ne reçut rien ; la parcelle n° 2 reçut du terreau provenant d'une digue ; la parcelle n° 3, 4 000 kilogrammes à l'hectare d'une bonne terre de légumineuses.

En prenant les récoltes du témoin comme point de comparaison, voici les excédents de rendements :

	Grains.	Paille.
Parcelle n° 2 (pois).	67 p. 100	87,7 p. 100
— n° 3 (féveroles et vesces)...	208 —	84,5 —

Salfeld attribua ces résultats favorables à l'intervention de l'azote atmosphérique. Il préconise de prélever sur une profondeur de 2 à 8 centimètres de la terre de légumineuses plus ou moins riche en tubercules, de la réduire en poudre et de la répartir uniformément par un bon labourage avant les semailles ; les effets utiles peuvent se faire sentir pendant plusieurs années.

Il est évident que la nature du terrain joue ici le principal rôle ; lorsque la terre est riche en matières azotées, l'observation montre qu'il n'y a que peu de tubercules dispersés le long des ramifications latérales. Tandis que le nitrate n'a presque pas d'action, l'addition de 100 kilogrammes d'acide phosphorique sous la forme de super-phosphate peut provoquer un excédent élevé de vesce, correspondant à une fixation de 400 kilogrammes d'azote atmosphérique, comme il résulte des recherches de Wagner.

Dehérain et Demoussy n'ont obtenu que des rendements faibles de trèfle blanc dans les terres dépourvues de calcaire; l'addition de superphosphate augmentait les rendements. Ces diverses influences peuvent s'expliquer par les aptitudes du microbe à supporter le calcaire, tandis que, dans d'autres cas, chez le lupin, le genêt, ce même calcaire paraît plutôt gêner.

Nitragine. — Mais cette terre de légumineuses, tout en étant efficace, nécessite des transports coûteux; aussi a-t-on cherché à utiliser les propriétés de ces bactéries en remplaçant la terre, dont il fallait un minimum de 1 000 kilogrammes par hectare, par des cultures artificielles qui reçurent le nom de *nitragine*. Ce furent là des tentatives très séduisantes.

Les premiers essais furent faits par Nobbe et Hiltner; comme ces savants admettaient que la symbiose entre la légumineuse et la bactérie était spécifique, ils ont cultivé en mélange les germes recueillis sur diverses espèces de légumineuses, afin que la culture microbienne puisse convenir à tous les cas. On livrait ces cultures sous la forme d'une gelée à base de gélose qu'il suffisait de délayer dans l'eau; la délayure servait ensuite à asperger les semences qu'on enfouissait à une faible profondeur ou encore à arroser la terre bien divisée que l'on répandait sur les champs ensemencés.

Comme une même espèce de légumineuses peut être plus ou moins influencée par les composés chimiques de différents sols, il en ressort que les résultats pouvaient être très variables. Nous constatons des effets analogues en ensemençant une bonne levure de vin dans différents moûts de raisins.

Aussi les résultats furent-ils incertains ; les excédents de récoltes négligeables ou nuls étaient loin de répondre aux espérances.

M. Schribaux, en France, a essayé, vers 1896, cette nitragine du commerce dans du sable de Fontainebleau, dans la terre de bruyère et dans une terre calcaire de Champagne. Ce savant avait trouvé que, dans les terres pauvres en azote, dépourvues de bactéries, la nitragine pouvait augmenter la récolte dans des proportions assez considérables ; par contre, dans des terres cultivées de longue date en légumineuses, il n'y avait pas de résultats marqués. Ces constatations furent confirmées une année après par MM. Dickson et Malpeaux dans le Pas-de-Calais ; mais ce sont là des résultats isolés.

On a cherché à expliquer ces échecs. On peut, en effet, admettre d'abord que les germes fixateurs d'azote vivant dans les tubercules des légumineuses sont très fréquents dans le sol, même dans les sols pauvres en légumineuses ; ils se multiplient facilement et peuvent être dispersés aisément par le vent, les eaux, etc.

S'ils sont en général présents, les conditions pour la multiplication peuvent être défavorables ; ainsi Dehérain et Demoussy ont trouvé que, si les germes vivant en symbiose avec des légumineuses calcicoles étaient rares dans les terrains acides, ils peuvent au contraire pulluler dès qu'on apporte du calcaire ou de la terre de luzerne.

Ces microbes semblent donc plutôt être adaptés au sol qu'à une espèce de légumineuse donnée, c'est-à-dire qu'il y aurait des bactéries habituées plutôt aux sols acides, d'autres aux sols calcaires ; mais ce caractère ne doit pas être considéré comme absolu.

Après une assez longue période d'arrêt, les essais furent repris, il y a deux à trois ans, par Nobbe et Hiltner en Allemagne et par G. Moore en Amérique : Hiltner attribue les insuccès à une application irrationnelle de la nitragine. Hiltner et Störmer ont bien étudié les exigences

Fig. 44. — Essai de la nitragine (expériences de M. Schribaux, à Joinville-le-Pont).

particulières des diverses bactéries, en les cultivant sur des milieux artificiels et en effectuant de nombreuses générations par inoculation à la même légumineuse. Ils avaient surtout comme but principal de renforcer ce que nous avons appelé plus haut la virulence du microbe et de changer ses propriétés physiologiques.

Il fallait d'abord trouver un milieu qui, tout en permettant une végétation suffisante, augmentait l'aptitude à former des nodules et à fixer l'azote.

Moore s'est servi du milieu suivant :

Maltose..............................	1 p. 100.
Phosphate monobasique de K......	0,1 —
Sulfate de magnésie................	0,02 —
Gélose..............................	1 —

La gélose a pu être remplacée par la silice gélatineuse ; c'est, comme on voit, un milieu relativement pauvre en azote.

Trois facteurs sont importants pour la réussite :

1° Virulence du microbe inoculé, obtenu par cultures successives sur milieux pauvres en azote ; 2° ensemencement assez abondant ; 3° emploi et conservation facile ; voyons comment on est arrivé en Amérique à satisfaire ces *desiderata*.

Mode d'emploi de la nitragine. — On commence par saturer du coton hydrophile avec la culture virulente obtenue en milieu liquide ; ce coton est ensuite soigneusement desséché. Lorsqu'on se trouve dans de bonnes conditions d'asepsie, il suffit de plonger le coton inoculé dans de l'eau stérilisée ; au bout d'un certain temps, les bactéries se multiplient suffisamment pour troubler l'eau d'une manière sensible ; la culture liquide est alors prête pour servir à l'infection du sol ou des graines de légumineuses. Comme la contamination par les ferments étrangers est toujours possible, on a préféré opérer comme suit : deux paquets de sels nutritifs sont distribués avec le coton chargé de microbes : l'un contient du sucre, du sulfate de magnésium, du phosphate acide de potasse ; l'autre renferme du phosphate d'ammonium. Lorsque les trois composants du premier paquet sont ajoutés à l'eau contenant le coton saturé de bactéries, ils agissent comme stimulants et favorisent surtout les bactéries des nodosités. On maintient le mélange à une température de 18 à 20°, et, au bout de vingt-quatre heures, on ajoute le phosphate d'ammoniaque. Dès que le mélange ainsi obtenu a un aspect laiteux, la culture peut servir à l'inoculation du sol ; on peut soit humecter les semences, soit mélanger la culture avec de la terre ou du sable répandus ensuite sur le champ à la façon des engrais.

Le mode opératoire préconisé par Hiltner en Allemagne est très analogue ; ce savant a fait voir que les sécrétions des graines en germination sont très nuisibles aux bactéries des légumineuses ; aussi conseille-t-il d'humecter les graines, de les laisser germer légèrement et de les infecter seulement après avec la nitragine choisie, bien entendu, très virulente ; on favorise ensuite la multiplication de ces bactéries par l'addition de 1 à 2 p. 100 de glucose, de peptone ou de lait écrémé.

Les deux modes ont donné des résultats positifs, comme on le verra plus loin par l'examen des tableaux d'expériences. Il convient maintenant de préciser encore les meilleures conditions pour la réussite ; l'inoculation peut être nécessaire, utile ou superflue.

L'expérience a d'abord montré que l'inoculation peut être utilement faite à n'importe quelle époque de la vie des légumineuses, si l'état du sol s'y prête.

Elle est à recommander : 1° lorsqu'il s'agit d'une terre pauvre n'ayant jamais porté de légumineuses ;

2° Lorsqu'il s'agit d'une terre qui, ensemencée en légumineuses, n'a pas donné de récoltes et lorsqu'il n'y a pas de tubercules aux racines ;

3° Si l'on veut cultiver d'autres légumineuses que celles cultivées jusqu'alors.

Elle n'est pas à conseiller lorsque le sol est riche en azote; lorsque le sol est trop acide ou trop alcalin pour permettre la croissance des légumineuses et des bactéries; lorsqu'il manque non seulement d'azote, mais encore de potasse, d'acide phosphorique, etc.

Essais des États-Unis.

	Nombre de cas.			
	A	B	C	D (1)
Luzerne...............	522	287	59	175
Trèfle rouge..........	302	116	84	30
Pois de jardins........	102	32	32	18
Haricot...............	85	39	23	27
Soja..................	54	22	11	42
Vesce velue,..........	28	13	3	9
Trèfle incarnat........	27	15	4	3
Pois des champs.	14	4	4	»
Dolique multiflore....	5	3	1	1
Trèfle hybride........	3	1	2	1
Trèfle d'Alexandrie....	1	»	»	»
Total...........	1 143	532	223	306

soit, sur 2 204 essais, environ 51 p. 100 d'essais positifs.

Essais du professeur Hiltner.

	Nombre d'ex-périences.	Résultat favorable.	Sans resultat.	Résultat h.décis.
Serradelle.............	23	21	1	1
Lupins jaunes,........	23	20	2	1
Légumineuses mélan-gées	15	14	»	1
Vesces................	13	11	1	2
Lupins bleus	5	3	»	2
Pois..................	5	3	2	»
Trèfle rouge..........	4	1	1	2
Trèfle incarnat	2	2	»	»
Luzerne...............	2	1	1	»
Fèves de marais......	3	2	1	»
Autres légumineuses..	3	3	»	»
Total..........	98	81	9	9

(1) A : augmentation nette de récolte; — B : échec par mauvaise saison, mauvaises herbes, semence défectueuse; — C : résultat négatif par suite de la présence du microbe dans le sol; — D : pas de tubercules.

Soit environ 82 p. 100 d'essais favorables. On a remarqué que les cas des lupins et de la serradelle étaient surtout satisfaisants ; c'est ainsi que des lupins cultivés sur des parcelles voisines donnèrent, étant inoculés, une récolte six fois supérieure à celles des lupins qui n'avaient pas été inoculés.

Ces essais très encourageants démontrent que, par l'emploi des cultures artificielles très virulentes, il sera possible d'amender certaines terres pauvres, en se servant de la légumineuse comme engrais vert.

ALINITE. — M. Caron avait observé qu'un microbe qu'il avait isolé d'une luzernière possédait la propriété de rendre plus assimilable la matière azotée du sol ; on lui a donné à l'origine le nom de *Bacillus Ellenbachensis*.

Caron avait obtenu dans un sol ensemencé d'avoine, sans addition d'aucune fumure, un excédent de récolte de 40 p. 100 sur la parcelle du témoin ; il l'explique en attribuant au microbe la faculté de désagréger rapidement la matière azotée du sol et de la rendre assimilable.

Cette découverte eut également un grand retentissement. On chercha d'abord à identifier le microbe avec d'autres plus connus, comme le *Bacillus mycoïdes*, le *Bacillus subtilis*, le *Bacillus megaterium*. Stoklasa lui attribue même la faculté de fixer l'azote comme le *Clostridium Pasteurianum* ; il détruit une grande quantité d'hydrates de carbone du sol, notamment les pentosanes, les pentoses, etc. ; il peut solubiliser très aisément la fibrine, la nucléine.

Dans une terre dosant 0,83 p. 100 d'azote total, le microbe avait transformé, après soixante-douze jours, 42 p. 100 de l'azote en composés solubles et assimilables ; aussi beaucoup de savants prétendent que son action est surtout indirecte et qu'il a pour effet principal de rendre la matière azotée soluble.

On l'a cultivé en grand dans une fabrique et vendu sous la forme de poudre sèche, « alinite, » mélange de pommes de terre et de spores de la bactérie.

Les résultats obtenus par l'emploi de l'alinite sont négatifs ; aussi sa fabrication en grand a-t-elle été abandonnée.

Très probablement beaucoup de microbes du sol sont doués de propriétés analogues, décomposant la matière organique complexe en sels ammoniacaux, en amines devenant utilisables plus tard pour la plante.

L'ensemencement des Azotobacters n'a pas donné de bons résultats à Beijerinck, ni à Gerlach et Vogel ; des

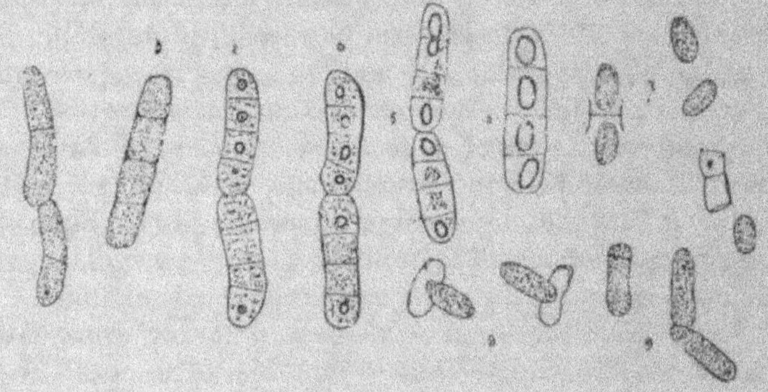

Fig. 45. — *Bacillus megaterium* (grossissement : 600).

1, cellules végétatives mobiles ; 2, 3, 4, 5, 6, division en articles et formation des spores ; 7, spores libres ; 8, 9, germination des spores (d'après de Bary).

observations faites en Angleterre paraissent plus encourageantes à cet égard. Ainsi, dans les sols de Rothamsted, le professeur Hall a constaté que ces Azotobacters sont très abondants et que leur présence se révèle par une grande accumulation d'azote pouvant atteindre 75 à 125 livres par hectare et par an, et cela dans le sol de quelques champs qui ont été abandonnés à la végétation spontanée et qui n'ont jamais été labourés. Il est probable qu'en l'absence de légumineuses la matière organique des herbes en putréfaction suffit à fournir l'hydrate de carbone nécessaire au travail de l'Azotobacter.

Il est possible que tous ces microbes se trouvent en suffisante quantité dans le sol; si une espèce est complètement absente, c'est que les conditions de multiplication lui sont défavorables. Son introduction même en masse ne servirait pas à grand'chose, car les cultures artificielles ne trouveraient nullement les mêmes conditions dans le sol.

Il est préférable de modifier ces dernières, et tout ce qui permet de troubler l'équilibre de la flore microbienne doit être efficace dans cet ordre d'idées, comme drainage, marnage, labours, ameublissements divers, en un mot, toutes les opérations qui permettent de changer l'ameublissement, l'aération, les propriétés physiques du sol.

Ainsi la culture des plantes sarclées, ramenant de nouvelles couches de terre à l'air, à la lumière, modifie les conditions et peut favoriser les algues et les microbes fixateurs d'azote. Ce sont là des faits dont le cultivateur doit bien se pénétrer avant tout, pour obtenir des résultats, des effets utiles, avec les microbes que le sol lui offre déjà gratuitement.

VIII. — CYCLE DU SOUFRE ET DU FER.

1. *Soufre*. — Ce métalloïde est un des éléments indispensables pour la constitution des végétaux; il entre dans une foule de combinaisons, depuis la matière albuminoïde complexe, en passant par l'hydrogène sulfuré comme stade intermédiaire, jusqu'aux sulfates absorbables par les végétaux.

Il est pour nous le plus intéressant sous la forme de H^2S, car c'est grâce à elle que le cycle du soufre peut être fermé. Elle est importante au point de vue géologique et au point de vue hygiénique.

On peut constater la production de H^2S dans le sous-sol des villes, surtout en été, dans les eaux des fossés, dans les boues de mer, dans les lacs entourant certaines mers (limons de la mer Noire) : ceux-ci sont extrêmement riches en hydrogène sulfuré ; enfin dans certaines sources thermales. Cet hydrogène sulfuré se forme par la réduction des sulfates ; une fois formé, il peut être oxydé, devenir SO^2, S, SO^3, se combiner par exemple au fer, devenir sulfate et rentrer dans la plante, là être réduit, et ainsi nous voyons cet élément à l'état de perpétuelle transformation.

Il y a ici intervention à la fois de processus chimiques et de processus biologiques. Ainsi, près de la surface du sol, lorsque l'oxygène manque, nous pouvons avoir la réduction des sulfates ; lorsque l'oxygène est présent, l'oxydation de sulfures ; mais c'est la formation de H^2S et des sulfures par les microorganismes qui doit nous arrêter surtout.

Certaines substances albuminoïdes, abandonnées à elles-mêmes, ne tardent pas à dégager de l'hydrogène sulfuré sous l'influence de microorganismes divers. Ainsi la production de H^2S est pour ainsi dire constante dans tous les phénomènes de putréfaction, surtout dans la vie anaérobie. Beaucoup de microbes peuvent l'occasionner.

S'agit-il ici d'une véritable décomposition, ou n'est-ce pas plutôt un phénomène de réduction, un phénomène secondaire ; n'existe-t-il pas de microbes spécifiques ? L'expérience apprend qu'un certain nombre de microbes donnent toujours de l'hydrogène sulfuré, comme le *Proteus vulgaris*, le *Micrococcus prodigiosus*, le *Bacillus acidi lactici*; d'autres n'en produisent pas, comme le *Bacillus subtilis* et le bacille du lait bleu.

L'hydrogène sulfuré peut encore provenir de la réduction des thiosulfates, des sulfates, etc., en vie anaérobie. Nous pouvons nous poser les mêmes questions. Y a-t-il là intervention des microbes spécifiques ? N'est-ce pas l'effet des propriétés réductrices du protoplasma ou même le résultat d'actions secondaires.

Ainsi Hoppe-Seyler avait déjà constaté que la réaction

d'un sulfate sur le méthane donnait de l'hydrogène sulfuré :

$$CH^4 + MSO^4 = MCO^3 + H^2S + H^2O.$$

Certains savants font intervenir l'hydrogène naissant qui se dégage dans de nombreuses fermentations. Il en résulterait que les levures qui jouissent parfaitement de la propriété de réduire les sulfates devraient former de l'H ou CH^4; l'expérience démontre qu'il n'en est rien. A l'opposé, il y a des microbes, comme le *Granulobacter butylicus*, le *Saccharo-butyricus*, qui donnent naissance à de l'hydrogène sans amener les sulfates au terme H^{2}S.

Il est dès lors plus rationnel de voir ici l'action de microbes spécifiques.

M. Beijerinck a trouvé et isolé de l'eau de canal un microbe qui réduit énergiquement les sulfates, le *Spirillum desulfuricans*.

On peut le cultiver dans le milieu suivant :

Asparagine......................	2^{gr},5 p. 1 000
Sulfate de magnésie.............	2,0
Phosphate de AzH^3............	2,0
Phosphate de K.................	2,0
Lactate de fer.................	1,0
CO^{3}Na^2...................	10,0

On peut reconnaître la réduction à l'aide du sous-nitrate de Bi, du sous-acétate de plomb, ou encore en ajoutant au liquide quelques gouttes d'une solution de nitroprussiate de potassium après saturation de H^{2}S par une base, potasse ou soude. En présence de traces de sulfure, il se produit une belle coloration violette.

Ce spirille est un anaérobie mobile de 4 μ de long sur 1 μ de large; il a besoin d'une grande quantité d'hydrate de carbone (asparagine, malate) pour effectuer la réduction, et il peut supporter jusqu'à 60 à 70 milligrammes de H^{2}S par litre.

La *Microspira æstuarii* de V. Delden des eaux de mer

peut même supporter jusqu'à 800 milligrammes de H_2S par litre.

La production d'hydrogène sulfuré peut enfin avoir lieu par hydrogénation du soufre; ce cas est probablement concomitant avec la présence de microbes réducteurs.

Rappelons que Rey-Pailhade voit ici l'intervention d'une diastase réductrice, le philothion. La levure alcoolique sécrète cette diastase lorsqu'on ajoute du soufre dans une fermentation alcoolique; le phénomène se voit quelquefois dans la fermentation vineuse, lorsque les raisins sont chargés de soufre par suite des traitements contre l'oïdium.

DESTRUCTION DE L'HYDROGÈNE SULFURÉ. — L'accumulation de ce gaz à la surface terrestre rendrait bien vite la vie des plantes et des animaux pénible et impossible, s'il n'y avait pas une source oxydante.

Winogradsky nous a montré que le rôle incombait aux sulfuraires, groupe des bactéries filamenteuses.

Les eaux sulfureuses et séléniteuses sont souvent habitées par des végétations filamenteuses, contenant des grains de soufre dans leur protoplasma, bien que ces eaux ne tiennent en solution qu'une quantité médiocre d'hydrogène sulfuré.

On trouve ces végétations dans les étangs, les marais, aux bords de la mer, c'est-à-dire partout où nous constatons la richesse des eaux en sulfates et que nous observons le phénomène de putréfaction.

Ces végétations, désignées sous le nom de sulfuraires, glairine, barégine, avaient été longtemps considérées comme la cause directe de la production d'hydrogène sulfuré; disons de suite que leur rôle est inverse, ce sont des oxydants, des êtres aérobies.

Winogradsky y distingue deux genres : *Beggiatoa* et *Thiothrix*; il y en a d'incolores et de colorées (pourpres, rougeâtres).

Si l'on introduit une certaine quantité de barégine dans l'eau chargée de gypse, on remarque souvent un dégagement de H^2S, qu'on avait attribué à la présence des sulfuraires. Cette production est due aux microbes de la putréfaction, et il peut arriver que, si elle tarde trop, les sulfuraires meurent avant, et on ne trouve plus que leurs cadavres.

Si au contraire la sulfuraire trouve assez de H^2S à sa disposition, elle le consomme, et on peut facilement révéler la présence du soufre dans son intérieur après dessiccation, en la traitant par du sulfure de carbone :

$$2\,H^2S + 2\,O = 2\,H^2O + S^2 + 12{,}6 \text{ calories} :$$
$$S^2 + 3\,O^2 + 2\,H^2O = 2\,H^2SO^4 + 207 -.$$

L'acide sulfurique se combine avec $CaOCO^2$, et le sulfate formé peut servir à la plante. Le soufre est donc la principale source d'énergie pour ces bactéries ; on a pu observer qu'un filament de *Beggiatoa* utilise jusqu'à quatre fois son poids de H^2S par jour ; nous voyons que ce soufre est en même temps une réserve alimentaire, il ne disparaît que lorsque H^2S vient à manquer et est oxydé à son tour. Bien que le soufre constitue quelquefois plus des quatre cinquièmes du contenu de la cellule, il peut disparaître en

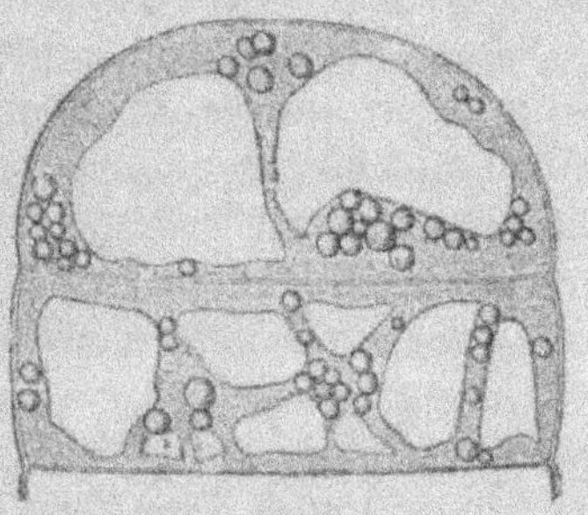

Fig. 46. — *Beggiatoa mirabilis*, coupe avec granules de soufre (grossissement : 900) (d'après Hinze).

l'absence de H^2S dans quelques heures. L'oxydation du soufre et de H^2S se fait avec dégagement de chaleur, dont la bactérie profite.

Nous voyons que cette oxydation de H^2S présente beaucoup d'analogie avec celle de la transformation de l'alcool en vinaigre. Dans les deux cas l'oxygène intervient ;

dans les deux cas, ce sont des êtres aérobies : bactéries acétiques et sulfuraires, qui agissent.

Ces sulfuraires, mises dans une eau chargée à doses modérées de H^2S, oxydent ce gaz et accumulent du soufre ; elles perdent le soufre dans une eau de source exposée à l'air et le transforment en acide sulfurique, qu'on décèle avec le chlorure de baryum ; enfin elles périssent assez vite dans les eaux chargées de sulfates, à moins que les bactéries de putréfaction ne leur réduisent ces sels et leur fournissent du H^2S (hydrogène sulfuré).

On a également remarqué que les sulfobactéries rouges supportaient des doses plus élevées de H^2S ; on en trouve surtout dans les limons noirs d'Odessa, sur la côte du Zéland, moins souvent dans les eaux minérales.

Ces bactéries n'ont pas besoin de matières organiques et peuvent, à l'instar des nitro-bactéries, se contenter des seuls principes minéraux.

Culture. — Leur culture est assez délicate, et on ne peut guère songer à obtenir des cultures pures qu'en travaillant mécaniquement sous le microscope. Les conditions à réaliser sont : quantité modérée de H^2S, accès de l'air facile, teneur très faible en matières organiques, avec renouvellement constant du liquide.

Comme amorce, on peut se contenter de mettre quelques morceaux de racine de butome des marais avec un peu de limon dans l'eau chargée de sulfate de chaux ; il faut maintenir la température vers 15 à 18°.

Description. — Ces bactéries se présentent sous la forme de filaments plus ou moins longs, libres ou attachés sans intermédiaire aux corps solides, aux parois, au fond des vases de culture ; d'un diamètre différent au sommet et à la base. Elles sont dépourvues de gaine, et, comme elles ont besoin à la fois d'oxygène et de H^2S, elles se tiennent dans les couches intermédiaires.

M. Winogradsky a pu ainsi étudier quinze genres et vingt-cinq espèces ; citons la *Beggiatoa alba*, *Beggiatoa mira-*

bilis, Thiothrix nivea ; à côté de ces bactéries incolores, on doit signaler les sulfuraires colorées, dont la première, la *Monas Okenii*, a été découverte par Ehrenberg vers 1826; puis *Ophidomonas sanguinea, Beggiatoa roseo-persicina, Monas vinosa, Spirillum volutans, Spirillum rubrum*, etc.

Beggiatoa alba. — Flocons blancs dans les eaux sulfureuses ou stagnantes ; filaments blancs, incolores, tantôt fixes et sinueux, ordinairement sans intermédiaire, mais se détachant facilement ; filaments de 3 à 4µ de long sur 1 à 3µ de large, tantôt oscillants avec de nombreuses granulations de soufre, surtout à la partie terminale. Elle présente souvent beaucoup de segmentations, des articles plus ou moins cylindriques, aplatis ou discoïdes, de 3 à 6µ de long ; leurs mouvements peuvent être très étendus. Les granulations de soufre sont très réfringentes ; il y en a souvent plusieurs par cellule ; elles sont solubles dans l'éther, le sulfure de carbone.

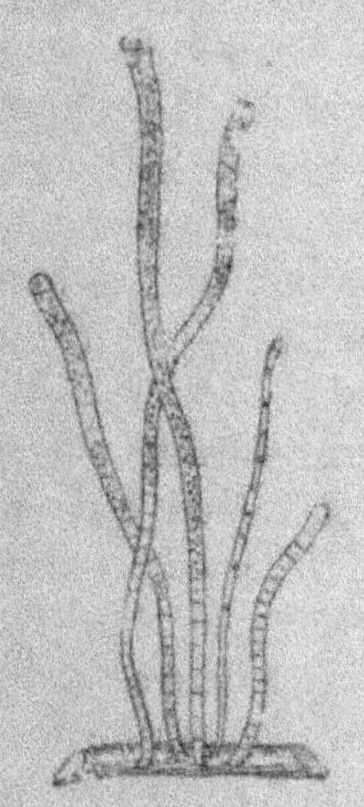

Fig. 47. — *Beggiatoa alba* en développement.

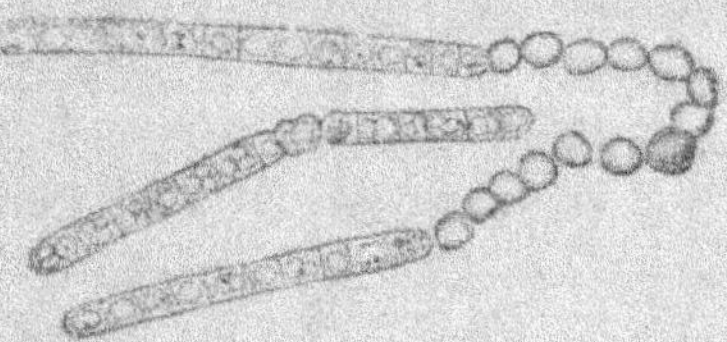

Fig. 48. — *Beggiatoa alba* dépérissant faute d'hydrogène sulfuré (grossissement : 900) (d'après Winogradsky).

La sulfuraire placée dans une solution de sulfate perd très rapidement le soufre, mais les granulations réapparaissent dès qu'on ajoute de l'hydrogène sulfuré, ce qui prouve nettement que le soufre provient de l'oxydation de l'hydrogène sulfuré. Si on la place dans l'eau pauvre en sulfates, au point de ne pas donner la réaction avec le chlorure de baryum, on peut obtenir, après quarante-huit heures, de très beaux cristaux de sulfate de baryte. Ceci montre que le soufre est finalement transformé en acide sulfurique, terme ultime de l'oxydation de l'hydrogène sulfuré, qui provient lui-même de la matière albuminoïde primitive.

La *Beggiatoa media* se présente en articles de 4 à 8 μ,5 de long sur 1 μ, 6 à 4 μ, 7 de large ; la *Beggiatoa mirabilis* affecte la forme de filaments très longs ayant souvent une largeur de 30 μ.

Genre « Thiothrix ». — Diffère du genre *Beggiatoa* par l'absence de motilité, s'attache en général seulement par l'une de ses extrémités ; les articles présentent des longueurs variables, d'autant plus longs qu'on est plus près de l'extrémité libre ; ainsi, au bout attaché, ils peuvent avoir 4 à 8 μ de long ; au bout libre, de 8 à 15 μ ; mais, par contre, la largeur diminue. La gaine faible est cependant assez résistante pour retenir les articles morts. Ceux de l'extrémité deviennent peu à peu des conidies, par transformation progressive.

Les espèces de ce genre se distinguent surtout par la grosseur des filaments ; elles supportent mieux que les *Beggiatoa* les eaux courantes, dans lesquelles elles prennent facilement le dessus.

Thiothrix nivea. — Elle constitue la majeure partie des dépôts désignés sous le nom de barégine ; sa largeur à la base étant de 4 à 2 μ,5 peut être au milieu de 1 μ, 7 et à l'extrémité libre de 1 à 4 μ,5 ; elle est souvent très riche en soufre ; son enveloppe est colorable par la fuchsine.

Beggiatoa roseo-persicina. — Se présente dans les eaux stagnantes ou à faible courant, douces ou salées, sous la forme de taches roses ou violacées sur les objets immergés, sur les pierres, etc. ; la matière colorante porte le nom de *bactério-purpurine* jouissant de propriétés analogues à celles de la chlorophylle ; la masse est constituée par des bâtonnets fusiformes de 20 à 30 μ, libres ou réunis, dont la teinte varie du rose au violet jusqu'au brun, selon l'âge de la bactérie.

Monas Okenii. — Se présente sous la forme de taches rouges sur les objets immergés; souvent unicellulaire, cylindrique; 10 à 15 µ de long sur 5 µ de large; d'autres fois, elle affecte la forme d'un fuseau ou d'une spirale; elle est munie de cils.

Ajoutons que ces bactéries pourprées paraissent être attirées par la lumière, surtout par certains rayons du spectre solaire, propriété qu'elles partagent avec tous les microbes chromogènes : c'est l'inverse pour la majorité des microbes, a qui la lumière est plutôt nuisible.

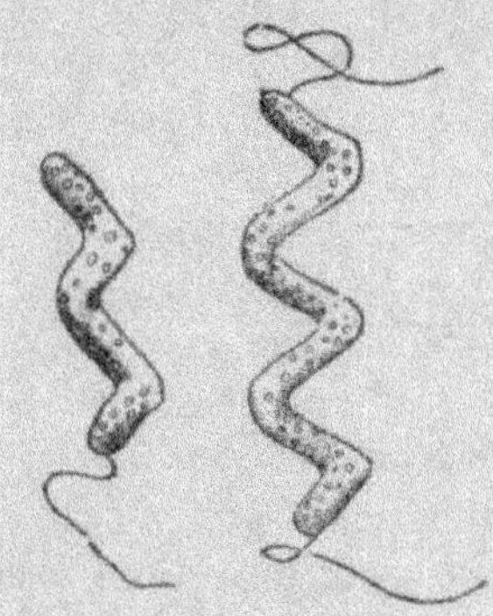

Fig. 49. — *Ophidomonas sanguinea* (d'après Cohn) (grossissement : 600).

En résumé, nous voyons que le soufre des matières albuminoïdes devient H^2S, soit par réaction chimique ou par voie microbienne, et que cet H^2S est oxydé par les sulfuraires pour devenir S et acide sulfurique, qui devient sulfate utilisable pour les plantes agricoles.

La transformation de H^2S en SO^4H^2 est un phénomène d'oxydation qui se fait, nous l'avons vu, avec un dégagement de chaleur, qui dès lors ne nécessite pas la présence d'hydrates de carbone comme source d'énergie; il en est probablement de même pour la transformation du thiosulfate en acide sulfurique.

En présence de ce processus oxydant, nous avons le processus inverse avec formation de H^2S résultant soit de la décomposition des matières albuminoïdes sous l'influence des microbes de la putréfaction, résultant de l'hydrogénation directe du soufre par l'hydrogène, ou encore de la réduction des sulfates ; comme tous ces phénomènes se font avec absorption de chaleur, il faut l'intervention nécessaire d'hydrates de carbone sous la forme de sucre, d'asparagine, de malate, de succinate, etc.

Dans le premier cas, nous avons l'action des sulfuraires ou de microbes analogues, dans le second, nous avons le *Spirillum d-sulfuricans*, la levure alcoolique, etc.

2. *Fer*. — Le fer est considéré avec juste raison comme un élément nécessaire à la constitution des êtres vivants ; on connaît d'ailleurs le grand rôle qu'il joue dans la chlorophylle.

C'est Ehrenberg qui nous a fait connaître le premier un groupe de bactéries filamenteuses qui se présentent sous la forme de masses glaireuses, entourées d'une gaine gélatineuse, colorée par des dépôts ocreux, formés d'oxyde de fer hydraté.

On trouve ces dépôts ocreux dans les eaux ferrugineuses contenant du bicarbonate de fer, dans les eaux marécageuses. D'autre part, on aperçoit souvent à la surface des eaux stagnantes des prairies marécageuses une sorte de voile d'aspect plus ou moins brillant, plus ou moins épais, brunâtre, composé d'hydrate d'oxyde de fer, de phosphate de fer mélangé de débris organiques.

Cohn déjà a supposé qu'il devait exister un certain rapport entre ces dépôts de fer limoneux, d'ocre, et les phénomènes vitaux de cette bactérie filamenteuse qui en est chargée ; il compare le phénomène avec les dépôts de silice qu'on rencontre chez les diatomées. Winogradsky attribue également la formation de ces dépôts aux ferro-bactéries.

Ajoutons cependant que ces dépôts de sous-oxyde de fer peuvent également se former sous l'influence de processus chimiques ; les composés oxygénés peuvent être réduits, passer à l'état de carbonate ferreux sous l'influence de l'acide carbonique de l'eau ; enfin l'oxygène atmosphérique les transforme en hydrate d'oxyde de fer, qui se dépose :

$$2FeCO^3 + 3H^2O + O = Fe^2(OH)^6 + 2CO^2$$

Ce sesquioxyde de fer qu'on trouve dans la gaine est réduit quelque part par une espèce anaérobie; ainsi on peut constater cette réduction lorsqu'on introduit du Fe^2O^3 dans une fermentation cellulosique. Le taux de CH^4 diminue notablement; il est brûlé dans les profondeurs par l'oxygène fourni par le Fe^2O^3, et la bactérie filamenteuse se développe.

Winogradsky, par l'étude du *Leptothrix ochracea*, a vu que le fer était en solution à l'état de protoxyde et non de sesquioxyde; au début, il est encore soluble dans l'acide chlorhydrique dilué et susceptible de fournir la réaction du bleu de Prusse.

Supposons que nous mettions à macérer une poignée de foin dans l'eau, puis faisons-y arriver de l'eau de source contenant en suspension de l'oxyde de fer récemment précipité. Abandonnons à une température convenable : bientôt on verra se former à la surface et sur les parois du vase des flocons colorés; même, au bout de dix jours, tout est recouvert par la ferro-bactérie.

Les anaérobies réduisent le fer qui se trouve à l'état d'ocre; il peut se former du carbonate ou de l'hydrocarbonate de protoxyde de fer, et la ferro-bactérie l'oxyde, conformément à la formule ci-dessus, et le cycle peut recommencer.

Winogradsky a trouvé que ces bactéries ne poussaient que dans l'eau contenant du carbonate de fer, et c'est la chaleur dégagée lors de la transformation du protoxyde en peroxyde qui donne à la bactérie l'énergie nécessaire pour son développement.

Lorsqu'on cultive un *Leptothrix* dans une eau contenant en suspension de fines granulations d'oxyde de fer, il reste incolore; mais la gaine se colore vite dès qu'on ajoute du carbonate ferreux.

Aussi peut-on les cultiver ainsi facilement, surtout si on ajoute un peu d'acétate de soude; le fer peut même être remplacé par le manganèse (Molisch); pour les autres aliments, ces bactéries sont peu exigeantes.

Le fer peut ensuite entrer en combinaison avec les phosphates, les silicates et servir aux plantes.

Crenothrix Kuhniana. — Décrite par Cohn vers 1870 sous le nom de *Crenothrix polyspora.* Se présente dans les eaux légèrement ferrugineuses, riches en matières

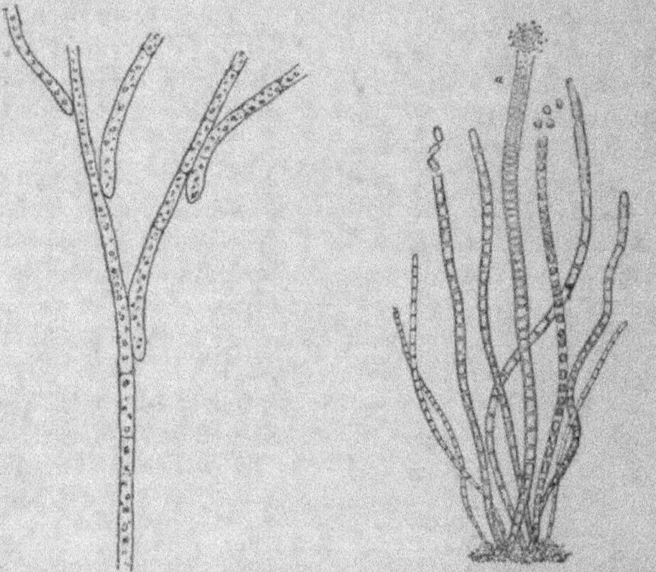

Fig. 30. — *Cladothrix dichotoma.*   Fig. 31. — *Crenothrix Kuhniana.*

organiques : citernes, puits, eaux douces stagnantes, sous la forme de masses glaireuses colorées en brun ferrugineux. Les filaments droits ou sinueux ont jusqu'à 1 centimètre de long ; ils sont fixés par l'extrémité postérieure, beaucoup plus ténue que l'extrémité terminale, élargie (1 μ, 5 à 5 μ).

Le contenu de ces filaments, composés d'une seule rangée de cellules, se segmente en articles, inclus dans la membrane gélifiée, glaireuse, chargée d'oxyde de fer.

Ces segments sont arrondis, courts ou allongés, se divisent finalement dans les trois sens ; on obtient de véritables coques, « conidies, » qui se détachent, peuvent germer et former de nouveaux filaments, en sortant un à un. Quelquefois le phénomène de division se produit lorsque les *Coccus* se trouvent encore dans la gaine, et on a la forme ramifiée en plumeaux. A part ces cas exceptionnels, on peut dire que la *Crenothrix* ne se présente que sous une forme non ramifiée, ce qui la distingue du *Cladothrix dichotoma* (fig. 50), qui présente une fausse dichotomisation.

Cette *Crenothrix Kuhniana* rend quelquefois les eaux impropres à la consommation, soit en bouchant les conduits, soit en favorisant le développement des bactéries de putréfaction aux dépens des cadavres de la ferro-bactérie. Elle a occasionné de véritables épidémies à Lille et à Berlin.

On peut encore citer le *Leptothrix ochracea*, qui se présente dans les marais, les fontaines, sous forme de flocons ocreux, avec filaments cylindriques de 1 à 5 μ, ainsi que le *Spirillum ferrugineum* des sources ferrugineuses.

Il n'est pas superflu d'ajouter ici un mot sur l'*Actinomyces odorifer*, qu'on a pendant longtemps rattaché aux cladotrichées. C'est cette bactérie filamenteuse qui est la cause de cette odeur agréable que dégage la terre fraîchement labourée. La bactérie produit la même odeur, à un degré souvent très grand, persistant pendant des mois, sur les milieux artificiels à base de lait, urée, bouillon sucré, en un mot additionné de certains hydrates de carbone renfermant deux groupements COOH, ou encore le groupement CHOH, comme la glycérine. Ceci résulte notamment des recherches de Rullmann et Salzmann.

III

MICROBIE APPLIQUÉE
A LA TRANSFORMATION DES PRODUITS
VÉGÉTAUX ET ANIMAUX

Il importe de faire connaître d'abord les propriétés des espèces bactériennes qui jouent le principal rôle dans les transformations des produits végétaux et animaux, celles qui interviennent le plus souvent, et que nous trouvons dans la plupart des industries agricoles.

Nous allons donc d'abord passer en revue les propriétés les plus importantes des mucédinées, des levures alcooliques, des ferments acétiques, lactiques et butyriques ; enfin nous verrons les ferments des matières albuminoïdes.

I. — DESCRIPTION SOMMAIRE DES PRINCIPAUX GROUPES DE BACTÉRIES DES INDUSTRIES AGRICOLES.

1. *Moisissures*. — Les moisissures sont des microbes de fortes dimensions ; elles se trouvent sur les murs, les étagères, les ustensiles, les vases ; elles s'implantent dans les matières organiques en décomposition ; nous les trouvons associées aux levures et aux bactéries.

Elles sont visibles à l'œil nu et se révèlent d'abord sous la forme d'une fine couche blanche, qui tantôt reste constamment blanche, tantôt au contraire, lors de la sporulation, change de teinte, devient noire, grise, verte, rouge, etc. Elles donnent lieu à une végétation luxuriante, et cette forte couche à la surface des milieux liquides enlève l'oxygène à son passage et facilite ainsi le développement des espèces anaérobies en profondeur.

Cette masse est formée de filaments grêles entrelacés, constituant le mycélium, agent de nutrition ; c'est elle qui donne naissance à des filaments aëriens se terminant par des spores, les organes de reproduction, dont la couleur varie avec l'espèce et peut servir de diagnostic. Ce sont des agents de combustion très actifs.

Elles attaquent les matières hydrocarbonées qu'elles brûlent en donnant lieu à de l'acide carbonique et à de l'eau ; elles transforment également les matières azotées ; ainsi, dans le lait, elles opèrent sa coagulation, elles oxydent la caséine et donnent lieu à tous ces produits intermédiaires

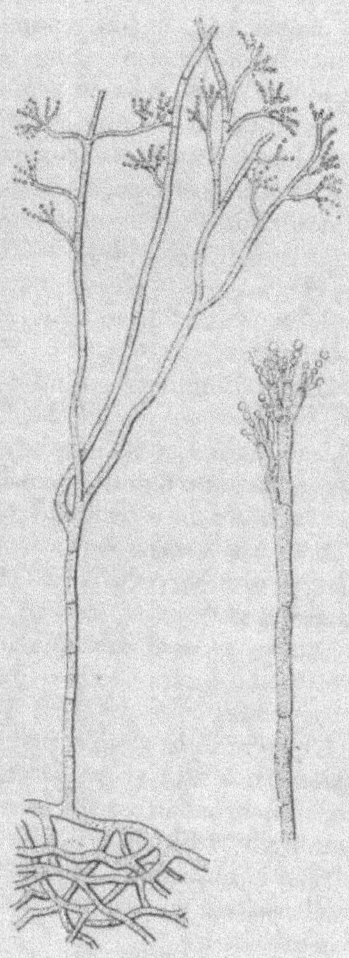

Fig. 52. — *Penicillium glaucum.*

de dégradation de la matière quaternaire : leucine, tyrosine, urée, sels ammoniacaux, etc.

Il y en a de nuisibles et d'utiles ; c'est ainsi qu'on tire parti de certaines mucorinées en distillerie ; qu'on a recours au *Penicillium glaucum*, au *Penicillium candidum*, en fromagerie, et on comprend aussi que beaucoup d'entre elles puissent, selon les circonstances, être plus ou moins utiles. Mais, en général, on les considère plutôt et avec raison comme des microorganismes nuisibles, dont l'intervention est souvent inopportune.

Penicillium glaucum. — Moisissure très répandue dans la nature ; on la rencontre sur les fruits en putréfaction, les raisins, les pommes, les cerises, sur le fromage, dans les germoirs de brasserie ; tout le monde connaît le pain moisi et peut avoir vu de la confiture envahie par cette moisissure.

Le mycélium, ce duvet blanchâtre, bien visible à l'œil nu, est composé de filaments transparents, ramifiés et cloisonnés, se gonflant plus ou moins dès qu'on les plonge dans un liquide nutritif. Chaque touffe mycélienne est formée d'un réseau de tubes plus ou moins ramifiés ; c'est de ces filaments que partent les appareils aériens. Chaque rameau porte à son extrémité deux ou plusieurs rameaux plus petits, plus ou moins serrés les uns contre les autres, et dont chacun est couronné d'un bouquet de trois ou quatre cellules cylindriques et allongées (stérigmates).

L'extrémité du stérigmate s'arrondit de façon à donner naissance à une spore « conidie » ; la même opération recommençant successivement un grand nombre de fois, le stérigmate devient le support d'un chapelet dont les plus vieilles conidies sont à l'extrémité ; c'est ce qu'on appelle la disposition en pinceau, qui a servi à donner son nom à la moisissure.

A mesure que se font ces modifications, on voit la couleur blanche devenir verte, puis bleu grisâtre : c'est la couleur caractéristique des spores.

Ce *Penicillium*, dont il existe de nombreuses espèces,

s'accommode des conditions nutritives les plus variées : sucres, amidon, acides, matières azotées, etc., lui conviennent.

Sterigmatocystis nigra. — Chacun des filaments aériens sporifères est formé d'une cellule unique ; il se renfle en sphère à son sommet ; cette sphère se hérisse de petites protubérances en forme de bouteilles, étroitement serrées ; le tout a l'aspect d'une coiffe. Au-dessus de ces protubérances, on en trouve d'autres, de dimensions plus petites.

L'extrémité de ces stérigmates donne, en s'arrondissant, naissance à une spore, suivie bientôt d'une autre ; chaque stérigmate se trouve bientôt chargé d'une file de spores dont les plus vieilles occupent l'extrémité libre ; l'ensemble de ces files de spores,

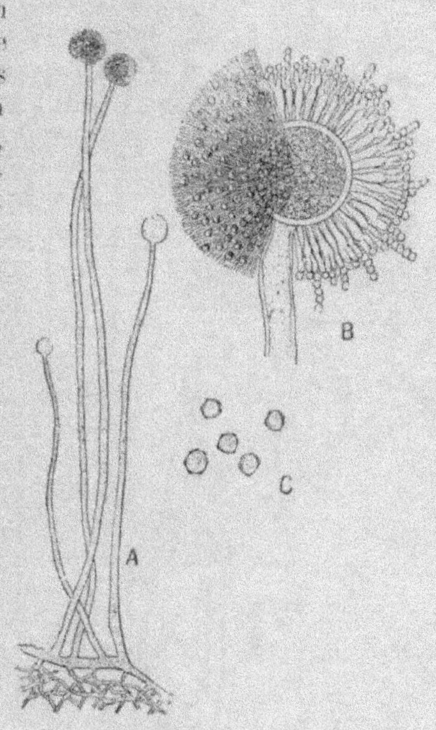

Fig. 53. — *Sterigmatocystis nigra.*

A, grossissement 175 ; B, C, spores (grossissement : 1000).

qui sont noires, forme une aigrette sphérique concentrique au renflement de l'extrémité du filament ; le vent sert à la dissémination de ces spores (fig. 53). Cette moisissure, déjà très étudiée, notamment par Raulin, est fréquente dans les caves de fromagerie.

Sclerotinia Fukeli (*botrytis cinerea*). — Forme de petits champs d'un gris jaunâtre sur les matières végétales humides, sur les feuilles mortes et pourrissantes de la vigne, sur le raisin (fig. 54).

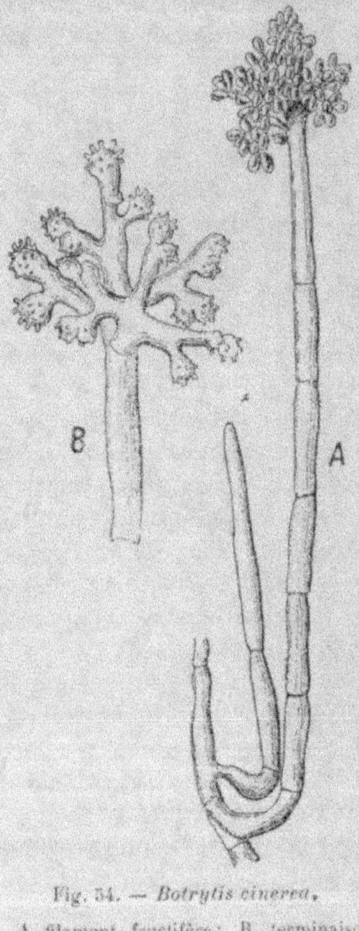

De ce mycélium brun grisâtre s'élèvent des filaments conidifères ayant l'aspect de tubes perpendiculaires et articulés, olivâtres, dressés, plus ou moins allongés, tantôt simples et portant seulement à leur extrémité des branches latérales couvertes de conidies en formant une sorte de tête terminale, tantôt ramifiés une ou plusieurs fois, dichotomés et montrant soit à leur extrémité, soit sur leur trajet, des glomérules sporifères. La branche supérieure étant presque aussi large que longue, on a l'aspect d'une grappe de raisins.

Dans certaines conditions, on obtient l'état particulier de repos appelé « sclérote », de forme irrégulière. Les filaments mycéliens se ramifient abondamment; les branches s'enchevêtrent en un corps

Fig. 54. — *Botrytis cinerea*.

A, filament fructifère; B, terminaison du filament.

continu depuis la forme circulaire jusqu'à celle de fuseau étroit; la dernière extrémité des filaments devient brune ou noire. Ainsi le sclérote mûr, solide, se compose d'une enveloppe noire et d'un tissu intérieur incolore, qui, après un temps plus ou moins long, peut donner naissance à de nouvelles générations.

Cette moisissure sécrète de grandes quantités d'oxydase, diastase oxydante des matières colorantes; elle peut occasionner la casse des vins, et elle intervient également dans la transformation des raisins destinés aux vins de Sauternes et du Rhin (pourriture noble).

MUCORS. — Espèces très répandues à la surface des matières sucrées, des débris végétaux; on les trouve souvent sur le raisin, le pain, le fromage, le fumier. Elles sont intéressantes parce qu'elles jouissent de la propriété de saccharifier les matières amylacées et de transformer le sucre produit en alcool, CO_2, glycérine, etc.

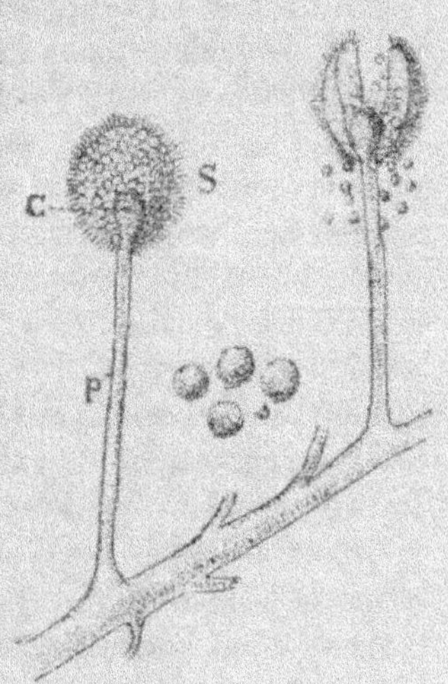

Fig. 55. — *Mucor mucedo.*

P, pédicelle; C, columelle; S, sporange.

Mucor mucedo. — Souvent on voit sur le fumier des herbivores un mycélium blanc; examiné au microscope, il est transparent, d'aspect très joli, en raison de son enchevêtrement varié, présentant des ramifications nombreuses et fines (fig. 55).

Ce mycélium reste unicellulaire sans cloison jusqu'au commencement de la formation des sporanges; de ce mycélium s'élèvent les filaments aériens qui se renflent, et il se forme finalement une cloison qui sépare le sporange du tube sporangifère (pédicelle).

La cloison se recourbe vers le haut et forme une columelle à l'intérieur du renflement sphérique. Le protoplasma de ce renflement se transforme peu à peu en spores. Dès que le sporange noir a mûri et qu'il se trouve dans des conditions d'humidité convenable, la paroi se dissout, et les spores à contenu jaune sont dispersées de tous côtés; elles germent dès qu'elles tombent dans un liquide favorable.

D'autres fois la reproduction peut se faire par conjugaison de deux rameaux du même mycélium; il se forme une zygospore qui peut également germer après un temps plus ou moins long. Cultivées en large surface, elles brûlent le sucre et en font surtout de l'acide carbonique et de l'eau. Lorsqu'on les cultive dans du moût, en vie anaérobie, à l'état submergé, le mycélium enfle irrégulièrement; il se forme des cloisons, des articles se détachent, conidies mycéliennes; ces articles s'arrondissent, se prennent en boules et se multiplient ensuite par bourgeonnement à la façon des levures. Ce sont en ce moment de véritables ferments alcooliques.

Les expériences de Wehmer faites avec le *mucor racemosus* et le *mucor javanicus* ont prouvé que la production d'alcool n'est nullement une conséquence de l'absence de l'oxygène et de la production de ces boules, de ces articles arrondis bourgeonnant à la façon des levures. Cette transformation en boules (formes-levures) est plutôt elle-même la conséquence d'une fermentation alcoolique active en l'absence d'air; elle n'a pas lieu dès que l'oxygène est présent. Dans ce dernier cas, le mycélium ordinaire, non transformé, agit comme ferment alcoolique; seulement le phénomène se révèle moins par les caractères visibles à l'œil, dégagement gazeux, mousse, etc. D'après les récentes recherches de ce savant, la production d'alcool est indépendante de l'absence ou de la présence de l'oxygène dans le liquide, aussi bien chez les moisissures que chez les saccharomyces (levures), que nous allons voir un peu plus

loin. Dans la vie anaérobie, la proportion de sucre transformée en alcool n'est que *relativement* plus élevée.

Cette faculté peut être plus ou moins développée selon
l'espèce considérée, selon le sucre offert : ainsi le *Mucor
erectus* donne dans du moût de bière jusqu'à 8 p. 100 d'alcool en volume ; mais il lui faut beaucoup plus de temps

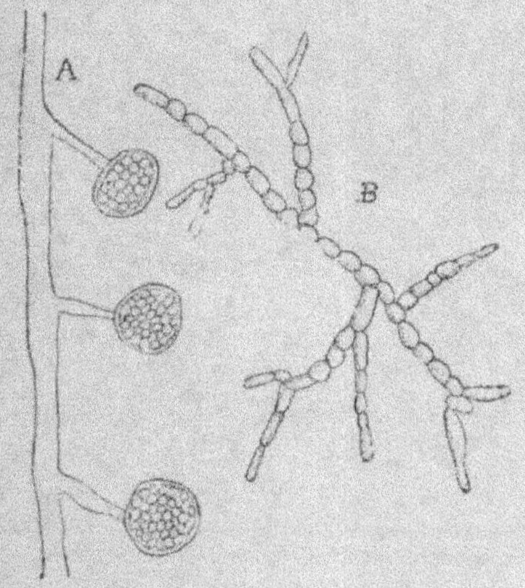

Fig. 56. — *Mucor racemosus.*

A, sporanges en grappe (d'après Fischer) ; B, mycélium se développant sous
la forme de levure.

qu'aux levures alcooliques pour transformer une même
quantité de sucre ; en outre, les richesses saccharines ne
doivent pas être trop élevées.

On peut citer, comme espèces intéressantes, le *Mucor
erectus, racemosus* (fig. 56), *circinelloides, javanicus, cam-
bodja, stolonifer, oryzæ, spinosus* ; il faut y rattacher l'*Amylomyces Rouxii* (fig. 57), dont M. le Dr Calmette nous
a fait connaître les propriétés intéressantes et le rôle
important qu'il peut jouer dans la distillerie ; le *Rhizopus
oryzæ*, le *Rhizopus oligosporus*, etc.

Oïdium lactis. — Moisissure qui se trouve presque

13.

toujours dans le lait, la crème, le beurre, sur les fromages ; on peut également la rencontrer sur les litières, les fourrages et même sur beaucoup de substances organiques, la bière pauvre en alcool ; mais on doit

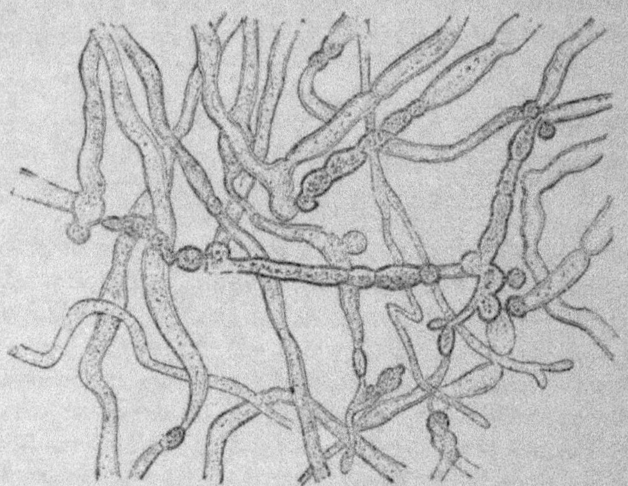

Fig. 57. — *Amylomyces Rouxii* ; mycélium et spores mycéliennes au contact de l'air (d'après le Dr Calmette).

ajouter que son siège principal est le lait soumis à la coagulation spontanée (fig. 58).

C'est un être aérobie, agent très actif de combustion, qui se présente sous la forme d'une couche veloutée ; il est constitué par des articles assez volumineux, qui s'allongent et se cloisonnent jusqu'à un bourgeon terminal. Le dernier article continue à croître, en même temps que le mycélium pousse, au voisinage de la cloison, un prolongement latéral qui s'allonge de la même façon ; il en résulte une ramification dont les deux rameaux croissent perpendiculairement l'un à l'autre.

On a ainsi cet aspect fourchu, rameux, à parois relativement minces et transparentes, caractéristique, qui ressemble à l'œil à une couche de feutre blanchâtre épais.

En vie anaérobie, en profondeur, c'est-à-dire lorque l'oxygène fait défaut, on ne voit plus ces longs filaments; les ramifications se désagrègent rapidement en articles courts, ovoïdes, de 5 µ de large sur 5 à 12 µ de long,

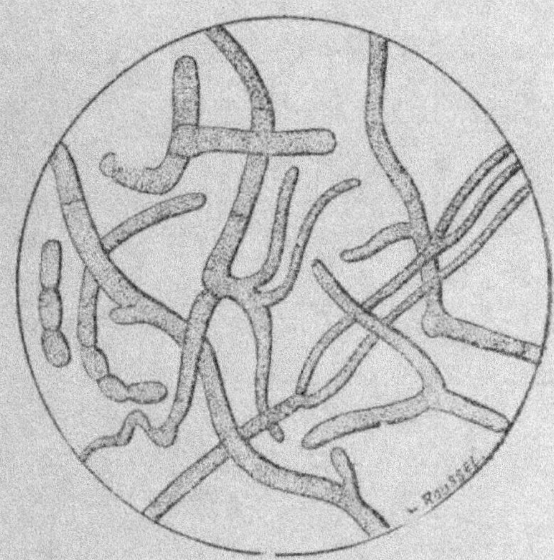

Fig. 38. — *Oïdium lactis* (grossissement : 300).

c'est-à-dire assez irréguliers et ressemblant beaucoup à une levure; il y a dégagement gazeux.

Il vit aux dépens du sucre et de l'acide lactique, peut attaquer la caséine, la matière grasse. Il fait fermenter les solutions saccharosées, lactosées, glucosées, avec production d'alcool.

Il joue un rôle important en laiterie, intervient dans la fermentation de la choucroute, dans le rancissement de la crème, et notamment dans la maturation des fromages; il y exerce une action tantôt défavorable (graisse des fromages mous), tantôt favorable, comme l'ont montré Marchal pour le fromage de Herve, Arthaud-Berthet pour celui de Maroilles et de Camembert, Eckles et Rahn pour le fromage du Harz.

Monilia candida. — Se présente comme une masse blanche sur le fumier, sur les fruits juteux; ensemencée

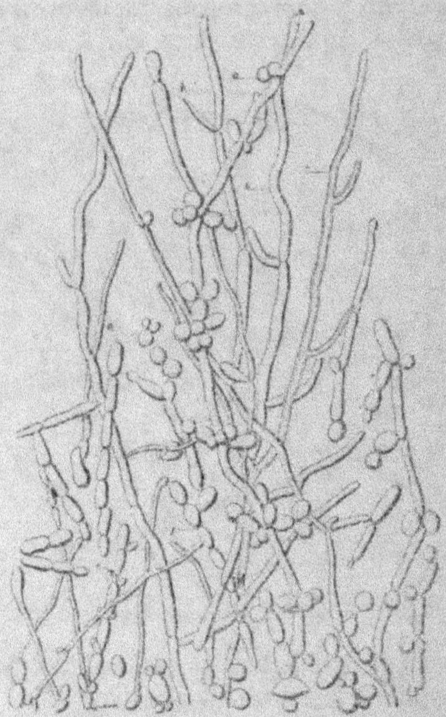

Fig. 59. — *Monilia candida* (d'après Hansen).

a, formes fréquentes composées de cellules allongées, plus ou moins filiformes; à chaque articulation, on voit une couronne de cellules ovales qui tombent facilement; *b*, autre forme fréquente sans les cellules disposées en couronne; *c*, mycélium caractéristique avec des cloisons distinctes; *d*, forme ressemblant à l'*Oïdium lactis*; *e*, chaine de cellules pyriformes ressemblant au *Saccharomyces exiguus*; *f*, chaine de cellules en citron ressemblant à l'*Oïdium fructigenum* d'Ehrenberg. Certaines cellules montrent des analogies avec le *Saccharomyces conglomeratus* de Rees.

dans du moût, elle fournit une abondante végétation de cellules ayant l'aspect de levures; elle peut former un voile superficiel; elle produit une fermentation alcoolique dans les liquides sucrés, très énergique vers 40°. Elle transforme très bien des solutions de saccharose, de maltose (moût de bière) en donnant jusqu'à 5 p. 100 d'alcool.

2. *Ferments alcooliques*. — Les mucorinées n'agissent qu'exceptionnellement comme ferments alcooliques ; ce sont plutôt des agents de combustion. Les véritables fer-

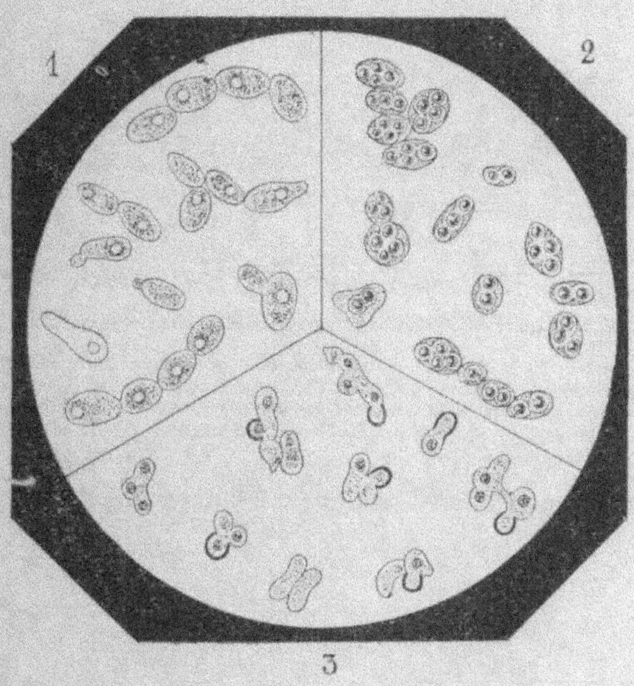

Fig. 60.

1, levure bourgeonnante; 2, levure sporulée; 3, spores bourgeonnantes.

ments alcooliques sont les levures, qui appartiennent à l'ordre des ascomycètes.

Lorsque nous examinons au microscope une goutte de jus de raisin en fermentation, nous voyons des corpuscules ovales, ronds ou elliptiques, plus ou moins allongés, dont les cellules peuvent atteindre jusqu'à 7, 8, 9 et 10 μ dans leur plus grand diamètre. Nous y distinguerons un liquide incolore, le protoplasma, un noyau avec diverses granulations, variables avec l'âge, le tout entouré

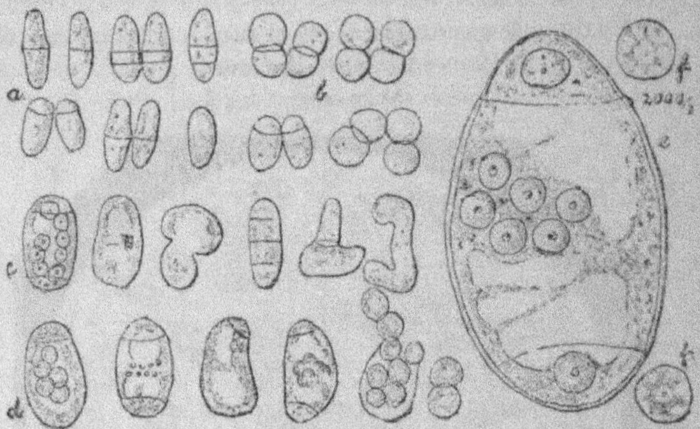

Fig. 61. — *Schizosaccharomyces octosporus* (Beijerinck).

a, cellules jeunes avec charnière; *b*, cellules dans un moût de glucose; *c*, cellules dans un moût lévulosé acide (formation des spores); *d*, asques dans les divers stades de la formation des spores; *e*, asques dans une solution d'acide picrique; *f*, ascopore (grossissement *a* à *d* : 600; grossissement *e* et *f* : 2000) (d'après Lindner).

d'une membrane de nature cellulosique, c'est la levure

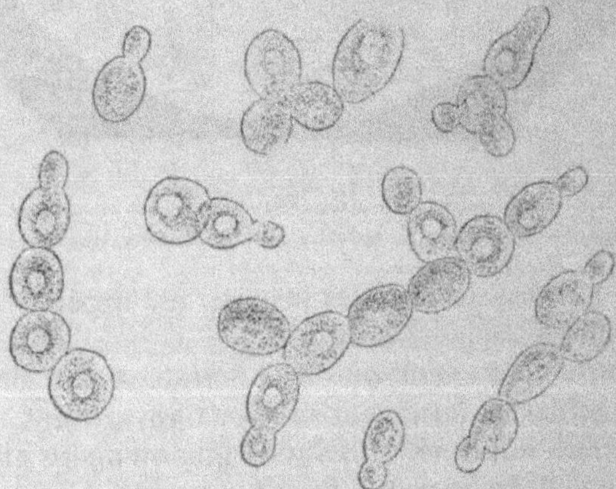

Fig. 62. — Levure de bière haute (grossissement : 750).

alcoolique (*Saccharomyces cerevisiæ, vini, mali,* etc.).

Leur reproduction se fait par bourgeonnement, par conjugaison, par spores (fig. 60); on connaît quelques espèces qui se reproduisent par scissiparité à la façon des bactéries (*Schizosaccharomyces*) (fig. 61).

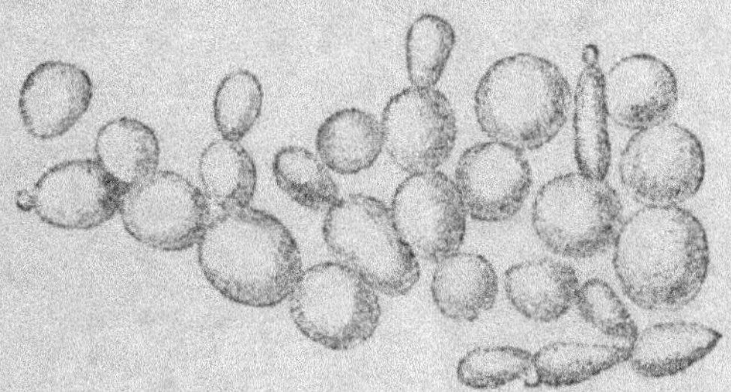

Fig. 63. — *Saccharomyces cerevisiæ* (levure basse).

Lorsqu'on place un globule de levure dans un liquide fermentescible, on voit apparaître en un ou, plus rarement, en deux points de la surface un mamelon un petit

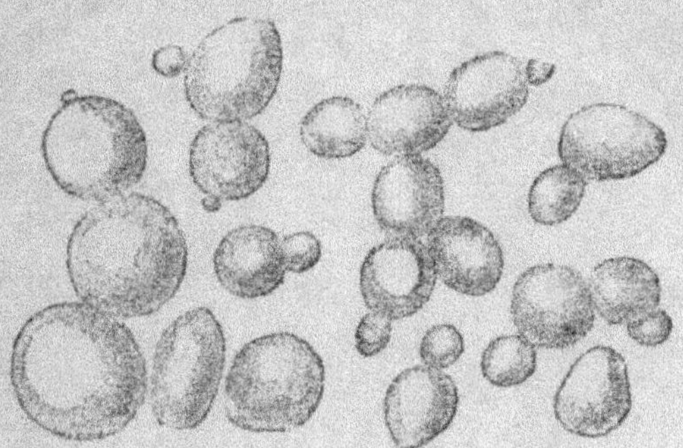

Fig. 64. — *Saccharomyces cerevisiæ* (levure basse).

bourgeon qui grossit peu à peu et prend bientôt les dimensions de la cellule mère.

Ces jeunes cellules se détachent de la cellule initiale ou restent encore quelque temps adhérentes à la cellule mère qui leur a donné naissance ; puis chaque cellule se met à proliférer à son tour, et il naît ainsi une seconde génération.

Lorsque les globules restent unis en amas ramifiés,

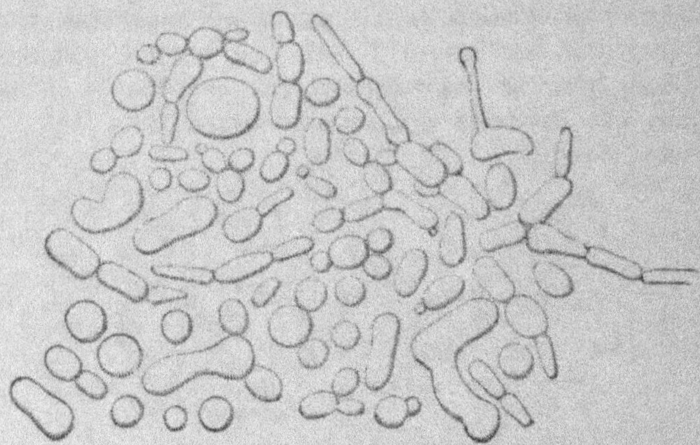

Fig. 65. — *Torula* (d'après Hansen).

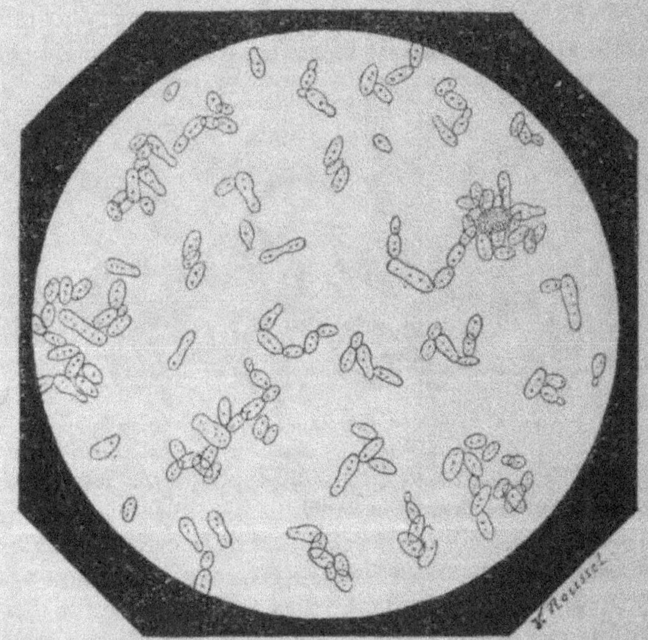

Fig. 66. — *Mycoderma vini.*

on a la *levure haute* (fig. 62); lorsque les globules sont
isolés ou deux par deux, on a la *levure basse* (fig. 63 et 64).

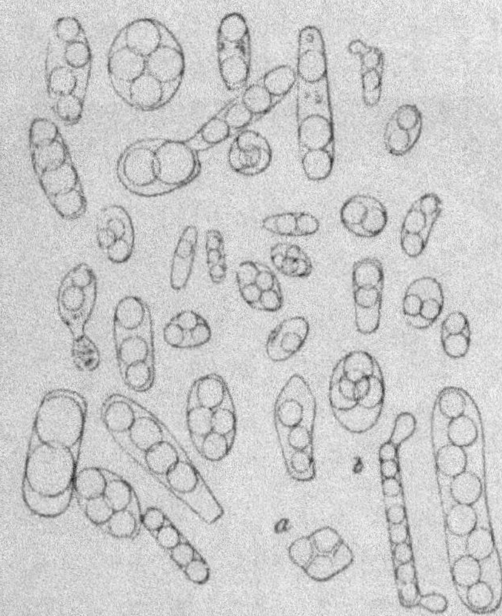

Fig. 67. — Sporulation du *Saccharomyces Pastorianus*.

Les *Torulas* (fig. 65), très fréquentes dans l'air et déjà
étudiées par Pasteur et par Hansen, se reproduisent égale-

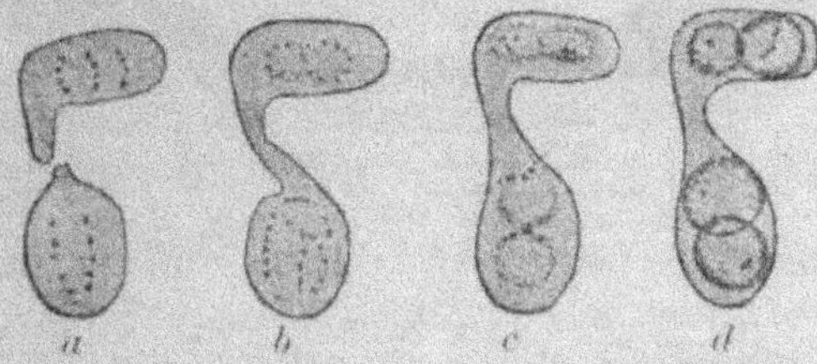

Fig. 68. — Levures se reproduisant par conjugaison.

a, départ de l'observation microscopique ; b, après 2 h. 20' ; c, après 13 h. 40' ; d,
après 25 heures (spores presque mûres) (d'après Barker) (grossissement : 1.000).

ment par bourgeonnement, à la façon des levures alcooliques; mais elles ne produisent que de faibles quantités
d'alcool ou quelquefois n'en donnent pas du tout.
Ajoutons que le *Mycoderma vini* (fleurs du vin) (fig. 66),

très semblable à bien des égards aux levures alcooliques
(dimensions, forme, bourgeonnement), ne donne pas
d'alcool non plus, ou seulement de faibles quantités. Il
fait disparaître l'alcool des boissons fermentées, en le

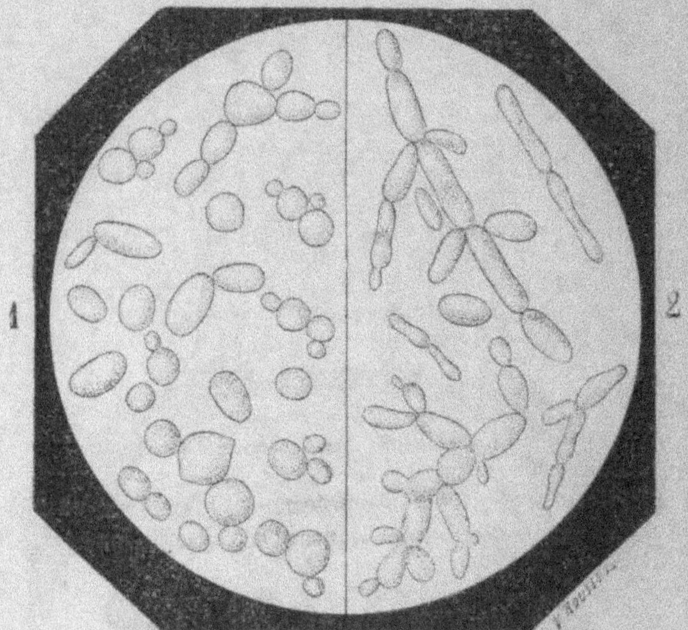

Fig. 69. — *Saccharomyces ellipsoideus.*
1, jeune ; 2, vieux.

transformant en eau et en acide carbonique, mais peut
encore s'attaquer aux principes à bouquet des vins fins
et les rendre plats.

La levure peut aussi se reproduire par spores endo-
gènes (fig. 67), dès qu'on la soumet, après rajeunissement
préalable, sur un substratum humide en présence de l'air ;
ces spores, mises dans les milieux nutritifs, sucrés, bour-
geonnent à la façon des levures ; quelquefois il peut y
avoir fusion de deux cellules voisines précédant la sporulation (*Zygosaccharomyces*) (fig. 68).

La séparation des diverses races de levures qu'on rencontre dans un jus de pommes, dans une lie de vin, peut se faire à l'aide de la méthode de dilution et passage sur milieux gélatinisés sucrés.

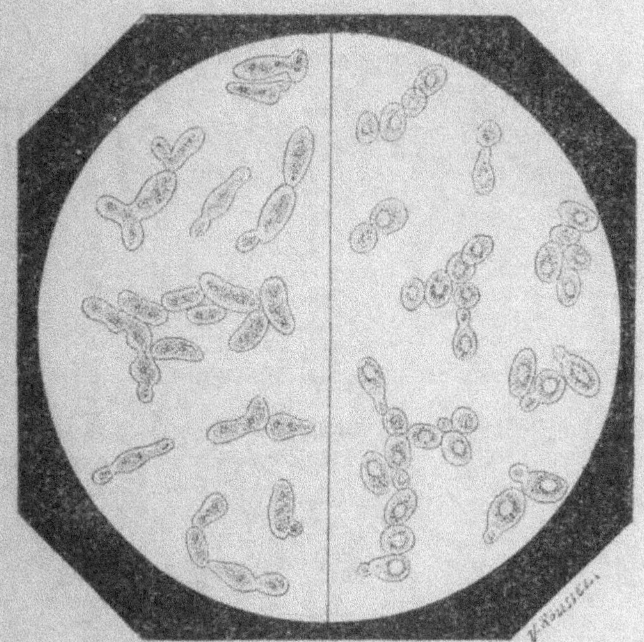

Fig. 70. — Levures de vins de Champagne (Kayser).

On remarque alors que les levures isolées peuvent se différencier par leur forme, leurs dimensions, leur mode de bourgeonnement, l'aspect du dépôt, la facilité avec laquelle elles se déposent ou restent en suspension, leur sporulation, la résistance à la chaleur, à l'acidité, leur température optima, leur action sur les divers sucres, le degré auquel elles amènent la fermentation et, par conséquent, leur résistance à l'alcool, les divers produits qu'elles forment, leur activité fermentative, c'est-à-dire leur aptitude à sécréter la

zymase alcoolique en plus ou moins grande quantité.
Ainsi les levures de bière basses ont leur température

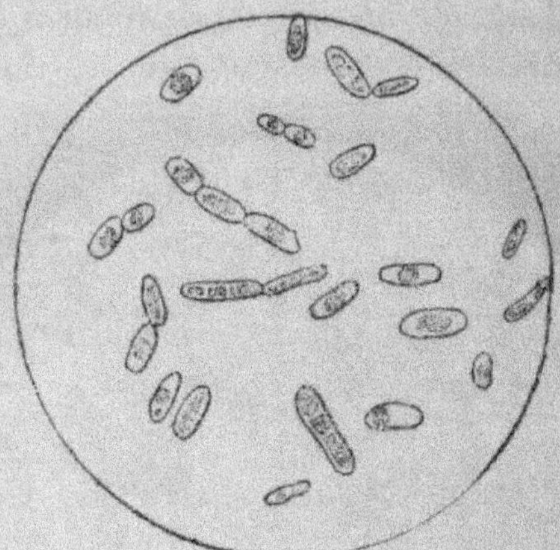

Fig. 71. — Levure de cidre c (Kayser).

optima entre 4 à 8°; les levures de vin, par contre, entre
20 et 35°.

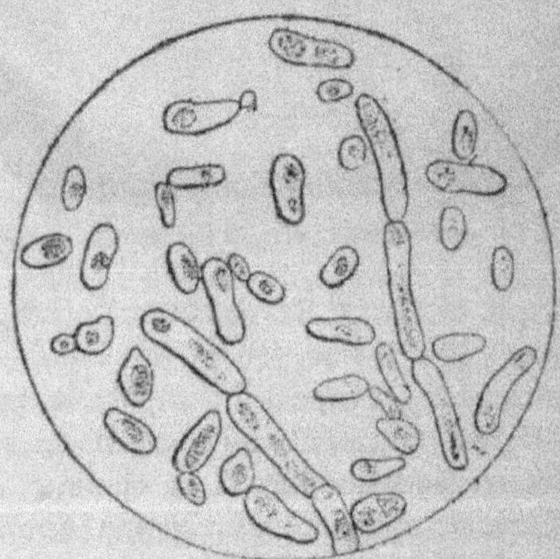

Fig. 72. — Levure de cidre f (Kayser).

Toutes les levures ont besoin de matières minérales,
azotées et carbonées; ce sont les sucres qui sont leurs

aliments préférés, et, à ce titre, il convient de dire que toutes les levures ne font pas fermenter le sucre candi, ou le maltose, quelques-unes seulement le lactose ; elles se différencient nettement à cet égard ; on peut donc parler de levures de maltose, de saccharose, de lac-

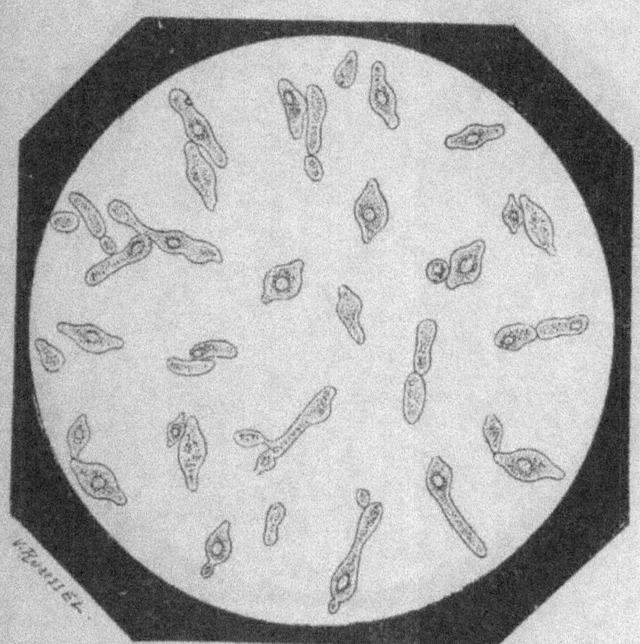

Fig. 73. — *Saccharomyces apiculatus*, ou levure des fruits.

tose (fig. 75 et 76), de sucre interverti, etc. ; à côté des sucres, il existe d'autres hydrates de carbone, comme les acides organiques, qui peuvent leur servir d'aliment hydrocarboné. Remarquons également que les levures de bière ne supportent pas aussi facilement les milieux acides que les levures de vins, et c'est pour les protéger contre l'envahissement des mauvais microbes que le brasseur soumet le moût à l'ébullition ; il va de soi que le chauffage lui procure en outre d'autres avantages.

Toutes les levures aiment plus ou moins l'oxygène ; la levure doit en contenir une certaine dose dans ses tissus pour effectuer la transformation du sucre en alcool. Cochin a observé que la fermentation était impossible,

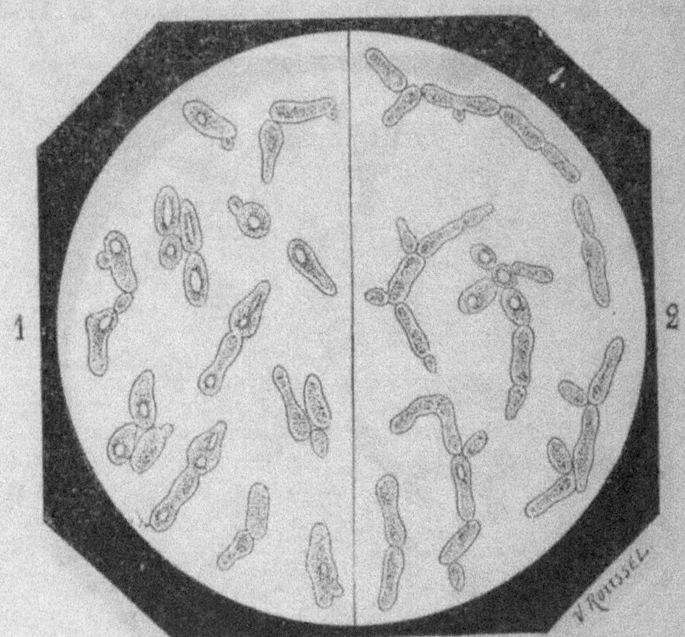

Fig. 74. — *Saccharomyces Pastorianus.*

(Levure de fermentation secondaire.)

dans un milieu privé d'air. Ceci explique l'utilité de l'aération des moûts soumis à la fermentation, ou celle des levains employés.

C'est Pasteur le premier qui nous a montré cette influence. Il nous a appris qu'en faisant vivre la levure au large contact de l'air, comme ceci peut se faire dans une cuvette ne contenant que quelques millimètres de moût sucré, c'est-à-dire une faible épaisseur, la levure se multiplie beaucoup, et on peut souvent trouver

25 p. 100 du sucre disparu sous la forme de levure ; c'est

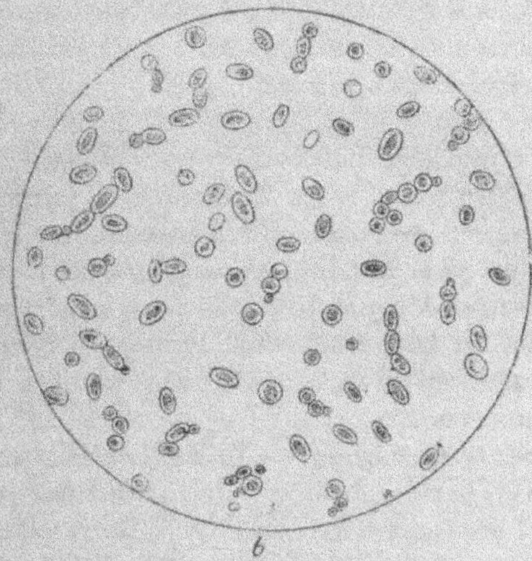

Fig. 75. — Levure de lactose (Duclaux).

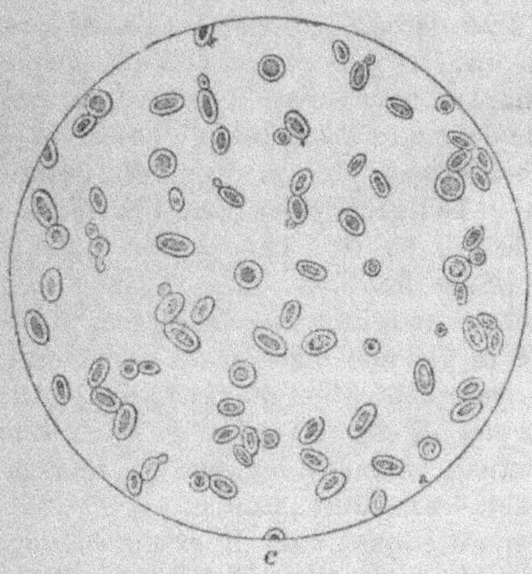

Fig. 76. — Levure de lactose (Kayser).

le cas qui intéresse donc le fabricant de levure. Dans un

flacon entièrement rempli, au contraire, la fermentation dure bien plus longtemps ; mais, pour 100 grammes de sucre disparu, on n'obtient que 1 à 2 grammes de levure avec 47 à 48 grammes d'alcool.

L'oxygène joue donc un grand rôle dans la vie de la levure ; l'expérience journalière nous montre que la levure peut se plier assez facilement à toutes sortes d'existences, qui peuvent se résumer comme suit : dès que la vie est plus aérobie, on a plutôt un bon rendement en levure ; dès que la vie est plus anaérobie, on a au contraire un bon rendement en alcool. Il existe un très grand nombre de races de levures (races de culture et races sauvages).

3. *Ferments acétiques*. — Toutes les boissons alcooliques, le vin, le cidre, la bière, etc., abandonnées à l'air, se couvrent plus ou moins vite d'un voile mycodermique. Si la dilution est convenable, si la température n'est pas trop basse, ce voile naît très rapidement. Il se forme de l'eau, de l'acide carbonique et de l'acide acétique.

Le voile peut être plus ou moins épais, plus ou moins mat ; examiné au microscope, il montre, en général, un mélange de deux microorganismes : l'un assez gros, ressemblant beaucoup à la levure alcoolique, comme forme, dimensions et bourgeonnement : c'est le *Mycoderma vini*, ou fleurs du vin (fig. 66) ; l'autre bien plus petit : la bactérie acétique (fig. 77).

Cette bactérie nous intéresse davantage, par ce qu'elle constitue à la fois une maladie du vin et qu'elle peut nous servir pour l'obtention du vinaigre. Ajoutons que le *Mycoderma vini* lui sert en général de précurseur, dégradant la matière organique et rendant ainsi le terrain plus favorable à son développement.

La bactérie acétique, dont il existe de nombreuses espèces, fut déjà décrite vers 1822 par Persoon ; on désigne sous ce nom les microbes qui peuvent former de l'acide acétique aux dépens de l'alcool. Ils se présentent

sous la forme de petits bâtonnets étranglés de 1/3 de μ
à 1 μ de large, affectent la forme de diplocoques ou
de streptocoques (chaînes), et se reproduisent par segmentation transversale.

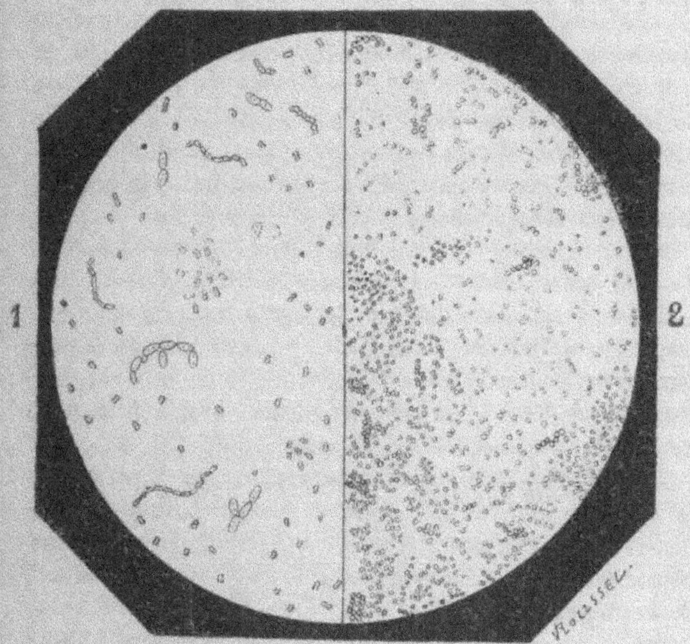

Fig. 77. — Bactérie acétique (anc. *Mycoderma aceti*).

1, dans le vin (*Mycoderma vini*, de plus forte dimension, et bactérie acétique, plus petite) ; 2, bactérie acétique, isolée.

Voici les réactions qui peuvent avoir lieu selon les circonstances :

$$C^2H^6O \ + \ O = C^2H^4O + H^2O \qquad (1)$$
$$C^2H^6O \ + 2O = C^2H^4O^2 + H^2O \qquad (2)$$
$$C^2H^4O^2 + 4O = 2CO^2 \ + 2H^2O \qquad (3)$$

Il peut donc se former, selon la quantité d'oxygène
présent, de l'eau et de l'aldéhyde ordinaire, ou de l'eau et
de l'acide acétique ; si l'alcool fait défaut, l'acide produit
est détruit à son tour (réaction 3).

C'est donc un microbe *aérobie* qui porte l'oxygène sur l'alcool.

Sa culture est très facile aussi bien dans les milieux artificiels que naturels. En général, on se contente d'ajouter un peu d'eau au vin ou à la bière, et on acidifie ensuite avec un peu de vinaigre comme amorce, de façon à avoir à peu près un tiers des trois constituants du mélange. La bactérie acétique aime, en effet, les milieux acides et se développe alors rapidement. Il ne reste qu'à remplacer à temps l'alcool transformé en vinaigre par du nouveau liquide alcoolique.

La source azotée dépend à la fois de l'élément hydrocarboné offert et de l'espèce bactérienne qu'on utilise. Ainsi le *Bacterium xylinum* et le *Bacterium rancens*, deux ferments acétiques, assimilent les sels ammoniacaux seulement en présence du glucose; ces deux espèces préfèrent la peptone et les amides, tandis que le *Bacterium aceti* Pasteur est plutôt indifférent.

Description. — La forme dominante, nous l'avons dit, est celle de chapelets, d'articles étranglés, dont le diamètre moyen atteint 1 μ, 5; mais on peut, en faisant varier les conditions, obtenir des formes gonflées, des formes filamenteuses de 150 à 200 μ de long (fig. 6). Le développement est rapide, et le voile est souvent formé dans les vingt-quatre heures; à l'état jeune, il se laisse difficilement mouiller, mais se brise facilement à l'état vieux.

Cette pellicule mince, grasse, se présente seulement avec quelques espèces; chez d'autres, on trouve une masse mucilagineuse, immergée, grandissant constamment. Ce voile épais commence par se former à la surface, puis tombe au fond; il s'en forme un nouveau, et ainsi de suite ces diverses couches se superposent et finissent par envahir tout le liquide. On peut retourner le flacon sans voir sortir du liquide, tellement la masse est compacte. C'est un signe de dégénérescence de certaines

espèces ; il se présente notamment chez le *Bacterium
xylinum*.

On cherche à l'éviter, en nourrissant le ferment avec
du vinaigre filtré sur copeaux de hêtre ou bouilli et parfaitement limpide.

Propriétés. — Les différentes espèces se distinguent
par la forme, la température optima, l'aspect du voile,
aussi bien sur les milieux liquides que sur les milieux
artificiels solides, par leur pouvoir ferment, les besoins
alimentaires, par la température maxima à laquelle ils
peuvent agir, par la rapidité de la transformation et la
limpidité du liquide transformé.

Il y en a de bonnes et de mauvaises espèces, tout à
fait comme il y a des levures alcooliques dites levures de
culture à côté des levures sauvages, qui donnent une
altération de goût dans les liquides fermentés, une clarification difficile, ou encore qui ne produisent aucune
fermentation alcoolique.

Ces ferments meurent à l'état humide vers 50-55° ; ils
résistent à 100° une fois desséchés.

Voici la température optima pour quelques-uns :

Bacterium oxydans	18-20°
— *aceti*	36°
— *Pasteurianum*	27-30°
— *Kutzingianum*	27-34°

Le pouvoir acétifiant de ces microorganismes est d'autant plus faible que le voile est plus épais et qu'il plonge
davantage.

Voici les rendements qu'on a obtenus avec différentes
espèces :

	Alcool en volume à l'origine.	Acide acétique obtenu.
Bacterium oxydans	2,0 p. 100.	1,95 p. 100.
— *acetosum*	6,3 —	5,75 —
— *acetigenum*	3,4 —	2,72 —
— *aceti*	7,4 —	6,6 —

Ce tableau nous montre qu'il y a non seulement des différences dans les rendements obtenus, mais encore dans la concentration alcoolique qu'on doit leur donner pour obtenir des rendements maxima.

Si on remplace l'alcool éthylique de nos boissons par l'alcool propylique, butylique, le glycol, on obtient les acides correspondants : acide propionique, acide butyrique normal, acide glycolique.

L'oxydation de ces divers alcools par les bactéries acétiques est l'effet d'une diastase oxydante. Cette diastase acétique a pu être extraite d'une culture de bactérie acétique par MM. Buchner et Meisenheimer (macération à l'acétone, broyage avec sable et terre d'infusoires, diffusion de la diastase dans l'eau) et mise en présence d'un liquide alcoolique, aéré.

4. *Ferments lactiques*. — La fermentation lactique est la transformation, par un microbe, du sucre de lait ou d'autres sucres en acide lactique. Lorsque du lait abandonné à lui-même se caille et prend une réaction acide : c'est l'œuvre d'un ferment lactique. Il existe de nombreux organismes capables de donner lieu à de l'acide lactique aux dépens des matières hydrocarbonées ou azotées les plus diverses.

C'est Pasteur qui a découvert le premier ferment lactique, qu'on range actuellement dans le type du *Bacterium lactis acidi* ; ce microbe est formé de tout petits articles immobiles, étranglés en leur milieu, de 1 μ, 6 de diamètre environ ; quelquefois cependant ils sont un peu plus allongés que larges ; on les rencontre tantôt isolés, tantôt en groupes ou en chaînes de 8 à 12 jusqu'à 15 articles ; d'autres fois ce sont de véritables bâtonnets de 1 à 1 μ, 5 de long sur 0 μ, 4 de large, comme le *Bacterium acidi lactici* de Grotenfelt ; quelquefois même on a des coccacées comme le *Micrococcus lactis I* Hueppe, ou encore des streptocoques, comme le *Streptococcus acidi lactici* Grotenfelt ou celui de la mammite contagieuse des vaches, de Nocard.

On peut diviser les ferments lactiques en ferments lactiques spécifiques, qui sont la cause constante de la coagulation du lait, et en ferments lactiques facultatifs, qui d'ordinaire ne se trouvent pas dans le lait caillé.

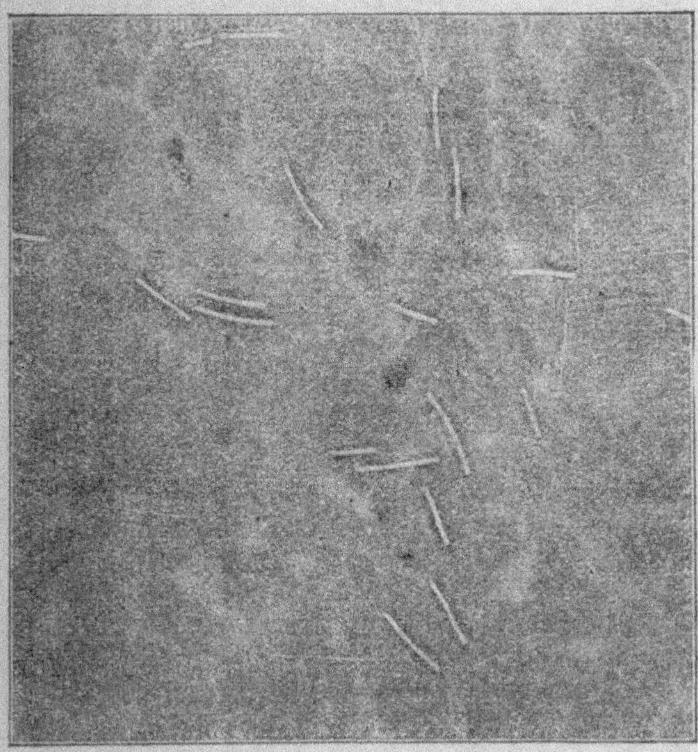

Fig. 78. — *Bacillus lactis acidi* Leichmann, isolé d'un lait acide. Culture de quarante-huit heures dans un moût de distillerie (d'après Henneberg).

Les ferments lactiques vrais sont ceux qui transforment le sucre presque intégralement, dans la proportion de 97 à 99 p. 100, en acide lactique; ils donnent presque toujours de l'acide inactif. On peut citer comme exemples : *Bacillus acidi lactici* Grotenfelt, *Micrococcus lactis* I Hueppe, *Micrococcus* Marpmann, *Micrococcus acidi lactici* Krueger.

14.

A côté de ces ferments spécifiques, il convient de citer de nombreux microbes même pathogènes, qui peuvent donner de l'acide lactique aux dépens des hydrates de

Fig. 79. — *Saccharobacillus Pastorianus* (V. Laer), isolé d'une bière belge tournée. Culture d'un jour sur bière gélosée.

carbone ou des matières azotées; citons notamment le *Bacterium coli commune*, le bacille de Friedländer, le bacille du choléra des poules, etc.

Culture. — Il est très facile d'obtenir des fermentations

lactiques : on n'a qu'à abandonner du lait à lui-même ou encore une macération de choux ou de jus d'oignons en présence de carbonate de chaux.

On peut ensuite les isoler par les méthodes habituelles sur gélatine ou gélose.

Propriétés. — Ces microbes sont peu résistants aux

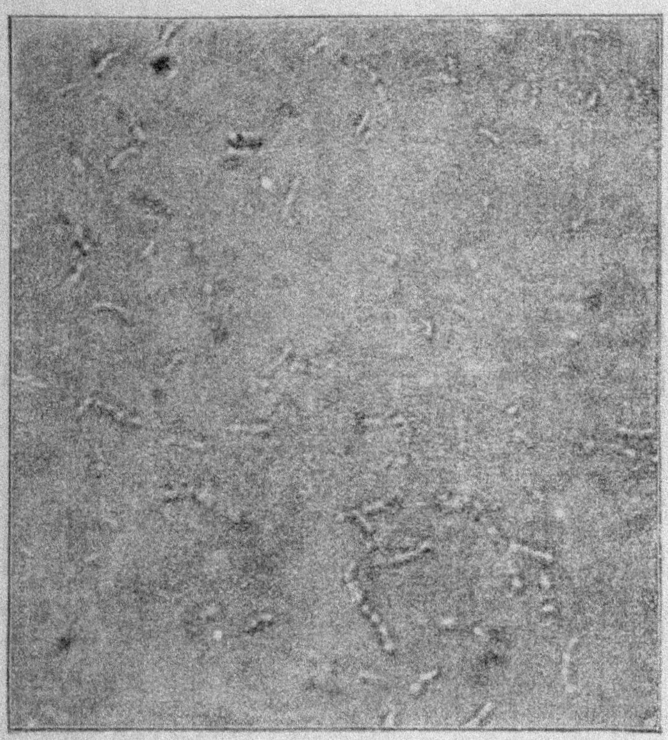

Fig. 89. — *Bacterium lactis acidi Leichmanni*, isolé d'un lait acide à 30°. Culture jeune (d'après Henneberg).

agents physiques ; ils n'ont pas de spores et peuvent être détruits par un chauffage pendant cinq minutes à 65-70° ; ils résistent à la dessiccation pendant deux à trois mois.

En général, ils ne produisent pas plus de 1,2 à 1,5

p. 100 d'acidité ; ils se comportent différemment suivant l'âge du microbe, mais ils se distinguent surtout par leurs propriétés physiologiques ; il y en a qui liquéfient la gélatine, d'autres ne jouissent pas de cette propriété ; les

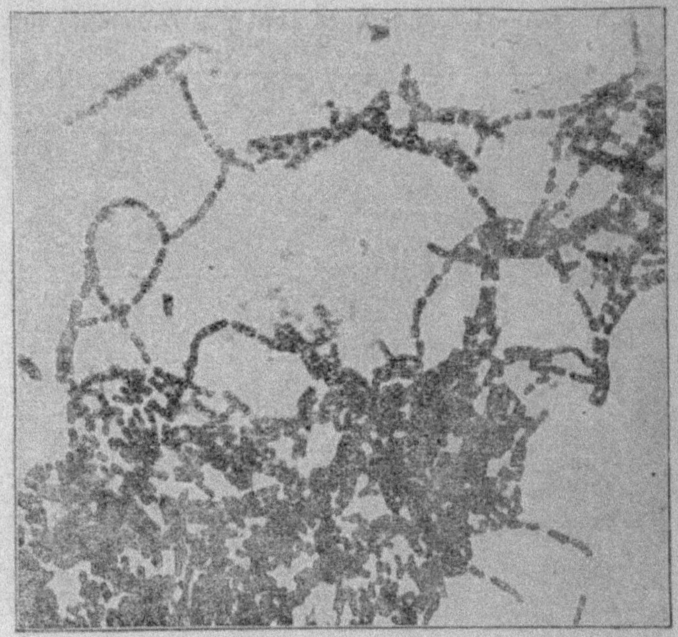

Fig. 81. — *Bacillus Leichmanni* n. sp., isolé d'une levure pressée. Culture de six jours dans l'eau de levure maltosée (d'après Henneberg).

uns donnent un dégagement gazeux (*Bacterium aerogenes*, *Bacterium acidi lactis* I Hueppe) ; d'autres, et c'est la grande majorité, ne produisent presque pas de gaz.

Parmi les nombreuses variétés de ferments lactiques, les uns sont aérobies, beaucoup facultativement aérobies ou anaérobies, d'autres tout à fait indifférents vis-à-vis de l'oxygène.

En dehors de leur action sur les milieux gélatinisés, de leur caractère plus ou moins aérobie, ils se distinguent par les matériaux qu'ils peuvent transformer en acide lactique ; à cet égard, citons la majorité des sucres, notamment le sucre de lait, l'inosite, le malate de chaux, la

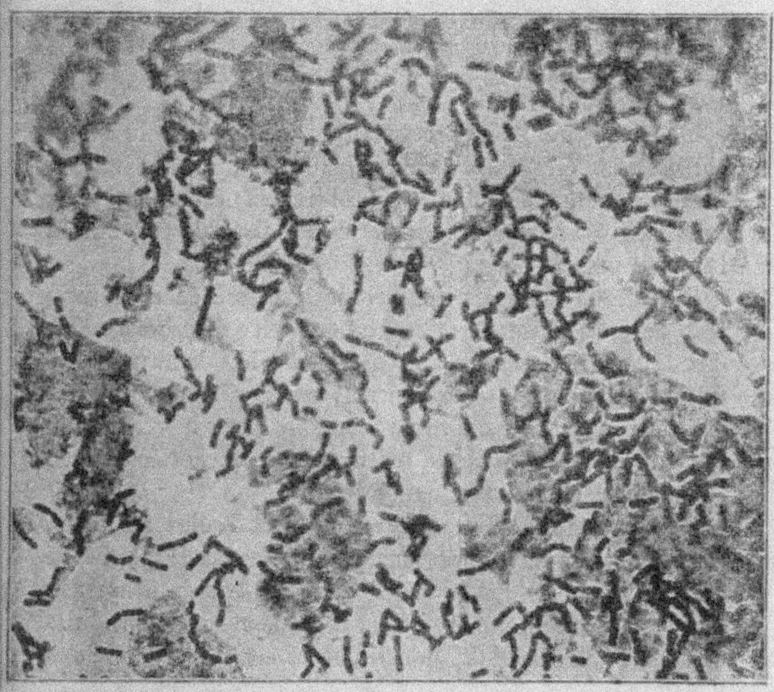

Fig. 82. — *Bacillus Wehmeri* n. sp. retiré de la mélasse. Culture de quatre jours (d'après Henneberg).

peptone, l'albumine, la caséine, etc.; la proportion transformée en acide varie avec l'espèce considérée. La peptone est l'aliment azoté préféré.

Les produits formés varient aussi avec l'espèce, les conditions de la fermentation et la composition du milieu.

On rencontre comme principaux produits : acide lactique, acide acétique, acide formique, acétone, alcool éthylique, mannite, CO_2, quelquefois H ; la culture en profondeur favorise la production d'acide lactique.

La réaction généralement admise ne tient aucun compte des produits secondaires, aussi convient-il de la considérer seulement pour les ferments lactiques vrais.

$$C^6H^{12}O^6 = 2\,C^3H^6O^3.$$
$$\text{glucose, ac. lactique.}$$

Les ferments lactiques peuvent donner naissance à des acides lactiques se différenciant par leur structure. On connaît, en effet, trois acides lactiques : l'acide inactif, l'acide gauche et l'acide droit (obtenu généralement avec le lait), suivant le sens dans lequel ils agissent sur la lumière polarisée.

Péré nous a appris que la matière azotée a ici une influence capitale; le microbe peut faire disparaître l'un des deux isomères qui constituent l'acide lactique racémique ou inactif plus facilement que l'autre. Le pouvoir rotatoire de l'acide obtenu varie donc avec la nature de la matière azotée, avec la matière hydrocarbonée et avec l'espèce microbienne considérée.

Ces ferments lactiques jouent un grand rôle en laiterie, distillerie, tannerie, brasserie (bières du Nord), peut-être en boulangerie, quelquefois dans la fermentation des fruits, toujours dans la préparation de certains produits agricoles (choucroute, concombres, etc.), souvent dans l'ensilage.

Ce sont eux qui font coaguler le lait plus ou moins vite, selon la température et l'espèce microbienne agissant et la teneur en sels de chaux du lait. Un lait qui renferme 2 p. 100 d'acide lactique ne supporte plus l'ébullition, tandis qu'il faut 5 à 6 p. 100 pour coaguler le lait à froid. Mais l'acidité les gêne rapidement ; les fermentations lactiques se font de préférence en milieu neutre; ces ferments sont assez sensibles aux antiseptiques.

La transformation du sucre en acide lactique est l'effet d'une diastase isolée par Büchner en opérant avec le *Bacillus acidificans longissimus* employé en distillerie. Il a en recours à un procédé analogue à celui qui avait servi pour l'extraction de la diastase acétique ; on caractérise l'acide lactique surtout par son sel de zinc.

5. **Ferments butyriques**. — On dit qu'il y a fermentation butyrique lorsque l'un des produits principaux de la fermentation est l'acide butyrique, quels que soient les organismes qui interviennent et quelles que soient les substances décomposées.

L'acide butyrique peut être considéré comme un résidu de la dislocation de nombreuses molécules d'hydrates de carbone (sucres) ou de matières albuminoïdes, voire même de matières grasses, comme ceci arrive avec le lait.

Lorsqu'on additionne le lait de carbonate de chaux, on peut obtenir une fermentation butyrique énergique aux dépens du lactate de chaux formé préalablement par le ferment lactique. Le lactate de chaux est justement la matière première qui avait servi à Pasteur à introduire en bactériologie les ferments butyriques et surtout la notion de vie anaérobie dont le vibrion butyrique de Pasteur était le premier exemple.

Tout milieu organique azoté, additionné de carbonate de chaux, ensemencé avec de la terre, du fromage avancé, du fumier, donne aisément une fermentation butyrique ; pour favoriser le développement, on peut même porter le liquide ensemencé à l'ébullition, car les spores du ferment résistent à 100-105°. On active ensuite la fermentation par un passage d'acide carbonique et en maintenant la température à 35°.

Description et propriétés. — Ce sont des bâtonnets mobiles qui succèdent, souvent, dans la nature, aux ferments lactiques, surtout lorsque l'oxygène vient à manquer.

On les trouve dans le lait, le petit-lait, les fromages, les fumiers, le sol, la choucroute, les macérations aqueuses de graines riches en matières protéiques, dans celles de racines charnues, dans le jus des betteraves à

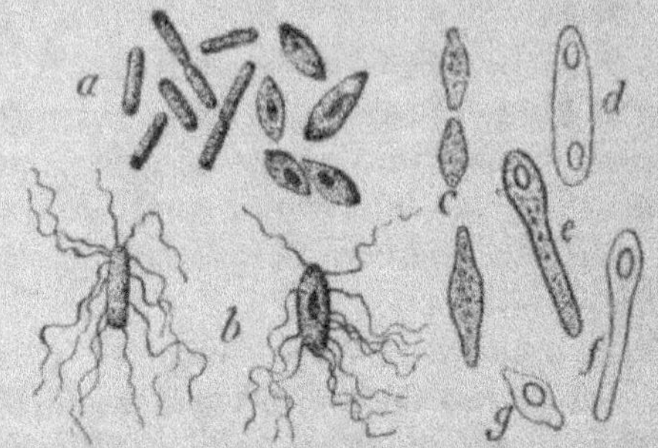

Fig. 83. — *Clostridium butyricum* de Prazmowski.

a, cellules sporulées; *b*, cellules avec cils; *c*, formation de la spore; *d*, cellule avec deux spores; *f* et *g*, spores (grossissement : 800).

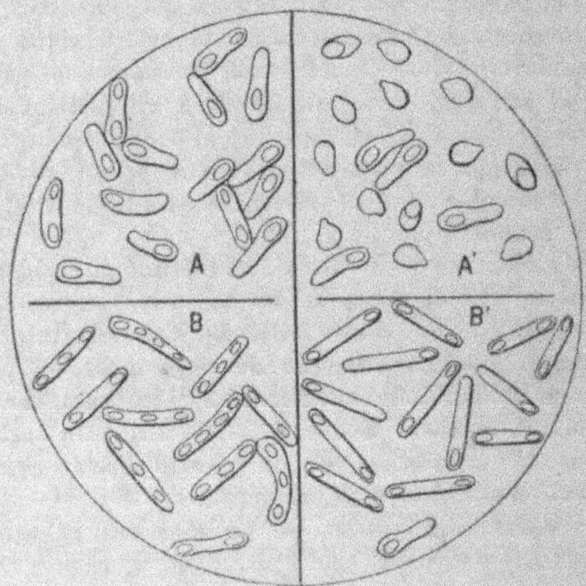

Fig. 84.

A, *Bacillus orthobutylicus* de Grimbert (microbe jeune); B, le même vieux; A', ferment butyrique de Pasteur jeune; B', le même vieux (grossissement : 1500).

sucre, dans les eaux des amidonneries, etc.; ils sont

donc très répandus, et ils sont très résistants en raison de leurs spores.

Ils sont doués de motilité, préfèrent les milieux azotés et minéraux, plutôt neutres ou alcalins, une température assez élevée de 35° et enfin l'absence d'oxygène ; ce sont des *anaérobies*.

Ils attaquent les matières les plus diverses : sucres, dextrines, celluloses, glycérine, lactate de chaux, albumine, etc. :

$$2\,(C^3H^6O^3) = C^4H^8O^2 + 2CO^2 + 2H^2;$$
Acide lactique.

$$2(C^3H^5O^3)^2Ca + H^2O = CaCO^3 + (C^4H^7O^2)^2Ca + 8H + 3CO^2.$$
Lactate de chaux.

Les produits varient avec la substance fermentescible et le ferment considéré, l'âge du microbe, le milieu de culture ; on trouve, en général, de l'acide butyrique, de l'alcool butylique, CO^2 et H ; mais on peut encore obtenir de l'acide acétique, du méthane, et ces produits varient même au cours d'une même fermentation ; la fermentation butyrique se reconnaît facilement par son odeur caractéristique. Les ferments les mieux étudiés sont ceux de Pasteur, Van Tieghem, Hueppe, Prazmowski, Grimbert, Perdrix et Klecki.

6. ***Ferments des matières albuminoïdes***. — Ces ferments, qui appartiennent à la famille du *Bacillus subtilis*, se trouvent très fréquemment dans le lait, qu'ils font coaguler en le laissant neutre. Quelquefois, le coagulum à peine formé est redissous aussitôt, plus ou moins vite selon l'espèce qui agit. Ces ferments, en effet, sécrètent d'abord de la présure, qui coagule le lait ; ensuite de la caséase, qui dissout le coagulum formé. Duclaux, qui les a étudiés avec détail, leur a donné le nom de *Tyrothrix* ; ils sont très répandus ; ainsi le *Tyrothrix tenuis*, espèce très active, se trouve presque dans tous les laits et fromages.

Ces microbes sont des bâtonnets de longueur variable de 0 μ, 8 à 3-4 μ, selon l'espèce. Quelquefois ils affectent un léger aspect granuleux, floconneux, tantôt isolés tantôt réunis en chaînettes plus ou moins longues. A l'état isolé, ils présentent des mouvements saccadés et

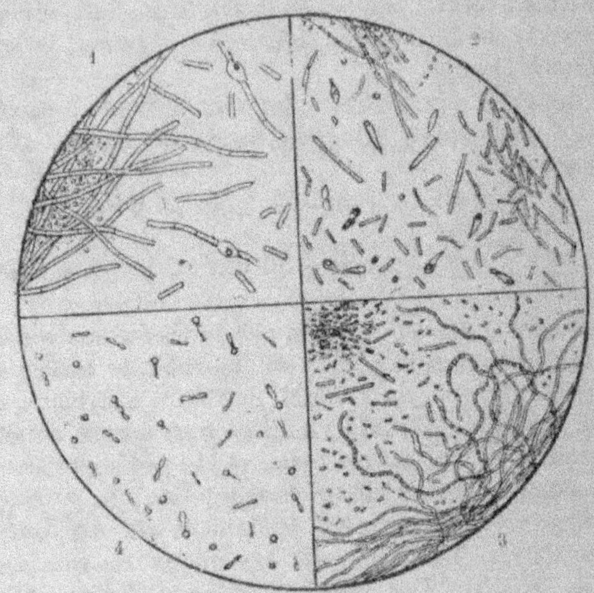

Fig. 85. — Ferments du lait.

1, *Tyrothrix catenula*; 2, *Tyrothrix urocephalum*; 3, *Tyrothrix filiformis*; 4, *Tyrothrix claviformis* (d'après Duclaux).

flexueux, qui disparaissent lorsque le microbe est en chaînettes. Leurs spores sont très résistantes à la chaleur ; cette résistance varie entre 105 et 120°.

Voici, d'après Duclaux, les limites de chauffage pour une durée d'une minute :

	Forme végétative.	Spores.
Tyrothrix tenuis	90-95°	120°
— *filiformis*	105°	120°
— *distortus*	95°	120°
— *geniculatus*	80°	105°
— *scaber*	95°	110°
— *urocephalum*	95°	105°
— *turgidus*	80°	115°

Leur température optima varie de 25 à 30°. Il y en a qui ont un caractère aérobie prononcé; d'autres, au contraire, sont nettement anaérobies.

Ensemencés dans le lait, on remarque qu'avec certaines espèces le coagulum reste ferme et cohérent aux

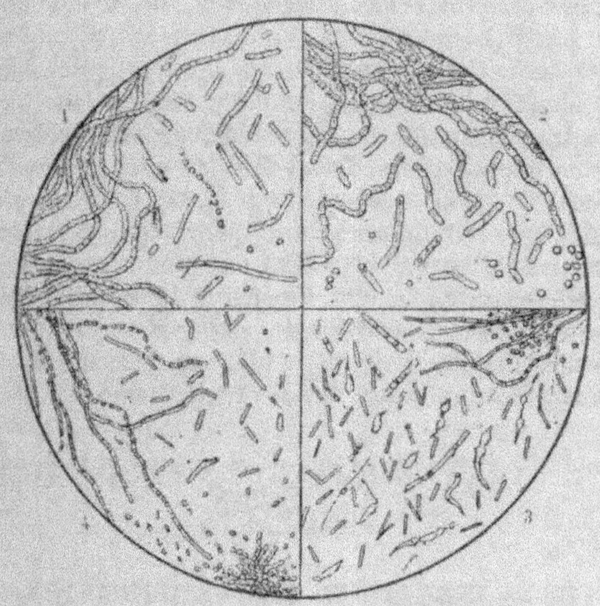

Fig. 86. — Ferments aérobies du lait.

1, *Tyrothrix geniculatus*; 2, *Tyrothrix scaber*; 3, *Tyrothrix virgula*; 4, *Tyrothrix tenuis* (d'après Duclaux).

environs de 30°; avec d'autres, il est gélatineux et mou, puis il se transforme, se solubilise sous l'influence de la caséase, de façon à devenir filtrable à la bougie de porcelaine et en même temps assimilable.

Ce sont des agents puissants de la putréfaction des matières animales, et, à ce titre, ils présentent un grand intérêt pratique. Suivant l'espèce, la décomposition de la matière albuminoïde peut être poussée plus ou moins loin, de sorte que les derniers termes de la dislocation varient avec l'espèce microbienne qui a agi. On peut trouver de la tyrosine, de la leucine, de l'urée, du carbonate d'ammoniaque, enfin des acides volatils variant en quantité et en qualité, comme l'acide acétique, propionique, butyrique, valérianique, qui se combinent avec l'AzH³. Le milieu devient ainsi alcalin, surtout avec les espèces aérobies, qui poussent beaucoup plus loin la dégradation ; le lait prend la couleur café au lait.

La transformation peut être obtenue très rapidement avec certaines espèces, c'est-à-dire que le lait, après avoir été coagulé, peut redevenir limpide, sans qu'on se soit aperçu de l'état intermédiaire ; pour d'autres espèces, le coagulum persist bien plus longtemps, sans jamais disparaître complètement. Une partie de la matière albuminoïde descend l'échelle de décomposition, devient peptone, matière extractive plus ou moins soluble, leucine, etc. ; une autre devient protoplasma vivant.

A. — TRANSFORMATION DES PRODUITS VÉGÉTAUX.

II. — INDUSTRIES DE FERMENTATION.

La transformation du sucre en alcool peut se faire soit en utilisant le sucre contenu dans les fruits divers, raisins, pommes, poires, cerises, etc., soit encore en employant divers autres produits, comme le jus de la canne à sucre, le miel ; soit enfin en se servant de matières amylacées soumises à la saccharification préalable, en ayant recours à un acide ou en tirant parti des diastases contenues dans l'orge germée.

Nous avons ainsi deux grands groupes d'industries de fermentation, comprenant, d'une part, la vinification, la cidrerie, la fabrication des eaux-de-vie de fruits, la fabrication du rhum, de l'hydromel et, d'autre part, la brasserie, la distillerie et la fabrication des levures.

D'après ce que nous avons dit sur les propriétés des ferments alcooliques, les levures, nous pouvons conclure qu'il faudra remplir certaines conditions pour avoir de bonnes fermentations.

Voyons jusqu'à quel point les diverses industries précitées s'y conforment.

Il faut : 1° une suffisante quantité d'oxygène dès le début pour mettre le ferment alcoolique en état physiologique de multiplication abondante, afin qu'il puisse prendre le pas sur les mauvais ferments et tirer le meilleur profit du sucre offert ; 2° une acidité suffisante ; 3° une température convenable variant avec les diverses industries ; enfin une grande propreté dans toutes les opérations.

Vinification, cidrerie, distillerie, brasserie. — On peut dire que le moût du vigneron et celui du fabricant de cidre sont suffisamment aérés par suite du foulage des raisins, du broyage des pommes ; il en est de même pour les autres fruits qu'on écrase généralement et qu'on tasse plus ou moins fortement. Ces moûts sont, en général, suffisamment acides pour le viticulteur. La température la plus favorable est de 20 à 30° ; celle du fabricant de cidre, de 10, 12-15° ; elle dépend à ce sujet beaucoup des conditions extérieures ; souvent elle est un peu élevée pour le vigneron, surtout dans le Midi ; un peu basse pour le fabricant de cidre, pendant les grands froids de l'hiver. Ce dernier a toujours le remède de maintenir le cellier bien clos, de chauffer au besoin à l'aide de poêles, tandis que le premier ne peut recourir qu'à la réfrigération, qui est souvent difficile à réaliser, lorsqu'on a à lutter contre des températures de 35 à 36°, avec des masses de vendange de 200, 300, jusqu'à 500 hectolitres.

Le maintien d'une température basse est obtenu d'une façon relativement simple pour le brasseur à l'aide du froid artificiel ou de bacs-glacières plongeant dans les cuves de fermentation ; elle est pour lui de première nécessité, pour l'obtention d'un produit de bonne conservation ; elle varie pour les bières basses de 4 à 8° et pour les bières hautes de 15 à 18°.

Le distillateur opère à des températures de 18 à 25° ; d'ailleurs lui aussi peut facilement régler la température grâce à l'emploi de serpentins traversés par de l'eau à température convenable, appareils tantôt mobiles, tantôt fixés dans les bacs de fermentation.

On comprend que l'aération des moûts de bière, de distillerie, soit très facile à l'aide d'injecteurs spéciaux qui sont d'un usage courant dans toutes les usines de quelque importance ; ajoutons que l'air est même obligé de passer à travers de grands filtres de coton stérilisé ; l'air qui sert ainsi à oxygéner le moût n'apporte donc aucun germe étranger.

Reste l'acidité comme dernier facteur ; le moût de brasserie est neutre ; il est donc plus sujet à être envahi par de mauvais ferments. Pour se défendre, le brasseur a recours à l'ébullition, qui, en dehors d'autres avantages, tue les microorganismes apportés par le malt et l'eau ; de plus, il emploie le houblon, dont les principes jouissent d'un pouvoir antiseptique. Enfin la fermentation, du moins pour la bière basse si délicate, se fait à basse température, peu favorable à la multiplication des autres microorganismes, au contraire bien supportée par la levure basse qui y est habituée.

Le distillateur s'assure souvent cette acidité, qui lui procure des fermentations vigoureuses et actives, à l'aide d'un levain. Il prépare du moût avec un mélange de malt et de grains, et il l'abandonne à la température de 50 à 55°, très favorable à l'acidification lactique destinée à empêcher la fermentation butyrique et acétique ; quelquefois même, on procède, comme en Allemagne, à l'ensemencement du ferment lactique en se servant du

Bacillus acidificans longissimus, espèce très active. Une acidité de 3gr,5 à 4gr,5 par litre et exprimée en acide sulfurique suffit pour les bonnes fermentations; elle peut être obtenue au bout de douze à vingt heures. Après l'action des ferments lactiques, on porte le moût à 70° pour les détruire; on refroidit *très rapidement* vers 17-20°, et on ensemence la levure. On la laisse agir pendant douze à vingt heures, et on emploie ce moût en fermentation active pour la mise en marche des grandes cuves, se réservant une faible partie comme levure mère pour le levain suivant. On la maintient dans un endroit frais et dans les meilleures conditions de propreté.

Les moûts destinés pour le levain doivent être très riches et présenter une concentration de 20-24° B., d'après Delbruck.

Pour l'hydromel, ces diverses conditions d'une bonne fermentation sont encore plus faciles à réaliser; cette fabrication ne porte, en effet, que sur de faibles quantités, qu'on peut mettre en fermentation dans des endroits chauffés. On obtient l'acidité voulue par l'addition d'acide tartrique, de phosphate acide de potasse. N'oublions pas que le miel est pauvre en matières azotées; dès lors l'addition de phosphate d'ammoniaque, de malto-peptone ou d'un autre jus naturel (jus de raisin) est à recommander.

Les ferments actifs dans toutes ces industries qui utilisent les divers fruits sont les ferments alcooliques.

Ces ferments se trouvent à la surface des fruits et sont dès lors apportés avec eux dans les cuves de fermentation, où celle-ci se déclare très rapidement, si la température est un peu favorable. Le brasseur et le distillateur les ajoutent: le premier emploie la levure de brasserie, le second de la même levure, ou de la levure pressée, ou encore le levain que nous avons appris à préparer.

La mise en fermentation a lieu soit par coupage

(betteraves, mélasses) consistant à verser une partie d'une cuve en fermentation dans la voisine pour l'amorcer, soit en ensemençant, comme le fait le brasseur, chaque cuve séparément (grains et pommes de terre).

On comprend que sur les fruits il peut exister un grand nombre de races différentes de levures, qui toutes contribueront, dans une proportion plus ou moins grande, à influencer le goût et l'arome de la boisson obtenue.

C'est Pasteur qui le premier avait signalé le fait en ensemençant une levure de vin dans un moût d'orge ; il lui avait ainsi communiqué un goût spécial. Hansen nous a fait voir que les maladies des boissons fermentées (bière) étaient parfois attribuables au développement de certains *Saccharomyces*; l'influence très grande du ferment alcoolique sur le produit étant ainsi démontrée, on a cherché à en tirer profit, en se servant de levures pures, obtenues avec un *seul germe*, c'est-à-dire de levures électionnées.

Lorsqu'on veut en avoir de grandes quantités, il faut se servir d'un appareil de multiplication dont il existe aujourd'hui de nombreux modèles. Citons ceux de Hansen, Fernbach, Lindner, etc.

Appareil de Fernbach (fig. 87). — Il se compose d'une cuve cylindrique mobile autour d'un axe horizontal XX'. Elle est fermée par un couvercle relié à la cuve par des boulons ; une rondelle de caoutchouc assure l'étanchéité. A ce couvercle sont soudés la plupart des organes accessoires : un réfrigérant RR', où l'on peut faire passer, suivant les cas, soit de l'eau froide, soit de l'eau tiède ; une tubulure A pour l'ensemencement et l'aspiration de l'air ; deux regards, fermés par un verre, permettent de surveiller la fermentation. Il est de plus traversé par deux tubulures : l'une V sert à introduire de la vapeur et à décanter le liquide après fermentation ; l'autre B est destinée à laisser passer le moût et l'air qui sera aspiré par la tubulure A ; pour cela celle-ci est comme B réunie à un filtre de coton. Dans la paroi du cylindre, une

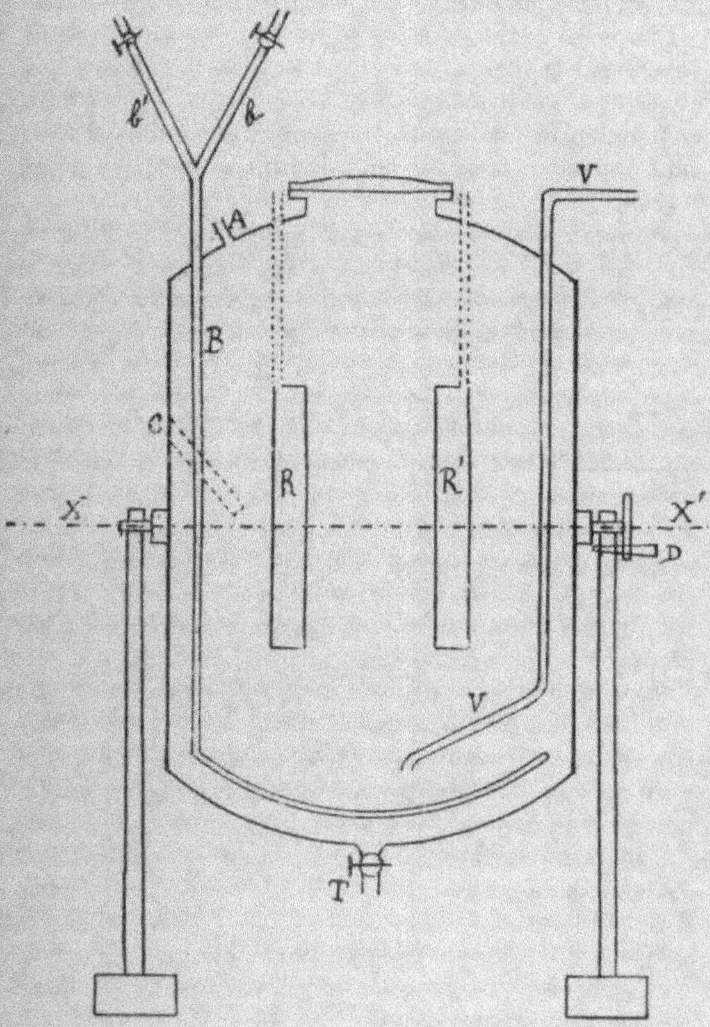

Fig. 87. — Schéma de l'appareil d'A. Fernbach.

ouverture a été ménagée pour le passage d'un thermo-

15.

mètre C. Enfin le fond conique de l'appareil porte un robinet de vidange T.

L'appareil ayant été stérilisé en y faisant arriver de la vapeur par le tube V, on y introduit par B une certaine quantité de moût stérile porté à l'ébullition venant d'un récipient placé au-dessus. On continue l'ébullition pendant quelques instants en injectant à nouveau de la vapeur.

On met le filtre à coton sur la tubulure, et on fait passer de l'eau froide dans le réfrigérant. Lorsque le thermomètre indique la température favorable au développement de la levure, on arrête le passage de l'eau dans le réfrigérant, et on ensemence par la tubulure A. Pendant la fermentation, on fait passer de l'air, en aspirant par A, afin d'activer la multiplication de la levure. On maintient également la température constante en faisant passer de l'eau plus ou moins chaude dans le réfrigérant. Quand la fermentation est terminée, ce que l'on constate en regardant à travers le couvercle, on refroidit rapidement. On décante alors le liquide par le tube V, tandis que la levure qui s'est déposée au fond est évacuée par le robinet T.

Pour rendre l'appareil continu, il suffit de lui adjoindre une cuve contenant du moût stérile. Après que la levure est soutirée, on fait arriver celui-ci, et la petite quantité de levure qui reste adhérente aux parois suffit à l'ensemencement du moût nouveau.

Appareil du professeur Lindner. — Cet appareil, d'une grande simplicité de construction, n'a pas l'avantage d'être continu.

Il se compose essentiellement d'un cylindre en cuivre mobile autour de son axe. Il est placé horizontalement, et chaque fond est percé d'une tubulure. L'une de celle-ci sert à l'introduction du moût et de la semence; l'autre permet de faire arriver l'air et de laisser échapper le gaz carbonique qui se dégage; pour cela elle est traversée par un tube de cuivre perforé de la longueur du cylindre. Avant de rentrer dans le tube, l'air est filtré sur du coton.

Au cylindre qui sert à la fermentation on peut réunir un vase en métal pour l'ensemencement, un flacon laveur et une trompe pour faire passer de l'air dans le cylindre.

Celui-ci, après avoir été parfaitement nettoyé, reçoit 50 litres de moût bouillant, qu'on fait bouillir à nouveau soit par une rampe à gaz, soit par la vapeur. A ce moment, on adapte le filtre à coton au tube perforé qui occupe la partie supérieure du cylindre. On fait alors tourner le cylindre de 180° autour de son axe. On refroidit le moût en faisant passer de l'air à l'aide de la trompe. Quand la température convenable pour la culture est atteinte, on ensemence avec la levure contenue dans le vase métallique. On fait passer l'air une seconde fois pour répartir les germes, puis on fait tourner le cylindre de 180°, afin que le tube à dégagement revienne à la partie supérieure.

La fermentation terminée, on élimine le liquide, puis, pour enlever la levure, on la délaye dans du moût ou de l'eau stériles.

Pour obtenir de faibles quantités de levure, le mode opératoire est très simple, comme nous allons le voir.

Levures sélectionnées. — La brasserie, qui emploie des moûts portés à l'ébullition, donc presque stériles et de composition homogène, a tiré la première profit de l'application des levures sélectionnées. On a cherché à ensemencer celles qui donnaient des bières de bon goût et de bonne conservation : cette application était relativement facile avec tous les soins de propreté qui sont pour ainsi dire obligatoires dans les brasseries bien tenues. On a ainsi constaté que certaines levures se distinguaient par l'atténuation, la cassure, le moelleux de la bière, la clarification, etc.

Pour le vigneron, le cidrier, la composition du moût varie avec l'année, la région, le cépage, la température, etc., ce qui nous rend facile à comprendre que toutes les levures sélectionnées ne pourront pas donner toujours ni partout des améliorations sensibles et nettes.

Ceci dit, on doit ajouter qu'on a pu quelquefois fournir des améliorations de bouquet et de parfum, obtenir une meilleure utilisation du sucre, une bonne clarification et surtout une fermentation plus régulière.

Leur emploi est toujours utile dans les années pluvieuses, dans les cas où la vendange est souillée de terre, dans les années de grande sécheresse, ou encore lorsque la température de l'air est très basse.

Quelle que soit l'origine de la levure destinée à être employée comme levain, comme amorce de la fermentation de la vendange, il importe de la rajeunir préalablement sous la forme de pied de cuve.

On porte à cet effet 25, 30, 40 litres de moût à 70° dans un chaudron, en agitant de temps à autre pour éviter la cuisson. On verse ce moût chaud dans une comporte bien nettoyée, et on couvre d'un linge propre. Dès que la température est descendue vers 30°, ce dont on s'assure à l'aide d'un thermomètre bien lavé, on y verse la levure sélectionnée du commerce. On agite, on recouvre du linge, qu'on peut même légèrement clouer pour empêcher le vent de l'emporter, et on abandonne dans un endroit chaud. Si la levure se trouve en bon état physiologique, la fermentation se déclare dans les vingt-quatre heures. Il ne reste plus qu'à prélever quelques litres de ce moût pour mettre en fermentation 25 à 30 litres chauffés et refroidis comme précédemment. Le reste est employé pour la mise en fermentation des foudres ou des demi-muids, ou sert à asperger les raisins dans les comportes avant le foulage. On peut même alimenter le pied de cuve pendant un certain temps avec une solution sucrée, stérile et additionnée de phosphate d'ammoniaque. La plus grande propreté est à conseiller. Grâce à ces pieds de cuve, on a l'avantage de faire dominer une bonne levure.

La stérilisation des moûts tel qu'on l'a essayée dans ces dernières années a certes fait avancer le problème ; pour le moût de raisin, la question paraît résolue. Quant au moût de pommes, on a remarqué que le chauffage occasionne des précipités, des troubles difficiles à faire disparaître ; certes l'amidon, souvent présent dans ce fruit, y contribue pour quelque part.

Il est à peine besoin d'ajouter que le viticulteur peut se procurer déjà un bon pied de cuve par simple compression de raisins bien sains dans un peu de moût stérilisé, refroidi et abandonné ensuite à la fermentation ; ce mode opératoire lui fera utiliser les ferments indigènes souvent préférables.

La dose du pied de cuve par rapport à la masse totale varie forcément avec la température, l'acidité, etc. : si la température est basse, si l'acidité est très forte, il faudra employer plus de levure. Pour fixer les idées, la dose varie entre 1/10, 1/20 jusqu'à 1/25, c'est-à-dire environ 1 hectolitre de moût fermenté pour 20 à 25 hectolitres à mettre en fermentation.

L'application de ces levures sélectionnées, sous la forme de levain actif, a donné également de bons résultats dans la fabrication de l'hydromel, dans la fermentation de divers fruits comme les cerises, les quetschs, en vue d'obtenir les eaux-de-vie.

La fermentation est rapide et régulière, le rendement alcoolique plus élevé ; il se peut même que l'intervention de certains microbes, ferments lactiques ensemencés simultanément avec la levure, puisse donner des améliorations de goût, comme nous l'avons trouvé, Dienert et moi, pour les kirschs.

Certes la pratique de l'ensemencement est préférable à celle du bouilleur de cru, qui abandonne les fruits pendant de longs mois à la fermentation et ne procède à la distillation que lorsque les travaux des champs le lui permettent.

La préparation des pieds de cuve avec du moût de distillerie est également possible. Le distillateur aura la précaution de ne stériliser le moût que partiellement, pour empêcher la destruction de l'amylase et de la dextrinase, pour éviter la coagulation des matières azotées si nécessaires à la levure alcoolique; il ensemencera avec une levure de distillerie énergique, qu'il pourra même protéger, comme nous l'avons dit, par l'ensemencement préliminaire du ferment lactique; mais il est clair que, dans ce dernier cas, il perd un peu d'alcool par suite de la transformation d'une partie du sucre en acide lactique.

Il est également certain qu'au début de la campagne il est toujours forcé d'employer pour ses premières fermentations soit de la levure pressée, soit de la levure de bière.

Cette préparation des levains, des pieds de cuve en distillerie, est une opération plutôt délicate; il en résulte quelquefois des pertes notables, surtout si l'on ne prend pas de grands soins de propreté; aussi a-t-on cherché à remplacer le ferment lactique par l'addition d'acide lactique industriel, méthode plus sûre, plus économique, donnant également de bons résultats.

On sait aussi que Effront a préconisé l'emploi de l'acide fluorhydrique ou de fluorures pour empêcher les mauvaises fermentations; il est très facile d'acclimater le ferment alcoolique à des doses même élevées de fluorures, suffisantes pour arrêter les autres ferments.

Dans les distilleries de betteraves, de mélasses, on peut stériliser le moût additionné de matières azotées et employer comme semence une bonne levure de vin. On opère ensuite comme nous l'avons dit pour la vinification. Les rendements sont bons, le travail gagne en régularité.

Pour donner une idée des résultats qu'on peut obtenir

dans la pratique, nous allons relater quelques-unes des expériences effectuées pendant de nombreuses années par MM. Kayser et Barba à la station œnologique de Nîmes.

Application des levures sélectionnées en vinification.

a. Moût naturel (non stérilisé).

1. Expérience avec le cépage de petit-bouschet.
Quantités par litre.

Nos	Extrait.	Alcool.	Acidité	
	gr.	en volume.	Totale. gr.	Volatile. gr.
1. Témoin............	19,1	97,0	8,75	3,855
2. Levure 10........	21,7	112,0	6,55	0,794
3. Levure 12........	20,2	109,0	6,96	0,799

Chaque demi-muid a reçu 350 litres de vendange, 45 kilogrammes de sucre et 350 grammes d'acide tartrique.

La fermentation a été très régulière dans les tonneaux 2 et 3, très tumultueuse dans le tonneau témoin; la température s'est maintenue pendant plusieurs jours entre 36 et 37°.

Il convient surtout de signaler la plus forte teneur en alcool des vins ensemencés; les deux levures 10 et 12 (d'Espagne), habituées à supporter des températures élevées et à faire fermenter des moûts de haute dose saccharine, se sont très bien comportées.

Les vins nos 2 et 3 ont été reconnus de beaucoup supérieurs au témoin, et ceci a été constaté dès la décuvaison; cette amélioration est allée en s'accentuant, à tel point qu'on les estimait 30 à 35 francs l'hectolitre pendant que le témoin ne valait que 14 à 15 francs.

Les vins obtenus avec petit-bouschet sans addition de sucre (témoin et levures 10 et 12) ont montré moins de différences entre eux : ceci prouve une fois de plus qu'il faut employer les levures dans des milieux appropriés.

2. Expérience avec les cépages de carignan, terret, clairette.
Quantités par litre.

		Extrait. gr.	Alcool en volume.	Acidité	
				Totale. gr.	Volatile. gr.
1. Levure 7.......		23,50	114,8	6,76	0,737
2. — 32......		24,95	108,6	7,59	0,462
3. — 37......		30,40	110,0	7,63	0,453
4. Témoin........		23,30	116,8	6,53	0,471

Il convient tout d'abord de signaler les deux acidités totales des vins nᵒˢ 2 et 3 obtenues avec les levures 32 et 37, retirées de la même lie de Langlade ; elles sont plus élevées que pour la levure 7 (saint-émilion), dont le vin a une acidité volatile plus forte.

Dégustation commerciale : le meilleur, vin nᵒ 1, très fin ; puis nᵒ 2 ; le nᵒ 3, moins ferme ; tous les trois étaient reconnus bien supérieurs au témoin.

Après une année de bouteille, les vins nᵒˢ 1 et 2 étaient devenus encore meilleurs, tandis que le témoin, bien inférieur, ne pouvait plus leur être comparé.

b. Avec moût chauffé.

1. Expérience avec moût d'aramon.
Quantités par litre.

		Extrait. gr.	Alcool en volume.	Acidité	
				Totale. gr.	Volatile. gr.
1. Vin nᵒ 1......		15,75	117	5,376	0,484
2. — 2......		14,65	116	5,372	0,507
3. — 3......		15,35	118	5,056	0,546
4. — 4.......		13,60	118	4,608	0,458
5. — 5.......		17,35	117	6,400	0,250

Les vins nᵒˢ 1, 2, 3 sont obtenus avec le moût non chauffé ; les vins nᵒˢ 4, 5 avec le même moût chauffé.

Vin nᵒ 1, témoin. Fermentation spontanée.
Vin nᵒ 2. Moût non chauffé. Levure de champagne, 1.
Vin nᵒ 3. Moût non chauffé. Levure de sauternes, 42.
Vin nᵒ 4. Moût stérilisé à 75º. Levure de champagne, 1.
Vin nᵒ 5. Moût stérilisé à 75º. Levure de sauternes, 42.

Dégustation de Nîmes (deux mois après la fermentation). — Le vin témoin est conforme au type des vins blancs ordinaires du Gard ; les vins 2 et 3 sont meilleurs que le vin témoin ; les vins 4 et 5 sont de qualité très supérieure.

Malgré leur jeunesse, disent les experts, ces vins laissent percevoir déjà quelques qualités et caractères correspondants aux levures employées.

Le n° 5 est remarquable comme corps, finesse et qualités d'arome, et les dégustateurs ajoutent : jamais les procédés actuels de vinification n'auraient pu donner un vin semblable avec les raisins ordinaires du Gard.

Dégustation de Bercy. — Le vin n° 1 a la saveur ordinaire des vins blancs d'Aramon ; il est sec et dur ; le vin n° 2 est plus souple, il en diffère comme saveur et bouquet ; le vin n° 3 est plus moelleux, plus plein ; il a presque complètement perdu le goût de terroir.

Le n° 4 ne ressemble en rien au témoin ; il est léger, gracieux et a un très joli bouquet, soutient la comparaison avec des vins ordinaires de Champagne ; il est modifié complètement tant au point de vue du goût qu'au point de vue du bouquet ; il est absolument métamorphosé, et il est impossible de reconnaître le type du vin n° 1 : le vin n° 5 est moelleux et fruité, sans avoir le bouquet du n° 4.

D'autres dégustateurs de Bercy ont constaté que les vins obtenus avec moût stérilisé avaient complètement perdu le goût de terroir et qu'ils avaient acquis du bouquet et de la finesse correspondant aux levures employées.

A Reims, enfin, on a reconnu que le vin n° 4 rappelait, surtout comme bouquet, celui des vins de Champagne.

De plus, les experts ont évalué à 4 ou 5 francs par hectolitre la plus-value du vin n° 5 et à 8 ou 12 francs la plus-value du vin n° 4.

En un mot, ces vins obtenus avec moût stérilisé et ensemencé avec levures sélectionnées avaient le corps et le bouquet de vins de bonne qualité.

2. Expérience avec de l'aramon.
Quantités par litre.

Nos	Extrait. gr.	Alcool en volume.	Sucre. gr.	Acidité Totale. gr.	Acidité Volatile. gr.
1. Levure 111...	16,20	89	0,703	5,341	0,573
2. — 1...	16,35	85	0,642	5,607	0,863
3. — 3...	14,40	87	0,642	6,060	0,537
4. — 104...	15,40	82	0,642	5,450	0,576
5. — 5...	15,85	89	0,661	5,817	0,986
6. Témoin......	15,35	89	0,681	5,559	0,558

Nous voyons qu'au point de vue chimique tous ces vins sont bien comparables ; mais, à la dégustation, on a trouvé des différences très marquées.

Voici les appréciations de la Commission locale de Nimes.

Classement : Vins nos 1, 2, 3, 4, 5 et finalement le témoin obtenu avec moût non chauffé.

Vin nº 1. Très droit, très bon, tout à fait supérieur.
Vin nº 2. Très droit, très bon, très remarquable.
Vin nº 3. Bon, bouqueté, fin, droit, bien neutre.
Vin nº 4. Droit, bon, suit le vin nº 3 de près.
Vin nº 5. Fin, vif, plus acide que le témoin.
Vin nº 6, témoin. Bon, mais un peu brutal au goût.

Origine des levures : nº 111 (Rhin), 1 et 3 (Champagne), 104 (Bourgogne), 5 (Autriche).

Il convient d'ajouter qu'en ne dépassant pas la température de 65 à 66° nous n'avons jamais constaté le moindre goût de cuit.

L'emploi judicieux de levures sélectionnées, c'est-à-dire de levures bien connues au point de vue de leurs exigences, essayées préalablement en petit, peut amener des améliorations sensibles dans les vins. La fermentation est plus rapide, souvent plus complète ; le vin peut acquérir certains caractères de bouquet que l'on ne trouve pas chez le témoin et qui lui assureront une meilleure conservation.

Il importe avant tout de choisir des races bien vigoureuses, bien appropriées au moût que l'on veut ensemencer, bien habituées aux conditions de température dans lesquelles elles doivent accomplir la transformation du sucre en alcool ; c'est à quoi l'on peut arriver par des recherches méthodiques de laboratoire et par des essais pratiques.

Les résultats négatifs, c'est-à-dire les échecs, n'infirment nullemnt les résultats nettement positifs obtenus.

Fermentation secondaire. — Ces levures sélectionnées peuvent encore nous rendre de grands services dans la fermentation secondaire.

Souvent on a eu à constater que la fermentation secondaire des vins de Champagne, après la mise en bouteilles, se faisait mal et qu'il y avait développement de ferments de maladies. On peut y remédier par l'ensemencement de levures énergiques, supportant bien l'alcool, l'acide carbonique, donnant du bouquet avec dépôt grumeleux.

J'ai même constaté que de bonnes levures ayant procédé à la fermentation principale de moût d'aramon faisaient encore sentir leurs effets jusque dans la fermentation secondaire des vins champagnisés.

Fermentation de vins sucrés ou malades. — A différentes reprises, il m'est arrivé de faire refermenter des vins encore sucrés par l'ensemencement de levures énergiques qui ont fait disparaître tout le sucre restant.

Il importe maintenant de dire qu'il faut savoir se contenter de solutions approximativement satisfaisantes (fermentation normale, complète, clarification rapide, meilleure conservation de la couleur, de la finesse, etc.).

On ne pourra jamais faire avec du jus d'aramon un vin véritable de Sauternes ou de Montrachet, mais on peut obtenir, surtout avec le moût chauffé, une notable amélioration.

Maladies des boissons fermentées. — Lorsque la fermentation du vin, du cidre, de la bière, s'est faite dans de bonnes conditions, la conservation du produit est en général facile. Mais, s'il reste du sucre, des matières azotées en proportions sensibles, elles sont sujettes à subir des altérations dues aux microbes.

Certains s'attaquent de préférence au moût, comme le ferment mannitique de M. Gayon ; d'autres au vin, au cidre, à la bière, après que la fermentation principale est terminée. Ils peuvent cependant déjà manifester leurs effets dans les cuves de fermentation, si les conditions deviennent défavorables au ferment alcoolique, comme le cas se présente dès que la température monte à 38 à 40°.

Les diverses boissons peuvent être affectées de maladies similaires. Toutes peuvent se piquer et porter à leur surface des mycodermes (fleurs de vin) et des bactéries acétiques ; mais ce sont là des altérations qu'il est facile d'empêcher en arrêtant l'accès de l'air.

Mais les vins, les cidres, les bières peuvent encore, même bien conservés, être l'objet d'autres maladies causées par des microorganismes anaérobies ou au moins facultativement anaérobies. Ainsi on parle de vins tournés, de bières tournées, de cidres filants, de bières filantes, de vins et de cidres amers, de vins poussés et mannités. Ce sont les vins qui ont été les mieux étudiés.

C'est Pasteur le premier qui nous a fait connaître ces maladies et leurs causes. Ce savant avait admis que chaque maladie était due à un ferment caractéristique. Il n'en est pas tout à fait ainsi d'après les dernières recherches de Mazé et Pacottet. Il semble, au contraire, que beaucoup de ces ferments de maladies sont souvent capables des mêmes transformations, détruisent les matières sucrées d'après les mêmes processus, en donnant lieu à des produits semblables. On trouve de la mannite, des acides volatils dont l'importance a été démontrée par Duclaux, de l'acide lactique, de l'alcool éthylique et des gaz.

MM. Gayon et Dubourg ont réussi les premiers à rendre des vins mannitiques par l'ensemencement du ferment du même nom; cette infection était plutôt facile, attendu que le microbe se développe très bien dans les moûts sucrés; il n'en est pas tout à fait de même pour les autres anaérobies que nous trouvons dans les vins faits.

M. Laborde est le premier savant qui ait pu reproduire la maladie de la tourne avec tous ses caractères dans les vins stérilisés et ensemencés avec le ferment de la tourne. Ce savant a, en outre, montré que les ferments de la tourne peuvent être, à volonté, suivant le milieu de culture employé, des agents de la maladie de la tourne ou de la mannite. On n'a pu réaliser jusqu'à présent la maladie de l'amertume.

Culture des ferments de maladie. — Elle peut se faire en appliquant les méthodes anaérobies et en se servant d'un milieu sucré, additionné de peptone, ou encore d'un milieu analogue, comme le bouillon de haricots.

Propriétés. — Ces ferments présentent un certain nombre de réactions communes; ils ne résistent pas à un chauffage de 10 minutes à 65°; se laissent colorer par la méthode de Gram. L'oxygène les gêne, en général, dans leurs actions sur les boissons fermentées.

Les ferments de l'amertune, de la tourne, de la graisse se comportent à peu près de la même façon vis-à-vis des sucres. Les bouillons lévulosés donnent de la mannite; les bouillons glucosés n'en donnent pas.

Leur présence simultanée dans un même vin est la règle; ce sera tantôt une espèce, tantôt l'autre qui prendra le pas et amènera la transformation du vin.

Souvent il est difficile de les diagnostiquer, car leur forme varie avec l'âge; ainsi le ferment de la graisse, qui se présente souvent en chapelets bien caractéristiques, affecte avec le temps la forme bacillaire; de même les microbes de l'amertume, qui sont, à l'état jeune, bâtonnets, deviennent peu à peu des filaments articulés, anguleux, ressemblant à ceux de la tourne.

Nous avons déjà dit qu'ils préfèrent comme aliments le sucre ; mais, lorsque ce composé fait défaut, celui de la tourne notamment attaque les tartrates du vin. M. Laborde a ajouté également cette notion intéressante, c'est que ce ferment de la tourne produit de la mannite qu'il peut faire disparaître ; j'ai eu l'occasion de constater le même fait pour un ferment lactique ; une fois la mannite disparue, le ferment de la tourne s'attaque au tartre.

Ainsi, à côté de propriétés communes à tous, les ferments jouissent de propriétés physiologiques particulières, qu'ils montrent dans un sens plus ou moins prononcé selon les circonstances.

Nous allons d'abord étudier les ferments de maladies du vin qui sont les mieux connus ; ensuite nous dirons un mot de ceux de la bière et du cidre.

Ferments mannitiques. — Le ferment spécifique de la mannite fut isolé en 1894 par MM. Gayon et Dubourg.

Les vins mannités se caractérisent par une saveur légèrement douceâtre et montrent au microscope des bacilles mélangés de levures. Ce sont des bâtonnets un peu plus fins que ceux de la tourne, courts, immobiles ; ils présentent rarement des filaments articulés, quelquefois des amas.

Ce microbe envahit les cuves de vendange, lorsque la température monte vers 38° ; il est favorisé par une faible acidité du moût ; il se présente facilement avec des vendanges salies de terre.

On peut ainsi trouver jusqu'à 30 à 50 grammes de mannite par litre, alliée à une grande richesse saccharine, à un excès d'acides volatils, avec un extrait élevé. La mannite peut être formée aux dépens du lévulose, soit directement, soit après interversion du saccharose.

Le lévulose est l'aliment de prédilection pour le ferment; il donne à ses dépens de la mannite, de l'acide acétique, de l'acide lactique, un peu de glycérine et d'acide succinique en proportions variables, enfin du gaz CO^2.

On peut admettre que cette production est conforme à la réaction suivante, établie par MM. Gayon et Dubourg :

$$13 C^6 H^{12} O^6 + 6 H^2O = 12 C^6 H^{14} O^6 + 6 CO^2,$$

L'oxygène brûle ainsi une molécule de sucre, l'hydrogène de l'eau servant à faire de la mannite aux dépens

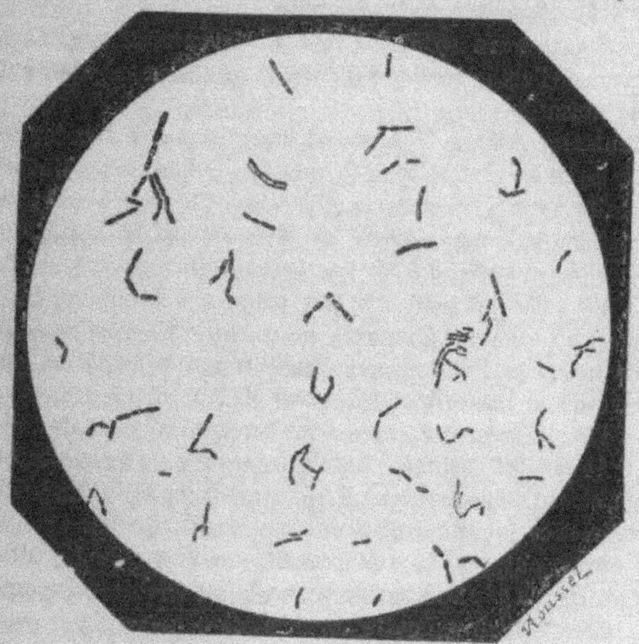

Fig. 88. — Ferment mannitique.

du lévulose ou de tout composé sucré renfermant ce sucre dans ses éléments.

Si l'on remplace dans les milieux de culture le lévulose par le glucose, le microbe devient ferment alcoolique ;

20 à 30 p. 100 du sucre deviennent alcool éthylique; en même temps on trouve de la glycérine, de l'acide succinique, de l'acide lactique, acide acétique et CO_2. Cette fermentation glucosée est d'abord plus lente que celle des milieux lévulosés; le microbe exige plus d'aliments azotés; elle n'est d'ailleurs jamais complète.

Si l'on emploie enfin le sucre interverti, ce qui est le cas du jus de raisin, le ferment se comporte vis-à-vis de ce mélange comme si chaque sucre était seul, c'est-à-dire il forme tous les produits précités, avec cette réserve que le lévulose disparaît plus vite.

La saccharose subit bientôt l'interversion sous l'influence de l'acide lactique formé, et on obtient également de la mannite.

Peut-être même le ferment mannitique, à l'instar de celui de la tourne, détruit-il avec le temps une partie des produits formés, comme la glycérine, l'acide succinique.

Le ferment mannitique de MM. Gayon et Dubourg, meurt par chauffage à 60°; sa température optima est de 38 à 40°; il n'est peut-être pas unique, abstraction faite de ce que tous ces ferments de maladie peuvent donner de la mannite. Péglion en a étudié un autre en Italie, qui donne de la mannite au-dessous de 30° et même entre 10 à 15°; ce savant a également constaté qu'en l'absence d'air le produit principal est la mannite et, en présence d'air, c'est l'acide acétique. La température et la durée de l'expérience jouent sans doute un grand rôle ici.

Comme autre facteur défavorable, on peut citer l'acidité du milieu; la production de mannite est en raison inverse du titre acide. Ainsi cette fermentation mannitique peut être empêchée par une dose d'acidité équivalente à 7 grammes d'acide sulfurique par litre; il faut de 10 à 11 grammes d'acide tartrique et environ 14 grammes d'acide lactique pour obtenir le même résultat. Ce ferment est également sensible à 14 p. 100 d'alcool.

On voit donc qu'au point de vue pratique il est d'abord

utile de connaître l'acidité du moût pour pouvoir agir préventivement contre le ferment mannitique par l'addition d'acide tartrique au moût, comme l'a conseillé M. P. Carles ; il est également utile de maintenir la température des cuves au-dessous de 34 à 35°, par réfrigération, si possible, du moût. On peut encore recourir à la stérilisation complète du moût.

Ferments de la tourne et de la pousse. — Cette maladie se manifeste par un dégagement gazeux abondant, surtout dès que les premières chaleurs de l'été se font sentir. Le tonneau est bondé ; le vin suinte à travers les joints des douelles ; la pression intérieure est quelquefois tellement forte que le fond saute.

Le vin versé montre un abondant dégagement gazeux, dégage une odeur d'éther acétique, a un goût fade ; il est peu limpide, un peu nuageux avec des ondes soyeuses, flexueuses, se déplaçant lentement dans le liquide. Il se forme un dépôt grumeleux, entraînant de la matière colorante et se présentant en filaments muqueux. Quelquefois le vin brunit ; il a le goût de chauffé, de cuit, ce qui veut dire que les divers symptômes peuvent présenter des degrés variables d'intensité. C'est une maladie des vins blancs et rouges.

Pasteur disait à son sujet : « Je suis porté à croire que l'on réunit sous le nom de vins tournés des maladies différentes, auxquelles correspondent plus d'un ferment filiforme. »

Le dépôt des tonneaux ou des bouteilles, examiné au microscope, montre une foule de filaments plus ou moins longs ayant jusqu'à 20 μ, plus ou moins enchevêtrés les uns dans les autres ; ils sont mobiles et mélangés à des amas de matières colorantes (fig. 89).

Cette maladie fait disparaître le tartre des tonneaux ; il y a formation d'acides volatils ; leur quantité augmente à mesure que la maladie progresse. Duclaux a montré qu'il se forme un mélange d'acide acétique et d'acide propionique en proportions variables avec la température, avec l'acidité du milieu, etc.; le gaz est de l'acide carbonique.

Il est probable que les ferments de la pousse et de la tourne se ressemblent; d'après M. A. Gautier, celui de la

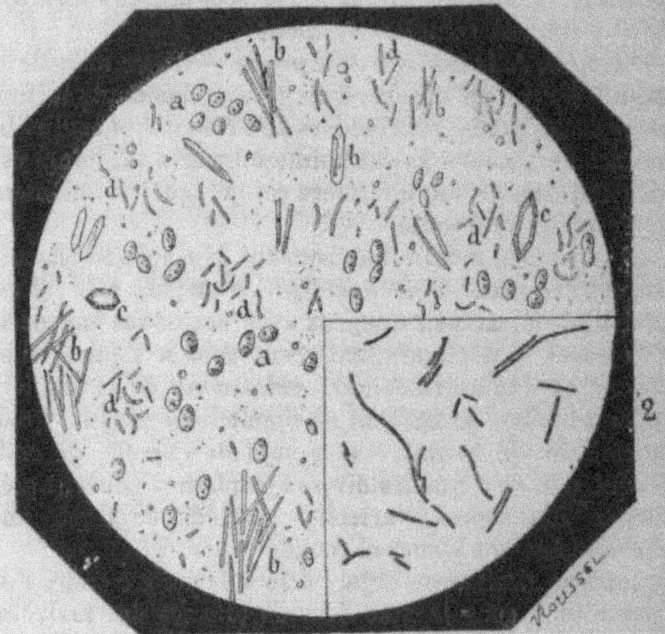

Fig. 89. — Ferment de la tourne.

1, dans les lies; *a*, ferments alcooliques; *bc*, cristaux de tartre; *d*, bactérie de la tourne; 2, ferments isolés.

tourne donnerait de l'acide tartronique, de l'acide lactique, tandis que celui de la pousse se distinguerait physiologiquement par la production des acides volatils et de CO_2; ce sont là des faits qui peuvent s'expliquer par un mélange de deux espèces anaérobies.

M. Laborde, le premier, a réussi à communiquer la maladie à un vin stérilisé, avec tous les caractères de la maladie de la pousse. Il a constaté la destruction du tartre, la formation de ces filaments glutineux et la production d'acide propionique et d'acide acétique. Il est facile de comprendre que la variation des produits est grande, en raison même de la destruction possible de la mannite et de la glycérine formées; il peut ainsi se former de l'alcool éthylique.

M. Laborde a trouvé que ce sont les vins les plus riches en matières azotées qui sont surtout sujets à cette maladie; à l'appui de cette remarque, M. Gayon est venu montrer que les vins mildiousés, riches en azote, avaient, en effet, tous les caractères de la tourne; la maladie se développe d'autant mieux que le vin est moins acide.

On peut conseiller l'acidification de la vendange, la réfrigération comme moyens préventifs; au début, on peut lutter par un apport de tannin et un bon collage, suivis d'une filtration.

Ferment de l'amertume. — C'est la maladie des vins en bouteilles; les vins de Bourgogne paraissent être très prédisposés; mais on peut trouver des vins amers dans tous les pays.

Au début de la maladie, on aperçoit au microscope des filaments très ténus à formes droites ou anguleuses. Ce sont de petits bâtonnets juxtaposés bout par bout; quelquefois aussi on voit des touffes enchevêtrées au point de ressembler à des ramifications. Ils sont souvent entourés, comme l'avait déjà signalé Pasteur, de matières colorantes (fig. 90), ce qui fait prendre à l'ensemble des aspects mamelonnés caractéristiques. On peut voir les bâtonnets en dissolvant la matière colorante par l'alcool acidulé.

On constate dans les vins amers la formation d'acide butyrique, qui, d'après Duclaux, proviendrait de la décomposition de la glycérine; ce savant a reconnu que l'augmentation de l'acidité totale dans le vin malade est supérieure à l'augmentation due aux acides volatils, ce qui veut dire qu'il y a à la fois production d'acides fixes et d'acides volatils.

MM. Bordas, Joulin et Rackowski ont trouvé que le tartre pouvait également être attaqué par le ferment ; mais,

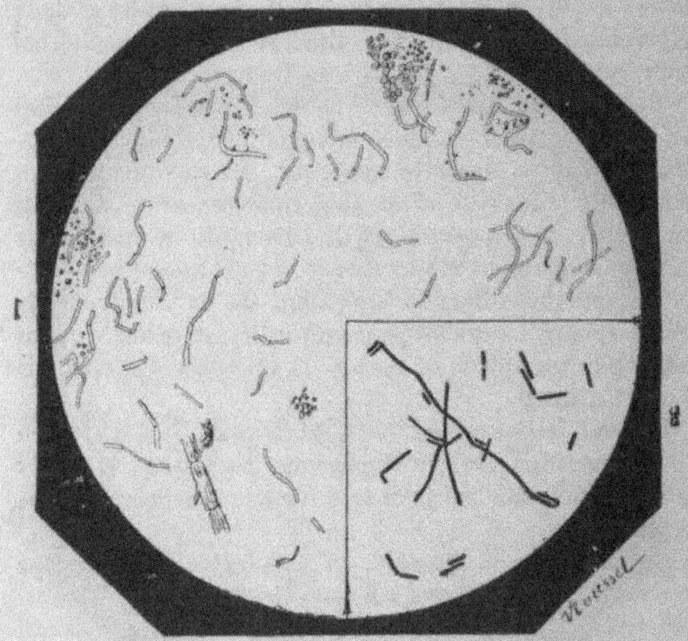

Fig. 90. — Maladie de l'amertume.

1, ferments et dépôts du vin ; 2, ferments isolés.

en somme, on doit ajouter que cette maladie demande de nouvelles études.

On a préconisé une refermentation, après addition de sucre, par les levures sélectionnées (Chuard) ; rappelons également que Babo et Nessler recommandent l'aération.

Maladie de la graisse. — Elle affecte de préférence les vins blancs pauvres en alcool et en tanin.

Le vin est légèrement trouble, coule comme de l'huile ; il a un goût fade et plat, avec dégagement d'acide carbo-

nique. Les vins laissés en vidange montrent à la surface,
au contact de l'air, une pellicule visqueuse, grasse au
toucher. On peut faire disparaître la propriété filante par
simple agitation.

Au microscope, on trouve dans ces vins (fig. 91) des

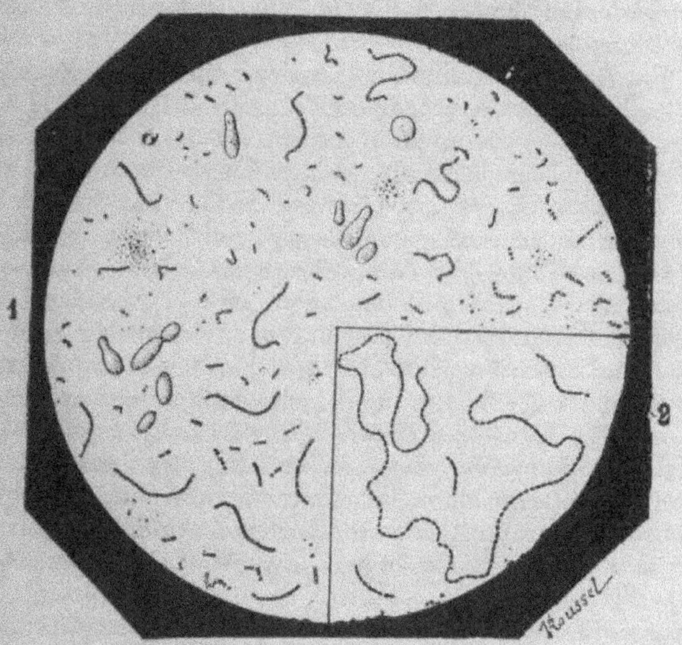

Fig. 91. — Maladie de la graisse.

1, dans le vin; 2, isolé.

filaments extrêmement ténus, longs et sinueux, formés
d'un chapelet de petits globules sphériques dont le diamètre est inférieur à 1 ou 2 μ; ils sont souvent enchevêtrés.

Lorsque le vin vieillit, les chaînes se coupent, et on
trouve fréquemment dans les dépôts de petites globules
associés deux par deux, quelquefois des bacilles assez
allongés, comme l'a déjà signalé Kramer.

16.

Il est certain qu'un grand nombre d'organismes peuvent intervenir dans cette maladie.

L'analyse montre la formation de mannite, d'acides volatils, de CO_2 et enfin de cette matière mucilagineuse dont la nature exacte n'est pas encore bien précisée, mais qui est sans doute de constitution très analogue à la dextrane de Scheibler.

Les vins riches en tanin, avec une teneur alcoolique supérieure à 11 p. 100, prennent assez difficilement la graisse. On peut conseiller comme remèdes le battage à l'air, le tanisage, le collage ou la pasteurisation.

Maladie de la casse. — C'est une maladie diastasique, due souvent au développement exagéré du *Botrytis cinerea*, grand secréteur d'oxydase. Elle oxyde la matière colorante du vin, décolore le vin rouge, jaunit le vin blanc ; il y a formation d'un précipité et altération du goût du vin. La moisissure est surtout préjudiciable lorsqu'elle s'attaque à des raisins mûrs ; elle diminue le sucre, le bouquet et occasionne la casse, l'oxydation et la précipitation de la matière colorante. Mais rappelons aussi son rôle utile, lorsqu'elle agit comme pourriture noble dans les vignobles du Rhin et du Sauternois ou encore dans la fabrication des vins blancs avec des raisins rouges (recherches de MM. Bouffard, Sémichon, Martinaud). On peut recommander comme remèdes préventifs le bisulfitage et le chauffage.

Bières et cidres malades. — La bière peut également être envahie par de mauvaises espèces microbiennes, dont le développement occasionne les maladies (levures sauvages, ferments lactiques, ferments de la tourne, de la graisse, de putréfaction, etc.). Pasteur en avait déjà fait une première étude.

Bières tournées. — M. Van Laer est arrivé à isoler un ferment qui, ensemencé à la bière, lui communique tous les symptômes de la bière tournée. C'est un bâtonnet facultativement aérobie ou anaérobie, auquel ce savant a donné le nom de *Saccharobacillus* de Pasteur.

Il s'attaque aux hydrates de carbone de la bière (maltose, dextrine) ; ainsi on peut le cultiver dans diverses infusions organiques, dans des solutions de peptone, dans l'eau de levure sucrée ; la bière elle-même est un peu plus réfractaire, sans doute parce que le houblon gêne la multiplication du microbe. Il préfère le milieu neutre, donne un peu d'alcool, de l'acide acétique, acide formique et de l'acide lactique. C'est un ferment lactique vrai. Il peut être détruit par chauffage à 55-60°.

Bières filantes. — De nombreuses espèces peuvent rendre la bière filante ; quelques-unes ont été étudiées par M. Van Laer : ce sont des ferments de matières azotées ; ils se présentent surtout dans certaines bières belges et occasionnent ce qu'on appelle la bière à double face, claire, par transparence, laiteuse, lorsqu'on l'examine par réflexion.

Cidres. — Les cidres sont affectés de maladies analogues, produites par des microorganismes similaires : graisse, amertune, acétification.

Le noircissement du cidre est sans doute de nature diastasique ; on a reconnu que les conditions favorables à cette maladie sont : oxydase en suffisante quantité, faible teneur du cidre en tanin et en acide. On préconise comme remède de couper le cidre avec des moûts de poires qui sont plus riches en tanin, ou encore d'avoir recours au chauffage pour détruire l'oxydase.

III. — VINAIGRERIE.

Les procédés appliqués pour la fabrication du vinaigre sont au nombre de deux : le procédé français et le procédé allemand, se différenciant non seulement par le mode opératoire, mais encore par la matière première employée et la qualité des produits obtenus. Il existe de chacun des variantes.

Les conditions essentielles sont : suffisante quantité d'air, afin de permettre l'oxydation facile de l'alcool et empêcher la production d'aldéhyde à odeur suffocante ; une température assez élevée (endroit chaud ou protégé) ; liquide pas trop chargé, limpide, clair, au besoin amené au degré alcoolique voulu par l'addition d'eau ; milieu acide d'où addition préalable de vinaigre (1/3) au départ (les bactéries acétiques supportent, rappelons-le, jusqu'à 14 p. 100 d'acidité) ; enfin choix d'une bonne bactérie acétique.

A ce sujet, remarquons que les voiles minces sont les plus actifs ; la forme glaireuse donne de mauvais résultats. Elle se forme facilement avec certaines espèces bien caractérisées (*Bacterium xylinum*), ou encore lorsqu'on gène le microbe, en disloquant le voile, en le mettant dans de mauvaises conditions alimentaires : liquide trop chargé ou manque d'alcool, etc. Tout ceci nous montre qu'une surveillance continue de l'allure du microbe est nécessaire.

Procédé français dit d'Orléans. — L'opération se fait dans des tonneaux gerbés les uns sur les autres, mais avec des espaces libres permettant la circulation de l'air. On leur donne le nom de mère de vinaigre. Ils portent deux ouvertures aux diamètres du fond : l'une à peu près aux deux tiers de la hauteur permettant l'entrée de l'air ; l'autre à la partie supérieure sert à la sortie de l'air, à l'introduction du vin et au soutirage du vinaigre.

Le vin est la matière première employée ; on préfère les vins à 8-9° d'alcool ; on doit les débarrasser des lies et des matières colorantes par passage sur copeaux de hêtres et par filtration.

Au début, on met environ 100 litres de vinaigre et quelques litres de vin dans chaque tonneau, et on ajoute ensuite tous les huit jours de 3 à 5 litres de vin jusqu'à ce que le tonneau, que nous supposons de 250 litres, contienne environ 200 litres de liquide. A ce moment, on peut retirer une bonne partie du vinaigre, et on continue, en ajoutant tous les huit jours du vin et en retirant une quantité égale de vinaigre.

L'addition de vin, le soutirage du vinaigre se font avec beaucoup de soins pour éviter la dislocation du voile; on se sert d'un entonnoir plongeant jusqu'au fond et d'un siphon.

La surveillance se fait surtout par des moyens empiriques; on sait que les anguillules sont les ennemis de la bactérie utilisée; elles ont besoin d'oxygène, et dès lors ne pouvant vivre dans les couches du liquide, elles viennent à la surface. Si la bactérie acétique travaille bien, c'est elle qui couvre toute la surface, laissant seulement les parois aux anguillules. Le vinaigrier touchant ces parois sera assuré de leur présence par une couche blanchâtre et mince, formant un véritable anneau circulaire, souvent de plusieurs centimètres de hauteur. Lorsque la bactérie travaille mal, cette couche est absente; alors un nettoyage général, un changement radical s'imposent.

Cette méthode donne des vinaigres très bouquetés, mais est plutôt d'un faible rendement.

Pasteur a cherché à perfectionner cette méthode. Dans de grands baquets larges, il mit du vin bien filtré, limpide, à 8 p. 100 d'alcool, additionné d'un peu de vinaigre et de matières azotées 1 p. 500 à 1 p. 1000, et il ensemença une bactérie acétique active. Au bout de douze heures, toute la surface est recouverte d'un voile, et l'opération entière est terminée dans trois à quatre jours.

C'est donc une opération très rapide, mais qui exige une grande propreté et en même temps le choix d'une bactérie très active.

En se basant sur les notions acquises par l'étude de ces deux procédés, l'agriculteur peut parfaitement utiliser les produits alcooliques de la ferme et fabriquer lui-même son vinaigre.

Il importe de le mettre en bouteilles avant sa transformation complète ; il est plus parfumé et garde sa force. Il convient de filtrer ou de coller avant cette mise en bouteilles ; le vinaigre rouge traité au noir animal bien lavé donne du vinaigre blanc.

Procédé allemand. — Dans une pile de tonneaux qu'on a défoncés et à laquelle on donne 3 à 4 mètres de hauteur, on dispose des copeaux de hêtre, et on fait écouler lentement à la partie supérieure des liquides alcooliques, des flegmes de distillerie additionnés d'un peu de bière tournée, liquides en général pauvres en matières organiques nutritives.

Ces tonneaux sont divisés par deux cloisons horizontales en trois compartiments. C'est dans le compartiment moyen que se trouvent les copeaux de hêtre. Il communique avec la partie supérieure par de petites ouvertures bouchées partiellement à l'aide de ficelles retenues par un nœud fait à leur extrémité ; le compartiment inférieur présente des ouvertures pratiquées tout autour pour permettre l'accès de l'air.

Bien que ces copeaux soient d'une propreté telle qu'on n'y voit la moindre couche mycodermique, il suffit de les racler légèrement avec une lame de couteau pour reconnaître au microscope la bactérie acétique ; le copeau est le support du ferment, il multiplie les surfaces et rend l'oxydation de l'alcool facile et rapide.

On conçoit que le vin ou la bière, par le dépôt qu'ils abandonneraient sur les copeaux, leur enlèveraient vite leurs propriétés particulières ; il se formerait une couche gélatineuse à pouvoir acétifiant faible.

L'activité de la fermentation est quelquefois telle qu'il y a élévation de température notable, et il peut en résulter une perte d'alcool souvent très appréciable, d'autant plus à craindre que le même liquide doit repasser plusieurs fois dans le même tonneau avant d'être acétifié complètement. On cherche à l'éviter par l'emploi de tonneaux fermés en haut. Le vinaigre ainsi obtenu, à l'aide de liquides alcooliques, n'a pas l'arome du vinaigre de vin.

Procédé luxembourgeois. — Les tonneaux remplis de copeaux de hêtre ont leur axe horizontal ; on les remplit à moitié de liquide alcoolique, à 8 p. 100 d'alcool et additionné de matières azotées à 1 p. 1 000. Ces tonneaux subissent, toutes les six heures, une rotation complète autour de leur axe. L'air entre par la partie antérieure du tonneau à la hauteur de l'axe et sort par la partie supérieure (procédé Michælis).

On soutire lorsque tout le liquide alcoolique est transformé. L'acétification est régulière et rapide.

IV. — LES MICROBES EN SUCRERIE.

Nous avons déjà vu que les résidus, les eaux de la sucrerie deviennent facilement la proie des microorganismes qui y trouvent le sucre, les principes minéraux et azotés nécessaires à leur développement. On rencontre ainsi des coccacées, des bâtonnets, qui acidifient les jus, forment de l'alcool et donnent des gaz comme H et CO^2; il y en a qui rendent les jus visqueux et qui ont déjà été étudiés par Kramer.

Enfin il en est un qui mérite spécialement de nous arrêter un peu.

On a observé depuis longtemps que, dans les sucreries, les raffineries, des dissolutions de mélasses se transforment souvent en masses gélatineuses compactes, composées de grumeaux insolubles tantôt incolores, tantôt rosés, empâtés dans une liqueur visqueuse. Ces masses visqueuses ressemblant à du frai de grenouille sont dues à une action microbienne; c'est une maladie qui se propage facilement, on l'appelle la gomme de sucrerie.

Le microbe qui en est la cause fut signalé par Jubert,

décrit par Mendès, Van Tieghem et Cienkowski. Il a été encore étudié par Liesenberg et Zopf, Hosaeus, Koch, Glaser, Poupé et Schöne.

Il est formé de petits grains sphériques entourés d'une gangue et ressemble aux Nostocs. On peut l'isoler à l'état pur, en se servant de milieux saccharosés, de tranches de carottes, de betteraves à sucre; il est très actif aux environs de 45° dans les milieux liquides. A l'état jeune, il affecte la forme d'un chapelet de petits grains entourés de gélatine; ce tube est en voie de bipartition active; le grain s'allonge et se divise en deux; la surface s'arrondit, la lamelle moyenne se gélifie et se gonfle de façon à séparer les deux grains sphériques. Chacune des deux nouvelles cellules s'allonge à son tour, se sépare en deux grains, et on a ainsi quatre grains occupant l'axe d'une gaine gélatineuse allongée.

Comme le phénomène se reproduit, on obtient des sortes de longs boudins réfringents, se recourbant de façon irrégulière tout en conservant dans leur axe les chapelets de grains qui leur ont donné naissance. Lorsque les différents tubes se pelotonnent sur eux-mêmes, on voit des corps muqueux grossissant constamment, et dont la surface vermiculée et contournée ressemble à celle du cerveau; enfin il en résulte des masses mamelonnées de plus en plus volumineuses, comme dans la famille des Nostocs. M. Van Tieghem l'a appelé *Leuconostoc mesenteroides* (fig. 92), rappelant ainsi à la fois sa ressemblance anatomique avec les replis du mésentère.

Quand l'action est terminée, la gangue se ramollit, les chapelets se disloquent; mis dans un milieu neuf, la même reproduction recommence.

Liesenberg et Zopf ont remarqué que le microbe ne s'entoure pas de la gaine dans les milieux privés de glucose ou de saccharose, mais qu'il forme des chapelets comme sur le bouillon gélatinisé, le lait gélatinisé et qu'il se présente en masses d'un blanc grisâtre plissées;

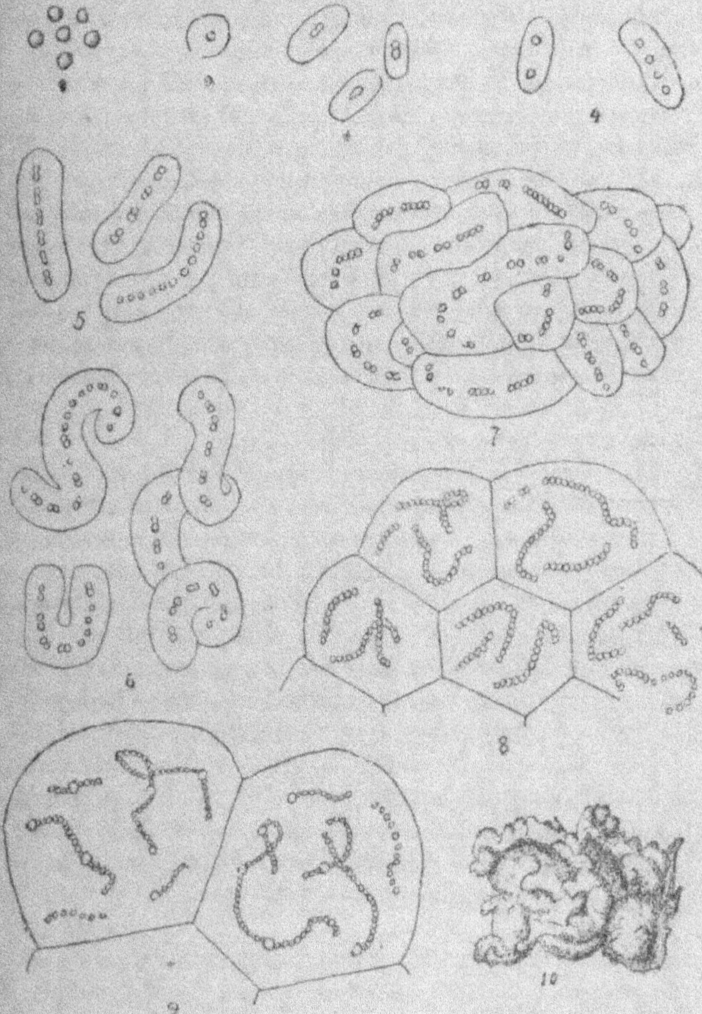

Fig. 92 — *Leuconostoc mesenteroides.*

10, aspect d'une zooglée, grandeur naturelle; 1 à 9, détails de la zooglée (d'après Van Tieghem).

d'autrefois les diplocoques sont nombreux ; les amas agglomérés se montrent surtout sur la carotte.

Il ne forme pas de spores, et sa résistance à la chaleur varie naturellement selon qu'il est préalablement désséché ou non, qu'il est pourvu de la gaine ou non.

On constate que le *Leuconost e* ne se développe pas lorsque le jus de sucrerie a été chauffé vers 55-60° pendant un certain temps. Par un chauffage à 75° pendant un quart d'heure, il a été possible de débarrasser le *leuconostoc* des microbes adhérents en vue de son obtention à l'état pur ; cette grande résistance permet d'expliquer sa présence dans les diffuseurs. Pourvu de la gaine, il résiste, à l'état desséché, à un chauffage à 100° pendant cinq minutes ; sans gaine, il périt entre 75 à 80°.

Il préfère les milieux neutres ; l'optimum de température est vers 36°, mais il se développe encore activement vers 45°.

Il transforme très rapidement le saccharose et le glucose en masse glaireuse ; il sécrète de la sucrase, qui intervertit le saccharose, et, d'après M. Durin, ce serait surtout le glucose provenant de ce sucre interverti qui servirait d'aliment au microbe ; la masse glaireuse est considérée comme une dextrane par Scheibler. Il attaque également le lactose et le maltose avec formation d'acide lactique. Le milieu, primitivement alcalin, devient acide ; on a encore constaté que la présence de 3 à 5 p. 100 de chlorure de calcium favorise cette formation glaireuse.

Comme matières azotées, il assimile les nitrates et les sels ammoniacaux ; en vie anaérobie, il préfère la peptone ou l'asparagine.

Le poids du microbe est une fraction notable du poids du sucre détruit ; grâce à la formation du sucre interverti, la cristallisation du saccharose est rendue très difficile ; à l'état humide, les deux tiers du sucre consommé se trouvent sous la forme de masse glaireuse, que nous avons considérée comme une dextrane, mais qui est sans doute de composition très hétérogène ; elle se rapproche

en tout cas de la cellulose. On trouve en même temps de
la mannite, des acides gras, des matières azotées, ce qui
montre l'hétérogénéité. On ne sait d'ailleurs pas encore
très bien ce que devient le sucre qui n'est pas transformé
en microbe.

Comme exemple de son activité, on peut citer le cas où
dans l'espace de douze heures 49 hectolitres de mélasse à
10 p. 100 de sucre étaient complètement transformés.
M. Van Tieghem admet que 40 à 50 livres de *Leuconostoc*
utilisent à peu près leur poids double en sucre, et on
comprend que les dégâts puissent être ainsi très grands.

Le microbe, très répandu, est sans doute apporté par la
terre avec la betterave, et il prospère à merveille dans ces
jus neutres; le seul remède consiste dans le maintien
des jus à température plutôt élevée et dans l'observation
de la plus grande propreté.

Maassen vient de signaler tout un groupe de microbes,
présentant la propriété de donner dans les solutions saccharosées et peptonisées des masses gélatineuses ressemblant au frai de grenouille. Il les a isolés des résidus
de filtres-presses. Ces microbes très actifs vers 35 à 60°
affectent la forme *Clostridium* et produisent aux dépens
du saccharose des sucres en C⁶, de l'alcool éthylique, de
l'acide lactique droit, de l'acide acétique et formique. Ils
jouissent de la propriété de dénitrifier les jus saccharosés,
riches en nitrates; aussi ce savant les considère-t-il
comme une des causes de la formation de mousse et de
dégagement gazeux qu'on observe si souvent dans les jus
de sucrerie.

V. — LES MICROBES DANS L'AMIDONNERIE ET LA FÉCULERIE.

L'extraction de l'amidon du blé présente certaines
difficultés à cause du gluten; elle peut se faire avec ou
sans intervention microbienne.

Le procédé par fermentation est un ancien procédé qui est surtout utilisé pour les blés et les farines avariés ; il donnait lieu à des émanations nuisibles à la santé publique, insalubres pour le voisinage immédiat ; c'est ce qui a fait classer cette industrie parmi les établissements insalubres de première classe.

Le but du fabricant est de désagréger les principes constituants des composés autres que l'amidon, c'est-à-dire la matière sucrée, cellulosique, grasse, azotée (gluten). Ce dernier corps, si utile, est presque entièrement perdu.

L'opération comprend les quatre phases suivantes : 1° trempe du grain ; 2° broyage ; 3° fermentation proprement dite ; 4° extraction et épuration de l'amidon.

Les grains sont préalablement lavés, ensuite trempés, gonflés jusqu'à ce qu'on arrive à les écraser entre le pouce et l'index. Après cette trempe, on effectue le broyage, afin de déchirer l'écorce du grain et mettre l'amidon à nu.

Le grain écrasé est additionné d'eau dans une citerne et réduit en pâte épaisse ; on abandonne ensuite la masse à elle-même, à la fermentation spontanée ; souvent on l'additionne d'eau sure provenant d'une fermentation précédente. Ceci revient à ajouter des ferments cellulosiques, lactiques, butyriques, en même temps que des matières albuminoïdes ; c'est une sorte de levain, et quelquefois on ajoute du levain de boulangerie, qui, comme nous le verrons, renferme également différents ferments (lactiques, alcooliques, etc.).

Plus le blé est tendre, plus la température est élevée, moins il faudra de temps pour atteindre la séparation ; c'est ainsi que le trempage peut durer de deux à six jours ; la fermentation à 15° nécessite de douze à quinze jours en été et de vingt à vingt-cinq jours en hiver.

Le liquide a à ce moment une couleur jaunâtre ; on décante et on lave à l'eau fraîche dès que le dégagement gazeux cesse ; il importe de ne pas aller trop loin pour éviter la fermentation putride, et pour empêcher la destruction complète du gluten.

On fait ensuite passer dans un tambour laveur, où les sons sont retenus ; le liquide chargé d'amidon est recueilli plus loin, et on sépare l'amidon par tamisage. On dirige enfin la masse vers les cuves de dépôt munies d'un agitateur, où on laisse le dépôt se faire. Au bout de trois ou quatre jours, on a trois couches successives, la couche supérieure formée principalement de gluten, la couche moyenne composée d'un mélange de gluten et d'amidon ; enfin la couche inférieure est celle de l'amidon à peu près complètement exempt d'impuretés.

On décante l'eau et on sépare les deux couches supérieures ; on reverse dans une cuve, on agite et on fait passer sur plusieurs plans inclinés ; l'amidon le plus pur reste à la partie supérieure, tandis que le gluten est entraîné plus loin. On obtient ainsi la séparation complète par dépôts successifs ou par centrifugation.

Les diverses fermentations cellulosiques, lactiques, butyriques, alcooliques, sont plus ou moins simultanées ou se suivent, dès que l'aliment devient approprié, dès que les conditions deviennent favorables à une espèce microbienne ; on obtient comme produit de l'acide lactique, acide butyrique, H^2S, AzH^3, CO^2, traces d'alcool, acide acétique, etc.

Cent kilogrammes de farine donnent 28 à 30 kilogrammes d'amidon de première qualité, 12 à 15 de deuxième qualité ; comme l'amidon obtenu par ce procédé renferme quelquefois encore du gluten, il est souvent préféré par les blanchisseurs. Ce mode opératoire peut rendre des services dans certains cas, mais on perd le sucre et le gluten ; il y a beaucoup de main-d'œuvre, perte de temps et des émanations fétides ; à ces divers titres, les procédés sans fermentation sont préférables.

Micrococcus prodigiosus (fig. 93 et 94). — C'est un microbe très anciennement connu, très répandu dans l'air et dans les eaux : il se développe fréquemment sur les matières amylacées conservées dans les endroits humides ; c'est lui qui a donné lieu à une grande épidémie dans les boulangeries parisiennes, en 1843 ; c'est lui qui nous explique le phénomène des hosties sanglantes.

Ce microbe fut décrit en premier lieu par Ehrenberg ; ses dimensions varient de 0 µ, 5 à 1 µ de long ; dans certaines conditions nutritives, les cellules s'allongent.

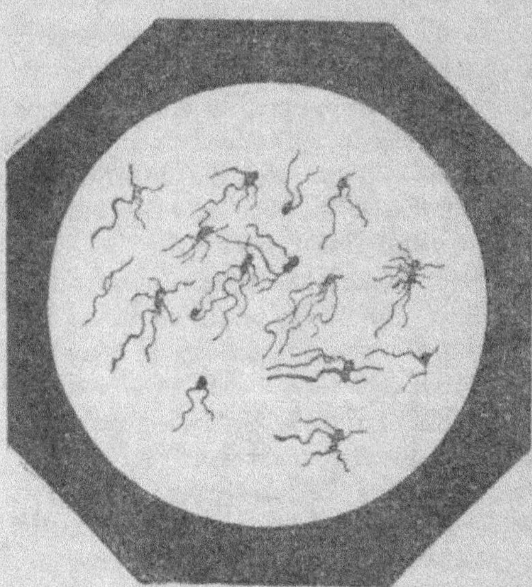

Fig. 93. — *Micrococcus prodigiosus.*

Préparation microscopique d'une jeune culture dans le bouillon (grossissement : 1 200).

On le rencontre sur la pomme de terre cuite, l'empois, le blanc d'œuf, dans le lait qu'il coagule, sur le pain humide qu'il colore en rouge, sous la forme de taches souvent larges ; il ne pousse pas sur la pomme de terre crue, ni sur le riz cru.

La matière colorante rouge est seulement formée en présence d'air ; elle peut varier avec l'âge du microbe entre le rose pâle et le rouge-brique ; elle est soluble dans l'alcool et le chloroforme ; suivant qu'on traite cette solution par l'acide acétique ou l'ammoniaque, on a un beau rouge-brique ou un rouge brun ; elle se comporte comme une leucobase; on a essayé de teindre la soie, mais cette couleur n'est pas stable.

Sa température optima est 25°; vers 37°, on obtient des cultures incolores; la couleur rouge renaît en remettant la culture à 25°.

Ce microbe est doué d'un grand pléomorphisme : ainsi Wasserzug a constaté que, dans des solutions nutritives additionnées d'acide tartrique, il s'allonge, devient bacillaire : mais bientôt il neutralise l'acidité par la formation de

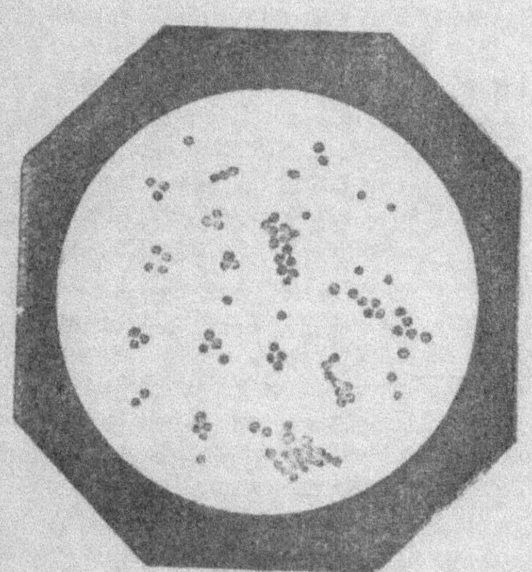

Fig. 94. — *Micrococcus prodigiosus.*

Préparation microscopique d'une culture sur gélose (grossissement : 1 000).

triméthylamine, et ainsi la forme sphérique revient peu à peu.

Un autre *Coccus* également rouge avait été signalé en 1874 par M. Prillieux, sur le blé qu'il corrode peu à peu, détruisant l'amidon grâce à la sécrétion d'une amylase.

VI. — BOULANGERIE.

La transformation de la farine en pain, la panification, est une industrie qui touche de très près l'agriculture; dans un grand nombre de fermes, on procède encore à la confection et à la cuisson du pain. Les procédés appliqués sont sinon locaux, du moins régionaux, car cet art ne s'est pas transmis de peuple à peuple; chaque peuple y est parvenu par une série de phases de perfectionnements à mesure que la civilisation avançait.

Bien que cet art soit ancien, nos notions sur la panification, sur la transformation du pain, sont encore bien incomplètes; elles ne datent que de l'ère pasteurienne.

La fabrication du pain comprend, en somme, trois phases principales : la préparation de la pâte ou pétrissage; la fermentation ou apprêt et la cuisson. Ce sont les deux premières qui nous intéressent, car les infiniment petits y jouent un certain rôle.

La farine est transformée en pâte par délayage avec l'eau tiède, mélangée ensuite avec une portion de levain ou pâte fermentée et de sel. La pâte est rendue homogène et élastique par diverses manipulations; elle augmente peu à peu de volume, devient poreuse, en subissant certaines transformations par l'abandon au repos à une température convenable.

Nous devons nous demander si ces transformations sont l'effet d'infiniment petits? D'où proviennent-ils et quels sont les produits obtenus?

Fermentation panaire. — Pendant longtemps, on avait une idée fausse de cette fermentation. Dumas, le premier, est venu apporter une théorie assez nette de la panification en ramenant tout le phénomène à une fermentation alcoolique du sucre contenu dans la farine; mais ce n'est que grâce aux progrès réalisés en bactériologie, tant sur les microbes que sur leurs sécrétions, qu'on est arrivé à mieux comprendre le phénomène. Il convient de citer à cet égard surtout les travaux de MM. Boutroux, Peters et Popoff.

Analyse d'une farine de blé.

Eau	14,340
Matières azotées (albumine, caséine).	7,66
Sucre..................................	2,34
Graisses et gommes....	7,32
Amidons et cendres....................	63,64
Gluten................................ .	3,54

Y a-t-il des germes dans cette farine ? M. Chamberland a démontré, en 1879, que les grains renfermés dans l'intérieur du fruit complètement clos ne contenaient aucun germe. Les microbes ne sont amenés à la surface du grain que lors du battage par le vent, par les insectes; leur nombre peut être plus ou moins grand. Ils sont aussi apportés sur l'épiderme du grain par les divers instruments ou ustensiles au contact desquels il se trouve. Le grain broyé les transmet à la farine. Celle-ci contient donc des germes, les uns banaux, d'autres utiles; ils agissent sur les divers principes de la farine.

Les actions, les transformations peuvent ainsi être diverses suivant le microorganisme et suivant la matière sur laquelle il agit, ce qui veut dire qu'il y a des fermentations panaires *variées.*

Dans la farine, c'est l'amidon mélangé à des matières sucrées qui est le principal constituant ; le gluten ne joue qu'un rôle secondaire.

Il existe du sucre dans les diverses graines, ceci résulte des expériences de A. Girard, de Brown et Morris. L'observation a depuis longtemps démontré que, dans le blé mûr, dans la farine maintenue humide, il se fait toujours une action lente de diastase sur l'amidon et les dextrines les plus tendres, qui détermine une production de sucre. Sa quantité peut plus ou moins augmenter pendant la conservation de la farine, ou encore pendant les diverses opérations du battage.

Pillitz fournit les nombres suivants correspondant à 100 de farine humide.

	Eau.	Sucre.
Seigle	13,85	1,87
Orge	13,88	2,43
Avoine	13,61	0,32
Maïs	13,89	1,38

Mais cette influence de l'amylase est minime, car nous savons que cette diastase ne transforme l'amidon cru que très lentement ; la plus grosse part des matières sucrées (saccharose, raffinose, maltose, substances saccharifiables solubles) préexiste dans la farine et provient du grain.

La présence de ces sucres nous fait déjà prévoir leur transformation par voie alcoolique, c'est-à-dire par l'action des levures ou encore par voie lactique.

Par le délayage avec l'eau, le boulanger hydrate l'amidon et le gluten ; il dissout les matières sucrées, les matières azotées solubles et les principes minéraux ; il facilite en même temps l'activité microbienne, surtout par une température favorable. Ainsi le pétrissage a pour effet de déterminer la fermentation des sucres, des divers hydrates de carbone, en même temps que l'air interposé, grâce à cette manipulation, procure l'oxygène et allège la pâte.

Pendant la levée du pain, l'action microbienne continue ; le volume augmente sous l'influence de l'acide carbonique formé ; ce gaz reste emprisonné dans la pâte visqueuse, dont le gluten relie les éléments. Dumas a calculé que la quantité d'acide carbonique nécessaire pour avoir un pain bien levé exigeait un poids de sucre inférieur à 1 p. 100 du poids de la farine.

L'expérience a également appris que le gluten pouvait être modifié, subir une légère peptonisation ; ainsi on remarque que souvent il n'est pas aussi agglomérable que celui de la farine ; il se laisse alors difficilement extraire, c'est l'aliment azoté pour les microorganismes ; par contre, l'amidon ne paraît pas sensiblement attaqué.

Parenti a analysé de la farine, de la pâte avant et après

fermentation; il a déterminé les différents composants : amidon, dextrine, sucres, etc.; il a trouvé que le sucre était détruit, l'amidon ne variait guère, les corps précipitables par l'alcool avaient augmenté de 2,86 à 4,15 p. 100; il en a en outre remarqué qu'il y avait transformation du gluten, qui s'extrayait plus difficilement; il l'attribue à l'influence d'une diastase de la farine.

Comme produits, on trouve d'abord de l'alcool et de l'acide carbonique; A. Girard a pu retirer de 2 kilogrammes de pâte pétrie sur levain et fermentée 6^{cc},6 d'alcool, soit 2^{gr},3 d'alcool par kilogramme de pâte correspondant à 0,5 p. 100 de sucre. La présence de l'alcool et du gaz CO^2 permet de conclure *a priori* à la présence de ferments alcooliques ou lactiques qui donnent tous les deux de l'alcool aux dépens des sucres dont nous avons constaté la disparition.

Balland et d'autres savants ont trouvé que l'acidité augmentait de 0,15 à 0,30 par kilogramme de farine ou de 1^{gr},5 à 2 grammes par kilogramme de pain, l'acidité étant exprimée en acide sulfurique; elle est constituée par de l'acide acétique, lactique et quelquefois par l'acide butyrique.

Nous devons donc surtout rechercher la présence des ferments alcooliques, acétiques, lactiques ou quelquefois butyriques. Quels sont ceux que nous avons le droit de considérer comme utiles. Ce seront évidemment ceux dont l'ensemencement et le développement dans notre pâte sera possible pendant une série de générations successives, en nous procurant du pain qui lève bien, qui sera de bonne qualité. Nous pourrons également penser que, selon la réaction de la pâte, tel ou tel ferment dominera à la longue; ces notions préliminaires posées, abordons maintenant l'étude microbienne de la pâte.

Étude microbienne de la pâte. — Lorsque nous abandonnons à elle-même de la farine additionnée d'eau en présence de l'air, la masse subit toutes sortes de fermentations acides, putrides, en même temps qu'elle se couvre de cryptogames variés; rarement on voit une fermentation alcoolique.

Il n'en est plus de même de la pâte, car ici le boulanger ajoute à la masse soit du levain, soit de la levure de bière ou de distillerie ou de boulangerie. Il mélange la farine avec 1 p. 100 de son poids environ de levure, et il obtient une fermentation alcoolique franche.

Examinons au microscope un peu de pâte de pain en fermentation délayée dans l'eau; nous y trouvons des grains d'amidon de diverses dimensions, des levures et des bactéries diverses. Colorons par un peu de teinture d'iode, l'amidon se teindra en bleu, le protoplasma des cellules vivantes en jaune; on peut encore se servir des procédés de coloration habituels aux couleurs d'aniline, violet de méthyle, bleu de gentiane, etc.

Cet examen a d'abord permis d'y distinguer des levures, notamment une levure caractérisée par Engel, comme le *Saccharomyces minor*. Peters a isolé deux organismes : un *Saccharomyces minor* et un *Mycoderma vini*; mais on pouvait croire que ces microbes y avaient été introduits accidentellement. C'est pourquoi M. Boutroux a cherché à isoler les microorganismes contenus dans un levain de campagne loin de toute brasserie.

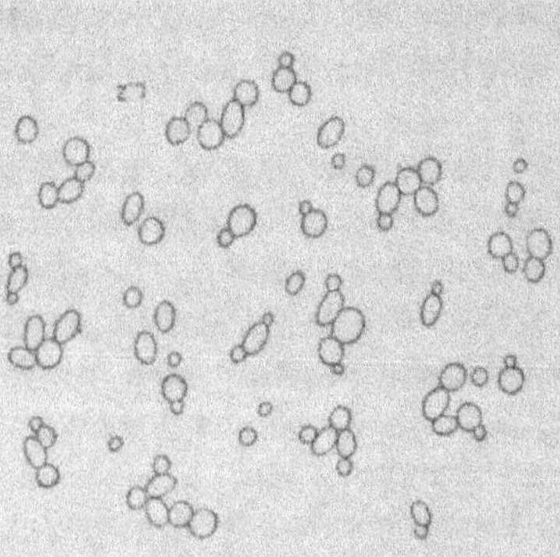

Fig. 95. — Pain : levure A
(d'après Boutroux).

Il a ainsi retiré de la pâte une grosse levure assez active et une toute petite ne supportant pas plus de 6 p. 100 de sucre et produisant une fermentation incomplète. Ce savant a toujours trouvé de la levure dans diverses pâtes soumises à l'étude, et il a conclu que la levure est un élément normal du levain du pain. Plusieurs des levures Boutroux étaient très actives dans les solutions sucrées ; il a pu les propager pendant une série de générations ; elles se multiplient beaucoup, aiment la vie aérobie et donnent parfois de fortes quantités d'alcool.

On a également signalé la présence de diverses bactéries : tel le *Bacillus glutinis* de Chicandard et le *Bacillus panificans* de Laurent. Peters a isolé à l'état pur cinq bactéries, les unes mobiles, les autres immobiles. Son *Bac-terium* A est une bactérie sans spores, qui ne solubilise ni l'amidon, ni l'albumine ; la Bactérie B affecte dans les milieux de culture une peau bien plissée, ce qui dénote un caractère aérobie ; elle donne de l'acide lactique ; une troisième bactérie était acétique ; enfin une quatrième attaquait l'amidon et liquéfiait la gélatine. Aucune cependant n'exerçait une grande action en panification.

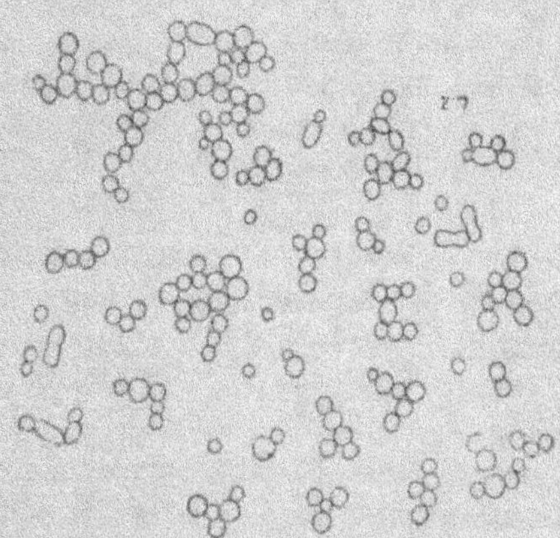

Fig. 96. — Pain : levure B (d'après Boutroux).

Le Bacille α de Boutroux dissout le gluten cuit, saccharifie l'empois d'amidon, mais n'altère pas le sucre formé ; c'est un microbe qui paraît préparer le milieu à d'autres microorganismes, comme la levure ; le Bacille β saccharifie l'amidon et donne lieu à un abondant dégagement gazeux.

Les microbes isolés par Popoff n'étaient pas plus actifs ;

on a également signalé le *Bacillus mesentericus vulgatus* de Flugge, le *Bacillus levans* de Wolffin.

Henneberg, à côté de levures, a isolé : le *Bacillus lactis acidi* Leichmann, qui attaque très facilement le maltose ; le *Bacillus panis fermentati*, qui est très actif vers 42-48°, donne 0,6 p. 100 d'acidité et de l'alcool avec les divers sucres, ainsi que du gaz ; c'est un bâtonnet dont les dimensions sont de 1 µ, 6 à 2 µ, 4 de long sur 0 µ, 5 à 0 µ, 8 de large ; ajoutons cependant qu'il n'attaque pas le raffinose que nous avons signalé dans la farine, ni le sucre de lait, ni la mannite.

Le dernier savant qui a soumis à une étude détaillée un grand nombre de levains est Holliger.

Dans les levains obtenus par mélange d'eau et de farine et soumis à la fermentation spontanée, il a trouvé différents bacilles dont l'un présentait de grandes ressemblances avec le *Bacterium coli* ; c'est un bacille facultativement anaérobie, liquéfiant la gélatine, donnant des colonies jaunâtres et faisant bien fermenter les sucres, comme le glucose et le lactose.

Dans les pâtes obtenues par addition de levure pressée ou de levain acide, il a signalé, à côté de la levure, de nombreuses espèces de ferments lactiques qui rendent le milieu défavorable au développement des microbes apportés par la farine, surtout des formes bacillaires ne donnant pas de dégagement gazeux ; l'auteur cite notamment le *Bacillus acidificans longissimus* Lafar, qui a pour principal rôle d'empêcher les mauvaises fermentations ; c'est un ferment lactique énergique.

Nous voyons ainsi que le nombre des différents microorganismes peut non seulement être grand, mais surtout varié, et, comme l'examen microscopique révèle dans les levains souvent plus de bactéries que de levures, on comprend que la fermentation panaire peut affecter des allures très variées. Ainsi, dès que la pâte est acide, le ferment alcoolique prend facilement le dessus ; sinou ce sont d'autres microorganismes qui domineront.

Le problème à résoudre consiste à indiquer ceux qui sont utiles et ceux qui ne jouent aucun rôle ; sa solution est délicate, parce qu'on ne peut pas stériliser la pâte. Sa stérilisation complète est d'une part difficile ; mais, de plus, il n'y aurait pas de conclusion à en tirer, attendu que la pâte chauffée ne ressemblerait pas à la pâte crue, l'amidon cru et cuit n'ayant nullement les mêmes propriétés. C'est Boutroux qui a cherché à tourner la difficulté. Avant de parler de ses expériences, il convient de dire que Peters a pu chauffer de la farine à 120-130° sans avoir une saccharification sensible, et il avait constaté que l'ensemencement avec le ferment alcoolique pouvait donner naissance à la fermentation panaire. Ajoutons également que les traitements des farines à l'ozone, tels qu'ils sont pratiqués pour leur blanchiment, n'ont aucune influence sur les microbes présents. C'était facile à prévoir d'après ce que nous savons sur les effets de l'ozone ; mais des expériences personnelles tout récentes me l'ont amplement confirmé.

M. Boutroux a cherché à obtenir les microorganismes qui persistaient dans le levain après une série de générations successives, c'est-à-dire ceux qui fournissaient un levain cultivable de pâte en pâte, en donnant toujours du pain de bonne qualité ; et il a considéré tous ceux qui ne jouissaient pas de cette propriété comme ne jouant aucun rôle utile en panification. Cette conclusion est peut-être *a priori* trop restrictive, car il est certain que dans le levain nous pouvons trouver des bactéries qui donnent du sucre en transformant l'amidon et qui interviennent ainsi d'une façon indirecte. Nous devons donc les envisager plutôt comme des auxiliaires souvent fort utiles du ferment alcoolique. Par contre, ceux qui dissolvent le gluten, empêchent le pain de blanchir, — il en est de même de ceux qui produisent une acidification trop forte et qui forment ainsi un pain moins léger, — sont sûrement nuisibles.

Nous avons déjà dit que Boutroux considérait les ferments alcooliques comme des ferments utiles pour la boulangerie. Il a étudié l'influence de divers ferments alcooliques à l'aide de tubes à pâtons stériles, dans lesquels il mettait un petit cylindre de pâte dont il mesurait ensuite le gonflement à 34°; il a ainsi remarqué que, même après quatorze à quinze générations, la pâte ensemencée avec une bonne levure active levait toujours normalement; que le ferment se multipliait bien et restait semblable à lui-même.

Le même savant a trouvé également que les levures qui ne provoquent dans les moûts sucrés que des fermentations lentes ne donnaient dans le mélange de farine et d'eau que des levains dont les propriétés se perdaient de plus en plus, ne se transmettaient pas dans les générations successives, et que ces levures succombaient facilement sous l'action nocive des bactéries.

L'addition de 0,3 p. 100 d'acide tartrique à la pâte n'influençait en rien les générations successives de levures, mais gênait par contre le développement d'autres bactéries.

L'ensemencement dans des conditions identiques de diverses bactéries, isolées de la farine, n'a donné à Boutroux que des résultats peu encourageants; on a ainsi obtenu des levains qui n'étaient pas cultivables de pâte en pâte.

Comme on trouve dans les pâtes un certain nombre d'espèces de *Saccharomyces* d'activité variable qui sont les véritables agents de la panification; comme on trouve à côté également diverses bactéries, les unes sécrétant des diastases protéolytiques, solubilisant le gluten; d'autres sécrétant de l'amylase, saccharifiant ou corrodant l'amidon; d'autres enfin qui produisent des acides avec porduction plus ou moins forte de gaz, il faut faire un choix.

Il importe d'acclimater la levure à son nouveau milieu en procédant à un large ensemencement dans le premier levain employé et de favoriser sa multiplication par un travail rationnel.

Le bon développement de la levure donne de l'alcool, de l'acide CO_2, fait gonfler la pâte, préserve de la désagrégation du gluten et empêche l'envahissement de la pâte par les mauvais ferments, surtout par les ferments butyriques.

Si la levure est suffisamment active, si elle est introduite à l'origine en suffisante quantité, elle prendra aisément le dessus; la bactérie ne pourra commencer son œuvre que lorsque le ferment alcoolique aura fini la décomposition du sucre, et elle agira d'autant plus que la levure sera plus affaiblie, plus vieille, c'est-à-dire moins rajeunie.

C'est donc la fermentation alcoolique qui commande surtout le boursouflement de la pâte : ce sont les bactéries qui, par une fermentation insensible, modérée, peuvent toutefois amener des changements de saveur, réclamés par la clientèle du boulanger. Quelquefois les deux espèces de ferments peuvent vivre en bonne harmonie, comme l'a montré Wolffin en associant une levure alcoolique et le *Bacillus levans*. Nous connaissons d'ailleurs des cas analogues dans d'autres industries.

Pour mettre la pâte en fermentation, on emploie en boulangerie deux procédés : le pétrissage sur levure et le pétrissage sur levain; entre les deux modes, nous avons des variantes, des procédés mixtes.

L'application de l'une ou de l'autre méthode dépendra des circonstances dans lesquelles le boulanger se trouve; le travail des levains a pour but principal de maintenir la levure en bon état et de lui permettre de prédominer sur les bactéries.

a. Travail sur levure. — La levure employée est la levure de brasserie, dont on a enlevé l'amertume par lavage avec du moût de bière dilué ou une solution de carbonate d'AzH_3; on se sert encore de la levure de distillerie de grains, qui est préférable. On trouve aujourd'hui dans le commerce des levures de boulangerie de très bonne qualité.

L'expérience a démontré que la levure de boulangerie doit être riche en azote; le tableau suivant, dû aux recherches de Briant, est conforme à cette manière de voir.

Désignation des levures.	Matière azotée p. 100 dans la levure sèche.	Opinion des boulangers.
Échantillon 1............	69,80	Excellente.
— 2.	64,20	Bonne.
— 3.	42,70	Mauvaise.

La principale difficulté résulte de l'inégale activité de la levure; de ce chef, la dose employée doit varier constamment; or on n'en sait rien à l'avance, à moins de se servir pour chaque fournée de levure fraîche et active; mise en excès, elle donne une coloration foncée et communique au pain souvent le goût de levure.

Une levure active est une garantie pour la bonne levée de la pâte; aussi a-t-on cherché à trouver des procédés pour la conserver active pendant des mois, c'est ce qui constitue l'industrie des levures sèches. La dessiccation diminue forcément l'activité de la levure; elle se fait soit en ayant recours à des courants d'air sec, soit en se basant sur le pouvoir absorbant de certaines substances. Ces procédés se rapprochent plus ou moins de la perfection.

Héron a préconisé le mélange de la levure avec une matière fermentescible pouvant former avec elle une masse compacte, assurant son activité plus longtemps; on a également songé à se servir, pour les boulangeries d'outre-mer, de la levure tuée, dans laquelle la zymase alcoolique a été conservée.

Pour fixer les idées, voici comment on peut opérer dans l'emploi de la levure : avec 80 kilogrammes de farine, 50 litres de lait tiède et 3 kilogrammes de levure, on fait une pâte molle qu'on laisse reposer deux heures et demie; une fois la fermentation déclarée, quand la pou-

lisch est prête, on délaie la pâte avec de l'eau, de la farine
et du sel, jusqu'à former une pâte dure, et on effectue le
pétrissage.

Le mode opératoire où l'on travaille avec la levure
fraîche est le procédé viennois dit à la poulisch. Dans le
Nord de la France, on procède un peu différemment : la
fabrication est plus simple, on mélange directement la
levure fraîche, la farine et l'eau. On pétrit soit à la main,
soit au pétrin mécanique ; on laisse fermenter quelques
heures et on cuit.

b. Travail sur levain. — On peut l'effectuer de deux
manières différentes : 1° pétrissage sur pâte ; 2° pétrissage
sur levain naturel.

La première méthode consiste à prélever une partie de
la pâte (un tiers ou la moitié) au moment où elle est complètement pétrie ; on lui laisse prendre un apprêt convenable, et on l'utilise immédiatement comme levain
pour la deuxième fournée ; on en prélève un morceau qui
servira pour la troisième fournée, et ainsi de suite.

La seconde méthode est le pétrissage sur levain naturel.
Ce levain est tout simplement de la pâte en fermentation, qui sera mélangée à de la pâte fraîchement préparée
que l'on veut faire lever : on comprend tout de suite que,
suivant l'état de sa fermentation, le levain sera jeune, fort
ou vieux ; le vieux est beaucoup plus acide que le jeune.

Le boulanger lui-même compose différents levains, et il
existe ainsi le levain chef, le levain de première et le
levain de seconde.

On prélève une portion de pâte complètement pétrie ;
on la repétrit avec de la farine et de l'eau, et on en fait
une pâte ferme ; on la met au frais dans une corbeille,
revêtue d'une toile, et on replie sur pâte, c'est le *levain chef.*
On le laisse doubler de volume ; au bout de quatre à
cinq heures, il s'en dégage une bonne odeur vineuse,
agréable ; la pâte devient acide, la teneur en gluten diminue ; aussitôt cet apprêt terminé, on le rafraîchit avec de

la farine et de l'eau, on obtient ainsi le *levain de première*. Ce rafraîchissement peut être effectué plusieurs fois ; on lui conserve ainsi sa bonne odeur alcoolique, on empêche l'acidification de s'exagérer.

Beaucoup de boulangers renforcent leur levain à la levure de grains, quand ils supposent celui-ci trop faible ou trop acide.

Le *levain de seconde* se fait en rafraîchissant le levain de première, qu'on travaille beaucoup pour faire dominer la levure dans un temps court.

Enfin, en rafraîchissant celui de seconde, on fait le *levain de tout point*, qui atteint jusqu'à la moitié du volume de la fournée à faire ; il doit être peu acide, et c'est lui qui sert finalement.

On voit que tous ces renforcements, tous ces rafraîchissements du levain ont pour but de faire dominer la fermentation alcoolique, d'arrêter la fermentation lactique, qui se produit surtout à la fin de chaque apprêt. On aura à maintenir l'équilibre entre les deux fermentations par un grand nombre de rafraîchissements. Le boulanger se facilite le but proposé en ajoutant chaque fois un peu de levure fraîche ; c'est en somme le procédé suivi par les boulangeries de Paris.

Comparaison des pains obtenus par les deux procédés : avec levure de grains ou avec levain.

Il y a évidemment à tenir compte dans cette appréciation des goûts de la clientèle : ainsi le pain fait avec levain est plutôt acide, et il plaît quelquefois davantage.

Il est moins coloré, il se conserve mieux, c'est donc lui qu'il faudrait préférer pour la campagne ; mais l'observation a montré que la conservation du levain, pendant dix à vingt-cinq jours, même dans les pots en grès sous une couche de sel, était trop longue, à moins de procéder à son rafraîchissement en temps voulu ; le levain devenait aigre et quelquefois moisissait.

Le pain sur levure est plutôt un pain neutre ; il a quelquefois le goût de levain ; la mie devient vite friable ; il est plus fade, et, dès lors, il peut être plus facilement envahi par les microbes ayant résisté à la cuisson.

Le pain sur levure fraîche, comme on le fait dans le Nord, montre de nombreux trous relativement petits ; le pain fait d'après le procédé viennois à la poulisch ou encore sur levain montre, par contre, des trous très larges, qui donnent un pain boursouflé. Ceci tient, comme l'observation microscopique l'a montré à M. Ph. Landrieu, à ce que, dans le premier cas, la levure n'a pas le temps de bourgeonner ; elle décompose tout simplement le sucre en alcool et CO^2 ; le microscope la montre isolée, tandis que dans le second cas, soit dans le procédé à la poulisch ou au levain, elle bourgeonne abondamment et forme des colonies que le microscope révèle et qui donnent lieu, par endroits, à un grand volume de gaz carbonique produisant des trous très larges et imprimant au pain un cachet particulier, très apprécié.

A ces inconvénients il faut opposer que le travail est facile et rapide ; il est certain qu'avec une levure d'activité constante, de bonne qualité, le boulanger serait complètement maître de son travail.

De ce que nous venons d'apprendre, il résulte que, pour fabriquer du pain dans une ferme la première fois, il faut ou se procurer un levain, ou employer une levure de brasserie, ou une bonne levure pressée ; on peut également se servir d'un ferment alcoolique de fruits (raisins, figues, dattes, pommes, cerises).

Dans ce but, on met quelques fruits dans une solution sucrée tiède, acidulée artificiellement, et on abandonne à 30° ; la fermentation alcoolique se déclare. On soutire et on effectue le mélange avec la farine, dans la proportion de deux parties de farine pour une partie de liquide. On obtient ainsi un bon levain, qu'on n'a qu'à rafraîchir de temps à autre ; c'est ainsi qu'opéraient déjà les Romains et les Grecs.

Altérations du pain. — La température de 100° de la cuisson suffit pour tuer les bactéries à l'état végétatif; les spores y résistent, à moins que la pâte ne soit très acide. Il y a donc des bactéries qui peuvent se développer à l'intérieur du pain.

Le pain peut encore être envahi par des moisissures apportées par l'air: *Mucorinées*, *Penicillium*, *Aspergillus*, l'*Oïdium aurantiacum*, le *Bacillus violaceus*, le *Micrococcus prodigiosus*, enfin les bactéries du pain filant.

Il importe donc d'abord, pour éviter surtout les moisissures, de maintenir les pains dans des endroits secs; il faut éviter de les empiler les uns sur les autres, de les enfermer dans des espaces bien clos, surtout pendant qu'ils sont encore chauds, *a fortiori* lorsque leur température est bien supérieure à celle de l'air, car ils exhalent à ce moment beaucoup de vapeur qui se condensera sur la croûte, par suite de l'abaissement de la température; il convient d'éviter la rupture de la croûte par des chocs, car c'est une cause, une porte de pénétration des microbes et des moisissures.

Un des microbes qui a causé de grands dégâts dans les boulangeries est le *Micrococcus prodigiosus*, dont nous connaissons les propriétés; un autre, étudié par beaucoup de savants, est la bactérie du pain filant. Cette modification du pain a été étudiée par un grand nombre de savants. Citons les noms de Laurent, König et Spieckermann, Holz, Reinsch, Czadek et Kornauth.

Pain filant. — Cette altération se manifeste surtout pendant les chaleurs de l'été, nécessite une température supérieure à 15° et un certain degré d'humidité; elle est plus rare dans les pains faits sur pâte à levain que sur levure; la mie s'étire en fils.

Elle est due à divers microbes que certains auteurs rattachent au genre *subtilis*, d'autres au *Bacillus mesentericus*, d'autres les rapprochent de ceux des pommes de terre, microbes qui sont tous apportés par la farine elle-même, tous résistant bien aux températures élevées, ce qui peut même servir pour les obtenir (König et Spiecker-mann). On connaît les *Bacillus panis viscosi I, II et III.*

Les deux derniers savants ont isolé du pain filant deux bacilles résistant à 75-80°, ayant 1 à 1 μ,5 de long sur 0 μ,5 à 0 μ,7 de large, pourvus de cils, d'où leur motilité.

Ils poussent sur gélatine en colonies bleu blanchâtre avec centre blanc, à bords sinueux; ils liquéfient la gélatine; ils se développent sur carottes, pommes de terre, gélose en couches glaireuses.

L'amidon est saccharifié, les matières grasses et cellulosiques restent intactes; le gluten est décomposé en peptone, amides, AzH³.

Les bactéries sécrètent une matière glaireuse qui est surtout formée d'hydrates de carbone pour la partie soluble dans l'alcool à 50° et de matières albuminoïdes pour la partie insoluble.

Dans l'alcool à 50°,	Matières saccharifiables.	Matières protéiques.	Pentosanes.
	p. 100.	p. 100.	p. 100.
Partie soluble.........	47,38	11,25	6,11
— insoluble.	17,52	58,13	9,30

Ces auteurs considèrent les matières glaireuses du pain filant comme des hydrates de carbone de nature dextrineuse soluble, ne renfermant pas le groupement du galactose.

Remèdes. — Laurent a conseillé l'addition de 1 à 2 litres de vinaigre à 100 kilogrammes de farine ; il recommande un lavage à fond, à l'eau acidulée bouillante, du pétrin et de tous les ustensiles de boulangerie ; on peut encore employer pour la pâte de l'eau préalablement bouillie, changer de levure et faire une cuisson très complète.

D'autres auteurs additionnent la pâte avant la fermentation de faibles quantités d'acide lactique ; remplacent l'eau à moitié par du petit-lait acide et dans des proportions d'autant plus fortes que la farine est de moins bonne qualité, sans craindre de rendre le pain plus acide.

Une bonne partie de cette acidité est, en effet, volatilisée pendant la cuisson.

Il est également bon, eu égard aux exigences physiologiques du microbe, de conserver les pains au frais et de les placer sur des étagères à clairevoie.

VII. — FABRICATION DE CONSERVES VÉGÉTALES PAR FERMENTATION.

Depuis longtemps déjà on a cherché à conserver certains légumes et fruits en les abandonnant à la macération, soit dans leur propre jus, soit après addition d'eau salée, voire quelquefois sucrée. On obtient ainsi des produits qui sont complètement transformés et souvent fort appréciés par l'homme. Ils ont subi une véritable fermentation sous l'influence de divers microorganismes, parmi lesquels les ferments lactiques jouent le principal rôle. On traite de la sorte les choux blancs, les concombres, les haricots verts, etc.

1. *Choucroute*. — Cette production, qui a surtout acquis un grand développement en Allemagne et dans l'Est, a pour matière première la variété du choux blanc, qu'on soumet à la fermentation spontanée.

C'est une fermentation anaérobie qui se fait aux dépens du jus sucré du chou ; comme condition préliminaire, il importe donc de faire sortir le jus et de soustraire la masse solide à l'action de l'air.

Dans ce but les choux sont lavés, débarrassés des parties vertes et des trognons et coupés en lanières ; ils sont ensuite mélangés de sel à la dose de 1 à 2 p. 100, qui agit comme déshydratant, et sont entassés par des ouvriers munis de sabots dans des récipients de fermentation. Ce sont des tonneaux en chêne de dimension variable (quelquefois de 100 quintaux de contenance), ou encore des cuves en ciment de dimensions encore plus fortes. Les tonneaux sont fermés par un couvercle percé de trous, les cuves par des planches ; couvercle et planches sont chargés lourdement à l'aide de grosses pierres. La fermentation se fait dans des caves et, selon la température, elle se manifeste plus ou moins rapidement.

Sous l'action du sel et sous l'influence de cette forte compression, le jus ne tarde pas à sortir dans la proportion de 50 à 60 p. 100 et vient bientôt au-dessus du couvercle et des planches. Le volume primitif est réduit aux deux tiers et même à la moitié.

Dès le premier jour, on peut souvent voir un dégagement gazeux abondant qui peut durer des semaines et des mois. On remarque à la surface du liquide surnageant, la production d'une mousse épaisse ayant beaucoup de ressemblance avec celle qu'on peut voir sur les cuves de fermentation (les Kräusen) du brasseur, et, après quelques jours déjà, on aperçoit la formation d'une peau, d'un voile grisâtre mycodermique, mélange de levures et d'*Oïdium lactis*.

En raison de la présence de cette moisissure, l'acide lactique produit est peu à peu détruit ; cependant sa dose dépasse quelquefois 1 p. 100 à la fin de la fermentation.

Il est essentiel que la fermentation lactique se déclare dès le début ; nous nous trouvons en effet dans des conditions assez favorables aux ferments butyriques, le chou étant sous le liquide ; ces ferments prendraient facilement le dessus et amèneraient la décoloration et la dépréciation de la choucroute ; ils sont arrêtés par l'action des ferments lactiques, dont le rôle de conservateurs est bien connu.

Nous constatons que le chou a une teneur en matières sucrées d'environ 4 p. 100 ; ces sucres sont détruits, lorsque la fermentation marche bien, par voie alcoolique et lactique ; ces deux espèces de ferments se trouvent alors en proportion à peu près égale, comme l'a démontré Wehmer par des cultures sur milieux gélatinisés.

KAYSER. — *Microb. agric.*

Analyse de choux, par Conrad.

	Chou frais. %	Chou transformé (choucroute). %
Matières azotées...................	1,53	0,69
Dont mat. albuminoïdes..	(0,63)	(0,31)
Mat. grasses...................	0,40	0,74
Hydrates de carbone........	4,22	1,36 (ac. lact.)
Dont dextrose...............	(2,93)	»
Sucre interverti.............	(1,29)	»
Cellulose...................	1,15	1,49
Cendres...................	0,80	1,22

L'ensemencement des deux ferments a donné lieu à
des fermentations normales; ils paraissent utiles tous les
deux : le ferment lactique fait disparaître 1 à 2 p. 100 du
sucre, le ferment alcoolique le reste, en donnant lieu au
dégagement gazeux d'acide carbonique.

Analyse bactériologique du jus de choucroute. —
M. Wehmer y a trouvé des moisissures, des levures et
des ferments lactiques et quelques microbes banaux.

Les levures très actives sont des levures basses, c'est-à-
dire travaillant à basse température avec abondante production de gaz ; les divers *Saccharomyces brassicæ*, isolés
par ce savant, se comportent à peu près de la même
façon, supportent 1 p. 100 d'acide lactique et ne détruisent
pas l'acidité produite. Ce sont les moisissures, le *Penicillium*, l'*Oïdium*, qui agissent dans ce sens et qui doivent
être ainsi considérés comme nuisibles dans cette fabrication; il en est de même des mycodermes destructeurs
d'alcool.

Les levures ont été signalées par divers auteurs, notamment par Conrad, qui indique le *Saccharomyces minor* et
le *Saccharomyces cerevisiæ*.

A côté de ces microorganismes, se placent maintenant
nant les ferments lactiques, dont le rôle protecteur et ré-
gulateur est des plus importants; on en a isolé différentes
variétés.

Wehmer décrit une bactérie lactique, immobile, de 1 à

1 μ, 2 ne liquéfiant pas la gélatine, ne donnant pas de gaz, sensible à 1 p. 100 d'acidité et ressemblant beaucoup au *Bacterium Guntheri* des concombres.

Conrad a isolé un bâtonnet de 0 μ, 8-2 μ, 4 de long sur 0 μ, 4 à 0 μ, 6 de large, facultativement anaérobie, faisant bien fermenter les sucres avec production d'acide lactique

Fig. 97. — *Bacillus brassicæ fermentatæ* n. sp., isolé d'un jus de choucroute. Culture de quatre jours sur moût gélosé (d'après Henneberg).

inactif, d'acide formique, acide acétique, acide carbonique et d'hydrogène, les deux gaz étant en proportions sensiblement égales, c'est le *Bacterium brassicæ acidæ*. Ce microbe présente une grande ressemblance avec le *Bacterium coli*; mais ce dernier donne 3/4 de H pour 1/4 de CO^2.

Le ferment lactique isolé par Butjagin montre beaucoup d'analogies avec le *Bacterium Guntheri*.

Kayser a isolé d'un jus de choucroute un bacille qui

fait cailler le lait dans les soixante heures, se présente, notamment dans certains milieux, sous la forme de chaînes très longues, fait fermenter tous les sucres, en donnant tantôt de l'acide lactique inactif, tantôt de l'acide lactique gauche, sans production de gaz ni d'alcool ; l'optimum de température est 35°. C'est celui de tous les ferments lactiques qui, depuis vingt ans de culture dans les milieux les plus divers, a conservé le mieux toutes ses propriétés primitives.

Henneberg décrit un bacille, le *Bacillus brassicæ fermentatæ* (fig. 97) de 1 μ, 6-2 μ, 4 de longueur sur 0 μ, 6 de large, affectant la forme de diplocoques ou de chaînes qui peuvent avoir jusqu'à 23 μ de longueur.

Il a pour optimum de température 34°, donne le maximum d'acidité vers 42 à 48°, acidifie la plupart des sucres, à l'exception du lactose, raffinose, tréhalose, de la dextrine, de l'inuline ; il ne donne pas de gaz.

L'étude de trente-sept choucroutes a permis à Marpmann de caractériser trois ferments lactiques plutôt anaérobies.

Nous voyons donc que beaucoup de ferments lactiques isolés du jus de choucroute ne donnent pas de gaz avec les sucres, aussi Wehmer attribue-t-il la production de CO_2 principalement aux levures alcooliques.

Tous ces ferments sont apportés avec le chou : ce dernier bouilli ne montre aucune fermentation ; mais, dès qu'on ensemence un mélange de ferments alcooliques et lactiques ou même de ferments lactiques seuls, on obtient du chou fermenté présentant l'odeur de choucroute ; ceci nous prouve que l'ensemencement avec des ferments sélectionnés pourrait peut-être donner lieu à des perfectionnements dans cette industrie. Comme le principal produit transformé est le sucre, il faut veiller à ce qu'il y en ait en suffisante quantité ; au besoin on en ajoute une faible dose, comme ceci se fait dans d'autres industries. Il est également certain que ces divers microorganismes attaquent en outre les matières azotées, notamment celles qui sont solubles (amides), comme ceci résulte d'ailleurs de l'examen de la précédente analyse de Conrad.

En dehors des ferments alcooliques et lactiques, d'autres microbes spécifiques interviennent peut-être également ; ceci expliquerait en partie les différences trouvées chez des choucroutes de diverses origines et serait d'accord avec ce que nous savons par exemple pour les levures en vinification.

La préparation de la choucroute exige, — il est inutile d'insister, — la plus grande propreté, pour se mettre à l'abri des mauvaises fermentations.

2. *Concombres*. — Ces légumes, bien lavés et nettoyés, sont mis dans des vases en grès ou dans des tonneaux et recouverts d'eau pure ou d'eau salée, additionnée de divers condiments, comme des feuilles de laurier, de raifort, estragon, vrilles de vigne, poivre d'Espagne, etc. ; la masse est recouverte de planches et pressée par des pierres, comme dans la fabrication précédente. Ceci a pour but de permettre une bonne imbibition et d'empêcher l'arrivée de l'air ; la fermentation se déclare, et souvent le liquide est déjà trouble dans les vingt-quatre heures ; il se forme à la surface une membrane assez épaisse, d'aspect grisâtre, un peu glaireuse, et il y a production d'acidité. Elle peut atteindre de 0,387 à 0,990 p. 100 en acide lactique au bout de trois à quatre semaines ; elle est plus forte dans les conditions de vie anaérobie.

L'observation a démontré qu'une acidité de 0,5 p. 100 est absolument nécessaire pour la bonne conservation du produit.

Comme le principal élément de transformation est encore ici le sucre, il faut prendre garde qu'il y en ait au moins 0,5 p. 100 ; l'addition de 0,5 à 1 gramme de glucose par litre a donné de bons résultats. Il importe donc de choisir des concombres riches en sucre.

On a remarqué également qu'une addition de 4 p. 100 de sel est favorable, ainsi qu'une température voisine de 15 à 18°. Elle permet la diffusion rapide du sucre et favorise en même temps la multiplication des espèces bactériennes; leur action contribue d'ailleurs à obtenir au début une température élevée.

FLORE BACTÉRIENNE. — Parmi les espèces les plus fréquemment trouvées, on peut citer l'*Oïdium lactis*, des mycodermes, des *Torulas*, des levures, des bacilles en chaînes, en général des ferments lactiques, comme le *Bacterium coli*, le *Bacterium Guntheri*.

Henneberg a décrit les deux ferments lactiques suivants :

Bacterium cucumeris fermentati : 1 μ, 7-2 μ, 1 sur 0 μ, 7-1 μ, 4 : se présente en diplocoques ou en chaînes jusqu'à 7 μ de long, qui, dans le moût de bière, peuvent même être beaucoup plus longues ; il donne jusqu'à 1 p. 100 d'acidité et est très actif vers 42-48° ;

Bacterium Aderholdi : ainsi appelé en l'honneur de ce savant, qui a fait des recherches intéressantes dans cet ordre d'idées ; il rend les liquides filants.

Comme on le voit, ce sont les ferments lactiques qui jouent encore ici le principal rôle ; ils rendent le milieu acide ; c'est pour cette raison qu'on peut même conseiller l'addition de lait caillé, une cuiller par 12 litres de solution : on assure ainsi le départ de la fermentation lactique.

Le produit formé se conserve bien à l'abri de l'air, grâce à cette acidité ; mais, dès que l'air arrive, il y a diminution souvent notable de l'acidité, qui est détruite par diverses espèces microbiennes ; le liquide peut devenir alcalin, et la putréfaction a lieu très rapidement. Une fois le tonneau entamé, ces inconvénients sont beaucoup à craindre et nécessitent une grande surveillance.

3. *Haricots verts*. — Les haricots coupés sont additionnés de sel, mis en tonneaux, et pressés. Sous l'in-

fluence du sel et de la compression, le jus sort peu à peu ; la fermentation se déclare.

Le jus est trouble au bout de huit à dix jours et pullule de microorganismes. Les éléments les plus faciles à décomposer sont bientôt détruits. On remarque au bout de quelques jours, comme dans les fermentations précédentes, un voile mycodermique d'aspect grisâtre, glaireux et un dégagement abondant de gaz qui continue pendant deux à trois semaines.

Lorsqu'on constate que la fermentation se ralentit, que la température tombe, on enlève le liquide superficiel et la couche supérieure des haricots ; on ajoute à nouveau du sel et on ferme le tonneau ; les haricots se conservent.

L'étude de la flore microbienne a appris la présence de ferments alcooliques qui ont détruit les hydrates de carbone, les sucres, et de bactéries qui ont solubilisé une partie des matières azotées ; Wehmer a pu isoler des bâtonnets se présentant en chaînes et doués de motilité. L'addition de sel jusqu'à la dose de 8 p. 100 arrête leur action et protège finalement contre les ferments de putréfaction.

On voit que dans la macération de ces divers produits végétaux, choux, concombres, haricots, asperges, betteraves rouges, ce sont des espèces microbiennes analogues qui agissent : ferments alcooliques, streptocoques, bacilles, etc. Ainsi Weiss a pu identifier jusqu'à 65 espèces différentes ; une fois la première fermentation finie, il importe d'enlever les couches mycodermiques supérieures, de conserver les produits à l'abri de l'air et de régulariser, ou mieux de modérer la fermentation secondaire par l'addition d'une nouvelle quantité de sel.

4. *Le Barszcz* (prononcez *Barchtch*), produit obtenu en Pologne, en soumettant la betterave rouge à la fermentation spontanée.

Les racines lavées, épluchées et coupées en rondelles, sont recouvertes de quelques centimètres d'eau, dans des vases en grès. On les abandonne dans des endroits chauffés, la fermentation se déclare et, au bout de dix à quinze jours, on passe le produit à travers un linge.

On obtient de la sorte un liquide rougeâtre, assez parfumé, visqueux, de saveur très agréable, à la fois acidulée et sucrée. Il est surtout employé pour faire des soupes à bon marché.

D'après ce que nous avons appris par l'étude des précédentes fermentations, nous pouvons y supposer l'action des mêmes ferments, notamment des ferments lactiques qui agissent, comme nous le verrons, dans l'ensilage des cossettes de betteraves.

Toutefois le caractère visqueux permettait de prévoir également la présence d'un ferment visqueux dont on connaît déjà de nombreuses variétés dans les boissons fermentées, dans le lait, etc.; nous venons d'ailleurs de citer, un peu plus haut, le *Bacterium Aderholdi*, qui jouit de ces propriétés; en effet, Panek a pu isoler un microbe spécifique dans l'espèce, auquel il a donné le nom de *Bacterium viscosum*, qui opère très bien vers 20°.

On trouve ici les produits que nous connaissons déjà par l'étude des ferments gras, à savoir : de l'acide lactique, acétique, de la mannite, enfin cette matière visqueuse de nature mal déterminée.

Il est probable que, selon la température et même selon la réaction du milieu, d'autres bactéries peuvent jouer un rôle en donnant lieu à des produits intermédiaires, odorants, et influent ainsi sur la qualité du produit et même sur sa conservation.

Ces quelques exemples nous suffisent pour montrer comment l'agriculteur pourra tirer profit de ses produits en utilisant les actions microbiennes d'une façon rationnelle et dans un sens bien déterminé.

VIII. — ENSILAGE.

L'agriculteur dispose de deux moyens pour la conservation du fourrage : 1° le fanage ou la dessiccation ; 2° l'ensilage.

Ce dernier mode présente différents avantages : il permet de conserver pendant l'hiver les fourrages verts et frais pour le bétail, une économie dans la récolte, une meilleure répartition de la main-d'œuvre dans la manipulation des fourrages.

L'expérience a démontré que beaucoup de produits agricoles pouvaient subir avantageusement l'ensilage : herbes de prairies, trèfles, pois, vesces, lupins, serradelle, moutarde, maïs, divers résidus comme des feuilles, des ramilles, des betteraves, des navets.

L'ensilage a surtout de l'importance pour la conservation des feuilles de betteraves, qui serait autrement impossible ; pour le maïs, dont la graine mûrit difficilement sous certains climats et qui, d'autre part, conservée à l'état sec, est trop dure à consommer. Certains foins ligneux s'attendrissent par l'ensilage et sont préférés au fourrage sec par les animaux.

On comprend encore mieux l'importance de ce mode de conservation lorsqu'on considère que, dans les climats humides, dans les régions montagneuses à propriétés morcelées, la culture des prairies est pour ainsi dire seule possible. La dessiccation, la conservation de la deuxième coupe des prairies naturelles et artificielles sont en effet difficiles.

Cette pratique de l'ensilage peut se faire par tous les temps ; elle consiste essentiellement à mettre le foin plus ou moins humide en masses tassées et à l'abandonner pendant un certain temps. La masse ensilée subit alors des transformations, des modifications qu'il importe de régulariser, tout en évitant une trop grande perte en matières sèches.

Nous devons comparer cette masse à une matière vivante qui donne lieu, plus ou moins facilement, à des échanges gazeux avec l'extérieur, à un dégagement de chaleur plus ou moins élevé, accompagné d'un changement de couleur, d'odeur, de structure et l'apparition d'une réaction plus ou moins acide.

D'une façon générale, on peut dire que le foin passe par des élévations de température plus ou moins fortes, dépendant des conditions de l'expérience. Le maximum est suivi d'un abaissement progressif de température, qui influe énormément sur les modifications subies ultérieurement ; ainsi la réaction finale peut être tantôt presque neutre, tantôt acide.

A quoi est due cette élévation de température ? Nous savons que les cellules végétales continuent encore pendant un certain temps leurs fonctions vitales, et particulièrement les fonctions de respiration, qui dépendent de la quantité d'oxygène présent. Tant que cet élément existe à l'état libre, la cellule végétale l'absorbe ; plus tard, elle l'emprunte à sa propre matière ; ces oxydations, ces combustions entraînent forcément une augmentation de température.

Bérard avait déjà montré, vers 1821, que des fruits laissés dans une atmosphère confinée, comme c'est le cas pour les herbes ensilées, continuent pendant un temps assez long à dégager CO^2 sans aucune avarie, en perdant du sucre. Lechartier et Bellamy sont venus nous montrer que, dans ces conditions, il se forme de l'alcool, en l'absence de tout ferment alcoolique. Les expériences de Pasteur nous ont appris que le maximum vital de ces cellules du fruit précédait de beaucoup la maturité. C'est là un fait général pour toutes les cellules végétales. La physiologie végétale apprend que les cellules peuvent être privées d'oxygène et mener alors une existence caractérisée par une production d'alcool et de CO_2 aux dépens des matériaux nutritifs accumulés. Ce sont les conditions de la vie anaérobie.

Il importe maintenant de faire une distinction fondamentale entre le *phénomène respiratoire*, l'activité des cellules vivantes, persistant plus ou moins longtemps, consistant dans l'absorption d'oxygène et le dégagement d'acide carbonique et un autre phénomène qu'on appelle la *fermentation intra-cellulaire* (respiration intramoléculaire, effets des actions diastasiques) donnant de l'alcool et de l'acide carbonique. Dans la respiration normale des plantes, la cellule trouve l'énergie qui lui est nécessaire dans l'absorption de l'oxygène gazeux ; on a l'habitude de mesurer son intensité par le coefficient respiratoire CO_2/O ou souvent même par la valeur de l'un des deux facteurs.

Le dégagement de CO_2 dépend naturellement, en grande partie, des phénomènes d'oxydation qui s'accomplissent à l'intérieur de la cellule végétale, mais comme l'observation nous a appris que la production de CO_2 peut se continuer en l'absence d'oxygène, même après la mort de la plante, on conçoit que le rapport CO_2/O peut être soumis à des variations considérables.

Pour mieux le comprendre, voyons en peu de mots quelles sont les conditions les plus favorables pour l'absorption de l'oxygène et l'émission de l'acide carbonique.

D'après les recherches de MM. Dehérain, Maquenne et Mangin, on sait que l'absorption d'oxygène est forte, lorsque la température est basse ou encore lorsque la plante est riche en matières sucrées ; elle est au contraire faible et dans le rapport CO_2/O ; l'acide carbonique est prépondérant, lorsque la température s'élève ou encore lorsque la plante est riche en acides organiques. Dans ce dernier cas, l'acidité du suc cellulaire diminue assez rapidement, et il faut en conclure que c'est dans ces acides que la cellule végétale puise l'oxygène qui lui est nécessaire, tout à fait comme la levure alcoolique le prend au sucre et le dénitrificateur au nitrate dans la vie anaérobie. A l'inverse, on obtient aux dépens des sucres une augmentation d'acidité.

Ce sont là des faits tout à fait d'accord avec nos connaissances chimiques; les oxydants transforment les sucres en acides, et ces derniers sont facilement dédoublés en acide carbonique et en résidus moins oxygénés, qui peuvent fixer de l'oxygène à leur tour et devenir acides. A ce sujet, un exemple typique nous est fourni par l'acide lactique, que l'on considère comme produit intermédiaire entre les sucres et l'alcool qui, oxydé à son tour, devient acide acétique.

Dans la respiration intracellulaire, il se forme, comme il résulte des expériences citées plus haut, de l'alcool et de l'acide carbonique en quantité équimoléculaire : c'est en somme une fermentation alcoolique des sucres contenus en réserve, qui ressemble tout à fait à l'action de la levure alcoolique en solution sucrée dans les conditions d'anaérobiose. La plante, la cellule végétale, grâce à des actions catalytiques analogues à celles des oxydases, attaque sans doute alors les principes immédiats neutres, comme les sucres, et forme les acides qui lui sont nécessaires ; elle produit de l'acide lactique, qui devient alcool, en même temps qu'on observe l'émission d'acide carbonique.

« Ces acides végétaux représentent, comme le disait M. Maquenne, les intermédiaires entre les principes élaborés et ceux que rejette la fonction respiratoire ; ce sont pour la plante de véritables réservoirs d'oxygène combiné qui se remplissent et se vident tour à tour, suivant les circonstances qui président à son développement. »

Sur ces deux processus peuvent se greffer ensuite les oxydations ultérieures dans les tissus végétaux morts, qui sont dues aux diverses actions microbiennes. Ces dernières vont se faire sentir à leur tour.

Nous pouvons observer le premier phénomène chez les champignons, le second dans la consommation des réserves de graines en vie anaérobie (Kossowitsch, Mazé), ou encore lorsqu'on place, comme l'a fait M. Muntz, une plante entière dans une atmosphère d'acide carbonique.

La respiration normale peut durer plus ou moins long-temps selon la quantité d'oxygène emprisonné dans les assises des fourrages; la respiration intracellulaire se ma-nifeste dès que l'oxygène arrive à manquer; elle est due entre autres causes à l'activité d'une diastase, la zymase alcoolique de Buchner, qui persiste même après que toute vie cellulaire a disparu.

Lorsque cette fermentation intracellulaire affecte des corps comme la mannite, on peut trouver à côté de CO_2 de l'hydrogène (M. Muntz) ;

$$C^5H^{14}O^6 = 2C^2H^6O + 2H + 2CO^2.$$

Avec ces notions bien connues et bien établies qu'il était utile de rappeler sommairement, étudions mainte-nant les transformations des fourrages ensilés.

Le suc végétal contient des matériaux en suspension et en solution, amidons, sucres, acides divers, sels et des diastases. On a aussi nettement démontré la présence des oxydases, de l'amylase, de la sucrase et de diastases pro-téolytiques.

C'est sous leur influence que pendant la vie de la plante les réserves alimentaires peuvent être hydrolysées, solubilisées et transportées d'un point à un autre. Cette migration se fait sous la forme de sucres, d'amides (asparagine); ainsi, lorsque les amides sont arrivées à destination, elles se combinent avec les hydrates de carbone et les acides minéraux pour constituer la ma-tière albuminoïde de réserve; quant au sucre, il devient amidon. Il existe probablement un certain équilibre entre les diastases servant au transport de ces matériaux sous la forme soluble et celles qui produisent l'effet inverse et les insolubilisent. Peut-être aussi la même diastase, en vertu de ses propriétés reversibles, peut-elle produire les deux processus. Comme les cellules végétales des herbes coupées continuent à vivre pendant un certain temps, tant qu'elles ont de l'oxygène à leur disposition, ces diastases pourront continuer à agir en solubilisant les matériaux de réserve, en les amenant à des termes de plus en plus simples; une partie est réduite, une autre oxydée, et la température peut monter pendant des journées et arriver à des degrés notables.

Les diastases des matières hydrocarbonées sont depuis longtemps connues; ce que nous en avons dit dans la première partie suffit pour comprendre les effets qu'elles produisent; il ne sera pas superflu, au contraire, de résumer ici les propriétés des diastases protéolytiques.

Diastases protéolytiques. — Leur rôle est des plus importants. Ce sont elles qui opèrent la dégradation des matières albuminoïdes, en passant par les termes albumoses, peptones, amides, etc.

Elles existent chez tous les microbes qui attaquent les matières albuminoïdes, citons notamment les *Tyrothrix* du lait, les différents *subtilis*, l'*Amylobacter butylicus*, le *Micrococcus prodigiosus*, le bacille pyocyanique, le *Bacillus anthracis*, les levures, les moisissures, etc.; nous les trouvons également dans le règne animal et le règne végétal. Les unes agissent en milieu acide, les autres en milieu alcalin ou neutre, pepsine ou peptase, trypsine ou tryptase, caséase.

Ce sont celles sécrétées par les cellules microbiennes et végétales qui nous intéressent le plus dans l'espèce.

On a bien démontré l'existence de la broméline, diastase protéolytique du fruit de l'ananas, celle de la papaïne du suc de *Carica papaya*; ces deux diastases n'agissent bien qu'en milieu à peine acide; elles ressemblent donc à la trypsine.

C'est la diastase protéolytique de l'orge en germination qui a été la mieux étudiée par MM. Fernbach et Hubert, Windisch et Schellendorf, Weiss. L'extrait aqueux d'orge en germination possède des propriétés protéolytiques bien prononcées; elles se manifestent par l'autodigestion et par le dédoublement des matières albuminoïdes ajoutées au moût de malt.

On peut distinguer dans cette protéolyse deux stades : l'hydrolyse proprement dite ou phase pepsique formant des albumoses, et la phase trypsique conduisant aux termes azotés cristallisés, aux amides. Ces constatations permettent donc d'admettre deux diastases différentes; il existe pour chacune d'elles un minimum et un optimum de température : ainsi, à 40°, l'azote passe surtout à l'état de composés amidés; entre 60-70°, on a plutôt des composés se rapprochant des peptones et des albumoses. L'action pepsique est rapide, elle arrive bientôt à terme; l'action trypsique se continue lentement jusqu'au dédoublement ultérieur de tous les produits de l'action pepsique. La phase trypsique est favorablement influencée par l'addition de traces d'acide minéral, qui transforme les phosphates secondaires en phosphates primaires, sels très favorables à la trypsine d'après les expériences de Fernbach et Hubert.

Ces diastases du malt agissent très activement sur les diverses matières protéiques d'origine animale ou végétale, comme les protéines des céréales, la caséine, la légumine, la fibrine, et elles se comportent comme la pepsine et trypsine animales. En même temps, sous leur influence, il y a augmentation de composés azotés solubles, ne précipitant pas par l'acide phosphotungstique, l'acétate d'urane, l'acide tannique, etc., c'est-à-dire augmentation de composés amidés, de bases hexoniques; on trouve également de l'ammoniaque.

Leur température optima est aux environs de 60°; mais rappelons qu'elles résistent parfaitement aux tem-

pératures du touraillage, car elles se comportent tout à
fait comme l'amylase et la dextrinase du malt. On a
trouvé que les diastases protéolytiques du bacille pyocyanique, du *Bacillus anthracis*, résistent à 65-70°, tandis que
celle du *Micrococcus prodigiosus* est détruite vers 55°. Ces
différences de résistance sont-elles réelles ou ne sont-
elles pas plutôt attribuables à la présence d'impuretés ?
Rappelons que l'influence de l'origine, de la présence des
substances transformables ont été mises en lumière d'une
façon très nette pour la sucrase et l'amylase ; il peut en
être de même ici.

Il est probable que le protoplasma cellulaire vivant
exerce ses propriétés digestives sur les matières hydrocarbonées et albuminoïdes, en vertu de sa teneur en
diastases diverses ; c'est ainsi que les amidons deviennent
sucres et acides ; les matières azotées deviennent albumoses et amides ; c'est surtout au moment de la germination que ces actions diastasiques sont le plus facile à
mettre en évidence ; on a observé depuis longtemps la
solubilisation de l'amidon lors de la germination de
l'orge, celle de la matière azotée lors de la germination
des pommes de terre.

Dans l'ensilage, nous avons donc à tenir compte avant
toute intervention microbienne du processus de la respiration et de celui de la fermentation intracellulaire
(influence des propriétés protoplasmiques et diastasiques).
Ce sont ces deux phénomènes qui sont la cause et la
source de l'élévation de température. Cette dernière se
manifeste surtout dans les couches extérieures. Les expériences de Boekhout, Pfeffer et Richards ont démontré
que, plus les tissus des végétaux étaient finement coupés,
plus l'activité respiratoire était grande. Aussitôt que le
tassement du silo est terminé, la fermentation intracellulaire commence à se déclarer.

Fry le premier attribua déjà, vers 1882, l'élévation de
température à la respiration des tissus. Il admit, en

outre que l'action décomposante des microorganismes
ayant résisté à l'élévation de température pouvait ensuite
se manifester. Ajoutons que cette hypothèse de Fry se
trouve confirmée dans beaucoup de cas; elle permet de
préciser les décompositions que l'analyse chimique nous
indiquera au laboratoire.

Tant que les tissus sont vivants, les microbes ne se
développent guère; une fois ces tissus morts, la multiplication des microbes ayant résisté à l'élévation de température est rapide, et il peut en résulter une nouvelle
augmentation de température qui, en général, n'est
jamais aussi forte que celle due aux actions diastasiques
et respiratoires que nous venons de voir.

Babcock et Russell, qui ont étudié l'ensilage aux
Etats-Unis, admettent que c'est le protoplasma cellulaire
qui joue ici le principal rôle; il agit en continuant à
vivre et en utilisant ses réserves.

Il peut ainsi se former aux dépens des amidons, des
sucres; ceux-ci peuvent être tranformés en alcool, acides
divers, acide lactique, acide acétique, CO_2, H_2O; aux
dépens des matières albuminoïdes, il se formera des
albumoses, des peptones et notamment des amides.

On sait d'ailleurs que les changements intramoléculaires
du protoplasma en vie anaérobie donnent toujours lieu à
une production d'acides organiques et à une diminution
plus ou moins forte des matières albuminoïdes.

A l'appui de leur manière de voir, les savants améri-
cains citent des expériences où ils ont mis du fourrage
vert dans de grands réservoirs en présence d'antiseptiques (éther, chloroforme). Ils ont ainsi obtenu de très
bonnes herbes ensilées, de bon arome, un léger changement de couleur et une très faible production d'acidité
avec du gaz carbonique pur. Cette faible acidité s'explique
par suite des actions vitales bien modérées des cellules en
présence des antiseptiques. Les actions microbiennes sont
nulles, les actions diastasiques peuvent continuer. Ainsi

Buchner nous a montré que la zymase alcoolique peut encore manifester son action en présence de chloroforme ; la vitalité du protoplasma est tout de même un peu diminuée. Des faits analogues ont été observés par Loew dans la fermentation du tabac.

Lorsqu'ils soumirent des parties végétales à des atmosphères d'Az, H, CO^2, les parties laissées dans les gaz Az ou H étaient plus longtemps vertes, conservaient le plus longtemps leur vitalité ; mais en même temps on y avait aussi la plus forte acidité. Ce fait peut s'expliquer de deux façons. Si la température n'a pas été aussi élevée, — et il y a des raisons pour qu'elle ne le fût pas en l'absence complète d'oxygène, — il a pu se produire des actions microbiennes formant des acides soit aux dépens des hydrates de carbone, soit encore aux dépens des matières albuminoïdes. On peut également attribuer cette acidité plus forte à la durée plus longue de la conservation vitale du protoplasma, dont les diastases ont continué à dissoudre, à décomposer les hydrates de carbone et les matières albuminoïdes. Leurs actions ont été moins intenses, mais ont pu s'exercer plus longtemps.

Cormouls-Houlès conseille de n'ensiler que des fourrages entièrement verts, n'ayant subi ni trop de dessiccation, ni une décomposition trop avancée, et de les choisir de préférence au commencement de la floraison. Cette manière de faire est rationnelle. Car, près de la maturité, l'activité vitale a diminué ; les diverses actions protoplasmiques sont moins énergiques, et on obtient ainsi une acidité bien moindre.

Il importe donc de ne pas ensiler du blé complètement mûr, de choisir des fourrages en fleurs, car ils ont en outre l'avantage d'être les plus tendres et les plus nutritifs.

Il est certain que les températures atteintes, la quantité d'eau présente à l'origine sont de première importance pour le résultat final ; le premier facteur est même fonction du second et du tassement.

L'action combinée de la teneur en eau et de la température rejaillit sur les activités microbiennes qui peuvent se produire plus tard : fermentation acétique, lactique, butyrique, fermentation des composés azotés, peptonisés, amidés formés. Les ferments font même un choix, certains préfèrent les composés amidés, d'autres, comme les ferments lactiques, les matières azotées se rapprochant des peptones.

Tous ces ferments, nous le savons, ont une température mortelle, manifestent des zones d'action optima bien déterminée. Ils peuvent de plus se gêner réciproquement. Ils sont complètement ou partiellement détruits par les températures du début. Ils peuvent être présents ou absents par endroits, et il en résulte des transformations *variées* et souvent *localisées*.

On conçoit donc *a priori* que ces actions microbiennes puissent se manifester, selon les circonstances, avec des intensités très variables. Ainsi, dans des ensilages étudiés par M. Mer, les actions microbiennes dominaient de beaucoup celles du protoplasma et des diastases cellulaires. Mais il est évident que les microorganismes n'agissent que par les diastases qu'ils sécrètent. Diastases du suc végétal et diastases microbiennes ont cependant beaucoup de points communs ; et, dans l'espèce, en raison d'une abondante multiplication microbienne, ce sont les diastases microbiennes qui pourront dominer et primer l'action des diastases végétales.

Quels sont, en présence de ces notions théoriques, les enseignements de la pratique ?

Toutes les observations concourent à montrer l'influence du chargement, de la façon dont on procède et de la rapidité avec laquelle on l'effectue.

Pendant longtemps on avait cru qu'il fallait s'efforcer à faire le silo rapidement ; il importe au contraire de tasser progressivement par couches successives de $0^m,50$ à $0^m,60$ d'épaisseur et d'attendre que chaque couche soit arrivée à un certain degré de fermentation, que l'expérience apprend à connaître. La vitesse de chargement sera réglée par le degré de température que la masse du silo a atteint ; on peut s'en faire une idée approximative en y plongeant la main. La température varie avec la nature du fourrage ensilé, les conditions de végétation, l'année, la teneur en eau qui tient plus ou moins d'oxygène en dissolution ; c'est justement cet agent, comme nous l'avons vu, qui joue le principal rôle dans le phénomène de la respiration et les diverses oxydations.

On voit que le cultivateur est pour ainsi dire maître de régulariser, de modérer ou d'accélérer la fermentation, de faciliter plus ou moins l'accès de l'oxygène, en variant le tassement ou en augmentant par arrosages la teneur en eau, si les fourrages sont trop secs. Plus il y a d'oxygène, plus les combustions chimiques seront intenses.

Goffart déjà avait reconnu l'utilité d'un tassement méthodique progressif, régulier ; il le répartissait sur plusieurs jours, évitait la formation de petits paquets (amas) par endroits, ensilait les herbes aussitôt qu'elles étaient coupées.

L'inégal tassement, l'inégale répartition des bactéries qui s'ensuit, l'inégale grosseur des tiges de fourrages ensilés entraînent des différences de températures assez sensibles au début.

L'observation a appris, en outre, que la température doit atteindre de 55 à 70° pour donner des fourrages de bonne qualité ; ce desideratum n'est obtenu que lorsque le fourrage n'a pas une teneur en eau trop élevée. C'est dans cet ordre d'idées que certains cultivateurs avaient essayé de faner légèrement les herbes ou de les mélanger avec des produits plus secs dans des proportions empiriquement choisies.

On comprend, en effet, qu'avec des matériaux un peu ligneux l'accès de l'air est plus longtemps assuré, l'élévation de température nécessaire est en outre plus facilement atteinte.

Fry admettait une teneur en eau de 70 à 75 p. 100 au départ du silo; le professeur Albert conseille également de n'ensiler que des fourrages ayant une teneur en eau assez élevée, d'autant plus qu'on a toujours la ressource d'interposer des fourrages plus secs dans des proportions de 5 à 8 p. 100.

Comme c'est l'arrivée de l'air qui favorise l'élévation de température, elle se fait surtout sentir sur les bords du silo; c'est d'ailleurs aussi par là que les spores de moisissures apportées par le vent pénétreront le plus facilement et pourront amener la détérioration progressive de ces parties.

Si la température atteint 70-75°, le fourrage sera bon, car il n'y a guère que les actions diastasiques et les thermophiles qui peuvent se faire sentir; quelquefois la température monte au delà; on obtient du foin charbonné; c'est un grand défaut auquel on cherche à obvier par des pressions convenables; on voit par là combien l'usage du thermomètre est utile. Peu à peu la température descend, et, si elle n'a pas été trop élevée, ni trop prolongée, pour détruire les microorganismes qui pullulent sur toutes les herbes, à la surface de tous les végétaux, ce sont ceux-ci qui agissent à leur tour.

Rappelons que certains ferments peuvent parfaitement résister, même pendant un temps assez long, aux température de 65 à 70°, en raison de leurs spores. Citons au hasard les ferments butyriques, l'*Amylobacter butylicus*, le *Bacillus subtilis*, les ferments des matières albuminoïdes, etc.; il se peut aussi que par endroits, où la température n'a pas été aussi élevée, il en reste d'autres moins résistants, comme les ferments lactiques, les ferments acétiques des dénitrificateurs, les levures, les *Torulas*, etc. Tous les cas sont possibles.

Tous ces ferments peuvent agir dès que la température

et le milieu ambiant, le milieu alimentaire, leur conviennent.

Parmi tous ces microorganismes, l'observation l'a appris, il faut faire une place à part aux ferments lactiques, qui jouent un rôle favorable, utile, rôle protecteur contre les mauvaises fermentations, putrides ou butyriques notamment; ce sont surtout des protecteurs pour la décomposition de la matière azotée. Tant que le milieu est acide, la putréfaction est impossible.

Les ferments lactiques peuvent être favorisés par des températures comprises entre 30 à 50°, selon l'espèce considérée; ils s'attaquent à la fois aux matières hydrocarbonées (sucres) et aux matières azotées, en donnant naissance à divers produits : acide lactique, acide acétique, alcool éthylique, quelquefois à de la mannite, etc. Ils transforment de préférence les matières hydrocarbonées en rendant le milieu acide, et, de ce chef, l'acidité des fourrages ensilés peut être quelquefois très élevée.

Si le sucre fait défaut, ils peuvent agir sur la matière azotée en milieu acide, ou encore par leurs diastases dans les milieux plutôt neutres; mais, dans ce cas, pour peu que la température se rapproche de 40°, la fermentation butyrique se déclare, envahit le milieu aux dépens des amidons, des celluloses, des matières albuminoïdes, ce à quoi l'on peut obvier en ajoutant de prime abord un peu de mélasse ou de sucre.

Certains ferments de la putréfaction eux-mêmes donnent de l'acide lactique dès qu'il y a du sucre et se comportent tout à fait comme des ferments lactiques, donnant de l'acide lactique et des acides volatils, parmi lesquels l'acide acétique ne manque pour ainsi dire jamais. Cet acide est en effet un produit constant de beaucoup de fermentations, notamment des fermentations alcooliques et lactiques. Il se forme ici aux dépens des sucres, tandis que, dans la fermentation acétique proprement dite, il prend naissance aux dépens de l'alcool.

Ces ferments lactiques donnent au fourrage une odeur très agréable, un bouquet, un parfum spécial à l'instar de ce qu'ils font dans la fermentation de la choucroute et dans celle de la crème. Leur température critique mortelle est aux environs de 60 à 70°, tandis que celle des ferments butyriques qui sont sporulés est plus élevée. Leur inégale répartition peut donc amener des modifications variées selon l'endroit considéré.

Dès lors on comprend que, selon les conditions, selon la température obtenue et la teneur en eau, le fourrage peut présenter des variantes d'odeur et de parfum résultant des divers produits formés, contenir plus ou moins de principes digestibles, montrer plus ou moins de déchets.

Ainsi Fry avait déjà constaté que, lorsque la température était montée progressivement jusqu'à 70°, il obtenait un fourrage de couleur brune, à parfum mielé, à structure peu modifiée, à acidité faible ; il l'avait appelé « ensilage doux ».

Ce mot n'a évidemment qu'une valeur tout à fait relative, tout comme l'ensilage acide; il n'existe pas entre ces deux mots la même différence qu'entre un cidre doux et un cidre sec et acide, complètement fermenté, car le fourrage acide peut contenir beaucoup d'acides sous la forme combinée, sous la forme de sels ammoniacaux et autres.

Pour obtenir l'ensilage doux, il préconisa de choisir des herbes de très bonne qualité, en *pleine floraison*, de les laisser se ressuyer légèrement et de répartir le tassement sur une quinzaine de jours au maximum pour expulser l'air suffisamment.

Ajoutons que cet ensilage doux est difficile à conserver ; il n'est que faiblement acide, et, une fois extrait, il a une forte tendance à moisir ; ce grand défaut a été signalé par Fry, Lippens, Völker, Vauchez et Marshal.

En empêchant l'arrivée de l'air, Fry n'a pas constaté une

élévation de température aussi notable; la couleur du fourrage était plutôt d'un jaune vert pâle, et il avait une odeur acide. Dans ce cas, l'alcool était peut-être remplacé par de l'aldéhyde; on trouve souvent l'acide lactique, acide acétique, acide butyrique, c'est l'ensilage acide de Fry.

Ce savant l'avait obtenu en ensilant des masses riches en eau, d'un seul coup; ajoutons cependant qu'il n'y a rien d'absolu; ainsi Cormouls-Houlès cite un cas où il a eu un bon ensilage avec des herbes à 95 p. 100 de H^2O, fauchées avant floraison; la température n'avait pas dépassé 50°. C'est évidemment là un ensilage obtenu dans des conditions anormales. Des circonstances particulières ont contribué à le rendre peu acide.

L'acidité du fourrage peut être due à diverses causes : action ménagée de l'oxygène sur les hydrates de carbone des tissus végétaux; la production des acides dans les végétaux est, en effet, étroitement liée à la respiration; en même temps que les matières albuminoïdes peuvent être transformées en amides.

L'acidité ainsi formée dépend donc d'abord et surtout du temps écoulé depuis la mise en silos jusqu'à la mort des cellules végétales et dès lors, indirectement, de la température atteinte. Une deuxième cause de production d'acide résulte des actions microbiennes; elle est fonction de la température atteinte et surtout de la durée aux degrés supérieurs à 50°.

Cette dernière source peut être parfois très efficace; ainsi, dans un silo, Joulie a trouvé jusqu'à $6^{gr},7$ d'acidité exprimée en acide sulfurique par kilo.

Ces fourrages acides se défendent mieux contre les moisissures; ceci semble être un paradoxe, car l'on sait que les moisissures aiment surtout les milieux acides; mais il y a acidité et acidité, et, parmi les composés acides des silos, il y en a d'antiseptiques, surtout pour les ferments butyriques et ceux de la putréfaction.

Les déchets peuvent être plus ou moins considérables ; mais, en général, dans un même silo, selon l'endroit considéré, on a les deux sortes d'ensilage, soit par suite du tassement irrégulier, soit par suite d'un état de maturité variable ; ces effets variés se font quelquefois sentir dans l'alimentation du bétail.

Il importe maintenant d'étudier avec quelques détails les influences microbiennes qui peuvent se présenter.

Actions microbiennes. — Il est fort compréhensible que, dans une matière aussi favorable que le sont les divers végétaux, les infiniment petits se développent facilement. L'espèce qui prendra le dessus sera celle qui trouvera les conditions optima de température et de nutrition.

Il existe, nous l'avons dit, des espèces thermophiles qui résistent fort bien aux températures élevées. Ainsi le brasseur sait que, lorsque les tas d'orge, dans le germoir sont irrégulièrement retournés, l'*Aspergillus fumigatus* s'y développe rapidement ; il supporte 60 à 65°.

Pour les espèces microbiennes qui ont résisté, on constate que leur action s'exerce surtout dans les couches voisines de l'extérieur, où la température baisse rapidement. On peut y trouver une multiplication abondante de ferments lactiques si la température se maintient aux environs de 50° ; par contre, une pullulation intense de ferments butyriques ou acétiques, si la température est rapidement descendue vers 40°.

Bien que ces espèces microbiennes atteignent de préférence les matières hydrocarbonées, amylacées et sucrées, elles décomposent également les matières azotées, et il peut en résulter une perte allant jusqu'à 14 p. 100 d'azote (Dietrich).

Ce savant a comparé par l'analyse le regain desséché ou fermenté. Dans les deux analyses, tout est rapporté à la même teneur en eau.

	Eau.	Mat. protéiques totales.	Mat. protéiques solubl. dans H2O.	Matières grasses.	Extrait non azoté total.	Extr. non azoté soluble dans H2O.	Acide acétique.	Acide butyrique.
	p. 100							
Regain desséché..	15	9,8	3,0	2,3	40,9	17,5	»	»
— fermenté...	15	11,1	1,0	3,1	23,2	9,6	7,42	2,23

Voici une seconde analyse dans laquelle on compare le fourrage doux et acide, c'est-à-dire le fourrage obtenu sans intervention notable de microbes et celui où ces actions étaient très actives.

	Fourrage brun foncé.	Fourrage brun clair.
Extrait à l'origine	65,17 p. 100	77,15 p. 100
Protéine totale.............	8,95	13,39
Graisse................. ..	2,41	2,66
Extrait non azoté..........	53,80	44,38
Cellulose.................	27,28	30,50
Matières minérales.........	7,56	9,07
	100,00	100,00
Azote total........	4,43	2,44
Azote de la protéine diges-tible.......................	4,09	4,00
Protéine digestible........	6,80	6,75
Sucres réducteurs..........	7,95	traces.
Matières saccharifiables et amylacées...............	9,21	traces.
Acidité totale en ac. sulfur. monohydr................	2,35	5,03
Acidité volatile en acide acétique	1,23	3,10
Acidité fixe en acide lac-tique	2,54	4,59

L'ensilage acide contient donc une plus faible quantité d'hydrates de carbone ; les sucres et matières amylacées ont disparu, et il en résulte que le pourcentage en protéine est peut-être plus élevé ; mais la teneur en protéine digestible peut être plus faible.

Ajoutons qu'il résulte d'expériences faites par MM. Joulie et Cotte que l'ensilage non acide est plus nutritif, plus digestible et donne moins de déchets.

Parmi les acides formés, on trouve souvent l'acide lactique, et surtout les acides volatils : butyrique, acétique et valérianique ; on peut donc trouver les ferments de la cellulose, les ferments lactiques et butyriques, etc. :

$$C^6H^{12}O^6 = 2C^3H^6O^3;$$
$$2C^3H^6O^3 = C^4H^8O^2 + 2CO^2 + 2H^2,$$
$$C^6H^{12}O^6 = 3C^2H^4O^2.$$

Mais l'équation de la fermentation lactique n'est pas toujours aussi simple ; il y a souvent formation d'acide formique, d'acide propionique et toujours d'acide acétique.

Ces acides une fois formés, tout comme ceux qui existent naturellement dans les sucs végétaux, l'acide malique, l'acide tartrique, soit libres, soit combinés, deviennent aisément la proie de microorganismes divers. Il n'est pas inopportun de dire un mot de ces transformations.

Rappelons d'abord que la fermentation des acides est des plus faciles, sous la forme de sels calcaires ou ammoniacaux ; on a déjà isolé un certain nombre de microbes qui opèrent ces transformations.

Acide tartrique. — Il peut être décomposé par un microbe isolé par MM. Grimbert et Ficquet, et donne de l'acide succinique, de l'acide acétique, H et CO^2 ; on en connaît d'autres qui produisent aux dépens de cet acide de l'alcool, de l'acide succinique, de l'acide acétique ; ajoutons aussi que le ferment des vins poussés fournit, avec la crème de tartre, de l'acide acétique, de l'acide propionique.

Acide malique. — Cet acide, à l'état de sel de chaux, est aisément décomposé par le *Bacillus lactis aerogenes* (Emmerling), avec production d'acide succinique, d'acide acétique, acide formique et CO_2. On connaît des ferments qui produisent dans ces conditions de l'acide butyrique et de l'hydrogène ; d'autres qui donnent de l'acide lactique.

Acide lactique. — Cet acide à l'état de sel de chaux donne, avec les ferments butyriques de Pasteur, de Fitz, de l'alcool éthylique, alcool butylique, acide butyrique ; d'autres forment de l'acide propionique, butyrique et valérianique.

Acide citrique. — Peut être transformé en alcool éthylique et acide succinique.

Les formiates, les acétates, les propionates deviennent carbonate de chaux, CO_2, H ou CH_4.

Il y a donc de ce chef surtout production de divers acides volatils, qui sont, en général, vite saturés par l'ammoniaque formée en d'autres endroits.

Ces décompositions nous montrent en outre que les acides organiques les plus communs, comme l'acide tartrique, l'acide malique, se comportent en somme comme les matières sucrées.

Les matières albuminoïdes sont également dégradées avec formation d'amides, d'acides volatils (acide butyrique, acide acétique et AzH_3), qui se combinent et laissent en général de l'ammoniaque libre.

Voici l'*Amylobacter butylicus*, qui, avec l'amidon, les sucres, donne de l'alcool butylique, de l'acide butyrique, de l'acide acétique ; par contre, avec la matière albuminoïde, il donne de l'acide acétique, de l'acide butyrique et de l'ammoniaque.

Nombreux sont les ferments qui dégradent les matières azotées ; nous n'avons qu'à citer tous les microbes appartenant à la famille des *subtilis* (fig. 98) et même les ferments lactiques.

Dans cette attaque des matières albuminoïdes, on a en

général les mêmes produits, mais en proportion variable. La quantité d'ammoniaque formée par l'ensemencement d'un *Tyrothrix* dans du lait chauffé à diverses températures m'a fourni des doses d'ammoniaque variant de 25 à 30 p. 100 de la quantité d'azote solubilisé.

Mais cette ammoniaque est en général absorbée par les acides formés ailleurs; il n'en est plus de même, s'il y a action d'un dénitrificateur. Celui-ci peut former du nitrite ou pousser jusqu'au terme azote, qui est perdu.

Rappelons en outre que le nitrite, pour peu que le milieu soit *légèrement acide*, ne serait-ce que *momentanément*, donne avec les amides et les sels ammoniacaux un dégagement instantané d'azote, comme nous l'a montré d'une façon élégante M. Grimbert, en opérant *in vitro* :

$$C^4H^8Az^2O^3 + 2\,AzO^2H = C^3H^6O^5 + 4\,Az + 2H^2O.$$
Asparagine.   Acide malique.

On voit que les réactions peuvent être des plus *variées* dans un silo.

Dans un travail encore inédit, MM. Girard et H. Coudon ont étudié les transformations produites au cours de l'ensilage par la fermentation intracellulaire et par l'action des microorganismes. Ils ont pu isoler et étudier des organismes qui, dans des conditions déterminées, attaquent les matières azotées des fourrages avec production importante de sels ammoniacaux, ainsi que des ferments producteurs d'acides.

Dans des fourrages ensilés, ils ont constaté que la production de sels ammoniacaux pouvait atteindre jusqu'à 23 p. 100 de l'azote total et que la formation d'acides volatils pouvait aller jusqu'à 2 p. 100 de la matière ensilée, acidité exprimée en acide sulfurique.

Ces nombres peuvent parfaitement s'expliquer à l'aide des notions que nous avons précédemment établies.

Nous n'avons pas la prétention de vouloir dire que les différents faits signalés dans ce chapitre nous renseignent sur toutes les transformations opérées dans cet immense tas d'herbes ensilées. En montrant toutes les difficultés que comporte cette étude, en indiquant tous les points qu'il faut envisager, nous sommes plus à même de voir dans quel sens nous devons diriger nos recherches pour amener encore un peu plus de clarté dans ces phénomènes de nature très complexe et surtout *très variée*. Il faudrait, en effet, connaître la quantité totale de chaque hydrate de carbone et de chaque échelon des matières azotées au début, et ensuite voir ce qu'il est devenu, comment il a été transformé par l'effet des actions diastasiques et microbiennes. Nous concevons que ce problème est des plus difficiles à résoudre, parce que beaucoup de ces matériaux, de ces échelons de décomposition, sont transitoires et nous échappent à l'analyse; néanmoins, cette analyse chimique peut nous renseigner, et surtout nous montrer si nos hypothèses sont d'accord avec les faits. Elle nous rendra certes de précieux services, dans cette étude, pour les cas où les actions microbiennes, par suite des températures obtenues, sont pour ainsi dire secondaires, sinon nulles.

Flore microbienne. — Emmerling a fait une étude de la flore microbienne de silos fermentés; il signale des mucorinées, le bacille du foin (fig. 98) sous ses différentes formes, des Granulobacters, le *Bacillus mycoïdes* grand destructeur de matières albuminoïdes; mais il n'a pu retrouver des ferments lactiques : ceci dépend, nous le savons, de la température à laquelle le silo a été soumis.

Epstein, dans des ensilages de cossettes, de betteraves, signale les microbes résistants de la pomme de terre et des ferments lactiques.

E. Weiss a également isolé trois ferments lactiques sur des cossettes ensilées; il en a fait une description détaillée. Ces *Bacterium pabuli acidi I, II* et *III* sont des bâtonnets.

Bacterium pabuli acidi I, bâtonnet immobile de 0 µ, 7 de large à 2 µ, 5 de long, peut se présenter en chaînes, montre souvent une capsule, prend le Gram, meurt vers 70°, ne donne pas de dégagement gazeux ; le *Bacterium pabuli*

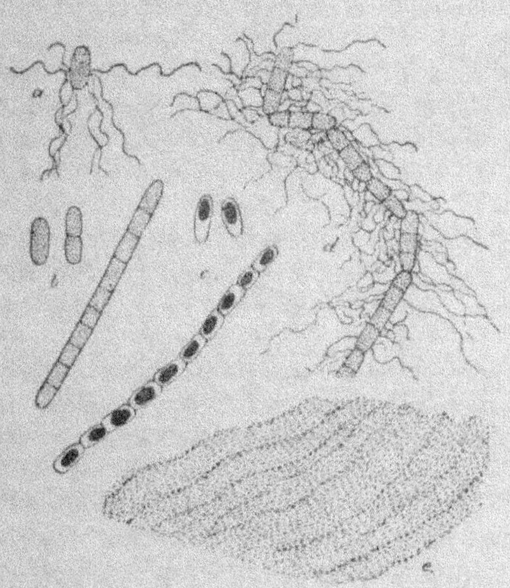

Fig. 98. — *Bacillus subtilis* (bacille du foin).

a, bâtonnet mobile ; *b*, bâtonnet immobile et chaînes ; *d*, chaînes mobiles ; *c*, spores ; *e*, voile à la surface de l'infusion de foin.

acidi II lui ressemble, il est encore actif à 10° ; enfin le troisième étudié est une coccacée, facultativement anaérobie, poussant entre 10 à 15° avec production de gaz.

Ces trois ferments présentent les diverses propriétés des ferments lactiques que nous connaissons.

Comme dans l'ensilage des cossettes de betteraves, les ferments lactiques doivent être considérés comme des microorganismes utiles et qui sont facilement détruits dans les diffuseurs, Epstein conseille d'asperger les cossettes à la sortie du diffuseur avec un peu de lait caillé ou des cultures pures de ferments lactiques.

Nous voyons que les bactéries peuvent également donner lieu à des transformations, des modifications plus ou moins souhaitables dans les parties végétales ensilées ; mais leur action n'est pas prépondérante, et rarement exclusive.

Ainsi, dans du blé congelé et ensilé, où les cellules végétales avaient été détruites, Babcock et Russell ont toujours constaté un mauvais arome ; de plus, de nombreuses bactéries de putréfaction, des ferments butyriques se sont vite emparés du silo. Ces savants citent cet exemple pour montrer que le rôle des bactéries dans la fabrication de l'ensilage ne peut être que secondaire, utile dans certaines circonstances, notamment l'intervention des ferments lactiques.

Par contre, le principal rôle incombe aux actions protoplasmiques et diastasiques du tissu vivant.

Résumons maintenant les principaux points que nous avons passés en revue.

Les conditions de réussite pour l'ensilage sont : choisir un endroit à base sèche, à l'abri des vents, protégé contre l'infiltration des eaux pluviales.

Les silos hors terre présentent l'inconvénient de faciliter les échanges avec l'extérieur, d'influencer ainsi la température ; les silos en terre sont préférables.

On conseille d'ensiler immédiatement après la coupe, de choisir des herbes en pleine floraison pour avoir une quantité suffisante d'eau.

Si le fourrage est trop sec, il convient d'arroser légèrement pour hâter le départ de la fermentation ; si le fourrage est trop humide, il fermenterait avec une grande rapidité, surtout s'il était mal tassé ; il faut alors bien régler les chargements, les espacer, réduire l'épaisseur des couches successives. Il importe donc d'effectuer un tassement bien régulier, bien méthodique, varier la pression, afin d'obtenir le produit se rapprochant le plus de celui qu'on désire.

L'observation de la température doit être le principal guide pour régler la vitesse, l'importance du chargement et la fermeture du silo. Elle varie avec la forme du silo, la nature du fourrage, son état de lignification, de division (Babcock et Russell), avec le tassement et les circonstances extérieures. On la laisse monter progressivement jusqu'à 50, 60, 70°, en faisant varier la pression de 500 à 1500 kilogrammes par mètre carré; le fourrage le plus humide est naturellement le plus facile à presser.

Quant aux effets constatés, on peut citer : diminution des principes minéraux, augmentation du pourcentage en cellulose, modification des matières hydrocarbonées, production d'alcool, d'acides divers, souvent diminution des matières albuminoïdes, qui sont en partie transformées; leur dégradation dépend d'abord de la teneur en eau et ensuite de la température. Cette perte a une double origine, et elle peut atteindre jusqu'à 60 p. 100. On trouve d'abord une formation d'asparagine et d'amides sous la dépendance des phénomènes intracellulaires qui se manifestent tant que la cellule végétale est vivante; ensuite vient s'y superposer l'action microbienne, qui pousse leur dégradation jusqu'au terme AzH^3, qui se combine avec les acides.

La fermentation d'un silo dépend donc finalement de l'état et de la nature du fourrage ensilé, de son degré de maturité, de la rapidité ou de la lenteur du tassement, de la température que le tas a subie et du temps pendant lequel cette température extrême a été maintenue; les produits varient avec le moment de l'analyse, avec le point où l'on a pris l'échantillon ; elle varie d'un point à un autre, car l'herbe ensilée est le résultat de transformations *variées, de fermentations soit successives, soit concomitantes, selon l'endroit considéré.*

A telle profondeur, dans telle couche du silo, nous pouvons avoir une fermentation acide, lactique aux dépens de la matière hydrocarbonée; à telle autre, une fermentation avec production d'acides, d'ammoniaque aux dépens des matières azotées. Cette ammoniaque, saturant les acides produits ou diffusant jusqu'aux points de production de fermentation acide, forme des sels ammoniacaux.

Lorsque la fermentation lactique est arrêtée par suite d'un excès d'acide, l'ammoniaque produite ailleurs peut venir le saturer, partiellement ou complètement, et il peut en résulter une nouvelle fermentation lactique, s'il reste du sucre, à côté de sels ammoniacaux. L'eau, les gaz dégagés aidant, la réaction d'une couche déterminée peut passer par l'acidité, l'alcalinité et la neutralité.

Il n'y a donc pas de fermentation unique de l'ensilage, il y en a de nombreuses.

Tantôt les actions diastasiques se manifesteront seules, tantôt il y aura prédominance des actions microbiennes, tantôt superposition des actions diastasiques et microbiennes. Ces variations peuvent se manifester selon les couches considérées dans le même silo. A *fortiori*, deux silos voisins ne se ressemblent pas, tout comme deux ballons de culture placés dans nos étuves de culture et en même temps ensemencés avec le même microbe ne sont pas comparables à tous les moments de l'action microbienne.

Lorsqu'on arrose un silo, on peut constater une détérioration très rapide, sous l'influence de microorganismes divers, ceci en dehors des déchets occasionnés antérieurement par les actions microbiennes; cette détérioration est d'autant plus facile, d'autant plus profonde, que la température extérieure est plus élevée. Pour la restreindre dans la mesure du possible, il importe de diminuer la pression progressivement selon les besoins journaliers; pour la même raison, on comprend que plus le temps de conservation aura été court, plus la perte elle-même sera minime.

Il n'est peut-être pas superflu d'ajouter que les semences des mauvaises herbes ne perdent nullement leurs facultés germinatives et peuvent de ce chef infester les champs en culture ; il est préférable de laisser les déchets se décomposer préalablement et de ne les porter au champ que dans un état facilement nitrifiable.

Il est également bon de dire que la traite des vaches doit se faire loin des endroits où l'on conserve le fourrage ensilé, par des personnes n'ayant pas touché aux silos ; ainsi comprise, la consommation de fourrages ensilés en bon état peut ne pas altérer le lait. A ce point de vue, les avis sont partagés ; mais, étant données les conditions économiques de cette pratique, les avantages nombreux qui résultent de son emploi, on ne peut guère songer à la supprimer.

IX. — ROUISSAGE.

Lorsqu'on immerge dans l'eau des tiges de chanvre, de lin, elles se colorent bientôt en brun ; il se forme une écume blanche, quelquefois un abondant dégagement gazeux ; les principes solubles sont dissous, les fibres textiles mises en liberté ; le microscope révèle la présence de microorganismes.

Cette constatation, faite depuis longtemps, a été le point de départ de l'étude du rouissage. C'est en effet le résultat de l'action des microbes sur les corps pectiques qui constituent les lamelles mitoyennes des fibres et la majeure partie des membranes des parenchymes qui entourent les faisceaux fibreux ; il a pour but de les isoler.

La fermentation des matières pectiques est très répandue ; elle occasionne la putréfaction des racines, des fruits, la pourriture des semences de légumineuses ; elle joue certes un rôle dans l'extraction de l'amidon par le procédé Völker, dans celle des fibres textiles (chanvre, lin, jute, ramie), et la qualité des fibres obtenue dépend beaucoup de la marche de la fermentation et du mode pratique.

La matière pectique fut signalée dans les fruits, dans les racines, par Braconnot ; de récentes analyses nous ont appris que sa composition se rapprochait de celle des hydrates de carbone (gommes, matières mucilagineuses) ; le rapport entre l'hydrogène et l'oxygène y est de 1 à 8. Son hydrolyse fournit, ainsi que l'a démontré Hébert, des pentoses comme le xylose, l'arabinose (Tollens) et du glucose, galactose ; son oxydation donne de l'acide mucique ; il semble donc qu'on puisse conclure à l'existence des groupements pentosane et galactose dans sa molécule.

Nous devons signaler ici l'intervention de deux diastases : la pectosinase et la pectase ou pectinase ; la première transforme, notamment avec la tige du lin, la pectose en pectine soluble et probablement en sucres divers ; la pectase au contraire est une diastase coagulante qui communique au jus de fruits la propriété de se prendre en gelée et jouit de toutes les propriétés des diastases. La pulpe de certains fruits est très riche en pectase ; l'expérience a montré qu'elle est peu soluble dans l'eau, incapable de coaguler à elle seule la pectine en la transformant en acide pectique ; elle est secondée par les sels de chaux ; par contre, la magnésie semble plutôt retarder son action ; il en est encore de même des acides. Les recherches de Bertrand et Mallèvre ont montré que cette diastase est très répandue dans la nature ; sa température optima est comprise entre 28 et 35°.

Le phénomène de cette fermentation consiste donc essentiellement en ce que l'eau et les microbes interviennent pour dissoudre une partie des matériaux et les décomposer en H, CO^2, acide butyrique, à en assimiler une autre partie, enfin à en gélatiniser une troisième, après quoi l'acide pectique formé se coagule lorsqu'il y a un sel de chaux dans les eaux du rouissage, sous l'influence de la pectase.

C'est cette substance coagulée qui reste à la surface de la fibre sous forme de vernis résistant et lui communique ce brillant si marqué chez la filasse de lin.

Toutes ces diverses modifications qui se produisent pendant le rouissage sont le résultat de fermentations électives, car toutes les matières de la tige du lin et du chanvre doivent disparaître, à l'exception de la fibre souple et élastique, qui a une si haute valeur commerciale.

Les opérations se font tantôt à terre, en exposant la plante aux alternatives du beau temps et de la pluie, à la surface des prairies ou des champs; tantôt dans les eaux courantes ou stagnantes, donnant lieu à des odeurs nauséabondes.

Le premier est le rouissage à la rosée et se pratique en juillet, août, septembre; le second est le rouissage sous l'eau.

Le premier est lent; la filasse obtenue est plus foncée, moins résistante que celle que donne le rouissage à l'eau; ce dernier procédé est rapide, car l'eau emporte facilement les produits formés; il y a des cas où l'on combine les deux procédés : on commence par le rouissage à l'eau et on termine sur terre.

On peut admettre que les deux méthodes ne diffèrent que par la nature des organismes qui y concourent. Il est très probable, comme l'admettait Duclaux, que beaucoup d'espèces microbiennes jouissent de la qualité de rouir les diverses plantes textiles; il peut y en avoir de plus ou moins actives.

Sont-elles apportées par l'air, les eaux ou le sol? Les espèces banales jouent-elles un rôle ou y a t-il des espèces spécifiques? La présence d'un microorganisme sur la plante textile rouie ne suffit pas pour conclure à sa participation au rouissage. Néanmoins l'abondance et la fréquence de certaines espèces sur les tiges examinées autorise à supposer qu'elles peuvent jouer une influence prépondérante.

On trouve des mycodermes, des ferments lactiques, des ferments acétiques, des levures, des moississures, des Granulobacters, etc.

Il est également probable que ces microbes peuvent vivre en symbiose, c'est-à-dire que les anaérobies véritables sont secondés par des aérobies ; il est en outre bien établi que tout rouissage cesse lorsqu'on additionne l'eau d'antiseptiques ou lorsqu'on recourt au chauffage.

1. *Rouissage sous l'eau*. — L'étude microbienne de cette opération a été entreprise par divers savants : nous devons citer les noms de Van Tieghem, Fribes, Winogradsky, Marmier, Beijerinck et V. Delden, Behrens et Störmer.

Van Tieghem, en 1879, a attribué le rouissage à l'action du *Bacterium amylobacter*, anaérobie avec endospores, et il admit que ce microbe dissolvait non seulement les matières pectiques, mais en outre la partie de la cellulose la moins résistante.

Fribes a pu isoler par cultures successives un microbe anaérobie qui se rapproche beaucoup des Amylobacters de Trécul ; il se présente sous la forme de têtard ou de massue ayant 10 à 15 µ de long sur 0 µ, 8 de large ; ses spores ovoïdes ont 1 µ, 2 à 1 µ, 8 de dimensions.

Winogradsky et Fribes ont remarqué que les matières pectiques, qu'on peut obtenir facilement en se servant de carottes, de lin, sont vite décomposées en présence d'un sel ammoniacal.

Ce même microbe fait fermenter également beaucoup de sucres et l'amidon, à la condition de remplacer le sel ammoniacal par la peptone. Mais c'est le sel ammoniacal qui contribue surtout à la destruction des matières pectiques ; la cellulose reste intacte.

Le microbe de Fribes, par son action sur les sucres, amidons et celluloses, montre bien des propriétés communes avec celui isolé par Behrens, que nous allons étudier tout à l'heure.

M. Marmier attribue l'action du rouissage à un microbe aérobie, comme l'ont fait M. Beijerinck et V. Delden pour le *Bacillus subtilis*, également microbe aérobie.

Ces derniers savants considèrent comme le véritable microbe, agent actif, d'après des expériences plus récentes, un microbe anaérobie, le *Granulobacter pectinovorum*, présentant des endospores (fig. 99).

Ce microbe hydrolyse d'abord les matières pectiques grâce à la sécrétion de pectosinase ; il produit ainsi des sucres (xylose, galactose) qu'il décompose ensuite avec pro-

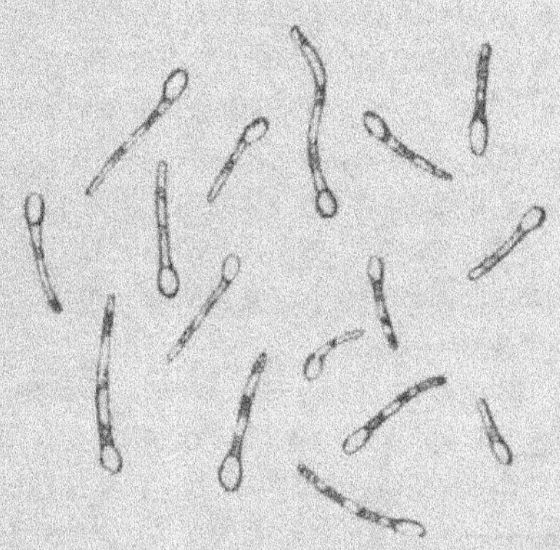

Fig. 99. — *Granulobacter pectinovorum* (d'après Beijerinck et V. Delden) (grossissement : 650).

duction de gaz et d'acide butyrique : il attaque de la même façon le lévulose, le glucose, le maltose, le lactose, en présence d'une dose suffisante de matières azotées fournies sous la forme de peptone, de blanc d'œuf ou de bouillon de viande.

Pour l'isoler, ces savants ont procédé comme suit : ils ont détruit toutes les cellules végétales par chauffage à 90° et ont fait germer ensuite les spores résistantes du microbe dans un milieu de culture privé d'oxygène, c'est-à-dire dans une atmosphère d'hydrogène ou d'acide carbonique.

Le milieu employé contenait 2 p. 100 de moût de bière, 2 p. 100 de gélose et 2 p. 100 de craie : les colonies se forment au bout d'un temps plus ou moins long.

Le *Granulobacter pectinovorum* est un bâtonnet de 10 à 15 µ de long sur 0 µ, 8 d'épaisseur ; ce sont les dimensions de celui de Fribes ; il lui ressemble d'ailleurs également sous d'autres rapports.

Ces deux savants ont isolé encore un autre microbe, le *Granulobacter urocephalum*, qui est un peu moins actif, affecte également la forme en baguette de tambour.

Ils expliquent le phénomène du rouissage comme suit : la transformation est commencée par un certain nombre d'espèces comme les ferments lactiques, qui jouent plutôt un rôle secondaire en dissolvant les matières facilement transformables. Elles sont suivies dans leurs actions par les Granulobacters qui, grâce à la sécrétion de trypsine, solubilisent les matières albuminoïdes et, grâce à celle de la pectosinase, solubilisent les composés pectiques.

C'est le *Granulobacter pectinovorum* qui prend à la fin le dessus, par suite d'une sécrétion très abondante de pectosinase. A côté, on trouve encore le *Granulobacter urocephalum*, qui jouit de la propriété particulière de faire fermenter les sucres, même en présence d'un sel ammoniacal.

Behrens, dans son étude sur le rouissage du chanvre, a également isolé un *Clostridium*. Ce microbe est un anaérobie mobile à bouts arrondis de deux à six individus, fusiforme en cas de sporulation ; les spores ont $1\,\mu,5$ de diamètre et se colorent en bleu par le bleu de méthylène ; ce microbe se présente plus abondamment sur le chanvre que sur le lin.

Il fait fermenter le glucose, le lévulose, le saccharose, le galactose, la fécule, l'amidon, avec un fort dégagement gazeux ; il est sans action sur l'arabinose, le xylose, les gommes, le lactate de chaux ; il exige, comme matières azotées, des matières albuminoïdes ou de la peptone.

Störmer, dans une étude sur le rouissage du lin, a isolé un bâtonnet en tambour auquel il a donné le nom de *Plectridium pectinovorum*. C'est un microbe facultativement aérobie, mobile, dont les dimensions moyennes varient de $10\text{-}15\,\mu$ de long sur $0\,\mu,8$ à $1\,\mu$ de large ; c'est-à-dire il affecte la forme d'un tambour, il est plus large sur les milieux additionnés de sucre en C^6, plus long sur ceux additionnés de sucres en C^5; sa spore a 2 μ, 5 à 3 μ.

Il se développe bien sur les milieux neutres ou faiblement acides; il est impossible de le faire pousser sur le bouillon de viande liquide ou gélatinisé alcalin. Il attaque tous les hydrates de carbone, sucres, amidons, dextrines en présence de blanc d'œuf, d'albumose ou de peptone. Il en est de même des composés pectiques, qu'on peut extraire des serradelles, carottes, du lin, du chanvre.

Il est cependant assez sensible à la nature de la matière azotée; ainsi, en culture pure, il exige la peptone; en culture impure, l'asparagine, le sulfate d'ammoniaque, mais il n'aime pas le salpêtre.

Les produits formés sont l'acide lactique, l'acide butyrique, acétique, CO^2 et H, et, l'acidité augmentant avec la durée du rouissage, on constate que peu à peu les microbes banaux sont éliminés.

Citons encore un autre microorganisme, isolé d'une fosse à rouissage, par Schardinger, auquel ce savant a donné le nom provisoire de *Bacillus macerans*.

C'est un bâtonnet, légèrement recourbé, mobile, tantôt isolé, tantôt plusieurs individus sont réunis, de 0 μ, 8 à 1 μ de large sur 4 à 6 μ de long; il s'allonge sur les milieux acides, tandis que la largeur reste la même. Avec la sporulation, la motilité cesse; la spore, très résistante, a 2 μ comme dimensions.

C'est un microbe facultativement anaérobie, qui dissout avec la plus grande facilité les principes pectiques; son activité est surtout grande dans les milieux additionnés de carbonate de chaux; il fait fermenter les sucres avec production d'acide acétique, d'acide formique et donne comme produit caractéristique de l'acétone.

Nous voyons que la plupart des auteurs admettent pour le rouissage dans l'eau comme agents principaux des microbes anaérobies; mais il est fort probable que des agents aérobies, comme le *Bacillus subtilis*, le *Bacillus mesentericus vulgatus* et les bacilles divers du foin interviennent dans une certaine mesure ; leur action, sans être exclusive, est encore plus nette et plus sûre dans le rouissage à terre.

2. *Rouissage à terre*. — Haumann a pu isoler, à l'aide des procédés ordinaires, diverses espèces microbiennes des tiges de lin roui. Citons surtout les espèces suivantes : *Bacillus subtilis*, *B. mycoïdes*, *B. termo*, *B. fluorescens liquefaciens*, *B. mesentericus fuscus*, *B. coli communis*, *Penicillium glaucum*, *Mucor mucedo*, *Cladosporium herbarum*.

Une fois à l'état pur, il fallait les essayer sur des fibres stériles. Dans ce but, Haumann a soumis le lin pendant trois jours consécutifs, — le lin étant mis en tube sans liquide, — à une température ne dépassant pas 110°. Il a ensuite ensemencé les divers microbes dans des conditions de vie aérobie et a constaté que la dissociation des fibres était obtenue, en général, au bout de quinze jours. Toutefois l'intensité de la transformation variait avec l'organisme ensemencé. D'une façon générale, comme c'était à prévoir, les moisissures sont beaucoup plus actives que les bactéries ; non seulement elles rouissent, mais elles attaquent la cellulose de la fibre, qui perd peu à peu sa solidité. Le *Cladosporium herbarum* très fréquent paraît heureusement être peu énergique, et c'est grâce à sa faible action sur la fibre textile que le rouissage sur prairie devient possible. Il est d'ailleurs certain que l'action microbienne dépend beaucoup des races et des conditions de milieu : ainsi le *Bacillus fluorescens* donne de très beaux rouissages.

L'auteur conclut que beaucoup d'espèces sont capables d'opérer le rouissage, qu'il n'y a pas d'espèces spécifiques ; ceci est exagéré, comme il résulte des essais de Behrens faits sur le lin.

Le professeur Behrens a constaté l'influence efficace du *Penicillium*, du *Cladosporium herbarum*, des *Aspergillus*,

des *Botrytis* et des *Mucorinées*; la température peut
favoriser l'une ou l'autre espèce : ainsi, en été, on trouve
surtout le *Mucor stolonifer*; en hiver, le *Mucor hiemalis*.

La plupart de ces moisissures attaquent également la
cellulose; le rouissage est donc possible par ces microbes
aérobies, ce qui n'exclut pas l'influence des espèces
anaérobies.

Tous ces microorganismes liquéfient dans les milieux
artificiels, avec des intensités variables, les pectoses, mais
la liquéfaction est en général plus rapide par les anaérobies.

Applications. — Fribes, le premier, a introduit les cultures pures dans l'industrie du rouissage.

Störmer a essayé l'ensemencement du *Plectridium
pectinovorum*; il a ainsi pu raccourcir la durée du rouissage; il a obtenu de très bons produits en ensemençant
très largement au début, en additionnant d'un peu de
soude ou de chaux, bases qui ont probablement une action
stimulante sur la pectosinase.

Beijerinck et V. Delden partent d'un autre principe,
c'est celui de mettre le microbe dans de bonnes conditions
pour le faire dominer. Ils y arrivent par le maintien
d'une température favorable, par le renouvellement de
l'eau toutes les vingt-quatre heures et surtout par
l'ensemencement du microbe virulent, rajeuni et ajouté
en masse, c'est-à-dire par l'addition d'un bon levain de
Granulobacter pectinovorum.

Pour tous ces ensemencements, il importe de ne pas
perdre de vue que la plupart des microorganismes décomposant les matières pectiques peuvent aussi dégrader la cellulose, la filasse, et dès lors la surveillance de la fermentation est absolument nécessaire pour l'arrêter au moment
voulu.

X. — FERMENTATION DU TABAC.

Les feuilles de tabac simplement desséchées seraient
impropres à la consommation. D'une part, elles renferment

encore beaucoup de substances albuminoïdes qui communiqueraient à la fumée une mauvaise odeur ; elles ne possèdent pas non plus les parfums, l'arome dégage par les cigares de bonne qualité. La grande richesse en nicotine que présentent certaines variétés pourrait rendre l'emploi dangereux.

Pour atteindre ces desiderata et obvier aux inconvénients signalés, le tabac subit, depuis sa cueillette jusqu'à son utilisation, diverses transformations dont le mécanisme n'est pas encore bien connu. Elles sont de nature chimique, physique, microbiologique, c'est-à-dire microbienne ou diastasique. C'est ce dernier côté, bien qu'insuffisamment éclairci, qui doit nous arrêter quelques instants.

Les conditions culturales de ce végétal sont bien établies et répondent parfaitement aux exigences qu'on peut formuler ; les procédés de transformation, de fermentation, sont par contre plutôt empiriques.

La feuille, arrivée au degré de maturité, est récoltée et mise à sécher. Le mode de séchage tantôt lent, lorsqu'il se fait naturellement, tantôt rapide, lorsqu'on emploie la chaleur artificielle, dépend essentiellement du produit que l'on veut obtenir. Le premier donne des feuilles foncées, le second des feuilles jaune verdâtre. Ce changement de couleur est en rapport direct avec la production du parfum. Ce tabac est ensuite mis en tas après avoir été additionné d'eau, de façon à avoir une teneur en eau de 18 à 25 p. 100.

La température s'élève dans cette masse jusqu'à atteindre 40, 50, 60° ; la fermentation dure de quarante à soixante jours.

L'augmentation de la température sera d'autant plus rapide que le tas sera plus gros. On la laisse rarement dépasser 50 à 55°. On défait de temps en temps les tas, en retournant les différentes couches de façon à mettre les feuilles de la partie extérieure à l'intérieur et inversement. On répète cette opération jusqu'à ce que toute la masse soit suffisamment fermentée. On opère ainsi d'une façon analogue à celle qu'emploie le brasseur pour retourner le malt dans les germoirs.

Dans certaines régions, on les soumet à une fermentation secondaire, opération du pétunage; elle consiste à asperger les feuilles avec des solutions de composition variable dont le but est d'améliorer l'arome.

On les réunit en faisceaux de 20 à 30 feuilles, qu'on expose à la dessiccation modérée. Elles sont ensuite pressées en boîtes, où une nouvelle fermentation lente peut se produire.

Lœw attribue l'action favorable du pétunage à l'action du carbonate d'ammoniaque provenant de la fermentation du liquide qui a servi à l'arrosage.

La feuille fermentée a une apparence plus ridée, une autre odeur à la combustion et développe de l'arome.

Quelles sont les modifications chimiques qui se sont produites?

Pour bien les comprendre, rappelons-nous l'étude que nous avons faite sur l'ensilage. Nous avons vu que les cellules végétales conservent la vie pendant quelque temps encore; celle-ci cesse lorsque le degré de déshydratation devient incompatible avec l'accomplissement de ses fonctions. Cet état de vie latente peut donc durer plus ou moins longtemps selon les circonstances et doit influer sur la fermentation finale du tabac, comme nous l'avons vu pour l'ensilage.

Pendant le séchage sous l'influence de l'activité cellulaire, la chlorophylle est transformée, les matières de réserve, les hydrates de carbone, l'amidon, les sucres sont attaqués ; l'amidon est solubilisé par l'amylase et la dextrinase.

Les sucres formés, les acides organiques et leurs sels, notamment les malates et citrates sont peu à peu décomposés en acides volatils, CO_2 et H_2O. En même temps les matières albuminoïdes subissent l'action de diastases protéolytiques, deviennent amides, ce qui veut dire que le taux des matières azotées solubles augmente pendant la période du séchage.

L'analyse chimique montre, en outre, souvent une diminution notable de nicotine, la destruction des nitrates, l'absence d'asparagine, d'acide lactique, dégagement d'AzH^3, d'autres fois, d'acide butyrique, condensation de vapeur d'eau à la partie supérieure. Tous ces faits ressortent clairement de différents travaux, notamment des recherches de MM. Muller-Thurgau et Behrens.

L'oxydation des différents éléments du tabac, leur transformation en produits divers, sont naturellement accompagnées d'élévation de température qu'on n'aime pas voir dépasser 55°.

A l'heure actuelle, trois théories sont en présence pour expliquer le phénomène de la fermentation du tabac. Celle de MM. Nessler et Schlœsing père fait intervenir l'oxygène de l'air; celle de Suchsland, dont la manière de voir est partagée par beaucoup de savants, attribue le principal rôle aux microorganismes; enfin celle de O. Lœw, qui y voit surtout des actions diastasiques.

1. *Intervention de l'oxygène*. — MM. Schlœsing père et Nessler admettent que cet élément modifie certains constituants des cellules. M. Schlœsing déclare néanmoins que l'intervention de microorganismes est indispensable pour déterminer l'augmentation de la température, sans qu'ils soient aptes à amener les modifications profondes que présente le tabac fermenté.

M. Schlœsing fils, reprenant les recherches de son père, y a ajouté certaines notions intéressantes qui concernent surtout le tabac en poudre. Il admet que la combustion lente qui se manifeste dans la masse du tabac commence à la température ordinaire sous l'influence dominante des ferments organisés, et qu'à partir d'une température comprise entre 45 à 50° la combustion est surtout chimique. Ces résultats sont basés sur des expériences faites avec tabac stérilisé ou non, ensemencé ou non. Dans l'une des expériences de ce savant, la température avait atteint 100°, ce qui exclut l'action des microorganismes; le tabac à priser obtenu après douze jours de fermentation était de très bonne qualité; le dégagement de CO_2 avait été très abondant.

M. Schloesing fils a même isolé un diplocoque et un bacille dont l'optimum de température était au moins de 35 à 40°; il admet que toute fermentation de tabac devient impossible si la teneur en nicotine dépasse 4 à 5 p. 100.

2. *Intervention des microorganismes.* — M. Suchsland attribue la fermentation du tabac aux microorganismes, dont les feuilles de tabac sont abondamment chargées, et il compare cette fermentation à celle des moûts sucrés. Il préconise l'emploi de bactéries sélectionnées à l'instar de ce que fait le vigneron pour le vin. Il isola dans ce but des bactéries en culture pure des tabacs exotiques les plus réputés, tels que le havane. Au dire de ce savant, des tabacs allemands ont été tellement modifiés que même des connaisseurs expérimentés n'arrivaient plus à les distinguer. Il y a peut-être autant d'exagération ici que chez les viticulteurs, qui ont cru qu'un moût ordinaire, ensemencé avec une levure de Clos-Vougeot, donnerait de suite du vin de Clos-Vougeot.

Il se peut toutefois que cet ensemencement apporte des améliorations : ainsi, d'après Semmler, à Cuba, on soumet à la macération dans l'eau quelques feuilles de tabac endommagées, mais pourvues de bon arome, et on asperge le tabac à fermenter avec cette eau ; on obtiendrait ainsi du tabac d'un arome agréable.

Davalos a également décrit des moisissures et des bacilles trouvés sur les feuilles de tabac en fermentation à la Havane; ainsi il décrit des bacilles mobiles de 0 μ, 8 de large sur 2 μ, 5 de long: les uns obligatoirement aérobies, un autre facultativement anaérobie.

Vernhout a fait une étude assez détaillée des bactéries de cette fermentation ; il y signale surtout l'intervention de bactéries thermophiles. Il a ainsi pu isoler et trouver, d'une façon presque constante, sur 70 feuilles de tabac fermentées et examinées, deux espèces.

L'une d'elles, *Bacillus tabaci fermentationis*, appartient au groupe *subtilis* : c'est un bâtonnet mobile obligatoirement aérobie, poussant même bien de 52 à 58°, mais ayant pour température optima 44 à 50°, liquéfiant la gélatine.

Les colonies en profondeur sont ovales, rondes, très enchevêtrées ; celles en surface présentent plus de variations ; à l'état jeune, les dimensions sont de 1 μ, 75 à 2 μ de long sur 0 μ, 5 à 0 μ, 6 de large. A l'état vieux, ce bacille est filamenteux ; ses spores ellipsoïdales, de 1 μ, 5 de dimensions, se trouvent tantôt au centre, tantôt à l'un des bouts et germent latéralement.

Ce microbe pousse sur bouillon, sur pomme de terre, et, sur ce dernier milieu, selon la composition du tubercule, on obtient des colonies glaireuses d'un vert jaune clair ou d'un blanc grisâtre ; il se développe mal sur les milieux additionnés d'une infusion de tabac ; il est surtout caractérisé par une grande production d'ammoniaque.

La deuxième espèce, moins importante, est encore aérobie ; elle se développe bien entre 25 à 30°, mais meurt vers 52° ; elle forme également des spores et ressemble beaucoup à la précédente, mais elle n'est pas douée de motilité.

Vernhout a ensemencé ces bactéries sur des feuilles de tabac soumises à la fermentation ; sur 7 essais, 5 étaient favorables, et un essai dégageait même la bonne odeur recherchée du pain de seigle.

Ce savant a constaté ainsi que des feuilles non stérilisées, ensemencées avec ces bactéries, présentaient l'arome spécial du bon tabac ; que des feuilles stérilisées et non ensemencées avec ces bactéries ne fermentaient pas, mais que, de plus, sur les feuilles *stérilisées*, l'ensemencement des bactéries n'a pas fait apparaître l'arome du bon tabac; ce dernier résultat permet déjà de prévoir que l'action n'est pas exclusivement de nature microbienne.

Koning s'est également occupé de cette question; il a reconnu que le maximum de température dans la fermentation du tabac hollandais était de 56°, que la teneur en eau variait de 25 à 36 p. 100, que la réaction n'était nullement toujours alcaline, qu'il y avait plus ou moins d'ammoniaque formée, que l'odeur la plus agréable, la plus recherchée était celle du miel.

Il a pu reconnaître la présence de microbes nettement aérobies, d'autres anaérobies; il signale des microbes analogues au *Bacillus subtilis*, *Bacillus mycoïdes*, ou se rapprochant du genre *proteus*.

Ce savant traita des feuilles de tabac divisées en menus morceaux par l'eau distillée à 40°; il les fit fermenter et obtint cinq bacilles différents : *Bacillus tabaci I, II, III, IV* et *V*, appartenant aux trois genres précités.

Les bacilles I, II et IV peptonisent les matières albuminoïdes et donnent de l'ammoniaque. A côté de ces bacilles, il a pu trouver assez fréquemment un diplocoque, qui agit surtout vers 24°. Il a cherché à réaliser la fermentation du tabac hollandais en ensemençant ces divers microbes soit seuls, soit en combinaison. Ils agissent tous aux environs de 50°, mais, dès que la température monte au delà, il y a prédominance du *Bacillus subtilis* (fig. 98).

Leur ensemencement a donné des résultats différents au point de vue de la combustibilité du tabac et au point de vue de l'arome.

Ainsi le bacille I améliore l'arome; le bacille II, la combustibilité; le bacille I fait avec l'asparagine de l'ammoniaque et réduit les nitrates à l'état de nitrites; c'est, d'après Koning, lui et le diplocoque qui joueraient le principal rôle dans la fermentation du tabac; la combinaison des microbes I et II a également amélioré le tabac obtenu. Ces essais de laboratoire n'ont pas été confirmés dans les mêmes proportions par la pratique.

On a également signalé la présence de moisissures comme la *Monilia candida*, l'*Aspergillus fumigatus*, *Mucor racemosus*, *Mucor mucedo*, et Behrens a reconnu que le *Botrytis cinerea* était capable de décomposer la nicotine ; il se peut donc qu'à côté des microbes proprement dits certaines moisissures jouent également un rôle.

3. *Intervention des diastases oxydantes*. — Les phénomènes d'oxydation des substances organiques sont connus depuis fort longtemps ; Schœnbein, un des premiers, a observé que les extraits de divers tissus végétaux ou animaux étaient susceptibles de décomposer l'eau oxygénée en donnant naissance à de l'oxygène. On remarquait cette mise en liberté d'oxygène avec l'orge, la farine de blé, la pomme de terre, la salive, le sang.

C'est dans ce dernier que l'oxydation fut notamment étudiée par Schmiedeberg et Jacquet. Ils additionnèrent le sang en circulation d'alcool benzylique, d'aldéhyde salicylique, et constatèrent leur transformation en acide benzoïque et en acide salicylique.

Jacquet conclut à la présence dans le sang d'un composé capable d'oxyder certaines substances, insoluble dans l'alcool, destructible par l'ébullition, et l'assimile à une diastase.

Schœnbein observe que les solutions filtrées de ces divers extraits végétaux ou animaux possédaient la propriété d'oxyder à un moindre degré qu'avant leur filtration.

La preuve véritable de l'existence d'une diastase oxydante fut apportée par les travaux du chimiste japonais Yoshida et de G. Bertrand. Ils ont tous les deux opéré avec le suc de l'arbre à laque ; ce suc, étalé à la surface des meubles, au contact de l'air humide, se transforme en une masse noire insoluble dans l'eau bouillante et l'alcool ; c'est de ce latex que G. Bertrand a extrait la laccase, la première diastase oxydante bien caractérisée. Elle jouit de toutes les propriétés des diastases et est d'autant plus active que ses cendres sont plus riches en sels de manganèse.

Schœnbein avait déjà remarqué qu'un certain nombre des extraits végétaux et animaux coloraient en bleu la teinture de gaïac en présence d'eau oxygénée, alors que d'autres ne le faisaient pas.

C'est là un phénomène d'oxydation de l'acide gaïaconique de la teinture de gaïac, phénomène surtout visible lorsque la teinture est fraîchement préparée avec les sucs de divers légumes, de fruits, de pommes (fait déjà signalé par M. Lindet) etc.

A côté de ces *oxydases*, il existe d'autres substances qui permettent l'oxydation de certaines matières organiques en présence d'eau oxygénée : ce sont les *peroxydases* entrevues par Schœnbein et étudiées par Raciborski. On emploie également la teinture de gaïac pour déceler leur présence.

Enfin O. Lœw est venu ajouter aux oxydases, aux peroxydases un troisième groupe, les *catalases*; elles décomposent également l'eau oxygénée en eau et en oxygène, mais sont incapables d'opérer la coloration de la teinture de gaïac.

Ce sont ces trois groupes de diastases oxydantes qui dérivent peut-être les unes des autres, comme l'admet G. Bertrand, que Lœw fait intervenir dans la fermentation du tabac.

Les oxydases comptent parmi nos diastases les plus résistantes; on sait combien ces diastases sont dangereuses pour le vin, dont elles opèrent la casse, et on n'ignore pas combien il est difficile de les détruire complètement. Il y en a qui résistent à 100°, d'autres sont détruites vers 60 à 65°; la peroxydase semble résister à 88°; la catalase, d'après Lœw, paraît supporter 100° pendant plus de deux heures.

Elles portent surtout leur action sur les corps de la série aromatique, lorsqu'on les fait agir *in vitro* sur le pyrogallol, l'hydroquinone, le gaïacol.

Lœw admet également pour la catalase deux formes : l'une α insoluble, la seconde β plus abondante et soluble.

Voici comment Lœw, qui a étudié la fermentation avec des feuilles de la Floride, explique cette fermentation.

Dès que la cellule végétale de la feuille de tabac est morte, à la suite de la dessiccation, les diverses substances solubles du suc cellulaire se mélangent ; les diastases oxydantes et protéolytiques entrent en jeu et agissent pendant plus ou moins de temps sur les composés du tabac.

Les oxydases sont présentes en plus ou moins grande abondance dans la feuille de tabac, c'est grâce aux oxydations, auxquelles elles donnent lieu, que la température du tabac en fermentation monte peu à peu vers 50, 55 et 60°. Elles sont inégalement résistantes, comme nous l'avons vu. L'oxydase est la plus sensible, elle est vite détruite dans certains tabacs torréfiés ; la peroxydase a pu être décelée dans un tabac fermenté depuis plus de deux ans : la catalase persiste le plus longtemps dans la feuille. L'état physiologique et l'âge des feuilles ont peut-être ici une grande influence.

Comme elles peuvent être plus ou moins vite détruites, Lœw préconise, afin de les favoriser, la méthode qui consiste à soumettre les feuilles tassées à des pressions excessivement énergiques suivies d'aération intense.

En faisant agir de l'oxydase *in vitro* sur de la nicotine, il a constaté qu'une partie de l'alcaloïde était détruite avec production d'ammoniaque, et il attribue une partie de l'arome à cette formation d'ammoniaque ; mais d'autres principes doivent ici également jouer un rôle ; cette question de l'arome est plus complexe. Il apprécie beaucoup la manière de faire de certains fabricants de tabac de la Floride, qui imbibent les feuilles desséchées avec une solution faible de carbonate de AzH^3 ; cette action de l'ammoniaque serait-elle favorisante, dans le même sens que nous la voyons se manifester dans l'industrie fromagère où elle contribue à solubiliser la caséine et à neutraliser l'acidité ?

Ainsi, une solution de tanin additionnée de peroxydase jaunit au bout de vingt-quatre heures ; nous savons d'ailleurs que la laccase attaque le tanin ; il est également hors de doute que c'est sous l'action d'une diastase oxydante que le suc exprimé du tabac, d'abord clair, brunit à l'air, comme l'a constaté M. Lindet avec le jus de pommes. En dehors de la diminution de nicotine, de formation d'ammoniaque, de coloration, on trouve une combustion des sucres et une dénitrification très marquée.

A ce sujet, signalons que Lœw a comparé l'action des oxydases à celle de la mousse de platine. Lorsqu'on abandonne des nitrates en solution aqueuse avec du glucose, en présence de mousse de platine, il y a dénitrification, qui est souvent poussée jusqu'au terme ammoniaque, en même temps que le glucose est oxydé. Mais nous savons que cette dénitrification peut se faire très facilement par un grand nombre d'espèces microbiennes.

C'est cette intervention des microbes que Lœw déclare impossible, d'abord à cause de la haute température qu'on observe, température qui cependant peut être supportée par des thermophiles ; puis à cause de la faible teneur en eau, à peine de 25 p. 100, insuffisante pour permettre l'osmose des produits de sécrétion, des bactéries, au travers des membranes cellulaires.

En additionnant les feuilles d'une notable quantité d'eau, Lœw n'a jamais obtenu que la multiplication d'un *Bacillus subtilis*, qu'il considère être en trop faible quantité pour occasionner l'échauffement spontané. Il ajoute, en outre : comme les oxydases sont plus ou moins affaiblies par cette élévation de température, la fermentation devrait se faire beaucoup mieux lorsqu'on effectue une seconde fermentation, car les bactéries auraient en le temps de se multiplier et de devenir plus virulentes; or il n'en est rien.

La théorie de Lœw a trouvé un contradicteur très documenté dans le professeur Behrens : ce savant a d'abord cherché à démontrer qu'elle n'était pas applicable à la fermentation des tabacs, telle qu'on la pratique en Allemagne.

Il dit que les oxydases sont très rapidement détruites et que certaines bactéries peuvent parfaitement agir avec 20 p. 100 d'eau, sans amener pour cela la destruction et la perforation des feuilles de tabac.

Il est fort probable qu'ici encore, comme dans l'ensilage, il y a superposition de phénomènes diastasiques et microbiens; selon les circonstances, la prédominance appartiendra aux diastases ou aux bactéries.

Lorsqu'on détruit par la chaleur les diastases, c'est-à-dire lorsqu'on emploie des feuilles stérilisées, on n'obtient jamais une bonne fermentation, dans quelques conditions qu'on se place et qu'on ensemence ou non de bactéries.

Il est plus logique d'admettre d'abord l'action des diastases saccharifiantes, hydrolysantes; des diastases protéolytiques peptonisant les matières albuminoïdes; enfin des oxydases, dont nous venons de voir les principales propriétés.

Ces transformations diastasiques peuvent ensuite être complétées par des bactéries banales ou spécifiques, qui peuvent ainsi amener la dénitrification et la production d'ammoniaque.

Comme la composition du tabac varie, comme les conditions de fermentation ne sont pas toujours identiques, et que le rapport entre les modifications dues aux diastases et aux bactéries n'est nullement constant, on comprend que l'arome même puisse varier : il est à la fois fonction de la culture et fonction de la fermentation, tout à fait comme dans la fermentation vinaire le parfum du vin dépend à la fois de la variété du raisin et de la race de levure qui a procédé à la transformation du sucre en alcool. On le comprend d'autant mieux que les éléments qui constituent l'arome, le parfum, peuvent être en quantité infinitésimale mais suffisante pour révéler nettement leur présence.

B. — TRANSFORMATION DES PRODUITS ANIMAUX

XI. — LES MICROBES EN LAITERIE.

1. *Généralités. — Lait.* — C'est dans cette industrie essentiellement agricole que les microbes interviennent d'une façon efficace, tantôt utile, tantôt nuisible dans les diverses transformations que peut subir le lait (fabrication du beurre, du fromage, de boissons fermentées diverses).

L'observation journalière apprend que le lait est un des aliments les plus difficiles à conserver; nous le comprenons aisément, car le lait renferme à lui seul les différentes matières alimentaires des microbes; c'est un de nos meilleurs milieux de culture microbienne. On y trouve des espèces aérobies qui se développent assez rapidement en enlevant l'oxygène et des anaérobies qui n'agissent qu'au bout d'un certain temps; on peut démontrer leur présence par la coloration du lait à l'aide de carmin d'indigo, qui se décolore dès que l'oxygène vient à manquer; ces microbes anaérobies manifestent leur existence par des dégagements gazeux souvent très abondants.

Comme le lait est un composé de sucre de lait, de matières azotées (caséine), de matières grasses et de matières minérales, nous pouvons y trouver des microbes qui attaquent de préférence le lactose, d'autres les matières azotées, d'autres enfin qui décomposent les matières grasses.

Les uns rendront le milieu acide, coaguleront le lait ; les autres transformeront la caséine tantôt en milieu acide, tantôt en milieu neutre ou alcalin, et il peut s'en trouver qui attaqueront les deux principes lactose et matière azotée à la fois. Ce sont les matières grasses qui sont les plus difficiles à décomposer ; leur saponification peut avoir lieu sous diverses influences.

On y rencontre des ferments lactiques qui coaguleront le lait avec ou sans dégagement gazeux ; ils sont plutôt rares dans le lait fraîchement trait ; on y trouve des bactéries peptonisant la caséine du lait. Beaucoup de ces espèces jouent un rôle utile, d'autres occasionnent les maladies du lait, du beurre, du fromage. Il peut s'y trouver enfin des bactéries pathogènes pour l'homme, comme le bacille de la diphtérie, de la tuberculose, etc. ; enfin des espèces banales apportées notamment par l'air. L'analyse bactériologique du lait apprend que, dans la glande mammaire saine, le lait est souvent exempt de microbes ; mais, dès qu'il arrive dans le trayon, la contamination est facile et rapide ; ainsi le lait devient vite impropre à toute consommation.

En désinfectant la mamelle, il a été possible de recueillir du lait parfaitement stérile ; mais on a, d'autre part, signalé de divers côtés la présence de microbes jusque dans les canaux galactophores, où ils peuvent venir soit de l'extérieur, soit de l'intérieur. La paroi intestinale paraît être perméable aux microbes ; mais l'infection hématogène de la mamelle se produit plutôt rarement.

Barthel a montré que dans la mamelle on trouve souvent les mêmes organismes que dans l'étable, et le lait fraîchement trait est d'autant plus riche en bactéries que les muscles des trayons sont plus lâches. Ce sont en général des espèces banales, plus rarement des ferments lactiques, qu'on trouve, comme l'ont montré de Freudenreich et Thöni. Certains microbes, comme le *Micrococcus prodigiosus*, inoculé par de Freudenreich dans le trayon, peuvent s'y trouver vivants pendant des semaines, et on comprend ainsi qu'un trayon envahi par une de ces espèces résistantes pourra la garder pendant fort long-temps, alimenté qu'il est à chaque traite.

L'air de l'étable ou de l'endroit où l'on effectue la traite est certes une des causes d'infection ; il peut être plus ou moins chargé ; on constate aisément que l'infection par l'atmosphère de l'étable est diminuée autant que pos-sible en recueillant le lait dans un flacon ou des seaux à orifice étroit.

Lors de la distribution du foin, de l'enlèvement des litières, le nombre des bactéries de l'air de l'étable augmente considérablement ; cette influence peut se faire sentir pendant plusieurs heures ; aussi conseille-t-on, non sans raison, d'éviter tout mouvement inutile dans l'étable et le remuement de la litière avant la traite.

L'expérience montre même ce fait que la traite elle-même augmente considérablement la teneur de l'atmo-sphère en germes, surtout dans le voisinage immédiat de la vache : ceci est dû à ce que le revêtement pileux de celle-ci est mis en mouvement par le trayeur.

On peut l'éviter dans une certaine mesure en essuyant la mamelle, avant la traite, avec un linge humide ; le trayeur lui-même devra se laver les mains avant de commencer à traire, et il importe de recueillir dans un vase spécial les premiers jets de lait.

Nous avons déjà signalé plus haut quelle influence l'herbe ensilée peut avoir sur le lait, influence micro-bienne, influence d'odeur, et nous avons indiqué qu'il ne fallait pas laisser effectuer la traite par la personne qui touche à l'ensilage, à moins de la faire changer d'habits et d'observer la plus grande propreté.

Le lait provenant de vacheries situées dans les mon-tagnes est également moins chargé de microbes, pour la double raison que l'air y est plus pur et qu'on n'y emploie que rarement des litières.

21.

Analyse microbienne de l'air des étables par Barthel.

| | Nombre de germes par mètre cube. | | |
	Minimum.	Maximum.	Moyenne.
Au moment de la distribution du foin	1 040 000	6 000 000	3 193 000
Au moment de la traite de midi	600 000	2 800 000	1 448 000
Au moment du repos de midi	400 000	2 000 000	1 210 000
Sous le ventre d'une vache	2 800 000	3 600 000	3 200 000

La relation qui existe entre la richesse du lait en germes et celle de l'air ressort très nettement de l'expérience suivante :

	Air par mètre cube.	Lait par centim. cube.
Au moment de la distribution du foin	740 614	6 634
Repos de midi	112 850	698

Le lait peut donc être contaminé par l'air de l'étable, l'agitation et les mouvements de la vache, mais surtout par les agrès, les vases, les seaux et le pis mal lavés, les mains du vacher mal nettoyées. Voici quelques expériences caractéristiques à cet égard.

M. Barthel a recueilli du lait dans un bidon ordinaire stérilisé à la vapeur et dans un ballon fermé à l'ouate, stérilisé préalablement à la chaleur sèche.

| Expériences. | Germes par centimètre cube de lait. | |
	Ballon.	Bidon.
Nos 1	640	1 400
2	630	11 400
3	120	15 540
4	780	30 700
5	140	720

Harrison a recherché le nombre de microbes dans les bidons légèrement nettoyés, dans les bidons lavés à l'eau tiède et échaudés ensuite et dans des bidons lavés à l'eau tiède et ensuite soumis à la vapeur pendant cinq minutes ; avec ce dernier mode de lavage, le nombre de germes par centimètre cube diminue dans des proportions très fortes et se réduit à quelques centaines par centimètre cube, au lieu de centaines de mille ; c'est ce qui doit faire rechercher les bidons à lavage facile.

La multiplication de ces diverses espèces est très grande et peut atteindre, au bout de quelques heures, jusqu'à 100 000 par centimètre cube et plus ; leur nombre augmente donc très rapidement à mesure qu'on s'éloigne du moment de la traite et d'autant plus que la température est plus élevée.

Expériences de M. Miquel.

	Nombre de bactéries par centim. cube de lait après quinze heures.
A 15°..........................	100 000
25°..........................	72 000 000
35°..........................	165 000 000

Plus on se rapproche de la température de 35°, qui est la température normale du corps de la vache, plus la multiplication est rapide. M. de Freudenreich a ainsi pu constater des variations dans la teneur microbienne du lait allant du simple au décuple, déjà après quelques heures de conservation.

Une autre cause de multiplication, surtout due à la température élevée du corps de la vache, est la stagnation du lait dans les trayons de la vache.

	Nombre de germes par centimètre cube.	
	Trayon postérieur droit.	Trayon postérieur gauche.
Après 2 heures.........	22	65
6 —	400	230
12 —	897	1 897
24 —	1 217	2 933

On comprend ainsi comment le lait des premiers jets peut être très riche en microbes, tandis qu'à la fin de la traite il est presque pur.

De tout ceci, il résulte qu'il importe de recueillir le lait non seulement avec les plus grands soins de propreté, de vider complètement les trayons, mais encore de le refroidir rapidement et de le conserver au froid.

A ceci nous devons ajouter que les diverses espèces microbiennes ne se trouvent pas dans des conditions également favorables pour se multiplier. Ce seront donc les mieux adaptées au milieu dont la progression sera la plus grande; les autres espèces resteront en retard dans leur développement. Il ne faudrait donc pas croire que le nombre des microbes qui se trouvent dans le lait frais fournisse une indication suffisante sur leur quantité après quelques heures ; tout dépend de la température, des conditions de milieu et des espèces présentes.

Dès les premières heures après la traite, on constate très souvent une diminution notable du nombre des microorganismes attribuée au pouvoir bactéricide du lait. Vers la douzième heure, le *Bacterium lactis acidi*, ferment lactique proprement dit, prend nettement le dessus, surtout si la température atteint 12 à 15°, et il dominera ainsi entre la trentième et quarantième heure ; en même temps que le nombre de ferments lactiques augmente, les autres espèces diminuent, gênées qu'elles sont par l'acide lactique produit.

La multiplication du ferment lactique est continue, mais il est rare de voir l'acidité du lait, sous son influence, augmenter de plus de 1°,5 à 2° d'acidité pendant les douze premières heures qui suivent la traite, de sorte que pendant les quatorze à quinze premières heures la crainte de coagulation du lait n'est pas très grande. Les ferments lactiques arrêtent ensuite leur action soit par manque de sucre de lait, soit par excès d'acidité. A 2°,5 d'acidité et même moins, le lait ne supporte déjà plus le chauffage sans se coaguler. On voit par là combien il importe au fabricant de beurre et de fromage d'avoir une idée exacte de l'acidité du lait, car *tous les mauvais laits doivent être traités à part.*

L'analyse bactériologique du lait est très utile ; on trouve, d'après ce que nous avons appris, forcément des espèces différentes selon le moment auquel on procède. Ainsi, dans le lait frais, Ward et Moore ont souvent trouvé un streptocoque provenant sans doute de la mamelle et dont le rôle, à l'heure actuelle, est encore mal connu ; on a également reconnu maintes fois la présence de bactéries liquéfiantes, de sarcines, tandis que les bactéries acidifiantes étaient plutôt rares à ce moment.

Ces dernières ne manquent cependant pas toujours, car Gorini nous a fait connaître des bactéries dans les conduits galactophores de la vache et même dans le lait vendu au marché, qui jouissaient de la propriété de produire de l'acidité en même temps qu'elles sécrétaient de la présure.

Nous voyons par là qu'en général les microbes utiles au fabricant de beurre et de fromage ne manifestent leur action que plus tard.

Pour nous résumer, nous devons dire que, dans l'industrie laitière, on peut trouver, à côté des microbes banaux apportés par l'air, les eaux :

1° Les ferments lactiques et les ferments alcooliques du lactose ; leur rôle est utile. Il y a des ferments lactiques qui exigent absolument la présence du lactose, d'autres qui peuvent à la rigueur s'en passer ; ils sont tués par chauffage à 70°, c'est la température de pasteurisation du lait ; 2° le second groupe est formé par les ferments de la caséine, les *Tyrothrix* étudiés par Duclaux et Winckler ; ils sécrètent deux diastases, la présure et la caséase ; ils se rapprochent du genre *subtilis* ; il y en a qui sont nettement aérobies, d'autres qui sont anaérobies ;

3° le troisième groupe comprend les ferments signalés par Gorini, produisant de l'acide tout en sécrétant de la présure.

A ces trois groupes, nous devons ajouter certaines moisissures, comme l'*Oidium lactis*, les *Penicillium*, les *Mucor*, etc., dont nous apprendrons à connaître le rôle lorsque nous nous occuperons des fromages.

On peut se rendre compte de la présence de ces divers microorganismes, en ensemençant dans un bouillon de culture gélatinisé du lait très dilué, par l'addition d'eau distillée stérile ; les différents germes forment des colonies microbiennes bientôt visibles à l'œil nu, qu'on n'a plus qu'à étudier.

Cette analyse nous apprend que leur nombre varie avec la vache, le trayon, le moment de la prise de l'échantillon, la saison, la situation, l'altitude de la ferme, le moment du vêlage, l'état de santé de l'animal, etc.

Une première conclusion s'impose maintenant : comme il existe des microbes utiles, des microbes nuisibles qui occasionnent les maladies du lait, du beurre, du fromage, comme il y en a qui peuvent être pathogènes pour l'homme, il faut avant tout chercher à diminuer le nombre des germes dans la mesure du possible ; les microbes utiles, grâce à leur développement rapide et aux conditions favorables, se multiplieront ensuite aisément.

Voici les précautions que le producteur du lait, quel que soit le but qu'il poursuit, ne devra jamais perdre de vue : ne pas faire traire au moment des repas des animaux ou lors de l'enlèvement de la litière ; humecter préalablement les flancs de la vache et laver le pis soigneusement ; recueillir le lait dans des seaux à ouverture étroite bien stérilisés à la vapeur ; obliger le vacher à se laver les mains au savon noir, lui donner des vêtements propres ; ne pas recueillir les premiers jets ; effectuer si possible la traite en plein air ou dans un local spécial bien propre; filtrer immédiatement le lait recueilli à travers des tamis, pour retenir les matières en suspension et rendre ainsi sa conservation, surtout à basse température, plus facile.

2° *Maladies du lait*. — A côté des microbes utiles que nous trouverons dans la fabrication du beurre et du fromage, nous devons en signaler qui occasionnent les maladies du lait et qui peuvent par la suite se retrouver dans le beurre ou dans le fromage.

Lait bleu. — Souvent on peut observer, soit à la surface du lait conservé en vue de l'écrémage, soit tout autour de la surface, formant une couronne sur le récipient, des taches bleues ressemblant au bleu de Prusse; l'extension de ces taches est plus ou moins forte; elles diffusent et présentent des aspects variés montrant même une certaine ressemblance avec le savon de Marseille, ou donnant un aspect de lait saupoudré d'indigo; en même temps on peut constater que le lait devient peu à peu alcalin.

Cette coloration est due au développement d'un bacille découvert par Ehrenberg et décrit avec détails par M. Gessard, c'est le *Bacillus cyanogenus*. Il agit selon la température du lait dans les vingt-quatre, quarante-huit ou soixante-douze heures (fig. 100).

C'est un bâtonnet grêle avec une capsule hyaline de 1 à 4 μ de long sur 0 μ, 3 à 0 μ, 5 de large, très mobile, sporulé et se présentant parfois en zooglées.

Il pousse bien sur les milieux solides en colonies sphériques d'un gris blanc à bords peu tranchants; on peut le cultiver sur les milieux gélatinisés, gélosés, sur pommes de terre, etc., même à la température de 30°. Le pigment bleuâtre est légèrement soluble dans l'eau acidulée, insoluble dans l'eau, l'alcool et l'éther.

Il exige, pour la production de la coloration bleue, une certaine acidité du milieu, qui ne doit cependant pas être trop élevée. C'est la raison pour laquelle on le trouve surtout dans le lait acidifié spontanément; il se sert de l'acide lactique produit par les ferments lactiques et le neutralise à mesure de sa formation. Il doit exister

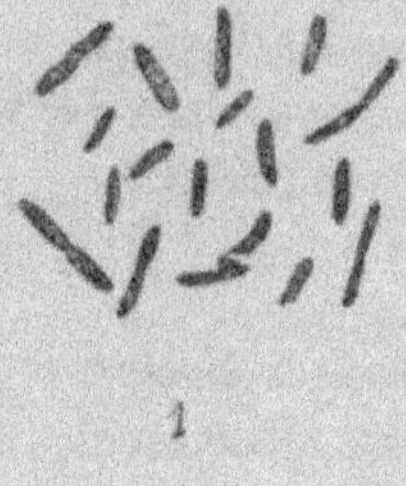
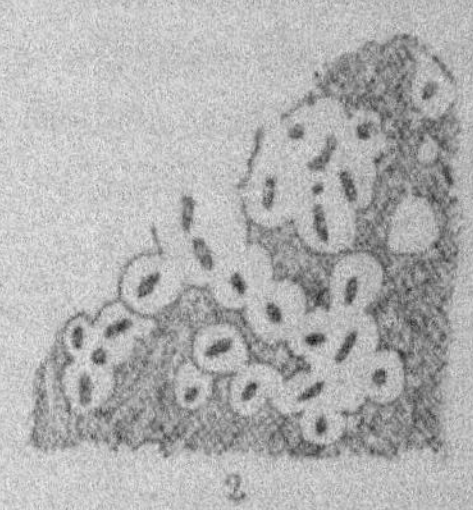
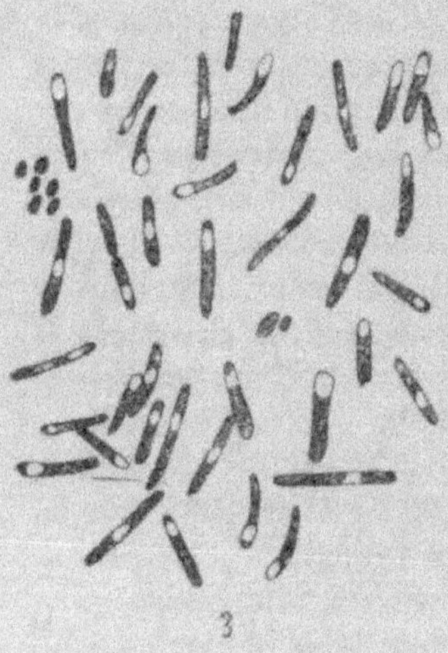
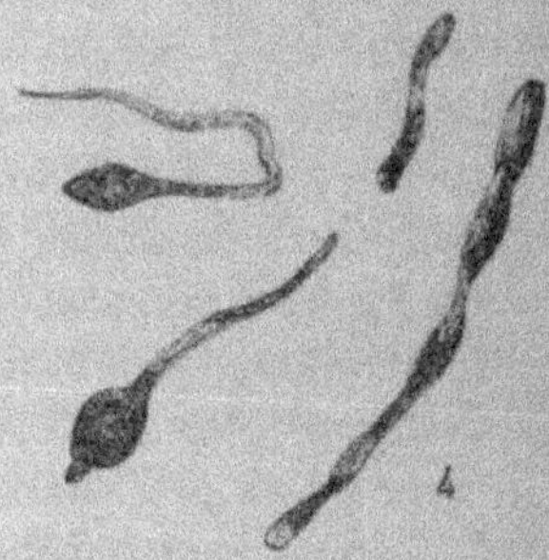

Fig. 100. — Bacille du lait bleu.

1, bâtonnets libres dans le lait ; 2, bâtonnets avec auréole gélifiée ; 3, bâtonnets sporifères ; 4, formes d'involution (d'après Nielsen) (grossissem. : 650).

ainsi certaines conditions d'équilibre entre le nombre de ferments lactiques ou plutôt leur énergie et celle du bacille cyanogène.

Il ne se montre pas dans les laits stérilisés, parce que les ferments lactiques y font défaut. Bien que l'acidité lui soit nécessaire pour son développement, il n'en supporte que de faibles doses ; il la consomme à mesure de sa production, et c'est de cette façon que la réaction du milieu lui est toujours favorable. Il agit dans ce sens comme le *Micrococcus prodigiosus*, qui neutralise également l'acide tartrique ajouté au milieu de culture en produisant de la triméthylamine.

La culture du *Bacillus cyanogenus* est des plus faciles dans un mélange de glucose et de lactate d'ammoniaque ; le microbe oxyde le glucose ; c'est l'acide lactique qui est l'aliment chromogène par excellence ; c'est cet acide qui donne les teintes les plus intenses ; elles deviennent roses par l'addition d'alcalis ; quelquefois on n'observe qu'une simple fluorescence.

M. Gessard nous a appris qu'on pouvait obtenir par des traitements appropriés différentes races de *Bacillus cyanogenus*, donnant soit la fluorescence sans pigment bleu, soit le pigment bleu sans fluorescence, enfin ni pigment ni fluorescence ; mais, dès qu'on les ensemence dans le milieu glucosé, additionné de lactate d'ammoniaque, les propriétés originelles reparaissent.

Le microbe meurt par chauffage à 80° ; l'addition de 1 p. 1 000 d'acide acétique au lait enraye également son développement ; il résiste parfaitement à une solution de 10 p. 100 de carbonate de soude et de 5 p. 100 de soude ; il supporte également bien la dessiccation.

On peut essayer de s'en défaire par les traitements des ustensiles à l'eau bouillante, à la vapeur, par le soufrage des locaux et surtout par une propreté absolue.

Lait rouge. — Beaucoup de microbes peuvent occasionner cette maladie ; nous pouvons citer des *Torulas* rouges, des sarcines, le *Bacillus lactis erythrogenes*, le *Micrococcus prodigiosus*, que nous avons déjà signalé sur les matières amylacées.

Généralement la présence de l'oxygène est nécessaire pour la production du pigment rouge ; ce sont des êtres aérobies.

Le *Micrococcus prodigiosus* se développe sur le lait très facilement à la température de 25° ; il coagule le lait par acidification, et le coagulum formé se dissout peu à peu ; les taches rouges sont localisées à la surface ; la matière colorante ne sort pas du protoplasma vivant, ne se diffuse pas dans le liquide ; elle devient jaunâtre par les alcalis, rouge violacé par les acides.

Bacillus lactis erythrogenes (Hueppe). — Se développe surtout dans un lait non acide, lorsqu'il est maintenu à l'obscurité. C'est un bacille immobile de 1 μ à 1 μ, 4 de long sur 0 μ, 3 à 0 μ, 5 de large ; mais, lorsqu'on le cultive dans du bouillon, on peut avoir des filaments de 4 μ à 4 μ, 5 de long, non cloisonnés ; on ne connait pas ses spores, sa température optima est comprise entre 28 et 35°. Il pousse sur gélatine, qu'il finit par liquéfier ; ses colonies d'un gris jaunâtre sont arrondies. Ensemencé sur du lait, il le fait cailler ; en même temps le sérum se colore en rouge sang ; la caséine précipitée est peu à peu redissoute. Comme il n'aime pas les milieux acides, la coloration la plus intense est obtenue dans les laits neutres ou légèrement alcalins.

Bacillus loctorubefaciens (Gruber). — C'est un microbe tiré de la paille et qui présente beaucoup d'analogies avec le Coli-bacille. C'est un bâtonnet mobile, à bouts arrondis, ayant des cils ; la température favorable à son développement se maintient entre 20 à 22° ; il donne des zooglées visqueuses, rosées, même en l'absence d'oxygène.

On peut encore citer certaines sarcines qui jouissent également de la propriété de rendre le lait rouge ; elles ont été étudiées par Schröter.

LAIT JAUNE. — Cette coloration peut être obtenue par diverses espèces microbiennes, dont la plus répandue paraît être le *Bacillus synxanthus*, court bâtonnet très

mobile, envahissant le lait cuit, qu'il colore en jaune
d'or; il attaque également la caséine, qu'il coagule, et la
redissout avec production d'assez fortes quantités d'ammoniaque; le pigment colorant est bien stable vis-à-vis
des alcalis. Il est peu dangereux, car le lait cuit est en
général vite utilisé.

On a également trouvé parmi les espèces qui amènent
la putréfaction des bactéries colorant le lait en jaune.

Lait amer. — Il a quelquefois pour origine l'alimentation avec de mauvaises herbes, une lactation avancée,
une inflammation de la mamelle; d'autres fois, il est
dû au développement des microorganismes étudiés par
Duclaux, Hueppe, Loeffler, Krüger, Weigmann, Conn,
de Freudenreich, Bleich.

Ce sont en général des ferments peptonisant la caséine
avec production d'acide butyrique; quelquefois même
de véritables ferments butyriques. On peut trouver des
bacilles, des coccacées, tel le *Micrococcus casei*, même des
levures (O'Collaghan). Harrison signale une *Torula*, la
Torula amara, qu'il a isolée des eaux employées dans une
laiterie pour le lavage des bidons. Cette *Torula* peut
même manifester son action dans le beurre, dans le fromage. Elle a 7 μ, 5 à 9 μ comme dimensions, ne présente
pas de spores, ne donne pas de voile dans les milieux
liquides; elle pousse très facilement sur les divers milieux
de culture; sa température optima est de 37°, et elle produit dans le lait au bout de cinq à six heures une odeur
assez prononcée de noyaux concassés.

Elle paraît être très résistante, supporte des solutions
de soude à 2 p. 100 à 55°, n'est pas gênée par 2,4 p. 100
d'acide lactique; donc la fermentation lactique n'est pas
de grande efficacité contre elle; il vaut mieux recourir à
l'eau bouillante pendant un temps suffisamment long.

Un des effets les plus néfastes occasionnés par ces ferments de l'amertume, c'est de diminuer le rendement en
beurre; ainsi on a eu des cas où il fallait 18 litres de lait

au lieu de 14 pour obtenir 1 livre de beurre, soit une différence de près de 30 p. 100.

Laits visqueux. — De nombreuses espèces microbiennes peuvent rendre le lait filant; à l'heure actuelle, seize espèces ont été bien décrites; leur habitat peut être la mamelle, la litière, le *Pinguicula vulgaris* employé pour faire cailler le lait, la présure, les ustensiles et les bidons de la laiterie; souvent même certains microbes, qu'on rencontre chez les vaches malades, possèdent cette propriété.

La viscosité est due tantôt à des ferments spécifiques, tantôt à la dégénérescence de ferments lactiques, comme le *Bacillus aerogenes*.

C'est Schmidt Muhlheim qui, le premier, vit dans cette altération du lait l'intervention microbienne.

On peut citer comme les plus répandus : le *Bacillus mesentericus vulgatus* Flugge, les bacilles peptonisants du lait de Flugge, *Bac. viscosus I et II*, v. Laer, le *Bac.* Guillebeau, le streptocoque de la mammite contagieuse des vaches laitières de Nocard; ce sont là des microbes pathogènes qu'on rencontre lors de l'inflammation de la mamelle.

Comme espèces spécifiques, il faut citer : l'*Actinobacter* de Duclaux, le *Bacillus lactis pituosi* de Löffler, le *B. lactis viscosus* Adametz, le *B. Guntheri*, le *Micrococcus lactis viscosi* de Freudenreich, *Bacterium* de Leichmann, *Streptococcus hornensis* de Boekhout, *Bacterium lactis aerogenes* Escherich, *Bacterium lactis longi* de Troïli-Petersson, le streptocoque de la « lange Wei », le *Karphococcus pituitoparus* de Höhl, les microcoques étudiés par Hueppe, Conn, Grüber, Weigmann et Hess.

Ce sont en général des microbes très résistants qui supportent quelquefois un chauffage à 80° pendant plusieurs minutes; d'autres meurent vers 60°; ils s'implantent dans la mamelle de la vache, d'où ils sont difficiles à déloger, et ils peuvent occasionner de grands dégâts,

notamment dans la fabrication de l'Emmenthal, comme
l'a encore montré récemment Burri.

Quelquefois ces bâtonnets, et c'est le cas de l'*Actinobacter* Duclaux, s'entourent d'une véritable auréole, bril-
lante, très épaisse, de consistance sirupeuse, qui se répand
dans le liquide et le rend glaireux ; il en est encore ainsi
pour le *Bacillus Guntheri* et le *B. viscosus* Adametz, deux
espèces très répandues ; cette dernière a été rencontrée
par Ward dans beaucoup de laiteries, en Amérique.

Ces ferments peuvent vivre aux dépens du sucre de
lait, de la caséine, et sont aptes à modifier légèrement les
matières grasses.

Ils donnent comme produits de l'alcool, de l'acide lactique, CO_2 et H; ils se rattachent sous bien des rapports
au *Bacillus lactis acidi* Leichmann ; augmentent l'acidité,
peptonisent la caséine.

La substance muqueuse est due à la gélification des
membranes microbiennes, dont le caractère hydrocarboné
ou albuminoïde n'est pas encore bien élucidé.

L'intensité de cette viscosité varie nécessairement avec
l'espèce microbienne, avec la température, avec le
moment de son apparition, avec les conditions de l'expérience ; elle disparaît assez facilement en présence de
produits gazeux.

Ainsi le *Micrococcus lactis viscosi* détermine souvent en
quelques heures, à la température de 32 à 34°, une viscosité excessivement forte ; il est moins actif aux températures de 15 à 18°. La présence d'un ferment lactique
et par suite la production d'acide lactique peut gêner sa
formation ; ainsi la viscosité se produit aisément, si la
température se maintient au-dessous de 20 à 22° ; mais,
dès qu'elle atteint 30 à 32°, le ferment lactique est trop
actif pour que le ferment visqueux puisse prendre le
dessus ; si au contraire il y a absence de ferments lactiques, la température la plus favorable pour ces ferments
visqueux est de 32 à 37°, mais ils agissent entre 8 à 40°.

Ajoutons également que ces ferments filants n'ont rien de commun avec ceux de la bière, du vin, du cidre.

Le meilleur mode de destruction est encore le lavage des divers ustensiles à l'eau bouillante ou à la vapeur; on doit recommander également, comme moyen préventif, l'essai au lacto-fermentateur. Il consiste à porter dans des tubes du lait pendant douze heures au bain-marie, à la température de 37 à 38°, maintenue d'une façon bien constante. Il est essentiel de laver les tubes très soigneusement, par l'eau ayant bouilli au moins une demi-heure; on peut ainsi examiner plusieurs échantillons en même temps, en ayant soin de laver après chaque prélèvement la pipette qui a servi.

On fait une première observation après neuf heures et une seconde après douze heures. Tout lait normal sera coagulé après douze heures; l'aspect du caillé donne une idée suffisante sur la valeur du lait; ainsi un mauvais lait se reconnaîtra soit par le boursouflement de la crème, la viscosité du petit-lait, l'odeur désagréable, l'agglomération plus ou moins intense du caillé, le trouble de la couche liquide sous la crème, etc.

Il importe d'observer partout la plus grande propreté, et surtout d'effectuer un lavage radical des tubes après chaque opération; il pourra être utilement complété par l'essai à l'acidimètre, qui nous renseigne de suite sur l'alcalinité ou l'acidité du lait.

Ces laits filants ne sont guère utilisables pour le fabricant de beurre et pour le fromager, l'empresurage étant trop difficile et incomplet.

Le lait filant est parfois utilisé comme un moyen de conservation, en raison même de sa viscosité, qui entrave la diffusion des germes et arrête les autres fermentations. Ainsi, en Hollande, on emploie pour le fromage d'Édam du petit-lait devenu filant, la « lange Wei »; de même on peut citer le lait filant de Norvège, « Tättemyelk », fort apprécié dans ces pays du Nord.

3. ***Utilisation du lait.*** — Le lait normal peut être utilisé d'abord sous la forme liquide à la préparation de boissons plus ou moins alcooliques, c'est le cas du képhyr et du koumys.

A. Képhyr. — Cette boisson est préparée avec le lait complet, soit lait de jument, soit principalement lait de vache ; elle est à la fois alcoolique, acide et gazeuse. Elle fut préparée de toute antiquité par les peuplades du Caucase, mais elle n'est connue que depuis peu de temps par le restant du monde.

On la prépare en se servant de grains de képhyr, masses demi-solides, élastiques, blanches ou jaunâtres, très irrégulières, dont la grosseur varie de celle d'une tête d'épingle à celle d'une noix ; elles sont mamelonnées comme un chou-fleur. Ces graines, ensemencées dans du lait, le font fermenter.

Kern fut le premier savant qui étudia les ferments du képhyr ; il y découvrit une levure et une bactérie, et il pensa qu'elles vivaient en symbiose. M. de Freudenreich en fit une étude très détaillée et isola quatre espèces de microorganismes : une levure, le *Saccharomyces* du képhyr ; elle est assez fragile, et, bien qu'elle se développe dans le lait, elle ne le fait pas fermenter ; un streptocoque que ce savant a désigné par la lettre *a*, qui jouit de la propriété de coaguler le lait, en donnant un coagulum fin et une saveur acide au lait ; il se rapproche donc des ferments lactiques ; un streptocoque désigné par la lettre *b*, qui seul ne donne rien, mais, ensemencé avec la levure, produit un abondant dégagement gazeux. Il est fort probable qu'il sécrète une lactase dédoublant le lactose et permettant la fermentation alcoolique par la levure. Enfin le quatrième microbe est le *Bacillus caucasicus*, anciennement appelé *Dispora caucasica*, dont le rôle est encore mal éclairé.

M. de Freudenreich, en associant des cultures pures de ces différents microbes, est parvenu à reproduire la fermentation du lait, a obtenir du képhyr; mais jamais il n'a réussi à reproduire la graine mamelonnée du képhyr.

Méthode opératoire. — a. *Rajeunissement de la semence.* — On commence par rajeunir les grains; à cet effet, on les fait macérer pendant trois heures dans l'eau à 30°, puis on les lave soigneusement avec de l'eau stérile; on les traite ensuite par dix fois leur poids de lait bouilli et refroidi à 20°; on agite le mélange toutes les heures en maintenant la température à 20°; le lait est renouvelé matin et soir jusque vers le septième jour.

A ce moment, on obtient une odeur franchement acide de lait caillé; les grains gonflés montent à la surface et ont une couleur jaune clair; ils sont prêts.

b. *Fabrication proprement dite.* — On place les germes ainsi préparés dans un récipient plus haut que large, avec une quantité de lait stérile égale à dix fois le poids de grains secs; il faut avoir soin de débarrasser le lait de sa crème par filtration sur de la gaze. Le récipient, recouvert d'une mousseline, est placé dans un local ayant une température de 15 à 17°. On agite toutes les heures avec une cuiller afin de ramener au fond les germes qui remontent à la surface et aussi pour briser les grumeaux de caillé qui pourraient se former.

Au bout de douze à quinze heures, on filtre le liquide sur un tamis afin de retenir les grains; on le mélange avec trois fois son volume de lait stérile, et on le met dans des bouteilles à champagne sans les remplir complètement; on peut également employer à cet effet des bouteilles à fermeture mécanique, par exemple des cannettes de bière. Ces bouteilles sont couchées dans un local de 12 à 15°, et on les agite toutes les heures, pas trop vivement cependant, afin de ne pas transformer la crème en beurre. Le liquide est consommé après trois jours de fermentation en bouteilles. On appelle faible celui de vingt-quatre heures, moyen celui de deux jours et fort celui de trois jours. Le point essentiel dans cette préparation est de bien régler la température pour que la fermentation alcoolique prenne le pas sur la fermentation lactique.

Les grains de képhyr sont sujets à être attaqués par les bactéries de putréfaction; les germes malades deviennent demi-transparents; pris entre les doigts, ils ne sont plus durs ni élastiques, mais mucilagineux; enfin quelquefois la fermentation butyrique peut s'y déclarer; il faut alors changer les ferments. Pour parer à ces inconvénients dans la mesure du possible, on doit tenir les ustensiles employés dans le plus grand état de propreté; on les lave avec de l'eau bouillante; quant aux bouteilles, on les rince à l'eau stérile. Les grains sont également lavés soigneusement à l'eau stérile après chaque opération, en ayant soin de les débarrasser des grumeaux adhérents; enfin, tous les quatre ou cinq jours, on les traite avec une solution de soude à 1 p. 100, qui de plus a pour effet de neutraliser l'acide lactique. On conserve les germes en les desséchant au soleil.

Il existe des variantes de képhyr. Ainsi le Dr Podwyssotsky produit cette boisson sans employer des grains de képhyr. Il prend du képhyr liquide de deux ou trois jours, verse les trois quarts de chaque bouteille pour la consommation et reverse ensuite sur le dernier quart du lait frais. Il laisse débouché pendant quelques heures, puis il continue comme à l'ordinaire.

Le Dr Appel, frappé de l'impureté microbienne du képhyr obtenu avec les grains ordinaires, procède comme suit : du lait stérilisé est additionné d'une solution également stérile d'acide citrique en quantité suffisante pour ne pas précipiter la caséine ; puis on ensemence une culture pure de levure de lactose, et on obtient ainsi dans les vingt-quatre heures un excellent képhyr, qui ressemble beaucoup au képhyr véritable.

J'ajoute que, dans le même ordre d'idées, un de mes

anciens élèves. M. Salières, ingénieur agronome, obtient du képhyr très apprécié en associant un *Tyrothrix* qui peptonise le lait et une levure de lactose.

Quelle que soit la méthode employée, on peut obtenir du képhyr de force variable ; le képhyr de vingt-quatre heures est faible ; il contient peu d'alcool et est peu acidulé ; le képhyr de quarante-huit heures de force moyenne mousse abondamment ; celui de trois jours est très acide. Dans le commerce, on désigne ces différents képhyrs par des numéros ; la force dépend évidemment de la virulence des ferments et de la température pendant la fermentation. On conçoit facilement que, selon la richesse du lait, on peut avoir du képhyr gras ou demi-gras.

Le képhyr bien préparé doit être pétillant, crémeux ; la caséine doit s'y trouver sous la forme de flocons très fins, d'un goût agréable, aigrelet, d'une odeur rappelant celle du lait de beurre ; il doit être très homogène et sans granulations. Il est à conserver dans des endroits frais, des glacières si possible.

Composition du képhyr. — Elle est très variable ; ainsi Weidemann indique : alcool, 0,3 à 0,4 p. 100 ; acide lactique, 0,5 p. 100 environ ; CO_2, demi-volume du lait. M. Duclaux donne les deux analyses suivantes :

	Lait.	Képhyr de 2 jours.	Lait.	Képhyr de 3 jours.
Lactose.	4,1	2,0	4,12	1,46
Matières grasses	3,8	2,0	2,66	2,47
— albuminoïdes.	4,8	3,8	3,16	3,12
Acide lactique	»	0,9	»	0,76
Alcool	»	0,8	»	0,98
Eau et sels	87,3	90,5	90,06	91,21
	100,0	100,0	100,00	100,00

On voit que le sucre disparu correspond à l'alcool, l'acide carbonique et l'acide lactique formés.

Voici enfin une analyse d'un képhyr de deux jours par Hammarsten :

Eau	89,00
Total d'albuminoïdes	2,9
Caséine	2,7
Albumine	0,17
Peptones	0,07
Lactose	2,9
Acide lactique	0,6
Graisse	3,4
Alcool	0,6
Matières minérales	0,65

Cette fermentation produit donc dans le lait primitif des changements notables qui le rendent plus assimilable ; c'est ainsi que s'expliquent les propriétés réconfortantes du képhyr.

D'après les expériences de MM. Gilbert et Chassevant, le képhyr écrémé est digéré après un séjour de trois heures dans l'estomac ; le képhyr ordinaire, après quatre heures et demie, et le lait pur cru, après sept heures et demie.

Le képhyr peut être recommandé comme bon aliment pour les dyspeptiques et les asthéniques.

B. KOUMYS. — Boisson en général préparée avec du lait de jument. On procède au rajeunissement de la semence en faisant un mélange de koumys avec du lait frais ; on augmente la dose de ce dernier progressivement. Le koumys aura une force d'autant plus grande que la quantité de lait frais aura été moindre ou que la fermentation aura été plus prolongée.

On remarque que la caséine est précipitée à l'état de grumeaux fins, faciles à digérer ; une autre partie de caséine est à l'état de dissolution, ne précipite plus ni par la chaleur, ni par les acides.

Il se produit une fermentation alcoolique et une fermentation acide ; c'est-à-dire nous voyons que le lactose et la matière azotée sont tous les deux attaqués.

	Composition centésimale de koumys.	
	Après 1 jour de fermentation.	Après 8 jours de fermentation.
Eau....................	88,90	90,35
Alcool.................	0,15	0,94
Matières grasses........	1,35	1,36
Caséine................	2,10	1,96
Albumine...............	0,30	0,23
Lactoprotéine et peptones...............	0,34	0,53
Acide lactique..........	0,34	0,96
Lactose................	6,03	3,10

L'acide carbonique variable se tient entre 0,5 et 1 p. 100 environ.

Cette boisson ressemble, en somme, à la précédente ; les microorganismes qui y jouent un rôle n'ont pas été isolés. Il est fort probable que nous y trouverons encore des ferments alcooliques, lactiques et peptonisants.

C. Laits fermentés. — Toutes les levures de lactose ensemencées dans du lait naturel ou additionné de sucre peuvent donner lieu à une boisson alcoolique, gazeuse, et, si on leur applique la méthode champenoise, on peut obtenir un liquide mousseux et piquant.

Il en est de même pour le petit-lait ; dans ce dernier cas, il importe de procéder à une stérilisation partielle par chauffage à 100°, d'ensemencer largement et d'observer la plus grande propreté.

D. Lait fermenté d'Égypte « leben ». — Ce produit a été étudié par Rish et Khoury ; c'est en somme du lait caillé de bufflesse, de vache ou de chèvre. On fait bouillir le lait, on le refroidit et on l'ensemence avec du vieux leben (*roba*) ; il se caille dans les six heures, et on obtient un produit sucré, de goût aigrelet, contenant un peu d'alcool, de l'acide lactique, et qui est très agréable à consommer.

Ces savants ont isolé les cinq microorganismes suivants : 1º le *Streptobacillus lebensis*, gros bacille qui fait coaguler le lait ; 2° le *Bacillus lebensis*, bacille grêle, acidifiant, mais ne poussant pas jusqu'à la coagulation ; 3° le *Diplococcus lebensis*, diplocoque acidifiant et coagulant ; 4° un *Saccharomyces lebensis* ; 5° le *Mycoderma lebensis*. Ces deux derniers sont incapables de faire fermenter le lactose, mais ils transforment parfaitement le sucre interverti.

Il est probable qu'il se produit là des phénomènes symbiotiques comme pour le képhyr ; partout on a une fermentation lactique, souvent une légère fermentation alcoolique.

On trouve encore des fermentations analogues avec la *Maya bulgare*, dans la « lange Wei » de Norvège, le « Tättemyelk » du Nord, etc.

E. Yoghourt. — Le yoghourt, ou lait caillé bulgare, est un aliment beaucoup employé dans l'empire Ottoman. Il est préparé avec du lait de vache, de bufflesse, de chèvre ou de brebis, qu'on fait cailler avec un ferment lactique spécial : la *Maya bulgare*. On fait bouillir le lait sur un feu doux pendant un certain temps afin de le concentrer ; pour favoriser l'évaporation, on emploie des récipients très larges, on remue le lait et on le puise avec une louche pour le renverser d'une certaine hauteur dans le récipient ; on le réduit ainsi aux deux tiers au moins de son volume initial.

Il ne faut cependant pas exagérer ni le réduire à moins de la moitié de son volume. On le verse dans des bols, et on laisse tomber la température à 50° ; la *Maya* y est alors introduite à raison de 2 centimètres cubes environ par litre de lait réduit, et on maintient la température à 50°. Au bout de cinq heures environ, le lait est caillé ; à ce moment, on le place dans un endroit froid et, lorsque le refroidissement est complet, le *Yoghourt* est prêt à être consommé.

Nous avons tenu à dire un mot de ces transformations du lait, parce que, en possession de semences de ces microorganismes spécifiques, il est facile d'obtenir avec du lait de vache des produits similaires.

4. *Beurre*. — Le fabricant de beurre se sert inopinément des microbes comme alliés dans la maturation de la crème ; la transformation de la crème dure, en général, dix-huit à vingt-quatre heures dans les grandes laiteries et quelquefois plusieurs jours dans les petites laiteries. La maturation dépend de la température ambiante, et, dans les petites laiteries, elle peut nécessiter six jours en hiver et trois à quatre jours en été.

Dans les grandes laiteries, la crème ne subit pas, en général, la fermentation spontanée, dont on a reconnu depuis longtemps les nombreux inconvénients ; la crème est pasteurisée à la sortie de l'écrémeuse pour être ensuite refroidie dans des réfrigérants couverts et distribuée dans les bacs à crème, dans lesquels on l'abandonne à la fermentation spontanée ; ou encore, ce qui est préférable, on l'ensemence avec une culture microbienne ; elle est ainsi abandonnée à 15-20° pendant un ou deux jours avant le barattage.

Cette maturation de la crème présente plusieurs avantages essentiels : augmenter le rendement, les qualités de conservation, la valeur marchande, enfin l'arome et le goût du beurre ; elle est l'œuvre de bactéries dont le nombre initial peut augmenter dans la proportion de 50 000 à 120 000 000 ; la crème prend alors une odeur et un goût franchement acides.

Les bactéries utiles sont, dans l'espèce, les ferments lactiques ; elles ne s'attaquent pas seulement au sucre, mais encore aux matières albuminoïdes, qui empêcheraient les globules gras de s'unir. C'est pour cette raison déjà que la crème centrifugée se baratte mieux, car les matières albuminoïdes sont en partie enlevées. Sous l'influence de l'acidité lactique produite ultérieurement, la faible quantité de matières albuminoïdes restante est facilement précipitée et éliminée. Le beurre de crème fermentée contient pour la même raison moins de non-beurre que celui obtenu avec une crème douce.

Le sucre de lait est transformé en acide lactique, protecteur par excellence contre l'envahissement par les ferments de la putréfaction; cet acide lactique produit une certaine saponification des glycérides de la matière grasse, d'où il résulte une mise en liberté d'acides butyrique et caproïque. Les ferments lactiques absorbent l'oxygène de la crème; il se dégage de l'acide carbonique qui protège contre l'oxydation ultérieure; il y a également production de produits spécifiques de désassimilation microbienne, et il en résulte un goût, un parfum et un arome tout particulier de la crème mûrie.

On comprend également que, si certaines espèces viennent à dominer, le beurre peut devenir amer, être de mauvais goût; d'autres fois, leur influence se fait sentir sur la coloration et la consistance du beurre.

D'une façon générale, on peut considérer les ferments lactiques comme des microbes utiles, comme des microbes protecteurs de la crème contre son oxydation ultérieure et exagérée; la conservation du beurre peut être facilitée par une bonne maturation de la crème. L'emploi judicieux des ferments lactiques permet, en outre, de régulariser la maturation et de baratter à une heure déterminée, grâce au maintien d'une température constante et convenablement choisie.

C'est de cette constatation qu'est née l'idée de tirer parti des ferments lactiques à l'état pur et de procéder à l'ensemencement de la crème, comme le brasseur le fait pour le moût de bière. On se mit ainsi en mesure d'avoir des beurres de meilleure qualité, et on élimina certains microbes pathogènes. C'est Storck, de Copenhague, qui fit les premiers essais dans ce sens.

Pour avoir certaines chances de réussite, on commença par isoler les ferments de régions renommées pour la qualité du beurre; on espérait ainsi qu'il serait possible de reproduire d'une façon presque sûre ces excellents beurres propres à certaines fermes ou régions.

Les trois conditions suivantes sont à remplir au préalable : n'employer que des ferments très actifs à arome fin et agréable, recourir au thermomètre et à l'acidimètre pour surveiller le lait, enfin faire preuve d'une propreté excessive dans toutes les manipulations.

PRATIQUE DE LA MATURATION. — a. *Choix du ferment.* — Le ferment lactique devra être pur, vigoureux, actif, pas trop vieux, provenir d'un beurre parfumé ; il est absolument nécessaire de le rajeunir au préalable sous la forme d'un pied de cuve ; l'examen microscopique est de rigueur absolue. Dans le commerce, on le trouve soit sous la forme liquide, soit en poudre ; sous ce dernier état, il est plus facilement infecté, et, en outre très fréquemment mélangé de fécule. La prudence est à recommander dans leur emploi ; les ferments lactiques sont souvent morts ou bien affaiblis. L'infection peut être due à des espèces qui n'ont rien à voir avec le but que l'on se propose et qui peuvent même être nuisibles. Il sera donc toujours à recommander de ne l'employer qu'après rajeunissement et en quantité suffisante.

b. *Préparation du levain mère.* — Pour obtenir une culture abondante et virulente, on prend une certaine quantité de lait centrifugé qu'on pasteurise de 75 à 80° ; la dose varie avec la quantité de crème à ensemencer et avec la forme des bacs à crème ; ainsi, pour des bacs à grande surface, il faut, pour ensemencer la crème, 5 à 6 p. 100 de levain mère ; pour les bacs à petite surface, 10 p. 100.

Lorsque la pasteurisation est finie, on refroidit à 30° ; on ajoute le ferment et on maintient la température de 30° jusqu'à la coagulation ; à ce moment, on peut refroidir à 12° pour mieux conserver le levain mère et le protéger contre l'infection. On peut opérer comme en vinification, prendre un récipient bien propre, stérilisé au préalable à la vapeur et recouvert ensuite d'un linge fin et mouillé pour arrêter les poussières de l'air.

c. *Ensemencement de la crème*. — Cette opération doit se faire avec les soins les plus minutieux en se maintenant entre des limites de température parfaitement déterminées.

La quantité du levain mère est avant tout déterminée par la quantité de crème à ensemencer, et on commence par en prélever une petite partie pour préparer le levain mère du jour suivant. Nous avons vu que les doses varient entre 5 à 10 p. 100.

La maturation de la crème doit se faire dans un local bien abrité contre les variations de température, local qui puisse au besoin être chauffé.

La maturation dépend du ferment employé, des conditions d'aération, de la forme des bacs, de l'agitation, etc., c'est-à-dire d'une série de conditions qu'on ne réalise le mieux qu'à la longue et par des tâtonnements.

Les expériences de Conn et Esten ont fait voir qu'une crème bien mûrie renferme un nombre de ferments lactiques bien plus considérable que n'importe quel autre milieu naturel.

Il importe, au premier chef, pour le fabricant de beurre, de surveiller ces actions microbiennes tout d'abord à l'aide de l'acidimètre, qui le renseigne sur le degré d'acidité atteint, lui indique s'il faut chauffer ou refroidir pour obtenir la crème mère à l'heure voulue.

M. Dornic a fixé cette acidité pour l'été entre 55 à 60° et pour l'hiver entre 53 à 60°, et même quelquefois l'optimum est à 70°, c'est-à-dire qu'on cherche à se maintenir entre 5ᵍʳ,5 à 7 grammes d'acide lactique par litre ; cet optimum varie naturellement avec le ferment considéré. On peut d'ailleurs se guider encore d'après le carnet de notes de la laiterie, la qualité du beurre obtenu et implicitement par la température. Plus on aère, plus on élève vite la température, plus on accélère la maturation.

A la température de 22-25°, le ferment lactique se multiplie, en été surtout, quelquefois trop rapidement, et alors l'acidité dépasse le degré voulu, le beurre perd de sa qualité. Le refroidissement est donc à conseiller; le beurre devient d'ailleurs beaucoup plus ferme. Il importe de ne pas descendre beaucoup au-dessous de 12 à 13°, qui est après tout une température très favorable, qu'il faut savoir maintenir en recourant au besoin à la glace en été; si la température est trop basse, l'acidification est incomplète, l'arome se développe faiblement. En hiver, il est prudent d'opérer plutôt avec une crème claire, largement ensemencée; en été, au contraire, on peut opérer en crème épaisse.

La température influence indirectement aussi la quantité de ferments à employer, et chaque cas doit être étudié en particulier. Si la quantité de ferment ensemencé est trop forte pour une température donnée, l'acidité se produit trop vite, et, si l'homogénéité de la masse ne marche pas de pair, il est bon de diminuer la quantité de semence employée; si, par contre, la température est trop élevée, l'homogénéité sera atteinte, mais l'acidité sera trop faible; alors il faudra diminuer la température ou augmenter la quantité de semence.

L'expérience a appris qu'une crème mûrie dans des conditions absolues de propreté, pendant quarante-huit heures, est préférable à celle de vingt-quatre heures.

Conn déjà a observé que l'arome du beurre est indépendant de l'acidité; il ne faudrait donc pas croire qu'il est l'œuvre exclusive de ferments lactiques. Il est probable que c'est là le résultat d'un grand nombre de facteurs, comme l'admet également M. Weigmann. Il y a là peut-être des effets symbiotiques de diverses espèces microbiennes, parmi lesquelles on peut citer, à côté des ferments lactiques, les levures de lactose formant un peu d'alcool, et il y a ainsi possibilité de production d'éthers, enfin les ferments des matières albuminoïdes.

Ces diverses espèces forment peut-être une sorte d'équilibre avec les ferments lactiques; c'est pourquoi Weigmann a employé et conseillé des mélanges de ces différentes espèces microbiennes.

Séwerin a essayé le *Bacillus aromaticus butyri*, microbe se rapprochant beaucoup du *Bacterium fragi* d'Eichholtz; il donne une bonne odeur de fruits dès qu'il est en symbiose avec un ferment lactique; ce qui paraît faire admettre que la substance odorante se forme surtout aux dépens des produits fournis par le ferment lactique; c'est peut-être pour cette raison que ce microbe ne fait sentir son action qu'au bout de deux à trois semaines.

Quoi qu'il en soit, l'emploi seul de ferments lactiques peut déjà apporter des modifications notables. La prise de possession de la crème par les ferments acides est une protection efficace de celle-ci, à cause de l'antagonisme qui existe entre les ferments de la caséine et ceux du lactose. Souvent même il peut suffire d'emprunter de la bonne crème fermentée au voisin pour ensemencer la crème douce, tout à fait comme le viticulteur peut ensemencer sa vendange avec du jus en fermentation provenant de raisins bien mûrs.

d. *Résultats obtenus*. — Il convient de citer la diminution de durée dans le barattage, une maturation régulière et homogène, un beurre plus fin, plus aromatique, de composition uniforme et constante, plus facile à conserver, se prêtant bien à l'exportation, un meilleur rendement, parce que les pertes dues à l'implantation de microbes banaux sont évitées.

L'emploi de cultures pures de ferments lactiques peut rendre de grands services dans les laiteries mal tenues ou encore lors de la mise en marche de nouvelles laiteries; c'est sur cette pratique que repose une bonne part du succès des beurres danois et hollandais, qui sont en général obtenus par l'ensemencement de bons ferments lactiques dans la crème pasteurisée.

Ajoutons encore que M. Arthaud-Berthet, par pasteurisation de la crème à 65° pendant cinq minutes et son ensemencement avec un mélange de ferments lactiques sélectionnés, additionnés de levures et de ferments de la caséine appropriés, a obtenu des beurres rappelant par la finesse et le bouquet nos meilleurs produits de Normandie, de Bretagne ou des Charentes, et étant de conservation facile.

Altérations du beurre. — Les agents les plus actifs de ces altérations, en dehors de l'air, de la lumière solaire, sont, comme il résulte des expériences de Reimann et Jensen, les microorganismes, notamment les moisissures. Depuis longtemps on sait que le *Penicillium glaucum* saponifie les glycérides à acides gras volatils et fixes avec mise en liberté de ces acides. L'*oïdium lactis* ne fait jamais défaut à la surface du beurre ; c'est lui qui décompose, nous le savons, les matières albuminoïdes jusqu'à la formation d'AzH^3, qui se combine aux acides gras volatils libres.

On y trouve encores de nombreux aérobies, le *Micrococcus prodigiosus*, le *Bacillus fluorescens liquefaciens*, même des levures, etc.; tous ces microbes peuvent faire rancir le beurre, en agissant surtout de l'extérieur vers l'intérieur. On a remarqué que le *Micrococcus prodigiosus*, le *Bacillus fluorescens* venaient des eaux, l'*oïdium lactis*, le *Cladosporium butyri* sont au contraire apportés par l'air.

M. Lafar a trouvé jusqu'à deux à trois millions de microbes par gramme de beurre.

5. *Fromages.* — Les espèces microbiennes que nous avons trouvées dans le lait, ferments du lactose, ferments de la caséine, interviennent encore dans les transformations que subit le caillé dans la maturation des fromages.

Comme les diverses espèces microbiennes ont des aliments de prédilection, nous pouvons concevoir que les ferments du lactose, tels les levures de lactose, les ferments lactiques, s'attaquent surtout au sucre de lait, tandis que les *Tyrothrix* et autres ferments similaires dégradent de préférence la matière albuminoïde; nous pouvons donc prévoir une division du travail très accusée, et il en est réellement ainsi. Il y a à la fois concomitance et succession de vies microbiennes dans les différents stades que traverse un fromage depuis la formation du caillé jusqu'à sa maturation.

L'observation montre que les modifications du caillé se font progressivement; c'est le lactose qui est attaqué d'abord, et ce n'est que lorsque le sucre de lait et ses dérivés ont à peu près disparu que la transformation de la caséine commence.

Parmi le grand nombre de microbes signalés dans le lait, il y en a qui jouent un rôle dans la fabrication des fromages, qui sont utiles et nécessaires; d'autres, au contraire, qui semblent être indifférents ou qui peuvent même devenir nuisibles.

L'analyse bactériologique des fromages révèle, en général, la présence de levures de lactose, de ferments lactiques, d'*Oïdium lactis*, de divers *Penicillium*, des différents ferments de la caséine, *Tyrothrix*, microbes rouges, etc.; on les retrouve encore sur les murs de la salerie, du haloir, sur les cajets, etc.; ils proviennent soit du lait, soit de la présure, de l'aisy, etc.

Gorini a montré que des bactéries nuisibles aux fromages étaient à même de vivre dans les saumures utilisées dans les laiteries, et il conseille que les personnes occupées dans la salerie ne soient pas employées pour le travail du lait.

Le fabricant de fromage doit donc viser à faire dominer, par un mode opératoire rationnel, les microorganismes utiles au but qu'il s'est proposé. Connaissant leurs exigences biologiques, il doit les placer, les faire agir dans les conditions de multiplication les plus favorables; c'est là un problème difficile en raison de la complexité du caillé.

Il est maintenant probable que des fromages comme le camembert, le gruyère, le roquefort, se font sous l'action de microbes que nous trouvons dans tous les fromages, mais également sous l'influence de microbes spécifiques à chaque fromage, imprimant un cachet particulier par les produits de désassimilation spécifiques.

On comprend parfaitement que, parmi les espèces nombreuses, isolées du fromage de Cantal par Duclaux, il peut s'en trouver qui, venant à dominer dans le caillé en voie d'affinage, peuvent communiquer au fromage une odeur, une saveur spéciales.

Si nous étudions les modifications chimiques que subissent les différents éléments du lait caillé par suite des actions microbiennes, nous trouvons que le lactose devient en général acide lactique, acides volatils (acide acétique, propionique, butyrique) et CO^2, quelquefois alcool et acide carbonique, et il peut en résulter, par suite de réactions secondaires, des éthers plus ou moins parfumés.

Ce lactose disparaît presque complètement avant l'attaque même modérée des matières albuminoïdes ou grasses. L'acidité lactique protège la masse du caillé pendant un certain temps contre les microbes de la caséine et ceux qui occasionneraient la putréfaction.

La caséine donne lieu par transformation progressive à des albumoses, peptones, acides amidés, leucine, tyrosine, acides gras divers et AzH^3; le rapport de ces divers composés varie d'un moment à l'autre. La matière azotée se solubilise, plus ou moins selon l'espèce microbienne qui domine; l'arome et la saveur du fromage sont considérablement influencés par ces divers produits, notamment par les éthers formés et les acides gras.

Pour la matière grasse, on peut constater une légère saponification qui se produit sous l'influence des moisissures. MM. Lindet, L. Ammann et Houdet ont trouvé que la matière grasse ne prend presque aucune part à la maturation.

Ces considérations plutôt chimiques nous permettent de dire quels sont les microbes qui interviennent dans les modifications des différents composants du fromage. Pour le sucre de lait, nous avons les ferments lactiques, peut-être différentes espèces selon le fromage dur ou mou, et les levures de lactose.

Ce sont les ferments lactiques qui jouent un rôle des plus importants; par la réaction acide de l'acide lactique, ils protègent le caillé contre l'action néfaste des microbes de putréfaction; l'expérience a, en effet, démontré que des coagula débarrassés du lactose par lavage subissaient rapidement la décomposition putride, sous l'influence de microbes qui ont pour caractère spécifique de liquéfier également les milieux gélatinisés : à ce titre déjà, il convient de considérer les ferments lactiques comme des microbes utiles.

M. J. Arthaud-Berthet a fait des fromages avec ou sans ferments lactiques et a reconnu que ces microbes sont indispensables : 1° pour déterminer avec la présure l'égouttage du caillé; 2° pour arrêter les fermentations butyriques et putrides; il les considère comme des auto-régulateurs dans la maturation.

Freudenreich, Schaffer, Troilli-Petersson attribuent, à l'encontre de Duclaux, Adametz, Chodat et Bang, la maturation des fromages durs presque exclusivement aux ferments lactiques. Nous savons en effet que ces ferments lactiques attaquent très bien les matières azotées. Ces savants expliquent la solubilisation de la matière azotée par la sécrétion de diastases protéolytiques. Après la disparition de l'acide lactique sous l'influence d'autres espèces microbiennes, les ferments lactiques agiraient surtout, lorsque le milieu est devenu neutre, sur la caséine, et l'amèneraient progressivement à l'état d'amides et de sels ammoniacaux. Freudenreich a obtenu la maturation des fromages durs ensemencés avec des ferments lactiques. Bœkhout et de Vries sont venus ajouter à ces notions que des fromages sans ferments lactiques ne mûrissaient pas. Lloyd, en Angleterre, attribue également la maturation du Cheddar aux ferments lactiques.

Les ferments de la caséine, les *Tyrothrix* de Duclaux, n'agissent qu'en milieu neutre ; l'acidité lactique doit donc disparaître avant leur intervention ; c'est principalement le rôle des mucédinées et des microorganismes aérobies.

Arthaud-Berthet a vérifié qu'à côté des *Penicillium* divers, des *Oïdium lactis*, il y avait également à tenir compte de l'action des levures et des mycodermes ; toutes ces espèces brûlent à la surface du fromage l'acide lactique, les traces d'alcool et d'acide acétique. D'après ce savant, la sapidité du fromage dépend beaucoup de leur action directe sur les éléments constitutifs du fromage et encore des produits formés à leurs dépens par les procès digestifs des autres espèces bactériennes. Cette manière de voir est confirmée par les expériences de H. Eckles et O. Rahn sur le fromage du Harz. Ces auteurs attribuent à l'*Oïdium* et aux levures un rôle important dans la maturation et le développement de l'arome de ce fromage. Certaines variétés de *Penicillium* ou d'*Oïdium* donnent de meilleurs résultats que d'autres.

On a surtout étudié l'influence de trois variétés de *Penicillium* : le *Penicillium candidum* à spores blanches, le *Penicillium album* et *glaucum* à spores plus ou moins vertes. Le fromager n'aime pas le vert trop foncé ; il préfère le blanc verdâtre et même quelquefois le blanc.

Ceci est avant tout une affaire de milieu ; tout dernièrement, un de nos jeunes ingénieurs agronomes, M. Daire, l'a encore démontré en étudiant divers *Penicillium* et *Aspergillus* ; les mycéliums restaient toujours blancs, n'arrivaient même pas à sporulation avec certains milieux, tout en présentant un développement très luxuriant.

Certains facteurs, certains composés contrarient beaucoup la sporulation, c'est un fait général connu depuis longtemps.

Ainsi, pour le *Penicillium album*, dont le rôle est bien établi en fromagerie, l'observation apprend qu'il reste blanc en milieu alcalin ou neutre, qu'il verdit sur milieu acide; sur un mauvais égouttage, il y a donc plus de chances qu'il verdisse, et même, s'il arrive à persister longtemps en couche épaisse, une seconde végétation de moisissures peut se former; le fromage sera tout à fait déprécié. Ce *Penicillium album*, par suite de la disparition de l'acide lactique et du lactose, rend peu à peu le milieu alcalin, prépare le terrain aux microbes peptonisants et contribue ainsi à la solubilisation de la caséine; le *Penicillium glaucum*, moins bien vu, arrive aux mêmes résultats finaux.

L'*Oïdium lactis*, l'autre mucédinée, n'est pour ainsi dire jamais absente dans les laiteries; Arthaud-Berthet en a isolé de nombreuses variétés, les unes nuisibles au fromage, d'autres plutôt favorables. Quelquefois cette moisissure peut occasionner une véritable maladie, désignée sous le nom de graisse ou frisure; par l'ensemencement d'un *Oïdium*, ce savant a pu reproduire tous les caractères de cette altération. Mais il fait remarquer que pour certains fromages tels que ceux de Maroilles, Pont-l'Évêque, Camembert, une bonne variété d'*Oïdium lactis* à développement modéré pourra exercer une influence favorable sur la maturation.

Le rôle essentiel de ces microorganismes aérobies est donc d'enlever l'acidité du caillé; leur développement exagéré est évité par ces retournements réguliers du fromage, régularisé dans la mesure du possible par un état hygrométrique et une température convenables.

A ce sujet, Olzen a montré que, pour le fromage norvégien « gammelost », on a, à haute température, prédominance de mucorinées et, à basse température, ce sont les divers *Penicillium* qui agissent.

Par suite du travail de ces mucédinées succédant aux ferments lactiques et agissant de concert avec les levures, les mycodermes et autres microbes aérobies, le terrain est préparé pour les microbes peptonisants, *Tyrothrix* divers, microbes rouges, etc., constituant cet enduit glaireux à la surface du brie, mélange très complexe, formé d'espèces bactériennes plus ou moins actives, sécrétant de la caséase, produisant de l'ammoniaque, préservant le fromage contre l'oxydation. Leur rôle est des plus importants dans la fabrication du brie.

Duclaux nous a bien fait connaître leur rôle par son étude classique sur le fromage du Cantal. Ces *Tyrothrix* sont des sécréteurs abondants de présure et de caséase ; ils montrent des activités diverses. Il y en a qui attaquent la caséine complexe, d'autres qui ne décomposent que celle qui a déjà subi un commencement de dégradation, ce qui veut dire que la matière azotée peut affecter sous leur influence les différents stades, les différents échelons que nous connaissons ; le fromage passe par les divers degrés de maturité et contient une proportion plus ou moins élevée d'amides, de lécithine, tyrosine, leucine, etc.

Certains auteurs attribuent à ces microbes peptonisants le principal rôle dans l'affinage des fromages d'Emmenthal.

Rappelons que l'acidité gêne ces microbes ; elle est ou brûlée, comme nous l'avons vu, ou saturée par l'ammoniaque que l'atmosphère de la fromagerie contient en plus ou moins grande quantité. Cette ammoniaque est un produit abondant de la décomposition des matières albuminoïdes. C'est ce qui explique l'influence des endroits à dégagement d'ammoniaque (bergeries, cages à lapin, etc.), connue depuis longtemps. Arthaud-Berthet a pu préparer en quelques heures des fromages affinés, grâce à l'addition d'ammoniaque ; il est évident qu'on doit se borner à assurer la neutralisation des parties superficielles. Ajoutons d'ailleurs que la décomposition des matières albuminoïdes, caséine, fibrine, peut donner avec certaines espèces microbiennes, notamment avec des *Fusarium*, une odeur et un parfum de Brie des plus prononcés, déjà dans vingt-quatre à trente-six heures ; on trouve dans ce cas de notables quantités d'ammoniaque. Il importe d'utiliser ces propriétés avec modération et avec réflexion dans les caves d'affinage.

Gorini nous a fait connaître un autre groupe de microorganismes, les ferments acidifiant le milieu et sécrétant en même temps de la présure ; ils paraissent se comporter à haute température comme des ferments lactiques et à basse température comme des peptonisants. On peut notamment citer le *Bacillus acidificans presamigenes casei* étudié par le savant italien. Ces microbes paraissent vivre en symbiose avec les ferments lactiques ; ils sont à la fois ferments du lactose et de la caséine. Sous leur influence, l'acidité augmente pendant que la caséine est peptonisée. Ajoutons que, depuis ces constatations, Bœkhout et de Vries ont isolé du fromage de Cheddar un *Micrococcus* qui est doué de propriétés analogues.

Étudions maintenant en quelques mots les deux principaux groupes de fromages ; à la faveur des notions précédentes, nous arriverons à comprendre les différentes phases de la maturation.

Fromages durs. — Dans ces fromages, nous avons d'abord une fermentation lactique, peut-être même l'action de ferments lactiques spécifiques pour les différentes variétés de fromages ; lorsque cette fermentation est bien régularisée, on voit se produire ces trous très réguliers qui caractérisent le bon emmenthal ; sous leur influence, la matière azotée elle-même est modifiée, et on peut obtenir des fromages d'une maturité assez avancée. Nous avons déjà dit que les avis sont partagés à cet égard. Il se peut et il est même probable que les ferments lactiques sont aidés par les *Tyrothrix*, dont les diastases produites diffuseraient peu à peu dans toute la masse et amèneraient ainsi une maturation progressive.

La question de la prépondérance des ferments du lactose ou de la caséine, dans cette maturation, n'est donc pas complètement élucidée. Il est possible que les deux groupes y interviennent ; ils y contribuent dans une part plus ou moins large, selon les conditions dans lesquelles on opère ; peut-être, à cette action double, se superpose celle de ferments spécifiques pour chaque fromage, et c'est le rapport existant entre les diverses espèces microbiennes qui détermine l'odeur et le parfum du fromage au bout d'un temps donné.

Ainsi Bœkhout et de Vries ont isolé du fromage d'Edam des ferments lactiques pouvant se multiplier et agir en l'absence de sucre de lait ; il convient d'y ajouter les ferments de Gorini, le *Paraplectrum fœtidum* de Weigmann, certains anaérobies étudiés par Rodella et Klecki.

Intervention diastasique. — Dans cette maturation des fromages durs, Babcock et Russel voient surtout l'action des diastases du lait (galactase, trypsine, pepsine). Il se peut que cette action existe, mais son effet doit être très restreint en présence des diastases microbiennes, d'ailleurs analogues.

Fromages mous. — Les ferments lactiques commencent la transformation du lactose ; ils aident la présure dans la coagulation du lait. La durée de cette dernière varie évidemment avec la quantité de présure, avec la température et avec la nature du ferment. Suivant que l'égouttage du caillé se fait plus ou moins vite, la fermentation lactique est poussée plus ou moins loin ; tout dépend de la quantité de petit-lait retenu par le caillé et de sa teneur en lactose.

Ce premier stade est suivi par l'action des divers *Penicillium* et des mycodermes qui ont pour effet de brûler l'acide lactique, l'acide acétique, l'alcool, etc. ; en outre, ces moisissures amènent une peptonisation partielle dans les couches superficielles, donnent plus ou moins d'ammoniaque servant à saturer les acides en liberté; enfin la véritable maturation se continue par les peptonisants, *Tyrothrix*, microbes rouges, etc. La caséase sécrétée par leur masse superficielle solubilise progressivement la matière azotée en diffusant de l'extérieur vers l'intérieur. La transformation est quelquefois très rapide. Elle est complétée par l'action des diastases du lait et de celles produites par les ferments lactiques et les peptonisants qui se trouvent dans la masse de tous les fromages.

La maturation est plus courte que pour les fromages durs; elle dure seulement des semaines au lieu de mois pour les premiers; elle est d'ailleurs fonction de la température, dont l'influence rejaillit sur l'arome du fromage.

Application à la pratique. — Depuis longtemps déjà on avait songé à faire des essais, en ensemençant le lait avec les divers ferments isolés, en suivant ainsi l'exemple donné par les industries de fermentation et par les fabricants de beurre. L'expérience avait, d'une part, appris qu'il était difficile de recueillir du lait tout à fait libre de microbes et que même, avec un tel lait, les fromages ne mûrissaient pas. Elle avait également montré que la pasteurisation et la stérilisation, telles qu'on les pratique en général, modifiaient le lait tellement qu'il devenait impossible de le coaguler par la présure.

La chaleur précipite une certaine quantité de sels de chaux, qui sont les adjuvants de la présure; d'où est née l'idée de régénérer le lait après chauffage, en l'additionnant de sels de chaux (chlorure de calcium, phosphate acide de chaux), ou encore par l'acide carbonique, comme l'a conseillé Schaffer. L'ensemencement se fait ensuite après refroidissement avec une macération de fromage arrivé au premier stade de maturation. Des essais très encourageants ont été faits dans cet ordre d'idées par

Klein et Duroi en Allemagne, Boekhout et de Vries en Hollande, Fascetti en Italie.

MM. de Freudenreich et Thoëni ont également démontré que l'ensemencement de cultures pures, allié à l'emploi de présures artificielles, peut fournir de très bons fromages : ce chauffage du lait a donc pour principal avantage de nous débarrasser des microbes pathogènes, mais il présente l'inconvénient de nécessiter des tours de main pour permettre la coagulation.

M. Arthaud-Berthet, à la suite de nombreux essais faits à l'Institut Pasteur, préconise pour le lait la pasteurisation à 65° pendant cinq minutes. Il a proposé à cet effet un pasteurisateur utilisant la fixité de température des vapeurs saturantes fournies par un liquide à point d'ébullition convenable. Nous savons que cette température est suffisante pour tuer les ferments lactiques, les levures, les ferments non sporulés de la caséine, l'*Oidium lactis*, etc.; cette température ne donne pas non plus le goût de cuit au lait, pas plus qu'au moût de raisin porté à cette température ; le lait reste coagulable par la présure. En se servant de cette méthode de pasteurisation et à l'aide d'un dispositif approprié pour éviter les contaminations, Arthaud-Berthet a pu procéder à l'ensemencement rationnel de ferments sélectionnés. Il a obtenu des fromages qui ont présenté l'aspect, la pâte, les qualités du brie et du camembert.

Mentionnons encore les essais faits en Italie par Gorini. Il a ensemencé 50 fromages de Parmesan avec des ferments sélectionnés, et il les a placés dans des conditions identiques avec des fromages de contrôle non ensemencés. Ces fromages ont été examinés à intervalles réguliers par plusieurs personnes compétentes, et toutes ont convenu qu'en général les fromages ensemencés étaient mieux réussis que les autres.

Le résultat de leur classification, qui fut faite sur 30 fromages dont 8 étaient encore sous sel et 22 déjà hors sel, soit six mois après leur fabrication, a été le suivant : moyenne de trois experts, 199 points pour les fromages ensemencés contre 151 points pour les fromages de contrôle ; chacun des trois experts accordait un nombre de points plus élevés aux fromages ensemencés avec des écarts variables entre les deux sortes, selon l'expert. L'avenir apprendra quel sera le jugement définitif lorsque les fromages auront accompli leur maturation complète (entre deux à trois années).

C'est là un grand progrès ; il permettra d'étudier en particulier l'influence de l'égouttage, de la température, du salage, de la mise en présure, de régulariser la maturation et surtout de trouver les rapports qui doivent exister entre les diverses espèces microbiennes à l'origine. Il sera surtout à recommander dans les fromageries mal tenues, ou lorsqu'on opérera avec du lait écrémé. Nous pouvons donc prévoir le moment où nous obtiendrons des produits de bonne qualité d'une façon constante et régulière.

Lorsque, par suite de défauts dans la fabrication, manque de surveillance, de soins, de propreté surtout, des espèces étrangères viennent à dominer, on a des fromages mal faits, des fermentations anormales, des fromages malades, de conservation difficile, de valeur marchande presque nulle.

Maladies des fromages. — *Fromages boursouflés.* — Le boursouflement des fromages est un des défauts les plus graves qui se présentent notamment chez les fromages cuits ou mi-cuits, comme le gruyère, l'emmenthal, le pont-l'évêque, le port-salut, etc. L'aspect des fromages est boursouflé, la surface plus ou moins bombée, à tel point que le fromage peut éclater ; les trous ont la forme allongée, irrégulière ; le goût est pimenté et désagréable ; les gaz sont formés de CO_2 et d'hydrogène.

Peter, qui a étudié cette maladie, distingue plusieurs causes. Ce boursouflement total ou partiel peut déjà se produire sous la presse, par suite de la fermentation du lactose sous l'influence de certains ferments qui donnent comme produit principal de l'acide lactique, comme c'est le cas pour le *Bacterium coli commune*, le *Bacterium lactis aerogenes* ou d'autres ferments lactiques à dégagement gazeux ; ils proviennent soit du lait contaminé par le pis de la vache, soit par la présure, etc. ; le lait est surtout infecté chez des vaches atteintes de troubles digestifs, nourries avec des fourrages fermentés, tourteaux altérés, ou encore chez des vaches ayant fraîchement vêlé, ou enfin l'infection provient d'une grande malpropreté.

Mais le boursouflement peut également se présenter en cave, et alors il est plus ou moins intense selon la température ambiante.

Le nombre des microorganismes qui interviennent ici est assez élevé ; quelques-uns ont été étudiés en détail par Adametz, Hueppe, Grotenfelt, Guillebeau, etc. On peut citer des *Torulas*, des levures de lactose, certaines bactéries lactiques énergiques (*Bacterium acidi lactici* Grotenfelt et Hueppe), certains *Tyrothrix*, etc.

Un deuxième groupe est constitué par les microbes spécifiques : *Micrococcus Sornthali I* et *II* Adametz, *Bacillus* Guillebeau *a*, *b*, *c*, streptocoque de la mammite contagieuse de Macé, *Micrococcus mastitis* Hueppe, *Bacillus coli communis*, *Bacillus lactis aerogenes*, *Bacillus I* et *II* Weigmann, *Bacillus Schafferi*, *Actinobacter polymorphus* Duclaux, *Bacillus diatrypeticus casei* Baumann, différents *Tyrothrix* de Duclaux ; on en trouve dans les cas de mastite et on pourrait encore allonger cette nomenclature.

Bacillus Schafferi. — Observé dans divers fromages, notamment dans ceux dits à « mille trous ». Bacille de 2 à 5 μ de long sur 1 μ de large ; montre quelquefois, dans les vieilles cultures, des filaments de 20 à 25 μ. C'est un bâtonnet mobile, colorable par les couleurs d'aniline ; il montre ses effets à 25° déjà au bout de vingt-quatre heures ; mais la température optima est de 35 à 37°, et on aperçoit dans ces conditions le dégagement gazeux au bout de six heures.

C'est un microbe très voisin du groupe du *Bacterium coli commune*, poussant très bien sur pommes de terre ; c'est pourquoi l'usage encore assez répandu chez les laitiers de se graisser les mains, avant la traite, avec une bouillie de pommes de terre, est tout à fait à déconseiller ; l'emploi du saindoux est bien préférable. Ce microbe n'est pas très résistant aux antiseptiques (sublimé, acide phénique), et meurt par chauffage à 70°.

Micrococcus Sornthali. — Se présente souvent en amas zoogléiques ; le *Coccus* a un diamètre moyen de 0 µ 7 ; il produit de l'acide lactique avec un dégagement gazeux abondant formé à 75 p. 100 de CO_2 et 25 p. 100 d'hydrogène. Il en existe plusieurs variétés.

Remèdes. — Comme ces microbes sont, en général, très résistants, comme c'est presque toujours le lait et quelquefois la présure qu'il faut incriminer, il importe de lutter d'abord par des soins de propreté extrême, surtout au moment des fortes chaleurs de l'été. Le fromager devra essayer régulièrement ses laits au lacto-fermentateur et éliminer les laits contaminés. Rappelons qu'avec cet essai il faudra maintenir le lait mis en tubes stériles à 37°, observer l'aspect du caillé, le boursouflement de la crème, étudier les gaz dégagés et, en cas de soupçon, faire examiner la vache par le vétérinaire.

Il peut encore y remédier partiellement en maintenant les fromages boursouflés à plus basse température, en portant le lait à 50° ; des expériences personnelles m'ont montré qu'un *Micrococcus* du boursouflement résistait bien à 50° pendant trente minutes, mais était détruit après quarante minutes. Rien n'empêchera, — et ceci est même à conseiller, — d'ensemencer ensuite un ferment lactique bien vigoureux.

Fromages amers. — C'est un défaut de certains fromages mous. On peut signaler comme espèces microbiennes occasionnant l'amertume le *Staphylococcus mastitis*, le *Chlorobacterium lactis*, le *Tyrothrix geniculatus* de Duclaux, enfin certains microbes étudiés par Conn, Guillebeau, Weigmann.

Cette amertume est sans doute due à l'influence de certains produits de désassimilation bactérienne encore mal définis.

Ajoutons également que le lait amer ne donne pas toujours un fromage amer, parce que le microbe spécifique est gêné ou arrêté par d'autres microbes plus vigoureux ou plus appropriés au milieu de culture ; ceci n'est pas le cas avec la *Torula amara* de Harrison, qu'on retrouve dans le fromage.

Fromages rouges. — Cette maladie peut être occasionnée par le *Micrococcus prodigiosus*, les *Torulas* de Schaffer, par un développement exagéré de l'*Oïdium aurantiacum*, notamment sur les vieux bries, ou encore par le *Saccharomyces ruber*, etc. ; il ne faut pas confondre cette maladie avec le développement normal des bacilles rouges, qu'on trouve sur les bons fromages de Brie.

On peut avoir des fromages bleus, si le *Bacillus cyanogenues* arrive à se multiplier outre mesure ; des fromages noirs, comme c'est le cas avec la *Torula nigra*, le *Sterigmatocystis nigra*, le *Penicillium glaucum* à l'état vieux, ou certaines autres moisissures étudiées par Wichmann.

XII. — LES MICROBES EN TANNERIE.

La tannerie est une industrie qui a pour but la transformation des peaux en cuir. Le tannage des peaux peut se faire par différentes méthodes, mais nous ne nous occuperons que de celles où les microorganismes jouent un rôle.

Dans la fabrication du cuir, on peut distinguer deux phases :

1° La première consiste dans la préparation des peaux à l'action des matières tannantes. On y distingue un certain nombre d'opérations : a, *reverdissage* ; b, *épilage* ; c, *écharnage* ; d, *purge de chaux* (c'est-à-dire élimination de la chaux dans le cas de l'épilage à la chaux).

2° La deuxième phase comprend : le *tannage proprement dit*, c'est-à-dire l'absorption par la peau des différentes matières tannantes (tannage au tanin, hongroyage, mégisserie, tannage au chrome).

Avant d'entrer dans les détails de la fabrication du cuir, il convient de faire remarquer que, dans toutes les opérations dont nous allons parler, l'étude des actions microbiennes est loin d'être complète ; elle est à peine commencée. Beaucoup d'expériences et de recherches restent à faire, beaucoup de faits restent à élucider.

1. *Préparation des peaux pour le tannage.* — *a.* Reverdissage. — Cette opération est encore appelée trempage. Elle consiste à plonger les peaux plus ou moins longtemps dans l'eau. Pendant ce temps, les impuretés ou les substances ayant servi à la conservation sont éliminées en même temps que la peau reprend sa souplesse en absorbant de l'eau.

Dans le cas de peaux fraîches ou vertes, le reverdissage consiste en un lavage de quelques heures pour enlever les impuretés facilement putrescibles (trois heures à l'eau courante, douze heures dans des cuves).

S'il s'agit de peaux sèches, l'absorption de l'eau est beaucoup moins rapide. Dans ce cas, les tanneurs avaient l'habitude de faire reverdir les peaux sèches dans des récipients où l'eau n'était jamais changée. Cette eau contenant des matières albuminoïdes entrait en putréfaction sous l'influence de bactéries diverses ; il en résultait un dégagement gazeux formé surtout d'AzH^3 et d'H^{2}S.

Aujourd'hui, on change d'eau à chaque opération, c'est-à-dire chaque fois que l'on met des peaux nouvelles à reverdir ; la putréfaction est moins intense, et la perte de substance, par suite de cette dernière fermentation, est beaucoup plus faible.

On peut activer le reverdissage : α, par des procédés mécaniques ; β, par des procédés chimiques.

α. On agite les peaux dans les cuves, ou bien on les travaille sur le *chevalet de rivière* (pièce de bois hémi-cylindrique, dont une extrémité pose à terre, tandis que l'autre est soutenue par des pieds enfoncés dans la partie plane). On peut aussi les mettre dans un tonneau animé d'un mouvement de rotation autour de son axe (tonneau à fouler).

β. Les substances chimiques employées sont :

Sulfure de sodium....................	1,5 à 3 p. 100.
NaOH...............................	1 p. 100.
So²	Solution au 1/1000.
NaCl. Acide phénique, etc.........	

L'opération est plus rapide et la peau perd moins de principes utiles.

Dans les autres procédés de reverdissage, les micro organismes ne jouent aucun rôle, cas des peaux picklées, c'est-à-dire traitées par SO^4H^2, qui les gonfle, puis par NaCl, qui produit l'effet inverse. Quand on les met dans l'eau, le chlorure de sodium s'en va et les peaux se gonflent à nouveau sous l'influence de SO^4H^2. Cet acide est ensuite saturé par le blanc d'Espagne et le chlorure de sodium.

b. Épilage. — Il a pour but de séparer le derme de l'épiderme par destruction de la couche de Malpighi. Il y a quatre procédés principaux : les deux premiers seulement nous intéressent : 1° épilage à l'échauffe ; 2° épilage à la chaux ou pelanage ; 3° épilage aux sulfures alcalins ; 4° épilage aux sulfures d'arsenic.

1° *Épilage à l'échauffe*. — On soumet les peaux à un commencement de putréfaction, qui détruit la couche de Malpighi sans toucher au derme. On peut alors séparer facilement celui-ci de l'épiderme et des poils.

D'après Eitner, l'épilage serait dû à un simple phénomène de putréfaction par suite de l'arrivée d'un grand nombre de bactéries dans la couche de Malpighi.

Villon a trouvé dans le bulbe du poil une matière albuminoïde : la pilline, qui, détruite par une bactérie aérobie (bactérie pilline), permettrait l'enlèvement du poil.

Schmitz-Dumont, qui a repris les expériences de Villon, a reconnu l'action prépondérante d'un streptocoque qui, au lieu du bulbe du poil, attaquerait la couche de Malpighi.

En résumé, on ne peut affirmer qu'il n'y ait qu'une seule espèce de microbes favorisant cet épilage. Il est fort probable que les divers *Proteus* y jouent un rôle prépondérant. On ne sait pas non plus si les microorganismes détruisent ou dissolvent directement la couche de Malpighi, ou si cette action est due à leurs produits de sécrétion, ou peut-être aux produits de décomposition des matériaux qu'ils attaquent.

Villon a reconnu en effet que, parmi ces derniers, se trouvait l'AzH^3 et a établi que la résistance des poils à l'arrachage diminuait quand la proportion d'AzH^3 augmentait.

On peut admettre, avec MM. Meunier et Vaney, que l'épilage est dû : d'une part à l'action directe des microorganismes (bactérie pilline de Villon, streptocoque de Schmitz-Dumont, divers *Proteus*); d'autre part, à l'action dissolvante de l'AzH^3, produit par ces derniers.

Cette fermentation a son optimum de température vers 25° C. ; elle est alors très rapide et difficile à surveiller, aussi on préfère opérer entre 7 à 12° C.

D'après Schmitz-Dumont, il y aurait deux phases : la première pendant laquelle les microorganismes favorables dissolvent la couche de Malpighi ; la seconde qui correspond au développement de bactéries de putréfaction attaquant le derme (il faut les arrêter par des antiseptiques : CS^2). D'où son conseil de stériliser les peaux et d'ensemencer avec des cultures pures de son streptocoque.

2° *Épilage à la chaux ou pelanage.* — Cette opération dure environ quinze jours ; elle consiste à plonger les peaux dans des *laits de chaux* ou *pelains.*

On emploie généralement trois sortes de pelains :

1er séjour : pelain mort (qui a servi deux fois), quarante-huit heures de contact ; 2e séjour : pelain gris (qui a servi une fois), quarante-huit heures de contact ; 3e séjour : pelain vif (lait de chaux neuf) ; on laisse en contact jusqu'à ce que le poil tombe.

Andreasch a identifié dans ces laits de chaux des sarcines et le *Bacillus subtilis.*

D'après Villon, l'épilage serait dû à l'action d'une bactérie sur la pilline (Bactérie pilline), et la chaux ne ferait qu'empêcher le développement des agents de la putréfaction. En effet, la bactérie pilline peut être cultivée sur gélatine, en présence de CaO. Après stérilisation, l'épilage n'a pas lieu par la CaO ; la présence de l'air est indispensable. La peau se dépile, en effet, par l'introduction d'une culture de bactérie pilline.

De plus les tanneurs ont pour habitude de mélanger un peu de pelain mort à leur pelain vif, ce qui revient à faire un ensemencement.

D'autres auteurs, comme Schrœder, attribuent l'épilage exclusivement à l'action de la chaux.

Faute d'expériences bien précises, on peut dire que l'épilage est dû à l'action combinée de la chaux et des bactéries.

Le pelanage se fait généralement à 15°. Quand la température augmente, l'épilage se fait plus vite, mais il y a à craindre l'action dissolvante de la chaux en même temps que le gonflement de la peau diminue.

Enfin, comme les peaux contiennent plus ou moins de matières grasses (tissu sous-cutané), le passage dans un lait de CaO les saponifie, ce qui facilite leur élimination.

Dans le *procédé Pulmann*, qui épile avec $NaOH + CaCl^2$, en cinq heures, les microorganismes n'ont pas le temps d'agir beaucoup.

On trempe d'abord les peaux dans une solution de NaOH à 1 p. 100; on les fait égoutter et on les trempe dans un bain de $CaCl^2$ à 0,5 p. 100. On rince ensuite. Dans le second bain, il se produit la réaction suivante :

$$2 NaOH + CaCl^2 = 2 NaCl + Ca (OH)^2.$$

Au sujet de ce procédé rapide, M. Procter a fait une remarque intéressante, c'est que l'épilage n'a lieu qu'après avoir plongé les peaux dans une vieille liqueur de trempe. Ceci viendrait confirmer la théorie de Villon.

Maintenant que l'épilage a eu lieu, il faut séparer le derme de l'épiderme et des poils. Pour cela, on étend la peau sur le chevalet de rivière, et on la gratte avec des instruments spéciaux ; de l'eau jetée sur la peau détermine l'entraînement des poils. On a imaginé une machine à ébourrer.

c. Écharnage et dégraissage. — L'écharnage a pour but d'enlever les tissus qui restent adhérents à la face interne du derme. Il se fait encore à la main en plaçant la peau sur le chevalet de rivière.

Ce travail peut aussi s'effectuer à l'aide de machines.

Le dégraissage se fait par pression à l'aide de la presse hydraulique (les matières grasses sont, comme nous le savons, en partie saponifiées). Pour enlever la graisse plus parfaitement, on peut employer la benzine, ou mieux un mélange d'alcool et de benzine.

d. Purge de chaux. — Ce procédé ne s'emploie que lorsque la chaux a servi à l'épilage. Après celui-ci, le derme contient :

α, Chaux; β, crasse composée de : 1° matières grasses partiellement saponifiées ; 2° matières albuminoïdes solubilisées par CaO ; 3° la coriine.

La purge de chaux a pour but d'éliminer la chaux et la crasse. Elle peut se faire :

1° Soit par des procédés mécaniques (pierrage et recoulage) ;

2° Soit par des procédés chimiques accompagnés de pierrage et de recoulage. Les substances chimiques ont pour but de neutraliser la chaux pour la transformer en produits solubles ou insolubles, neutres, qui ne doivent avoir aucune action sur la peau ;

3° Soit par les confits.

On appelle confits des milieux où se développent un certain nombre de microorganismes, dont les produits contribuent à éliminer la chaux en même temps qu'ils donnent de la souplesse à la peau. Les matériaux nutritifs, en même temps que la plus grande partie des microbes, sont apportés par des substances diverses. Les plus employées sont : la crotte de chien, la fiente d'oiseaux et le son.

A. *Élimination de la CaO par les confits d'excréments de chiens et d'oiseaux.* — Sous leur influence, les peaux redeviendront minces et flexibles comme avant l'épilage. On a remarqué que l'action du confit à la fiente d'oiseaux est rapide ; mais la peau ne devient pas aussi souple que dans le cas où on la soumet au confit à la crotte de chiens.

D'après le Dr Eitner, cette différence viendrait de ce que le confit à la fiente d'oiseaux attaque surtout la chaux et la crasse, tandis que celui à la crotte de chiens s'attaque au derme. De plus, la différence de composition des deux confits permet le développement de diverses espèces microbiennes, ce qui explique pourquoi ils n'agissent pas tout à fait de la même façon.

Ce sont évidemment certaines bactéries des confits de chiens et d'oiseaux qui jouent le rôle principal. Wood les a étudiées, sans faire avancer beaucoup l'état de la question. Il a également précipité par l'alcool à 98° les diastases d'une solution filtrée de confit. Ces diastases en solution ont donné des résultats analogues à ceux

d'un confit normal ; l'action des diastases est plus rapide
lorsque le confit est frais. Mais cette extraction des diastases est beaucoup trop coûteuse pour pouvoir être utilisée en pratique.

Ces études ont montré, en outre, que le confit obtenu
avec des excréments frais donnait des résultats moins
satisfaisants que celui obtenu avec des excréments fermentés. Nous avons observé des faits analogues avec le
fumier bien fait et le fumier frais. Dans l'espèce, il faut
sans doute la solubilisation préalable de certains principes alimentaires pour les microbes utiles.

En résumé, on voit que l'efficacité des confits d'excréments est due à la présence de bactéries diverses qui
agissent à la fois par les diastases sécrétées et par les
produits formés (acides, composés ammoniacaux). C'est
ce qui explique l'influence si nette de la température.
Ainsi, on préfère opérer entre 16 à 20°, parce que, à une
température supérieure de 25 à 30°, l'opération est trop
rapide et difficile à régulariser ; on a également remarqué
qu'une richesse trop forte en matériaux nutritifs agissait
dans le même sens.

On recommande de remuer fréquemment les peaux
pour bien répartir les bactéries, éviter la formation de
grosses colonies qui occasionneraient des taches sur la
peau, en attaquant la membrane hyaline ou produiraient
même quelquefois des trous. Citons notamment le *Bacillus
dentriticus* d'Eisenberg et le *Bacillus lactis albus*, comme
espèces dangereuses. La présence de matières solides en
suspension dans les confits favorise leur action.

Ces confits peuvent devenir le siège de mauvaises fermentations ; ainsi on connaît le *confit noir*. La cause de
cette altération est due au développement d'une bactérie
qui dissout le derme et se montre surtout dans les vieux
bains, parce que à ce moment les bactéries utiles ne
trouvent plus les matières alimentaires nécessaires. Une
autre altération est désignée sous le nom de *confit*

tourné; dans ce cas, la peau est fortement attaquée.

Cette pratique des confits est évidemment condamnable à tous les points de vue, hygiénique et industriel; c'est une opération des plus empiriques qui n'assure nullement la marche régulière des transformations que le tanneur se propose d'atteindre; la masse très complexe, constituée par la peau et le bain liquide, peut, en effet, devenir le siège des fermentations les plus anormales et les plus variées.

Leur emploi est donc tout à fait aléatoire; aussi a-t-on songé à fabriquer des confits artificiels. Dans ce but, on prépare des milieux de culture qu'on abandonne ensuite à l'air, ou, ce qui est mieux, qu'on ensemence avec des bactéries qu'on suppose favorables. Il faut, en effet, avouer que jusqu'à présent on ne connaît guère les bactéries véritablement utiles; tout au plus peut-on admettre avec quelque raison que les ferments lactiques sont du nombre.

B. *Élimination de la chaux par les confits de son.* — Ce confit est surtout employé en mégisserie et en maroquinerie. Pour le préparer, on verse de l'eau chaude sur du son, et on maintient le mélange à 20-21°. En général, il s'y déclare une fermentation spontanée, vigoureuse; d'autres fois on ajoute une petite quantité de vieux confit fermenté, qui sert ainsi de levain.

Au début, il y a un dégagement gazeux abondant, formé de H, H^2S, quelquefois CH^4 et notamment d'acide carbonique, qui soulève et gonfle la peau; la masse a d'abord une réaction neutre, mais bientôt elle devient acide; on dit que le confit est aigre. Souvent, après douze à seize heures, la fermentation se ralentit et se termine.

C'est Wood qui, le premier, a étudié cette fermentation.

Le son contient un mélange de diverses diastases isolées par Mège-Mouriès sous le nom de *céréaline*. Elles ont pour effet d'amener l'amidon du son au terme sucré, probablement à l'état de maltose.

Nous pourrons prévoir que, dans ce mélange de son et

de confit aigre, il existe des bactéries (ferments lactiques, acétiques, etc.), des levures et des moisissures.

Wood a pu isoler deux bactéries appelées *Bacterium furfuris* α et *Bacterium furfuris* β. Ce sont des bâtonnets de 0 μ, 7 de largeur sur 1 μ, 3 de longueur ; ils se présentent souvent en chaînes et sont sporulés. Ils agissent surtout en symbiose et semblent attaquer les matières formées aux dépens de l'amidon. La peau elle-même, si elle est attaquée, subit surtout l'action de bactéries de putréfaction apportées par l'air ou par le confit ; d'autres fois, on a une fermentation lactique ou acétique, plus rarement butyrique.

Mais la composition bactérienne de ces confits est très variée, et à cela il n'y a rien d'étonnant, chaque usine travaillant différemment.

Ainsi, aux tanneries de *Wrexham*, les confits ne contiennent pas de traces d'acide lactique, mais seulement des acides gras volatils (acide acétique, etc.).

PRODUITS DE LA FERMENTATION DES CONFITS (recherches de Wood). — On peut diviser ces produits en trois groupes :

1° *Produits gazeux.* — L'analyse des gaz qui s'échappaient de la cuve de confit de son a donné les résultats suivants pour 100 en volume :

La colonne A correspond aux gaz dégagés après un à deux jours de fermentation d'une cuve de confit ne contenant pas de peaux ;

La colonne B, aux gaz dégagés après fermentation de deux à trois jours dans une cuve contenant des peaux ;

La colonne C, aux gaz dégagés après fermentation de trois ou quatre jours dans une cuve contenant des peaux :

	A	B	C
	1 à 2 jours	2 à 3 jours	3 à 4 jours
	(sans peaux).	(avec peaux).	(avec peaux).
$CO_2 + H_2S$...........	21,9	25,2	42,4
O_2.................	1,0	2,1	3,6
H_2.................	53,4	46,7	20,2
Az_2.................	24,0	26,0	25,8

Les gaz recueillis pendant la fermentation sont donc les mêmes, qu'il y ait des peaux ou qu'il n'y en ait pas. On trouve un peu plus de H^2S en présence des peaux ; sa proportion varie de 1 à 2 p. 100 en volume.

La proportion de CO^2 va en augmentant. Wood estime que la plus grande partie de l'azote dégagé provient de l'air dissout dans l'eau, dont l'oxygène est absorbé par les ferments ; le reste viendrait de la décomposition des matières azotées.

2° *Corps volatils*. — On trouve des amines et des acides.

La teneur moyenne des acides volatils en grammes par litre est la suivante :

Acide formique	0gr,0306
— acétique	0gr,2401
— butyrique	0gr,0134
	0gr,2841

3° *Corps non volatils*. — On peut distinguer : acides, hydrates de carbone et autres composés non attaqués du son.

Le seul acide trouvé est l'*acide lactique* : son dosage a montré que le confit en contenait en moyenne 0gr,7907 par litre.

On a prétendu que le son avait une action adoucissante sur la peau. Or, si on met la peau dans un confit de son dont on empêche la fermentation par $HgCl^2$ à la dose de 1 p. 10000, ou l'éther, ou le chloroforme, les peaux restent dures et rugueuses. Cette action du son est donc très faible, si elle existe.

Comme nous l'avons vu, les travaux de Wood ont montré que le confit de son contient en moyenne par litre :

Acide lactique	0gr,8
— acétique	0gr,2
— formique	0gr,03
— butyrique	0gr,01

Ce savant s'est alors demandé si l'action des confits était seulement due à la présence des acides. Dans ce but, il a composé un confit artificiel renfermant :

Acide lactique.......... $1^{gr},0$ } par litre d'eau.
— acétique.......... $0^{gr},5$ }

Il y laisse macérer les peaux une heure et demie à deux heures et obtient un résultat absolument semblable à celui obtenu avec le confit.

Dans les confits, les gaz ne jouent qu'un rôle mécanique en soulevant les peaux à la surface du liquide et en distendant les fibres conjonctives. Dès que les confits sont devenus acides, nous avons, à côté de l'action mécanique, une action chimique ; la crasse est dissoute, il se forme du lactate et de l'acétate de chaux. Cette transformation se fait d'autant plus vite que la température est plus élevée et que la fermentation est, par conséquent, plus active.

Ainsi, à 30-35°, les peaux restent seulement quelques heures dans le confit ; si, au contraire, la température est basse, il faut remuer constamment, et l'opération dure deux à trois jours. Comme les gaz font remonter les peaux, il est nécessaire de les immerger de temps à autre, de les maintenir sous le liquide, comme on le fait pour les marcs de vendange. On arrête l'action du confit lorsque les boutons apparaissent sur la fleur. On désigne par ce dernier nom la membrane hyaline qui couvre la face externe du derme.

L'observation a montré que l'action des confits était plus efficace lorsque l'eau contient des nitrates ; aussi a-t-on avantage à ajouter un peu de salpêtre. Cette constatation permet d'y voir l'action de dénitrificateurs, et, dans ce cas, nous pourrons avoir une influence chimique résultant du nitrite produit sur les composés amidés formés aux dépens des matières azotées par les bactéries de putréfaction ; nous pouvons également avoir une influence mécanique sur la peau résultant des gaz produits par les dénitrificateurs CO^2 et Az.

Les confits de son donnent une peau très élastique, absorbant bien les matières tannantes ; la peau conserve sa souplesse, à l'exception des cas à tannage acide.

Altération des confits de son. — Le confit se conserve difficilement. Par les températures chaudes, il devient rapidement acide. Les peaux mises dans un pareil bain s'épaississent, deviennent molles et peuvent même se transformer en gelée. L'acidité n'est pas lactique, mais au contraire butyrique et acétique. Le bain est alors souvent envahi par des ferments butyriques et acétiques, comme le pense Eitner. Lorsqu'on s'en aperçoit à temps, il faut arrêter la fermentation en ajoutant un peu de NaCl, ou mieux retirer les peaux et les plonger dans de l'eau contenant AzH^3 ou du blanc d'Espagne pour neutraliser l'acide. On peut encore signaler quelques autres accidents produits par les confits.

Lorsque les peaux y sont laissées trop longtemps, le dégagement gazeux peut, en perforant la peau, produire la « piqûre de la fleur ». La surface de la peau peut présenter des taches grises ; à cet endroit, la fleur a été attaquée, de sorte qu'après tannage ces régions n'ont pas de brillant. Eitner a reconnu qu'elles provenaient du développement du *Bacillus megaterium*, qui affecte la forme de zooglée ; ce bacille (fig. 45) est assez commun dans les liquides en putréfaction, la terre, le fumier, etc. On le rencontre forcément dans l'eau, qui l'apporte dans le confit. Il se développe sur la pomme de terre, les infusions de foin, etc.

Il y a un confit encore peu employé actuellement, que l'on obtient en faisant bouillir de la paille d'avoine dans de l'eau. On décante et on expose à l'air. Au bout de quelques heures, une fermentation se produit ; c'est alors le *Bacillus subtilis*, ou une espèce analogue, qui joue le rôle prépondérant.

Quelquefois on a recours au mélange de confits de son et d'excréments, ce sont *les confits combinés* ; nous ne pouvons que répéter que tout ce travail est empirique, qu'il y a certes des actions microbiennes qui se manifestent, que certains groupes de ferments peuvent être utiles, soit qu'ils agissent successivement, soit simultanément. La question demande à être reprise complètement avec nos méthodes actuelles de bactériologie. Elle n'est pas insoluble.

2. *Tannage proprement dit*. — On distingue : 1° tannage au tanin ; 2° tannage minéral (hongroyage, mégisserie, tannage au chrome, etc.).

Nous ne nous occuperons que du tannage au tanin.

1° TANNAGE AU TANIN. — a. *Tannage en fosses*. — Donne de bons cuirs, mais d'un prix élevé ; on tanne le plus souvent à l'écorce de chêne. L'opération se fait en trois temps : basserie ou passerie, refaisage et recouchage en fosses.

Basserie. — Dans cette opération, le gonflement dû à la chaux pendant le pelanage se continue et s'accentue. Ce gonflement est maintenu par fixation d'un peu de tanin ; enfin les dernières traces de chaux sont éliminées.

On se sert de *jusées*, c'est-à-dire de jus de tannée (épuisement du tanin de la tannée des fosses par l'eau), et on établit le *train de basserie*, c'est-à-dire un ensemble de trois ou quatre cuves où les richesses en tanin iront en croissant de la première à la dernière, tandis que l'acidité ira en décroissant.

Les peaux sont passées d'une cuve dans l'autre en commençant par la moins riche en tanin, c'est-à-dire la plus acide (la cuve n° 1 est alors vidée puis remplie par du jus riche en tanin et peu acide ; elle devient n° 4). Les peaux sont agitées dans chaque cuve.

La basserie dure trois semaines. Les jusées sont souvent examinées et on y dose : tanin et acidité. Ceci nous montre que le travail devient régulier au lieu d'être empirique.

Refaisage. — C'est une opération intermédiaire entre la basserie et la mise en fosses, afin d'éviter un passage brusque ; de cette façon le gonflement persiste et même augmente. On étale les peaux dans des cuves larges, et on les sépare les unes des autres par du tan grossier ; au bout de quinze jours, on fait un second refaisage, de façon que les peaux qui étaient à la partie inférieure se trouvent maintenant au fond. Quelquefois on fait un troisième refaisage. Ces cuves sont alimentées par les jus de plus en plus riches en tanin. L'opération dure un mois à un mois et demi (deux ou trois refaisages de quinze jours).

Mise en fosses. — On place les peaux dans de grandes cuves cimentées ou en bois, et on les maintient en présence d'une forte quantité de tan pulvérisé.

Sur le fond de la cuve, on met 20 à 25 centimètres de tan épuisé, que l'on recouvre de tan frais ; puis on y étend la peau le côté du poil en dessus ; on recouvre ensuite de 3 centimètres de tan pulvérisé, et on met une nouvelle peau, etc. Enfin on termine par une couche de tan appelée chapeau. La fosse est abreuvée soit par de l'eau, soit par du jus provenant d'autres opérations. On peut abreuver pendant la confection de la fosse, le travail est alors plus régulier.

Cette opération constitue la *première poudre*, qui dure deux à trois mois. On retire alors les peaux, on les balaye et on les remet dans une autre fosse de la même façon, de telle sorte que celles qui étaient en dessus se trouvent au fond. L'opération dure trois à quatre mois.

A la sortie définitive, les cuirs sont balayés et mis à sécher. On a ce qu'on appelle les *cuirs en croûte*.

b. *Tannage aux extraits*. — Les extraits résultent de l'épuisement par l'eau des matières tannantes et de la concentration dans le vide du liquide obtenu.

On peut opérer avec une cuve unique où les peaux sont entassées. On commence par y mettre du jus aigri ou additionné d'acide, afin de faire gonfler les peaux; un agitateur ou coudreuse permet d'agiter le liquide. On abandonne ainsi vingt-quatre heures, puis on ajoute chaque jour de petites quantités croissantes d'extrait. Dès le deuxième jour, on fait ces additions toutes les heures et on agite pendant dix minutes à chaque fois; plus tard, les additions se font trois fois par jour avec un jus titrant 8 à 10° B. au plus.

Il vaut mieux avoir une batterie de cuves contenant des jus de plus en plus riches en tanin et de moins en moins riches en acide, et de suspendre verticalement les peaux à des supports pouvant tourner autour de l'axe de la cuve. On trempe ainsi successivement d'une cuve à l'autre jusqu'à *tannage complet* (il faut douze cuves environ). C'est en somme la basserie qui se continue. Il faut augmenter lentement et progressivement le titre en tanin.

c. *Tannages mixtes*. — On pratique les deux procédés et on distingue deux méthodes suivant que les extraits sont employés au début ou à la fin du tannage.

Fermentation des jus tannants. — Pendant les différentes opérations du tannage au tanin par la méthode des fosses qui dure presque une année, il se produit dans les jus tannants une fermentation que nous allons étudier.

Les jus tannants renferment :

1° Du tanin ;

2° Des hydrates de carbone (matières sucrées, notamment le dextrose, l'amidon, les dextrines et les gommes), des graisses, des matière albuminoïdes ;

3° Des substances venant de la transformation du tanin (phlobaphène, matières colorantes) ;

4° Des matières minérales (chlorures, phosphates, etc.).

Dans ce milieu de culture, nous pouvons avoir des fermentations variées. Voici quelques-unes des transformations constatées :

a. Le tanin donne naissance à de l'acide gallique, quelquefois même la décomposition est complète, et on a un dégagement gazeux de CO^2. C'est la *fermentation gallique*;

b. Les hydrates de carbone disparaissent sous l'influence des levures, surtout de différentes bactéries. On a la production d'alcool, d'acides (acide acétique et acide lactique surtout) dans les jus, acidité qui va en augmentant petit à petit (basserie);

c. Les matières azotées sont décomposées soit par les ferments de putréfaction, soit surtout par les ferments lactiques. Lorsque les jus sont pauvres en tanin ou appauvris, il peut en résulter des pertes notables.

Ces fermentations sont toutes nuisibles, sauf, comme nous l'avons vu, celles qui enrichissent soit directement, soit indirectement le jus en acidité; l'acide élimine les dernières traces de chaux et gonfle la peau, favorisant ainsi la fixation du tanin. La fermentation gallique produit une perte de tanin. La fermentation putride endommage le derme.

Étudions maintenant ces fermentations:

A. *Fermentation gallique.* — En 1868, M. Van Tieghem a établi la cause de cette fermentation.

Il démontra qu'en l'absence des moisissures (qui se développent toujours sur les solutions de tanin exposées à l'air) la fermentation n'avait pas lieu; il en était de même à l'abri de l'air ou dans l'air stérile. Si on ensemence des moisissures, l'acide gallique apparaît. Parmi les moisissures que l'on rencontre le plus souvent, il faut citer: le *Sterigmatocystis nigra* et le *Penicillium glaucum*.

La présence de l'oxygène est nécessaire, mais il n'en faut qu'une très petite quantité (1 p. 2000) du poids du tanin transformé. Les aliments minéraux se trouvent dans les impuretés (C, H, O, sont fournis par le tanin, l'azote par les nitrates). La fermentation s'arrête à l'acide gallique, quand on prend soin d'immerger le mycélium de la moisissure chaque jour, sinon la décomposition est complète, et il y a simplement un dégagement de CO_2 avec production d'eau.

A côté de l'acide gallique, on rencontre du glucose, que, d'après Duclaux, on doit attribuer au dédoublement du tanin de la noix de galle en tanin pur et glucose.

La formation de l'acide gallique est due à l'hydratation du tanin par une diastase sécrétée par les moisissures : la tannase (Fernbach). On l'a isolée en cultivant les moisissures sur du liquide Raulin, où le sucre a été remplacé par du tanin. Pottevin a établi que l'optimum de température pour la tannase est à 67°.

Comme cette destruction du tanin produit une perte de matière, en même temps que l'acide gallique formé gêne le tannage, on a proposé d'employer des antiseptiques pour gêner le développement des moisissures.

C'est ainsi qu'on a conseillé d'ajouter aux jus $\frac{1}{1000}$ à $\frac{1}{3000}$ de biiodure de mercure. De même Jean, en 1900, a recommandé de mettre une couche d'huile de camphrier sur les jus ou de recouvrir les cuves avec un couvercle perforé rempli de tan imbibé de cette huile.

B. *Fermentation des hydrates de carbone.* — Cette question a été surtout étudiée par Hænlein et Andreasch ; nous allons résumer leurs travaux.

Hænlein étudia la fermentation du jus d'écorce de pin et reconnut que l'agent principal était un bacille qu'il a appelé *Bacillus corticalis*. C'est un bâtonnet de $0\,\mu,7$ à $1\,\mu$ de large et $1\,\mu,4$ à $2\,\mu$ de long. Dans le jus extrait de pin, il se multiplie beaucoup et affecte la forme de chaînes. Il est sensible à l'acidité ; 0,5 p. 100 d'acide lactique le gêne déjà. La lumière ne diminue nullement son activité. Il supporte bien la dessiccation ; c'est pourquoi on le trouve sur les écorces. Il est aérobie, mais peut cependant vivre à l'abri de l'air. Il fait fermenter le sucre en donnant : CO_2, H et un acide que Hænlein n'a pas déterminé. Il pousse sur gélose, gélatine et pommes de terre. Sur gélatine, ses colonies ressemblent à celles du *Bacillus acidi lactici*; il liquéfie la gélatine. Il diffère cependant du *Bacillus acidi lactici*, car celui-ci ne se développe pas sur les jus de tanin.

Le *Bacillus corticalis* attaque surtout les hydrates de carbone comme le glucose, le lactose, et, en détruisant les sucres réducteurs des jus tannants, il fournit les produits que nous venons de signaler dans les proportions moyennes suivantes :

$$CO_2 \dots\dots\dots\dots\dots\dots\dots\dots\dots\dots\dots 5 \text{ p. } 100.$$
$$H \dots\dots\dots\dots\dots\dots\dots\dots\dots\dots\dots 95 \quad —$$

La quantité d'acide trouvée par Hænlein après vingt et un jour de fermentation n'a été que de $0^{gr},0204$ p. 100 en acide acétique. Le microbe ne s'attaque pas au tanin. Ajoutons que son influence a été contestée par Andreasch, qui distingue :

a. Bactéries de l'air et de l'eau ;

b. Agents proprement dits de la fermentation des jus tannants ;

c. Les bactéries de putréfaction.

Le premier groupe contient des formes nombreuses, mais qui sont soit inutiles, soit nuisibles. Dans les jus tannants, elles sont dans des conditions favorables. La présence du tanin a surtout pour effet d'atténuer les fermentations. Certains microorganismes peuvent, en effet, supporter de hautes doses de tanin. On a constaté souvent des fermentations spontanées avec des extraits de chêne à 25 p. 100 de tanin et un dégagement tellement fort de CO_2 que les récipients ont éclaté. On connaît également l'action du tanin sur les ferments alcooliques, dont les propriétés physiologiques peuvent changer, comme l'a montré Rosenstiehl. Ces bactéries ne produisent pas de putréfaction et ne donnent que peu d'acide ; mais elles détruisent les matières hydrocarbonées et azotées, ce qui gêne ensuite le développement des espèces utiles.

Ces microbes sont apportés par la peau, par l'air, par l'eau; d'autres restent sur les parois des cuves, et il se produit un ensemencement naturel dans les jus neufs. Parmi eux, on peut citer : *Bacterium luteum*, *Bacillus putridus*, *Micrococcus flavus liquefaciens*, quelquefois même la *Crenothrix Kuhniana* (fig. 51). Le *Micrococcus prodigiosus* se développe surtout quand l'amidon est abondant, comme c'est le cas dans les jus de pin, etc.

A ces bactéries il faut ajouter les moisissures, qui ne forment que peu ou pas d'alcool, mais qui, dans le cas qui nous occupe, détruisent l'acide lactique et peuvent donner de l'acide gallique. Parmi elles, on peut citer: *Penicillium glaucum*, *Aspergillus niger*, *Oidium lactis*, *Mucor mucedo*, etc.

Dans les vieux jus, elles existent en masse, de même que dans le tan humide et aigre.

Les microorganismes du second groupe sont plus importants, car ce sont eux qui donnent l'acidité aux jus.

Andreasch a contaté que les produits les plus abondants dans les jus de tanin sont CO^2, alcool éthylique, acide acétique et acide lactique.

Ces deux derniers acides ont seuls de l'importance au point de vue de l'élimination de la chaux et du gonflement des fibres. L'acide lactique possède d'ailleurs ces facultés à un plus haut degré que l'acide acétique.

L'acide lactique provient de l'action du ferment lactique sur les matières sucrées et azotées en solution dans le jus et quelquefois des principes azotés de la peau.

L'alcool est formé par les levures aux dépens des matières sucrées (dextrose); il est ensuite oxydé par les bactéries acétiques et devient acide acétique. Cet acide peut cependant également se produire aux dépens des mêmes matériaux sans le stade intermédiaire de l'alcool.

L'addition d'alcool au jus peut favoriser sa production, augmenter l'acidité; cette pratique est usitée en Italie.

On a remarqué que, dans des jus nouvellement faits, la fermentation alcoolique se produit la première, puis la fermentation acétique. Quant à l'acide lactique, il n'apparaît que plus tard, lorsque la décomposition du derme par les ferments de la putréfaction a fourni aux ferments lactiques une quantité suffisante de matières azotées.

C'est pour la même raison que l'addition de peptone favorise le développement du ferment lactique au point d'avoir vingt fois plus d'acide lactique.

Andreasch a ensemencé un ferment lactique isolé d'un jus tannant dans une solution de glucose à 3 p. 100 et étudié l'influence de l'addition de peaux; et il constata que, si on augmente la quantité de peau, la proportion d'acide lactique augmente également.

	Acide lactique obtenu dans 100 c. c. de jus.
1. Témoin sans peau.........	0,0453 p. 100.
2. Addition de 4ᵍʳ,2 de peau..	0,1470 —
3. — — 8ᵍʳ,55 — ..	0,2600 —
4. — — 17ᵍʳ,00 — ..	0,5009 —

Pour montrer que l'acide lactique se forme sur la peau, on ensemence le ferment lactique dans du jus sucré neutre et additionné de tournesol, et on remarque que la peau devient rouge, tandis que le liquide reste bleu. Andreasch a constaté également que, si la proportion de tanin augmente, l'activité des ferments acétiques et lactiques diminue.

Voici les microorganismes les plus fréquemment rencontrés dans les jus tannants : *Saccharomyces Pastorianus*, *Saccharomyces ellipsoïdeus*, *Saccharomyces apiculatus*, *Bacterium Pasteurianum* et *Bacterium aceti*, des mycodermes, *Bacterium lactis acidi*, *Bacillus acidi lactici* Hueppe, *Bacterium acidi lactici* Grotenfelt, *Bacillus Freudenreichii*, certains ferments lactiques et levures spécifiques des jus tannants, le *Saccharomyces acidi lactici* Grotenfelt, *Bacillus lactis viscosus*, le *Micrococcus a* d'Andreasch, etc., enfin des moisissures diverses.

On voit que le nombre des espèces de levures et de ferments lactiques est très grand ; c'est ce qui montre le rôle important qu'ils jouent dans ces transformations.

Le tanneur a intérêt à empêcher le développement des moisissures et du *Mycoderma vini*, car ils arrêtent l'air, brûlent l'alcool, l'acide acétique, l'acide lactique formés, et appauvrissent ainsi les jus.

Il y arrive par l'agitation fréquente des liquides tannants.

C. *Fermentations putrides.* — Ces fermentations, que l'on rencontre pendant tous les travaux de la tannerie, se font aux dépens du derme, de sorte que le tanneur est intéressé à atténuer leur action par tous les moyens en son pouvoir.

Les bactéries qui causent ces fermentations attaquent les substances albuminoïdes de la peau, ou celles qui sont dans les jus, et les dégradent pour les amener sous forme soluble. Les jus tannants s'enrichissent de plus en plus en matières azotées, ce qui permet le développement des ferments lactiques, dont le rôle est si important. Cependant la quantité de principes azotés mise à la disposition de ces derniers est bien supérieure à celle dont ils ont besoin, de sorte qu'il y a une perte presque égale à la quantité de peau détruite. Ces bactéries sont surtout apportées par les peaux, et, comme il est facile de le prévoir, les fermentations sont plus intenses dans le cas de peaux épilées à l'échauffe que dans celui des peaux épilées à la chaux ou avec des sulfures.

Ces bactéries sont peu gênées par le tanin et l'acidité ; cependant il y a un certain nombre d'espèces qui disparaissent, laissant la place aux plus résistantes, lorsque la teneur en tanin ou en acidité augmente.

Popp et Hœflich ont fait une étude approfondie des jus de tannerie ; ils ont trouvé que l'agent le plus important de la fermentation putride était le *Bacillus erodiens*, appartenant au groupe du *Coli*. Cette bactérie se trouve fréquemment dans l'intestin. Elle pousse dans les milieux neutres, faiblement acides ou alcalins. Sur bouillon de viande, on peut trouver les proportions de gaz suivantes :

$$CO^2 \dots\dots\dots\dots\dots\dots\dots\dots\dots\dots 12,12 \text{ p. } 100.$$
$$H \dots\dots\dots\dots\dots\dots\dots\dots\dots\dots 84,9 \quad —$$
$$O \dots\dots\dots\dots\dots\dots\dots\dots\dots\dots 3,0 \quad —$$

Ce microbe agit surtout par la sécrétion de diastases dissolvant les matières albuminoïdes. Il se forme des amines, de l'ammoniaque, des acides fixes et volatils.

Il est très probable que la putréfaction est due à un grand nombre d'espèces, et, parmi celles signalées dans les jus tannants, on peut citer : *Bacillus fluorescens liquefaciens*, *Bacillus subtilis*, *Bacillus mesentericus fuscus*, *Bacillus mycoides*, *Proteus vulgaris*, *Proteus mirabilis*, *Bacillus megaterium*, *Coccus* divers, etc.

XIII. — MOYENS DE CONSERVATION DES DIFFÉRENTS PRODUITS AGRICOLES.

Nous avons vu que l'eau était un des principaux propagateurs des microbes ; c'est, en outre, un agent indispensable à leur développement, à leur multiplication ; aussi les différents procédés employés par l'homme pour la conservation des diverses substances agricoles consistent-ils à enlever cette eau, ou à réduire son taux à un chiffre tel que les microbes cessent de se multiplier. Nous savons qu'avec des teneurs en eau inférieures à 25 p. 100 cet arrêt des vies microbiennes commence par se faire sentir. Mais quelquefois il faut descendre jusqu'à 10 à 12 p. 100, comme pour la conservation des peaux des animaux.

L'homme ne fait d'ailleurs qu'imiter la nature, qui nous a montré que la dessiccation des grains de blé, du foin, permet de conserver ces produits, à la condition de les maintenir toujours à l'abri de l'humidité.

On ajoute à ces moyens l'emploi de la chaleur, ou

encore on a recours à l'addition ou à l'action de divers composés, dont l'effet est plutôt indirect (sucre, sel, alcool, vinaigre, fumaison).

La dessiccation est employée pour le foin, les légumes, les fruits, le houblon, la viande, etc.

MM. Fernbach et Buchner nous ont montré que les tissus des végétaux, des légumes, des fruits sains, ne renfermaient pas de microbes ; en les desséchant, on enlève l'eau et on renforce leur teneur en sucre. Cette dessiccation se fait souvent en employant des températures de 50 à 60° qui ne tuent guère tous les microbes, qui peuvent les affaiblir pour les empêcher de se multiplier dans les milieux sucrés et acides à la fois.

Appert a basé son procédé sur cette action de la chaleur, en la faisant monter progressivement à 100-110°, température nécessaire pour atteindre les microbes pathogènes, le bacille du foin, les microbes peptonisants du lait, en un mot les microbes sporulés.

On tire parti de cet agent pour enlever tout caractère nocif au petit-lait servant à l'alimentation des veaux. On le soumet, à cet effet, à un chauffage à 100° pendant un temps suffisamment long, afin de détruire tout germe de tuberculose, de fièvre aphteuse (le chauffage à 80° est obligatoire d'après la loi Danoise).

Dans le même ordre d'idées, nous devons citer la pasteurisation du lait à 60°, qui permet sa conservation plus longtemps ; la pasteurisation de la crème avant son ensemencement avec les ferments lactiques ; la pasteurisation du vin, de la bière ; la concentration du lait, du moût, du jus de fruits (confitures), opérations qui peuvent soit détruire les espèces microbiennes, soit rendre leur multiplication difficile, sinon impossible.

Ajoutons à ce propos que l'expérience a démontré que les bactéries résistent bien plus longtemps dans la matière écumeuse, dans cette membrane superficielle que l'on aperçoit à la surface du lait chauffé ; pour y obvier, il faut ou une agitation de temps à autre, ou un chauffage prolongé à une température inférieure; car, dans ce cas, la membrane est plus mince et les microbes y trouvent moins de protection contre l'atteinte de la chaleur.

On peut renforcer l'action de la chaleur par l'addition de sucre (une richesse saccharine de 55 à 60 p. 100 est suffisante pour tous les cas) attirant l'eau des corps bactériens, ou encore par l'addition de vinaigre (cornichons); dans certains pays, on conserve de la viande dans le lait caillé (action de l'acide lactique).

Ce sont là les principes qui président à la fabrication de toutes ces conserves que l'homme emploie. Il est à peine besoin d'ajouter que l'ébullition à 100° suffisamment prolongée peut nous procurer en toutes circonstances de l'eau non nocive et potable.

A l'opposé de la chaleur, nous avons le *froid*; l'expérience apprend que des froids de 190 à 250° sont encore inefficaces pour tous les microorganismes. Mais ce froid rend les plus grands services, en arrêtant leur développement; il possède l'avantage de ne pas altérer généralement le goût des substances; ainsi on peut conserver pendant un certain temps permettant le transport les viandes, le beurre, le fromage, les volailles, les fruits, les fleurs, la bière, etc.

Il est essentiel de ne jamais mettre ces matières en contact direct avec la glace.

SALAGE ET FUMAISON. — Le sel est un conservateur au même titre que l'alcool, qu'on emploie pour les conserves de fruits, ou le vinaigre qui sert pour les légumes. Les doses varient avec le produit à traiter: la conservation des peaux exige jusqu'à 20 à 25 p. 100 du poids de la peau.

Il enlève l'eau en vertu des phénomènes de plasmolyse et rend impossible la multiplication des microbes, mais ne les tue pas.

Ainsi on a pu trouver vivants même après deux

à trois mois le microbe du rouget des porcs, celui de la tuberculose, dans des salures très concentrées, c'est ce qui doit engager à ne pas manger de viande crue.

Dans la fumaison qui se pratique surtout avec le bois de hêtre, nous avons comme agents les composés divers de la fumée : acide phénique, créosote, acide acétique, formol, etc. ; ils n'agissent que superficiellement, bien qu'on facilite beaucoup leur pénétration par salage préalable, le sel enlevant l'eau, qui est la cause principale de propagation microbienne. Comme on n'a jamais la sûreté absolue d'une viande saine, il importe encore ici de n'employer la viande qu'à l'état cuit.

De tous les produits agricoles, ce sont les œufs qui sont les plus difficiles à conserver à l'état frais ; l'œuf lui-même peut déjà être contaminé dans la poule. Nous savons, en effet, que M. Gayon a nettement démontré que son infection pouvait avoir lieu dans l'oviducte de la poule. Or l'œuf est un bon milieu de culture, et, dans des conditions tant soit peu favorables, le microbe se développera.

Ajoutons encore que le viticulteur maintient ses futailles en bon état, se protège contre l'envahissement des microbes de maladie par le lavage des fûts aux solutions acidulées, aux solutions de soude, le lait de chaux, par le mutage soigné, par l'eau bouillante et la vapeur.

La combustion du soufre, la production d'acide sulfureux (60 grammes de soufre par mètre cube), peut servir à l'agriculteur, au fromager, pour désinfecter des étables, des haloirs de fromagerie, des caves ; on peut compléter ensuite par lavage aux solutions de soude, au chlorure de chaux (1 p. 100) et par l'application d'un lait de chaux au plafond et aux murs. Quelquefois même on remplace le lait de chaux par l'aspersion avec de la bouillie bordelaise ou des solutions à base de fluorures, composés qui empêchent surtout l'envahissement par les moisissures.

Enfin, comme dernier moyen et des plus importants, citons la propreté. A ce sujet, Duclaux, en parlant du lait, fait remarquer judicieusement que, « relativement aux sources de contamination du lait, l'air ne compte pour ainsi dire pas, et, si on l'accuse si souvent, c'est ou bien qu'on ne se rend pas compte de son peu d'importance, ou bien qu'on veut se dispenser des soins de propreté qu'il est possible de prendre, sous prétexte qu'il est inutile de détruire les germes des vases, du moment qu'on reste exposé aux germes de l'air. C'est la malpropreté des laitiers et des laiteries qui est la cause à peu près unique des difficultés de conservation du lait ».

Ces notions s'appliquent à toutes les industries où les microbes jouent un rôle. Nous venons de voir qu'il existe des microbes utiles et nuisibles doués d'une grande puissance d'action. Ce sont ces derniers qui ont finalement le dessus.

Nous devons donc diriger nos efforts pour tirer profit de ceux qui nous sont utiles, nous débarrasser des autres, contre-balancer l'action de ceux-ci par l'influence de ceux-là, sans nous laisser aller à des problèmes insolubles et à des craintes exagérées. Les microbes ont toujours existé, c'est pourquoi, tout en nous tenant sur nos gardes, nous ne devons pas nous rendre la vie insupportable.

Mon regretté maître, Émile Duclaux, nous le rappelle dans son style imagé et élégant :

« Le monde est vieux, disait-il, et, si tous les microbes étaient dangereux, comme nos aïeux en ont consommé depuis des siècles, nous serions bien malades et bien clairsemés. Or l'expérience montre que le monde se peuple de plus en plus et que, dans la vie de la grande majorité des hommes, c'est la santé qui est la règle et la maladie l'exception. »

FIN.

TABLE ALPHABÉTIQUE DES MATIÈRES

TABLE DES MATIÈRES

5303-05. — Corbeil. — Imprimerie Éd. Crété.

TRAITÉ PRATIQUE DE BACTÉRIOLOGIE
Par E. MACÉ
Professeur à la Faculté de médecine de Nancy.

5e *édition*, 1904, 1 vol. grand in-8 de 1295 pages, avec 361 figures.
Cartonné : 25 fr.

Le **Traité de Bactériologie**, de MACÉ est devenu le traité magistral classique. M. MACÉ a apporté à sa 5e édition d'importantes améliorations.

ATLAS DE MICROBIOLOGIE
Par E. MACÉ
Professeur à la Faculté de médecine de Nancy.

1899, 1 vol. grand in-8, 60 planches coloriées (8 couleurs).
Cartonné : 32 fr.

Complément du **Traité de Microbiologie**, donnant la reproduction de plus de 500 superbes aquarelles.

On sait l'importance d'une représentation exacte des caractères de culture des milieux habituellement employés, des formes que présentent les principaux microbes aux grossissements nécessaires pour bien les étudier. C'est la majeure partie des caractères qui priment pour les déterminations spécifiques, souvent bien délicates.

Aussi, tous ceux qui étudieront les microbes reconnaîtront-ils la grande utilité de ce bel Atlas où la préoccupation dominante a été de reproduire aussi exactement que possible les caractères naturels des organismes étudiés.

Cet atlas de 60 planches comprend près de 500 figures, toutes dessinées d'après nature sous les yeux de l'auteur, et reproduites en nombreuses couleurs par les procédés typographiques les plus nouveaux et les plus perfectionnés.

TECHNIQUE MICROBIOLOGIQUE
ET
SÉROTHÉRAPIQUE
GUIDE pour tous les TRAVAUX du LABORATOIRE
Par le Dr BESSON
Chef du Laboratoire de bactériologie à l'hôpital militaire de Rennes.

1898, 1 vol. in-8 de 580 pages, avec 223 figures noires et coloriées 8 fr.

Ce livre est destiné à guider le médecin et l'étudiant dans les travaux du laboratoire ; la préoccupation de M. BESSON a été de faire un véritable vade-mecum, que le débutant pourra suivre pas à pas et où l'observateur exercé trouvera les renseignements de nature à le diriger dans ses recherches.

INDUSTRIES AGRICOLES
DE FERMENTATION
(Cidrerie, brasserie, hydromels, distillerie)
Par E. BOULLANGER
Chef de laboratoire à l'Institut Pasteur de Lille

1 volume in-18 de 472 pages, avec 66 figures

Broché.................. **5 fr.** | Cartonné................ **6 fr.**

Un grand nombre des industries qui utilisent les propriétés vitales des microbes présentent pour l'agriculteur un intérêt capital. En effet, la vinification, la cidrerie, la brasserie, la distillerie, la fabrication des hydromels, des eaux-de-vie, la laiterie, la fromagerie, qui sont de véritables industries de fermentation, sont aussi des industries spécialement agricoles, ou au moins des industries annexes de l'exploitation rurale.

L'ouvrage de M. Boullanger est consacré à la *cidrerie*, la *brasserie*, les *hydromels* et *eaux-de-vie de cidre et de fruits* et à la *distillerie*.

L'introduction comprend les notions générales qu'il est indispensable de connaître sur les fermentations.

La première partie est consacrée à la CIDRERIE, qui est la véritable industrie agricole de fermentation, et qui présente pour le cultivateur un si grand intérêt. On a étudié successivement la production et le commerce du cidre, les matières premières de sa fabrication, la préparation des moûts de pommes, leur fermentation, le traitement du cidre après fermentation, et ses maladies. On traite avec détails l'analyse des moûts et des cidres, afin de donner aux cultivateurs et aux brasseurs les indications nécessaires pour le contrôle de leur fabrication.

La BRASSERIE n'est pas une industrie agricole au sens exact du mot, mais l'agriculteur doit la connaître, car elle utilise ses produits et elle lui livre des résidus pour l'alimentation de son bétail.

On a consacré ensuite un chapitre spécial à la PRÉPARATION DES HYDROMELS, qui constitue une industrie encore susceptible de grands perfectionnements. On a étudié, dans le chapitre suivant, la fabrication des eaux-de-vie de cidres et de fruits, et les rhums.

La DISTILLERIE a été divisée en cinq grandes parties. La première comprend les notions générales sur l'alcool, l'alcoométrie et l'étude des matières premières. La deuxième est consacrée à la préparation des divers moûts sucrés (betteraves, mélasses, grains, pommes de terre). Dans la troisième, on a étudié la fermentation alcoolique de ces moûts, et, dans la quatrième, leur distillation et la rectification de l'alcool produit. La dernière partie a pour objet les résidus de la distillerie et leur emploi dans l'alimentation du bétail.

LAITERIE

Par Charles MARTIN

Ancien directeur de l'École nationale d'industrie laitière de Mamirolle

I vol. in-18 de 360 pages, avec 114 figures

broché.................... 5 fr | Cartonné................... 6 fr.

Depuis bien des siècles, la France produit des beurres et des fromages appréciés. Mais c'est durant ces vingt-cinq dernières années que l'industrie laitière a pris dans notre pays une importance de plus en plus grande.

Par suite de certaines conditions économiques, telles que la diminution du prix des céréales et la disparition de la vigne sur certains points, une superficie plus considérable a été consacrée aux plantes fourragères. L'accroissement du troupeau s'en est suivi; les vaches laitières, plus nombreuses et mieux nourries, ont produit davantage.

Ce livre s'adresse à tous ceux qui ont des intérêts dans l'industrie laitière, soit à titre de producteurs, soit comme exploitants.

L'ordre adopté est le suivant: l'*étude du lait* vient en tête. Ce liquide est de composition très variable, et il importe de bien connaître les éléments qui interviennent dans sa production, afin de chercher à l'obtenir avec les qualités voulues.

Les *procédés pratiques de contrôle* sont décrits en détail. La vérification de la matière première est la base de la réussite. Le contrôle a encore une autre utilité : il doit s'étendre à toutes les manipulations. Il ne suffit pas de fabriquer de bons produits, il faut les obtenir au meilleur marché possible, arriver par conséquent à diminuer le prix de revient.

Les *microbes* jouent un rôle si important dans la laiterie qu'un chapitre spécial leur a été consacré : il importe à l'agriculteur de savoir comment on doit utiliser certaines espèces microbiennes et lutter contre d'autres très nuisibles.

M. Martin décrit ensuite le *commerce du lait en nature*. De plus en plus, ce liquide prend une place importante dans l'alimentation.

L'*industrie beurrière* est ensuite traitée. Elle a subi des perfectionnements notables depuis l'introduction de l'écrémeuse centrifuge. Grâce à cet appareil et à l'emploi des cultures pures de ferments lactiques, on peut faire aujourd'hui du bon beurre partout.

L'*industrie des fromages* présente des difficultés plus grandes, car des fermentations complexes interviennent. L'expérience raisonnée est utile à connaître. Nous nous sommes efforcé de décrire les pratiques sanctionnées par des observations sérieuses. La fabrication du gruyère a été particulièrement développée. Cette industrie, qui a fait de grands progrès depuis quelques années, peut s'étendre encore.

Un chapitre a été consacré aux *industries diverses* et un autre aux *sous-produits* qui ne sont pas toujours bien utilisés.

La coopération laitière, très en progrès dans notre pays, ne pouvait être passée sous silence. Nous l'avons signalée en donnant les détails nécessaires sur le fonctionnement des *beurreries coopératives* et des *fruitières*. C'est dans cette voie que doivent s'engager de plus en plus les producteurs de lait.